Franz Leydig

Die in Deutschland lebenden Arten der Saurier

bremen
university
press

Franz Leydig

Die in Deutschland lebenden Arten der Saurier

ISBN/EAN: 9783955621179

Auflage: 1

Erscheinungsjahr: 2013

Erscheinungsort: Bremen, Deutschland

bremen
university
press

DIE

IN DEUTSCHLAND LEBENDEN

ARTEN DER SAURIER.

UNTERSUCHT UND BESCHRIEBEN

VON

Dr. FRANZ LEYDIG,

PROFESSOR DER ZOOLOGIE UND VERGLEICHENDEN ANATOMIE AN DER UNIVERSITÄT TÜBINGEN.

MIT ZWÖLF TAFELN.

———————

TÜBINGEN, 1872.

VERLAG DER H. LAUPP'SCHEN BUCHHANDLUNG.

DRUCK VON H. LAUPP IN TÜBINGEN.

Inhalts-Verzeichniss.

VII

Erklärung der Abbildungen.

Einleitung.

Die Reptilien stellen nach ihrem Bau, Entwicklung und verwandtschaftlichen Verhältnissen, sowie in Anbetracht der Lebensäusserungen, der Verbreitung, endlich durch die Rolle, welche sie in frühern Weltaltern spielten, eine sehr eigenartige und merkwürdige Gruppe von Thieren dar; sie haben desshalb seit Langem eine besondere Anziehung auf die Naturforscher ausgeübt, wovon zahlreiche Schriften Zeugniss ablegen. LINNÉ zwar konnte noch sagen: Amphibiologi omnium paucissimi, aber im Augenblicke möchte es kaum mehr zulässig erscheinen, das an's Licht Treten einer neuen Arbeit mit der Bemerkung begründen zu wollen, dass die Reptilien weniger erforscht seien, als andere Abtheilungen der Thierwelt. Mir selbst gewährte schon zu wiederholten Malen die Beschäftigung mit dieser Classe Belehrung und Vergnügen; und wenn ich in den letztern Jahren von Neuem zum Studium der Reptilien zurückgekehrt bin, so hat mich einigermassen die Ansicht geleitet, welche DE CANDOLLE für die Botanik ausgesprochen hat, und welche in gleicher Weise für die Zoologie gilt: L'objet essentiel de la botanique est, et sera toujours, de connaitre les plantes. Hauptaufgabe des Zoologen bleibt die Bekanntschaft mit den Einzelheiten des Thatsächlichen; von da mag er zu verknüpfenden, allgemeineren Betrachtungen übergehen.

Man kann aber jene wunderbaren Naturkörper, welche wir Organismen nennen, nicht genau genug kennen lernen und jeder derselben, sei er auch noch so oft untersucht, bietet dem Forscher, welcher mit einer neuen Frage herantritt, oder von einem neuen Gesichtspunkt das Auge darauf richtet, Stoff zum Nachdenken und kann seine Vorstellungen vom Zusammenhang und der Ausgangsquelle der Erscheinungen — in so weit diess überhaupt möglich oder erreichbar ist — klären und befestigen. Und so sollen vorliegende Blätter die deutschen Arten der Saurier in eingehender Weise vorführen, nicht nur in Bezug auf die äusseren Charaktere und das Vorkommen, sondern auch mit Rücksicht des inneren, gröberen und feineren Baues.

Die Unterscheidung und Naturgeschichte der einheimischen Lacerten, jenes „genus elegantissimum" nach dem Ausdruck von PALLAS, wurde schon oftmals für eine dunkle Partie der Herpetologie erklärt, — hatte doch schon LINNÉ die Diagnose der Amphibien überhaupt „difficilis et ambigua" genannt — und selbst Schriften von jüngster Zeit, Handbücher sowohl wie faunistische Aufzählungen, verrathen hin und wieder, dass eine richtige Kenntniss unserer Arten und ihrer Verbreitung viel weniger allgemein ist, als sich solches im Hinblick auf die übrigen Wirbelthiere der vaterländischen Fauna sagen lässt.

Die anatomischen und histologischen Studien erstrecken sich freilich nicht in gleichmässiger Weise über alle organischen Systeme. Denn obschon ich mehrere Jahre lang fast ausschliesslich alle meine freie Zeit diesen Untersuchungen gewidmet habe, so war es doch unmöglich den Stoff in dieser Frist zu bewältigen; noch auf lange Jahre hinaus würden die wenigen bei uns lebenden Thiere reichlichstes Material darbieten. Ich habe eines Tages mit Absicht und einfach abgebrochen; hoffe jedoch in späteren Arbeiten an Manches wieder anknüpfen und die Untersuchung weiter führen zu können.

Es wäre überhaupt zu wünschen, dass alle unsere Wirbelthiere in ähnlicher Weise wissenschaftlich behandelt würden, wie solches seit Längerem bezüglich gewisser Abtheilungen der Wirbellosen gebräuchlich geworden ist. Anstatt einfacher Namensverzeichnisse mit kurzen Bemerkungen über Vorkommen und Lebensweise sollten sie Aufschlüsse über das ganze Thier zu geben sich bemühen.

Es ist eine herkömmliche Redensart von dieser und jener Wissenschaft, um sie herauszuheben, zu sagen, dass sie sich von einer anderen Disciplin abgelöst habe, und zu einem selbstständigen Zweig ausgewachsen sei, der jetzt für sich blühe. So sprach man früher von der vergleichenden Anatomie gegenüber der Anatomie des Menschen, ebenso von der Geweblehre. Man kann dieser Auffassung beipflichten, in so lange es sich um das Wachsen des Zweiges handelt, um das Herbeischaffen des Rohmateriales; wenn aber der „selbstständig gewordene" Wissenschaftszweig, um im Gleichniss zu bleiben, wirklich zum Blühen kommt, werden die Früchte nicht nur im Wesentlichen dieselben sein, wie an den anderen Zertheilungen des Baumes, sondern sie werden auch, indem sie reif zu Boden fallen, wieder zum Ausgangspunct, zur Wurzel, sich neigen.

Darum lässt sich von einem Fache des Wissens nur dann rühmen, dass es eine höhere Ausbildung erreicht habe, wenn es sich seiner Verwandtschaft und innigen Zusammenhanges mit anderen Disciplinen bewusst geworden ist. Und so haben Zootomie und Histologie in der Thierkunde oder Zoologie aufzugehen; was in der Haltung, welche faunistische Arbeiten der Neuzeit annehmen, den entsprechenden Ausdruck finden mag.

Anmerkung. Die Kenntniss über die einheimischen Reptilien lag noch im Anfang gegenwärtigen Jahrhunderts so in der Dämmerung, dass man in den deutschen Alpengegenden dazumal Eidechsen von der Grösse kleiner Alligatoren gesehen und geschossen haben will. Und wir finden solche Angaben in den Werken geachteter Naturforscher. Als ein Beispiel mag der Landshuter Botaniker SCHULTES genannt sein, welcher in seinen „Reisen durch Oberösterreich, 1809", gelegentlich der Besteigung des Dachsteins (S. 109) anführt, dass in jenen Gegenden des Salzkammergutes Bären noch vorhanden seien, auch Wölfe und Luchse, sowie Lämmergeier, „endlich Eidechsen von seltener Grösse, die kleine Alligators sind". In einer Anmerkung kommen genauere Aussagen hinsichtlich der Grösse, Dicke, Form, selbst von Skeletttheilen! — Auch noch später spucken in wissenschaftlichen Schriften ähnliche Erzählungen. Der bekannte Zoolog MICHAHELLES z. B. schreibt in die Isis 1830, (S. 190) sein Freund Dr. SCHINZ theile ihm brieflich aus Zürich mit, dass man am Fusse des Jura ein von Raubvögeln theilweise angefressenes, 2 Fuss langes, zweibeiniges, molchartiges Thier gefunden und nach Solothurn gebracht habe." MICHAHELLES gibt sich der Hoffnung hin, dass wir hierin einen grossen Siren in Europa besitzen etc.

Wenn man sich nicht für berechtigt halten will, die obigen Angaben vom so späten Vorkommen riesiger Eidechsen in den Alpen kurzweg als leere Träumereien zu bezeichnen — und ich wäre freilich geneigt es zu thun —, so könnte man von zwei Seiten her eine Erklärung versuchen. Einmal liesse sich an die grossen Fische denken, welche in früheren, für die See'n und ihre Bewohner noch ruhigeren Zeiten, in diesem und jenem Alpensee mitunter gefangen wurden, wie wir deren Porträte in Oelfarben, z. B. im Jagdschloss zu St. Bartholomäi des Königsee's beschauen können. Dieser Auffassung bringt gleich die Thatsache Einbusse, dass gewisse Lacerten nur im warmen Süden grössere Maasse annehmen, nicht aber in kalten Gegenden. Setzen wir anstatt Lacerta die Gattung Salamandra — und der Molch stimmt auch besser zu den fraglichen Oertlichkeiten nach seiner ganzen Natur — so könnte der Einwurf abgeschwächt werden; denn der gefleckte Salamander soll nach SCHREIBERS im nassen Lehm Jahre lang unterhalten zu Riesenexemplaren heranwachsen.

Ein zweiter Erklärungsversuch, der allerdings noch gewagter ist, könnte an die Voraussetzung anknüpfen, dass die Geschlechter der grossen Saurier der Vorzeit doch wohl nicht alle auf einmal von der Erde weggefegt wurden, sondern wahrscheinlich nach und nach erloschen. Die Menschen mochten so da und dort noch auf einzelne derselben gestossen sein und es hätte sich bei ihnen der Eindruck, den solche Thiere auf den Naturmenschen machen mussten, das Andenken an diese alten Saurier „im Spiritus der Sage" beinahe bis zu unsern Tagen erhalten. Und anstatt daher die Erzählungen der Alpenbewohner und SCHULTES' mit Lächeln abzuweisen, hätten wir mit geistigem Auge noch etwas Thatsächliches zu erblicken, welches in den Tiefen der Vorzeit sich schattenhaft bewegt.

Erster Abschnitt.

Zur Kenntniss des anatomischen Baues.

I. Aeussere Haut.

Eidechsen.

Oberhaut.

Die Epidermis grenzt sich nach aussen durch ein homogenes Häutchen, Cuticula, ab, welches an der freien Fläche nicht einfach glatt, sondern im Anschluss und in Wiederholung der darunter liegenden Zellenlinien von welliger Sculptur erscheint. Auf den kleinen Hautwarzen bildet sie wegen der Anordnung der Elemente der Epidermis zierliche Kreise, woraus sich auch die gezähnelte Beschaffenheit an den Umschlagsstellen erklärt.

Die Zellen, welche die Epidermis zusammensetzen, sind in ihrer unteren Lage hell und meist von cylindrischer Form; in einer darüber folgenden Lage besitzen sie einen fettkörnigen Inhalt und diese Schicht zeigt sich als Ganzes eigenthümlich dunkel.

Die Epidermis ist, was ich bereits an einem anderen Ort mittheilte und weiter ausführte, da und dort pneumatisch oder lufthohl. An manchen Körperstellen, z. B. an den Lippen und der übrigen Gegend des Gesichts nur spurweise, deutlicher an den Rändern der Bauchschuppen, wo der Luftgehalt für die Betrachtung mit auffallendem Licht am Rand der Schuppe einen regelmässigen Silberstreifen erzeugt. [1]

Wie auch sonst in der Thierreihe nimmt die Oberhaut in ihrer Dicke nach gewissen Körpergegenden zu, so dass man von Hornplatten und Hornschuppen reden kann. Die dicksten und härtesten Hornbildungen sind die Scheiden für die Krallenglieder; sie entsprechen einem dachförmig zusammengedrückten Nagel, ohne dass sich die Ränder durchweg erreichen, wesshalb denn auch unten die Kralle eine Rinne behält. [2] Ferner ist, was ein Längsschnitt durch den Kopf gut zeigt, die Epidermis

---

[1] Ueber Organe eines sechsten Sinnes, Nov. Act. Acad. Leopold. Carol. 1868, z. B. S. 73.
[2] Erste Tafel, Fig. 13.

um das stumpfe Ende der Schnauze herum von besonderer Dicke, in Uebereinstimmung mit der darunter liegenden Lederhaut, welche gleichfalls dort an Stärke zugenommen hat.

Pigment kommt in der Epidermis nur sparsam vor und zwar nach Umständen entweder von der Form kugliger, dicht schwarzer Flecken, oder weit und zierlich verästelter Pigmentfiguren; diese haben die Bedeutung beweglicher Farbzellen oder Chromatophoren.

Bei der Häutung, welche von Zeit zu Zeit insbesondere im Frühling eintritt, spaltet sich die Epidermis meistens hinter dem Kopf, im Nacken, und der Längsschlitz erstreckt sich über den Rücken abwärts. Doch reisst auch wohl ein andermal die Oberhaut von hinten nach vorn auf, und selbst nicht einmal immer am Rücken, sondern der erste Schlitz kann am Bauche geschehen, ein Wechsel, welcher vielleicht von heftigen, zufälligen Bewegungen abhängt. Das in der Häutung begriffene Thier gewährt, indem es zwar noch in der alten, aber zu grossen Lappen aufgerissenen, Epidermis steckt, einen seltsamen, fast komischen Anblick.

Lederhaut.

Das Bindegewebe der Lederhaut zerfällt auch hier in gleicher Weise, wie ich es vor Kurzem [1] von der Haut der Amphibien nachwies, in drei Hauptschichten: in die Grundmasse und in zwei Grenzschichten. Die Grund- oder Hauptmasse besteht aus einer Anzahl derber, wagrechter Lagen. Die obere Grenzschicht, also diejenige, welche unter der Epidermis folgt und jene, welche die Haut nach unten abschliesst, sind weicher, lockerer und setzen sich in charakteristischer Weise, mitten durch die wagrechten Lagen, mittelst senkrecht aufsteigender Züge in Verbindung. Auch die Enden der Querlagen biegen in diese säulenartigen Bündel auf.

Doch ist zu bemerken, dass die Lederhaut [2] der Eidechsen von jener der Amphibien in einem Puncte etwas abweicht. Es stehen nemlich die wagrechten Schichten, weil sie schmäler sind, dichter, und insbesondere sind die senkrechten Züge viel zahlreicher. Das mikroskopische Bild des senkrechten Schnittes erinnert durch die bogig wagrechten Linien, fortwährend unterbrochen durch die senkrechten Striche, lebhaft an den Durchschnitt gewisser Chitinpanzer, z. B. hartschaliger Käfer, welchem Gebilde ich denn auch vor vielen Jahren seine richtige Stelle beim Bindegewebe anwies.

Die obere Grenzschicht der Lederhaut entwickelt einen bedeutenden Papillarkörper, ohne dass aber in der Zoologie dieser Name hiefür wäre bis jetzt ange-

[1] a. a. O. S. 28.
[2] Vergl. Siebente Tafel. Fig. 87. Fig. 88.

wendet worden. Man spricht vielmehr von Körnern, Schuppen und Platten der Haut. Es erleidet aber wohl für Den, welcher die Dinge selbst geprüft hat, keinen Zweifel, dass alle diese Bildungen den Erhöhungen oder Wärzchen zu vergleichen sind, in welche sich die Oberfläche der Lederhaut bei Säugethieren erhebt.

Man überzeugt sich hiervon, wenn man von Hautpartien ausgeht, allwo die Papillen noch klein sind, etwa von der Form niedriger rundlicher Wärzchen, und eben das darstellen, was die systematische Zoologie „Körner" genannt hat. Dergleichen finden sich z. B. an den Augenlidern, sowie in der Fläche der Fusssohle; die einfache vergleichende Betrachtung findet, dass die Körner allmählig übergehen in das, was man Schuppen und Platten nennt, welche aber in der That die Eigenschaften grosser, niedergedrückter Papillen haben.

Die Richtigkeit dieser Auffassung kann auch einleuchten, wenn wir die Beschaffenheit der Oberfläche der Zunge berücksichtigen. Für die dort vorkommenden Erhöhungen hat der Sprachgebrauch immer das Wort: Papille, Zungenwärzchen, auch bezüglich der Eidechsen beibehalten. Indessen diese „Papillen" können bei manchen Arten so niedrig werden und zusammenrücken, dass der systematische Zoologe hin und wieder die Oberfläche der Zunge der Eidechsen als „schuppig" oder als „granulosa papillosa" bezeichnet.

Die Anordnung der „Schuppen" betreffend, so ist sie fast über den ganzen Körper weg, etwa den Kopf ausgenommen, eine ringförmige, was am Schwanze am meisten augenfällig und daher am gewöhnlichsten erwähnt wird.

Dass der Ausdruck „Schuppe", wenn wir damit die Hautbekleidung der Fische und dann wieder jene der Eidechsen und Schlangen im Auge haben, ganz verschiedene Dinge begreift, haben schon manche der älteren Naturforscher wohl gefühlt. Schrank z. B., indem er sich in seiner Fauna boica 1798, auf eine Zergliederung der Ringelnatter einlässt, glaubt ausdrücklich daran erinnern zu müssen, dass die Schuppen bei einer Schlange „keine eingesetzten Schuppen" seien, wie bei den Fischen, sondern „Falten der zusammengelegten Haut", und führt dieses nach den damaligen Mitteln der Untersuchung weiter aus. Ich selbst erklärte mich schon vor Jahren (Histologie, 1857, S. 180) dahin, dass „die grösseren Höcker und Falten des Coriums bei Sauriern (*Lacerta, Chamaeleo* u. a.) in der Kategorie der Papillarbildungen unterzubringen seien." Aehnliches findet sich bei Batrachiern, worauf ich auch noch jüngst in meiner Abhandlung über Organe eines sechsten Sinnes, 1868, S. 37 zurückgekommen bin, nachdem ich früher schon der Haut von *Pipa dorsigera* bezüglich dieses Punctes einige Aufmerksamkeit geschenkt hatte.

Wie es für die Amphibien gesetzmässig ist, dass die Pigmente die derben, horizontal gehenden Lagen der Lederhaut frei lassen, um sich ausschliesslich in der oberen und unteren Grenzschichte, sowie in den beide verbindenden senkrechten Zügen, abzusetzen, so wiederholt sich Aehnliches bei den Reptilien: hier liegt ebenfalls die weitaus grösste Masse des Pigmentes in dem Papillarkörper. Man sieht dies schön und leicht an grösseren Hautstücken von Thieren, welche man etwa eine

Woche lang in schwacher Kalilauge hat weichen lassen; und wiederum besonders günstig sind diejenigen Hautstellen, wo die schuppigen Abgrenzungen nur in Form und Grösse rundlicher Papillen stehen. Das Bild gestaltet sich bei geringer Vergrösserung so, dass auf dem ausgebreiteten Hautstück von einem hellen Grunde sich tief schwarze Höcker abheben.

Eigentlich ist gar nicht einmal das Mikroskop nöthig, um sich zu überzeugen, dass die Lederhaut der Hauptsitz der Pigmente sei. Durch methodisches Maceriren wird hievon schon das freie Auge belehrt; denn bei allen unseren einheimischen Arten erscheint alsdann die Lederhaut dunkel gefärbt, fast schwarz, während die Epidermis ein Häutchen von graulichem Ton bleibt.

Ueber die nähere Natur der Farbstoffe, insoweit sie sich mit dem Mikroskop ermitteln lässt, habe ich bereits anderwärts berichtet,[1] nachdem ich zuvor ausführlicher auf die Hautpigmente der Amphibien eingegangen war.[2]

Die Vertheilung der Nerven geschieht in ähnlicher Weise, wie es von Batrachiern bekannt ist; und selbst in einem Puncte, auf den ich jüngst erst aufmerksam machte und welcher wohl von Bedeutung ist für das Zustandekommen der Farbenveränderungen, erblicke ich die gleichen Verhältnisse, — freilich unter besonderen Umständen.

An einer *Lacerta agilis* nämlich, welche in sehr verdünnter Salpetersäure längere Zeit erweicht worden war, zerlegte sich die äussere Haut wie von selbst in Epidermis, Pigmentschicht und eigentliche Lederhaut. In der gallertig aufgequollenen und durchsichtig gewordenen Lederhaut machte sich schon für die Lupe ein schönes Nervennetz sichtbar, polygonale Maschen bildend. Aus den Knotenpuncten erhoben sich grössere Büschel von Nervenfasern nach oben, feinere gingen noch da und dort ab. Indem die Fasern sich theilten und immer zarter wurden, entstand ein oberes Endnetz und aus diesem sah ich freie Ausläufer mit den Zacken der schwarzen Pigmentzellen oder Chromatophoren sich verbinden.[3] In meiner zuletzt erwähnten

[1] Organe eines sechsten Sinnes. 1868, S. 74.
[2] a. a. O. S. 30.
[3] Siebente Tafel, Fg. 97, B. 6. — Ich möchte nach der eben mir bekannt gewordenen Arbeit Schöbl's (Die Flughaut der Fledermäuse, Archiv f. mikrosk. Anatomie, Octoberheft 1870.) beisetzen, dass die oben Endnetz genannte Maschenbildung der dritten Nervenschicht des genannten Beobachters entspricht. Ob auch hier bei Reptilien noch eine vierte und fünfte gleich denen der Fledermäuse hinzukommt, wäre erst durch neue Nachforschungen zu ermitteln. Da übrigens Schöbl seine schönen Untersuchungen mit der Bemerkung einleitet, dass gegen meinen Ausspruch die Flughaut der Chiropteren ausserordentlich reich an Nerven und Nervenendigungen sei, so hat er damit den Gesichtspunct etwas verrückt. Crvier glaubte ein bewunderswerth reiches und feines Nerven-Netz im genannten Organ zu erblicken. Ich zeigte, dass dieses Netz nicht aus Nerven, sondern aus elastischen Fasern bestehe und im Hinblick hierauf durfte ich von den wirklichen Nerven sagen, dass dieselben »kaum zahlreicher seien

Abhandlung spreche ich von zarten nervösen Endstreifen, welche mir in die Strahlen der Bindegewebskörper überzugehen scheinen; von der Richtigkeit dieses Verhaltens bin ich jetzt noch mehr überzeugt als früher.

Gegenüber den Verhältnissen, wie sie bei der Blindschleiche auftreten, verdient ausdrücklich bemerkt zu werden, dass die Lederhaut der Eidechsen im Allgemeinen wenige Knochenbildungen entwickelt. Doch kommen am Schädel aller Arten ächte Hautknochen vor, ganz abgesehen von jener den Scheitel des Kopfes deckenden Partie der Lederhaut, welche zu einer die dortigen Schädelknochen überziehenden Kruste verkalkt. Ueber beides wird unten beim Skelet nähere Auskunft gegeben werden.

Von besonderem Interesse ist es mir gewesen, eine Schicht welche die Natur der Lymphdrüsen an sich hat, unterhalb der Lederhaut aufzufinden. Ich bin zunächst damit bekannt geworden durch die Untersuchung einer stattlichen *Lacerta ocellata*, wo an der Innenseite der abgezogenen Haut eine Lage auffiel, welche weissgrau von Farbe, ein drüsiges Aussehen und eben solche Consistenz darbot. Die Schicht war über den grössten Theil der Haut verbreitet und stellenweise dicker als die Haut selber.

Bei der mikroskopischen Untersuchung[1]) zeigte es sich, dass das Bindegewebe, welches vorhin als untere Grenzschicht der Lederhaut bezeichnet wurde, mit einer feinkörnigen, zum Theil kleinzelligen Masse dicht erfüllt war. Ausserdem machten sich einzelne grössere Gänge bemerklich; nach unten waren noch Lagen des Bindegewebes frei von der erfüllenden Körnermasse und dienten als Umhüllung.

Bei unserer *Lacerta agilis* erschien die drüsige Schicht sehr wenig entwickelt, ja war eigentlich nur in Spuren vorhanden, so z. B. am ehesten noch in der Haut hinter dem Ohr und wäre jedenfalls leicht zu übersehen, wenn man nicht eigens darnach zu suchen veranlasst sein sollte. Da das Thier, welches zur ersten Untersuchung gedient hatte, ein halbes Jahr im Zwinger lebte, so verglich ich damit ein frisch eingefangenes; aber es verhielt sich, abgesehen von einigen Fettstreifen, da und dort unter der Haut, im Wesentlichen nicht anders. Doch wäre es immerhin noch möglich, dass die Ausbildung der fraglichen lymphdrüsenartigen Schicht mit

---

als in der übrigen Haut«, eine Ansicht, die ich jetzt noch für richtig halte. Denn die dichte Endausbreitung der Nerven in fünf übereinander liegenden Schichten, welche Schöbl nachweist, liess sich eben gerade an dieser Hautpartie, als an einer der Untersuchung günstigeren Gegend aufdecken; sie fehlt aber wahrscheinlich auch nicht in der übrigen Haut. Erst wenn sich diese Annahme nicht bestätigen sollte, darf man betonen, dass die Flughaut der Chiropteren durch einen ausserordentlichen Nervenreichthum, gegenüber der Lederhaut der sonstigen Körperoberfläche, eine besondere Stelle einnehme.

[1]) Siebente Tafel, Fg. 87, c; Fg. 88, d.

der Jahreszeit zusammenhängt. Die *Lacerta ocellata* befand sich nach der Beschaffenheit der Hoden und der Schenkelporen ganz ausserhalb der Zeit der Fortpflanzung, *Lacerta agilis* hingegen stand gerade darin.

Bei den Fröschen und Kröten, nach meiner Beobachtung vielleicht auch beim Zitterrochen, verbreiten sich unter der Haut grosse Lymphräume, deren Abgrenzungen dem gleichen Bindegewebe angehören, welches bei der Eidechse zur lymphdrüsigen Schicht sich umgestaltet und beides, die Lymphräume der Batrachier und die lymphdrüsige Schicht der Eidechsen, halte ich für gleichwerthig. Dies wird auch noch dadurch bestätigt, dass an gewissen Körperstellen bei den Eidechsen, anstatt der körnig-drüsigen Lage, weite Lymphräume sich zugegen zeigen. Es ist solches Verhalten in äusserst deutlicher Weise bei den Augenlidern wahrzunehmen, wovon unten beim Sehorgan das Einzelne mitzutheilen sein wird; und es sei einstweilen nur bemerkt, dass man sich von dem Uebergang beider in einander oftmals in einem und demselben Präparat überzeugen kann; wie denn auch ohne Zweifel die bereits vorhin bei *L. ocellata* erwähnten einzelnen grösseren Weitungen, innerhalb der sonst wie gleichmässig körnigen Schicht, Lymphräume vorstellen.

Ich habe bereits vor langer Zeit das gleiche lymphdrüse Bindegewebe zuerst aufgefunden bei Selachiern [1] und erlaube mir die Beobachtungen wörtlich zu wiederholen: „Merkwürdig ist mir eine weisse Substanz, welche man in ziemlich mächtiger Lage zwischen der Muskel- und Schleimhaut antrifft. Sie besteht aus einer Molecularmasse und 0,00075''' grossen Körnchenzellen, beide umhüllt von einem zarten Bindegewebe, welches eine nicht scharf ausgesprochene Läppchenbildung bedingt. Ich sehe diese Substanz bei *Torpedo narke*, *Scyllium canicula*, *Scymnus lichia*; sie beginnt und hört auf mit ganz bestimmter Grenze, nach oben, wo die Längsfalten des Schlundes anfangen und nach unten, wo der Schlund in den Magen übergeht. Es entspricht diese weisse, zwischen Muskel- und Schleimhaut gelagerte Masse nach ihrer Structur der weisslichen Drüsensubstanz, welche ich bei *Chimaera monstrosa* in der Augenhöhle und unter der Rachenschleimhaut gefunden habe. (MÜLLER's Archiv 1851.)"

Später wies ich dieser weissen Drüsenmasse ihre Stellung näher an, indem ich sie ausdrücklich unter die Lymphdrüsen brachte. [2]

Während die Haut der Batrachier durch grossen Reichthum an Drüsen sich auszeichnet, bildet die Haut der Eidechsen einen scharfen Gegensatz durch den fast vollständigen Mangel der Hautdrüsen. Bei den einheimischen Arten gehören einzig und allein die Schenkeldrüsen hieher.

LINNÉ ist es gewesen, welcher zuerst von den „puncta callosa" an den Schenkeln der Eidechsen redet. Dann gedenken nach ihm viele Zoologen dieser Bildungen, wobei sie die verschiedensten Bezeichnungen gebrauchen; sie bedienen sich auch wohl dieser Organe zum Zweck systematischer Abgrenzungen, ohne aber

[1] Beitr. z. mikrosk. Anatomie d. Rochen u. Haie. 1852, S. 53.
[2] Histologie, 1857, S. 422.

auf den Bau Rücksicht zu nehmen. Vielleicht schwiegen sie auch über den letzteren mit Absicht, indem sie eben in der Erkenntniss desselben nicht weit kamen.

DUVERNOY [1]) weiss zuerst wenigstens zu sagen, dass den „puncta callosa“ ebensoviele darunter liegende Drüsen entsprechen. Damit begnügte man sich lange Zeit, bis dann plötzlich gegen Ende der zwanziger und Anfang der dreissiger Jahre unseres Jahrhunderts die „Schenkelporen“ der Eidechsen Gegenstand genauerer Untersuchung wurden. Die Forscher, welche diess thaten, sind BRANDT, DUGÈS (ANTON), JOH. MÜLLER, WAGLER, MEISSNER und OTTH.

BRANDT [2]) lässt zum erstenmal die Drüsen abbilden, sowie sie sich für's freie Auge und dann mit der Lupe vergrössert ausnehmen; doch möchte ich hiebei die Bemerkung nicht unterdrücken, dass man schon mit der Lupe bei passender Behandlung und guter Beleuchtung mehr zu sehen im Stande ist, als die gedachten Abbildungen veranschaulichen. Da BRANDT, wie es scheint, nicht die Absicht hatte, den Bau der Drüsen weiter zu verfolgen, so sind ihm auch bezüglich des Theiles, an dem gerade andere Beobachter strauchelten, keine Bedenken aufgestossen. Er sagt in gewissem Sinne ganz richtig: in der Höhle der Drüse finde sich oft „eine verhärtete Masse, ein wahres, dem aus Hautdrüsen ausgedrückten ähnliches Secret.“

Auch JOH. MÜLLER, [3]) welcher die Organe von Polychrus (Lacerta) marmoratus L. unter geringer Vergrösserung abbildete, zeigt sich ganz unbefangen. Es seien „Glandulae conglomeratae, ordine lineari aggregatae“. Die dazu gehörige Zeichnung ist naturgetreu; sie giebt die Tracht der Drüsen richtig wieder, auch die streitigen Massen des „Secretes“ sind entsprechend versinnlicht. Da JOH. MÜLLER an der Form der Drüsen das deutlich nachweisen konnte, was ihm als Ziel seines grossen Werkes vorschwebte, so bekümmert er sich offenbar um das Weitere nicht.

Während das, was die beiden vorgenannten Forscher über die Drüsen auszusagen für gut fanden, richtige Angaben sind, so begegnen wir bei WAGLER, [4]) dem Herpetologen vom Fach, einer seltsamen Mittheilung. Er lässt die „wurmförmigen“ Drüsen, deren Ausmündungen die Schenkelporen seien, vom Unterleibe kommen. Dem Genannten zufolge haben ferner diese Schenkelporen „gewiss mit der Seitenlinie der Fische, welche von kleinen Drüsenöffnungen gebildet wird, einerlei Bedeutung“. Einen besseren Blick verräth unser Autor, wenn er ausspricht, es möchten „die Schenkelporen mit den Geschlechtsverrichtungen in einem gewissen Consensus stehen“; und dass ihn die Theile doch besonders beschäftigt haben, geht auch daraus hervor, dass er die aus den Poren eines grossen Leguans gewonnene Substanz einem Chemiker (VOGEL in München) zur Analyse zuschickt, welcher ihm mittheilt: „Die in den Schenkelporen dieser Eidechse vorkommende Substanz enthält keine Spur von Harnsäure, sondern nur Stearin mit thierischer Faser.“

Am einlässlichsten beschäftigt sich mit den fraglichen Organen die Schrift C. F. MEISSNER's, [5]) aus welcher sich ergiebt, dass der Bau nicht so ganz einfach sei, als es bisher den Anschein haben wollte. Man nahm stillschweigend an oder sprach es auch, wie z. B. CUVIER [6]) es that, geradezu aus, dass die Drüsen eine „schleimige Flüssigkeit“ durch die Poren entleeren, während der Baseler Anatom ausdrücklich hervorhebt, dass er niemals, obschon er die verschiedensten Arten von Eidechsen, darunter die grösste der europäischen Fauna: die Lacerta ocellata, Jahre lang lebend gehalten und beobachtet, eine Flüssigkeit (humorem viscosum) aus den Organen habe hervortreten sehen.

Am einzelnen Organe unterscheidet er drei Theile: die Schuppe (Squama papillaris), welche einen Ausschnitt oder Grübchen (Hilus s. foveola) an der gewölbten Fläche besitze; zweitens die unterhalb der Schuppe

---

[1]) In VALMONT DE BOMARE's Dictionnaire d'hist. natur. 1764—77.
[2]) Medicinische Zoologie, 1829, S. 160, Tab. XIX, Fg. 1, C, a, b, c, d.
[3]) De glandularum secern. struct. penit. 1830, p. 39, Tab. I, Fg. 22.
[4]) Natürliches System der Amphybien, 1830, S. 235.
[5]) De Amphibiorum quorumdam papillis glandulisque femoralibus. Basileae 1832. Akademisches Programm.
[6]) »Dans les lézards, on voit sous chaque cuisse une rangée très régulaire de petits pores, d'où sort aussi une humeur visqueuse.« Leçons d'anat. comp.

liegende Drüse (Glandula); und endlich drittens einen Körper (Papilla), der aus der Grube der Schuppe hervorrage. Aber was mochte der letztere bedeuten, und wie sich zur Drüse unterhalb der Schuppe verhalten?
OTTO [1] scheint nur den letztern Körper genauer gekannt, und von der eigentlichen Drüse blos einen
Theil gesehen zu haben: was sich dadurch bemerklich macht, dass er die Schenkelwarzen lediglich aus dem
gewölbten, in der Mitte durchbohrten Schildchen und einem darunterliegenden drüsenähnlichen, aber ziemlich
festen, Körperchen bestehen lässt. Dasselbe rage über das Schildchen als ein stumpfer, hornartiger Kegel
hervor, und indem unser Autor nochmals auf die „hornartige Textur" zurückkommt, theilt er weiter mit, dass
kurz vor der Begattung das Gebilde als kegelförmige Klaue aus der Oeffnung des Schildes hervorrage und so
die ganze Reihe mit einem kurzzahnigen Kamm verglichen werden könne.

Da auch genannter Beobachter weder die Absonderung einer Flüssigkeit sah, noch überhaupt eine
Oeffnung, durch welche eine solche ausgeleert werden konnte, so gelangt er zu dem Schlusse, dass die Organe
keine Drüsen seien. „Ich möchte sie eher — sind seine Worte — mit dem erectilen und während der Begattungszeit turgescirenden Zellgewebe der Genitalien und Brustwarzen vergleichen". Mit dieser Annahme
hat sich OTTO, wie wir sehen werden, sehr geirrt.

Indem ich jetzt zur Darlegung der eigenen Beobachtungen übergehe, darf bemerkt werden, dass die in Rede stehenden Organe histologisch alle Beachtung verdienen,
indem ihre Secretmassen einerseits manches Besondere an sich haben, und andrerseits
gerade hierdurch gewisse Bildungen, welche in weitem Abstand von einander zu
stehen scheinen, sich näher gerückt werden.

Nachdem man die Haut des Schenkels bei unseren einheimischen Eidechsen
durch einen Längsschnitt, in einiger Entfernung von der Reihe der Schenkelporen,
gespalten und zurückgelegt hat, erblickt man leicht die Drüsen unter der Form
platter, linsenförmiger Körper von grauer Farbe und dicht zusammengeschoben. Da
die Drüse unterhalb der Lederhaut freiliegt und nicht etwa in die Dicke derselben
eingebettet, so stellt sich unter geeigneter Behandlung der Umriss und die Gliederung des Organs in solcher Schärfe und Schönheit dem Auge dar, wie man sonst
nicht immer die Drüsen bei höheren Thieren zur Ansicht bekommt; namentlich sind
die Organe von *Lacerta vivipara*, frisch und bei geringer Vergrösserung, ganz besonders zur Demonstration geeignet. Darauf bezieht sich auch, wenn ich an einem
anderen Orte die Schenkeldrüsen der *Lacerta agilis* als „sehr zierliche, scharf abgesetzte" Drüsengruppen bezeichnete.

Das einzelne Organ besteht aus länglichen, fächerig geordneten Schläuchen,
wodurch es in Läppchen zerfällt; bei genauerer Prüfung des Endstückes der Läppchen ergeben sich noch einmal kurze Einschnitte, wesshalb eine Annäherung an die
traubige Drüsenform zuwege kommt. [2] Auf den Figuren bei BRANDT sind die Drüsen
noch einfache, ganzrandige Säckchen, bei MEISSNER [3] werden bereits Längslinien als

---

[1] Ueber die Schenkelwarzen der Eidechsen, Zeitschr. f. Physiol. 1831.
[2] Siebente Tafel, Fg. 89.
[3] a. a. O. Fg. 1, c, d.

Abtheilungsstriche über die Drüse gezogen und finden ihre Erwähnung im Texte. [1]
Endlich die Abbildung bei Joh. Müller zeigt nicht blos die Zusammensetzung aus
den Drüsenschläuchen, sondern auch an einzelnen derselben die wiederholte Gabelung.
Dem Standpuncte gemäss, auf welchem die Histologie vor etwa dreissig Jahren
sich befand, beschreibt Meissner den feineren Bau so: „interna glandulae compages
tota nobis visa est conflata e tela cellulosa subtilissima irregulari, paucisque vasis
sanguiferis pertexta".

Wir können jetzt sagen: das bindegewebige Gerüste [2] der Drüse ist verhältnissmässig zart, streifig und von Kernen unterbrochen; es enthält weder nach
aussen noch etwa nach innen aufgelagert musculöse Elemente: hingegen trägt es
Blutgefässe, welche in ziemlich dichten Maschen die beerigen und schlauchförmigen
Abtheilungen der Drüse umspinnen, und auch durch zarte scheidenartige Vorsprünge
der Drüsenhaut in's Innere geleitet werden. Den Hohlraum der Drüsenhaut erfüllen
die Epithel- oder Secretzellen derart, dass keine Lichtung übrig bleibt, wesshalb auch
schon der zuletzt genannte Autor [3] zu sagen weiss, dass die Drüse nicht hohl sei
und dass es nicht gelinge eine Borste in den Grund der Drüse einzuführen. Die
Zellen haben in ihren Eigenschaften grosse Aehnlichkeit mit jenen, welche sich in
der Tiefe der Talgdrüsen der Säugethiere befinden: sie sind von zarter Umgrenzung,
und feinkörniger, mit ebenfalls feinkörnigem Fett untermischter Substanz. Diese
zelligen Elemente sind es, welche der Drüse die graue Farbe verleihen.

Das Secret [4] ist nun der Körper, welchen die Autoren Papille, Warze, horn-
artigen Kegel u. dergl. nennen.

Gehen wir von dem Fall aus, wo die Entwickelung eine starke ist, und nehmen hierzu die *Lacerta agilis* im Monat Mai. Um diese Zeit ragt beim männlichen
Thier aus der Oeffnung der Schuppe ein fester Körper von gelber Farbe weit heraus,
welcher nicht eigentlich kegelförmig ist, sondern eher seitlich etwas zusammengedrückt: der freie, bogige Rand zeigt sich eingekerbt und mit Furchen, welche nach
unten sich fortsetzen. Das Ganze ähnelt im Kleinen dem Umriss des Hahnenkammes.
Verfolgen wir den Körper unter die Schuppe, in die Drüse hinein, so wird klar, dass
die Furchen der Ausdruck einer Entstehung aus walzenförmigen Massen sind, und

---

[1] Es wird a. a. O. p. 12 der verschmälerte Theil, welcher zur Oeffnung der Schuppe geht, als Drüsenhals
(Collum s. pedicellum) unterschieden und dann fortgefahren: »in ejus (colli) superficie autem lineas observavimus
sulcosve 7—9 obsoletos haud procul a glandulae peripheria incipientes«, sensim convergentes et versus pedicelli in-
sertionem denique evanescentes.«
[2] Siebente Tafel. Fg. 91.
[3] a. a. O. p. 13.
[4] Siebente Tafel. Fg. 92.

13

dass diese wieder den Grund ihrer Gestalt in den schlauchförmigen Abtheilungen der Drüse haben. Indem die gleich anfangs etwas festen walzigen Secretmassen, in der Tiefe der Drüse büschelförmig, mit getheilten Wurzeln gleichsam, ihren Anfang nehmen und dann gegen die Oeffnung der Drüse aufsteigen, sich hierauf allmählig zusammen-neigen und schliesslich an einander gekittet aus der Oeffnung der Schuppe frei her-vorstehen, erzeugen sie zuletzt die unterdessen hartgewordene „Papille". Im ge-nannten Monat, der Zeit der Fortpflanzung, hat denn auch die ganze Drüse ·wegen der reichlich vor sich gehenden Abscheidung dieses Secretes eine durchaus gelbe Farbe für's freie Auge, und erst unter dem Mikroskop lassen sich die grau geblie-benen Partieen der Secretzellen wahrnehmen. Dabei ist um eben diese Zeit das die Drüse umspinnende Blutgefässnetz sehr entwickelt.

Später, und beim Weibchen ist es stets so, erscheint die Papille niedrig oder ragt gar nicht mehr zur Schuppenöffnung heraus. Doch sieht man mit dem Mi-kroskop immer, wie der gelben Masse, auch wenn sie dergestalt tief in die „Pore" sich zurückgezogen hat, dass diese als wirkliches Grübchen erscheint, eine Zusammen-setzung aus Abtheilungen zukommt, welche, bedingt durch die platte Gestalt der Drüse, quergestellt sind.[1] Diese Querlinien sind auch auf mehreren der MEISSNER'-schen Figuren[2] gut ausgedrückt.

Ehe ich in der Darlegung dessen, was ich selbst sah, fortfahre, ist jetzt DUGÈS' zu gedenken, als des Einzigen, welcher schon vor langen Jahren das Ver-hältniss der Papille zur Drüse richtig erkannt hat. In seiner trefflichen Abhandlung: Mémoire sur les espèces indigènes du genre Lacerta,[3] die so viel Neues bietet, sagt er mit ganz kurzen, aber deutlichen Worten: seine Landsleute hätten bisher die Warzen an den Schenkeln der Eidechsen für wahre Hautpapillen gehalten; das seien sie aber keineswegs, sondern vielmehr ein härtliches, röthliches Secret, welches trocken geworden und über die Oeffnung der Schuppe hervorragend. das Aussehen von Warzen annehme.[4]

Dieses Secret wird uns aber dadurch von Bedeutung, dass es nicht etwa eine homogene erhärtete Masse ist, sondern von einer zelligen Structur, welche mit jener der Oberhaut übereinstimmt. Das Secret, die Warze, Papille oder wie man sonst den gelben Körper nennen will, ist eine Art Epidermis, welche in bestimmter Rich-

[1] Vergl. Fig. 90.
[2] a. a. O. z. B. Fg. 4, a.
[3] Annal. d. science. nat. T. XVI, 1829.
[4] »ces cryptes sont formées d'une poche à parois épaisses; elles secrètent une humeur très-consistante, roussâtre, et qui, en se desséchant dans le pore qui lui donne passage, peut prendre l'apparence de verrues qui ont quelquefois passé pour de véritables papilles cutanées.«

tung umgewandelt erscheint. Die Zellen haben schon an den Anfängen der gelben Wülste innerhalb der Drüse den epidermoidalen Charakter, weiter nach aussen besitzen sie ganz die Beschaffenheit echter Epidermiszellen, mit etwas Fettgehalt.[1] Die gelbe Färbung ist diffuser Art. Manches, besonders die Zahl der Kerne deutet darauf hin, dass die Zellen rasch wuchern oder sich vermehren können.

An Thieren, welche einige Tage in äusserst verdünnter Salpetersäure gelegen haben, lassen sich die Papillen allesammt mit ihren Wurzeln, indem wir die Epidermis abziehen, zugleich mit dieser derart abheben, als wären sie nur Theile der Epidermis: noch besser ist es, die Thiere etwa eine Stunde lang zu kochen. Die Papillen treten jetzt mehr heraus, als sie selbst zur Brunstzeit es thun und lassen sich völlig als ein Ganzes hervorziehen; was sich Alles gut erklärt, wenn wir den histologischen Bau zuvor kennen gelernt haben. Da bei MEISSNER z. B. diess noch nicht der Fall ist, so müht er sich[2] ab, eine Oeffnung an der „Papille" wahrzunehmen; und weil sich keine finden liess, sondern die Epidermis über die aus der Grube der Schuppe hervorstehende Masse ebenso wegging, wie über die übrige Haut, so meint er, man könne diess Verhalten zur Bekräftigung der Ansicht verwenden, dass in der Haut der Thiere überhaupt keine „organischen Poren" zugegen seien.

Die Anatomen einer früheren Zeit betrachteten bekanntermassen die Epidermis als ein „unorganisirtes Absonderungsproduct". Wir wissen jetzt, dass auch die Oberhaut eine lebendige und sehr zusammengesetzte Lage des thierischen Körpers sei. In gleicher Weise ist die bisherige Auffassung im Bau der Schenkelwarzen der Eidechsen abzuändern: auch hier besteht „das Secret" aus selbstständig bleibenden Epidermiszellen. Man könnte sogar so weit gehen, zu sagen: das „Secret" sei eine Uebergangsform zwischen Verdickungen oder Wucherungen der Epidermis gewöhnlicher Art und den Haaren. Eine solche Ansicht wäre nicht ganz ungereimt: denn die Papille wiederholt in höchster Entwicklung, zur Begattungszeit, einen auf niedriger Stufe stehen gebliebenen Haarbüschel, dessen Einzelhaare dicht neben einander verklebt wären, wobei man sich dann auch daran erinnern könnte, dass ich[3] bei Säugethieren Büschel von Haaren in einem einzigen mehrfach ausgesackten Balg nachgewiesen; und obschon die Stachelborsten der Ringelwürmer nur in allgemein morphologischer Beziehung mit den Haaren der Säugethiere verglichen werden können, so darf man immerhin beachten, dass diese Gebilde in drüsenähnlichen Säckchen als Abscheidungsproduct und zwar hier als Cuticularbildung entstehen.[4] Unter solchen Erwägungen würden wir auch dazu kommen, den Haarbalg der Säugethiere nicht mehr als eine Bildung besonderer Art, sondern wie einen Drüsensack anzusehen.

Bleiben wir jedoch bei dem zunächst Liegenden, so ist das Ergebniss für uns, dass die besagten Organe der Eidechsen Talgdrüsen sind, deren Secret nicht nur zellig ist, sondern in seinen Elementen bis zu einem gewissen Grade verhornt, dabei eine bestimmte Anordnung zu walzigen Partien einhält, und als ein abgeändertes Stück Oberhaut aufzufassen ist.

[1] Vergl. Fg. 92. (Siebente Tafel.)
[2] a. a. O. p. 11.
[3] Ueb. d. äusseren Bedeckungen d. Säugethiere, Arch. f. Anat. u. Physiol. 1859. S. 706.
[4] Vergl. m. Aufsatz: über *Phreoryetes Menkeanus*, Archiv f. mikrosk. Anat. Bd. 1.

Blindschleiche.

Oberhaut.

Auf die mancherlei Eigenthümlichkeiten, welche die Epidermis darbietet, insbesondere auf die so sehr entwickelte Pneumaticität der Hornschuppen soll hier nicht noch einmal eingegangen werden, da ich darüber vor Kurzem ausführlich berichtet habe. [1])

Die Häutung geschieht auch hier, trotz der Verkalkung der Lederhaut, im Ganzen: die Thiere streifen nach Art der Schlangen ein völliges „Natternhemd" ab: doch wird die Epidermis weniger oft als bei den Eidechsen gewechselt. [2])

Eine eigenthümliche Krankheit, welche die Epidermis mancher Individuen von *Anguis fragilis* auch im geräumigen Zwinger befällt, besteht darin, dass einzelne der Hornschuppen oder gleich mehrere zusammen den Glanz verlieren, trübe werden, wie wenn sich ein weisslicher Stoff darunter ansammelte; sie spreizen sich alsdann in die Höhe und sehen wie vertrocknet und schrundig aus. Man denkt hiebei wohl an Pilze, welche die Krankheit verursacht hätten. Allein ich sehe auch keine Spur von fremden Organismen. Die weisse Masse scheint vielmehr nur auf Wucherung der von mir (a. a. O.) beschriebenen fettigen Zellenschicht zu beruhen. Meist gingen die Thiere bald zu Grunde, doch haben sich manche der kranken Oberhaut nach und nach entledigt, obschon sie schwerer abging als die gesunden Partien.

Bei den Eidechsen scheint die Epidermis hin und wieder ebenfalls an solchen Entartungen zu leiden, wenigstens nach den Mittheilungen, welche GLÜCKSELIG [3]) darüber veröffentlicht hat.

Lederhaut.

Von diesem Körpertheil verdient unsere Beachtung vor allem Andern die Gegenwart der Knochentäfelchen [4]) oder Knochenschuppen, welche auf Kosten der Lederhaut entstanden, sich über den ganzen Körper verbreiten. Wer sie nicht mikroskopisch zu untersuchen vermag, kann sich von ihrer Anwesenheit leicht dadurch überzeugen, dass er die Haut lange fort im Wasser macerirt; nach Auflösung des Bindegewebes lassen sich alsdann die Knochenschuppen als zierliche weisse Kalktäfelchen in Menge sammeln.

Es gehören die Knochenplättchen zu den ganz besonders unterscheidenden Merkmalen der Scincoiden gegenüber von den Lacerten, und man hatte immer bemerkt, dass die „Schuppen" der Eidechsen von jenen der Blindschleichen etwas abweichen. Der Unterschied des lebenden Thieres, in guter schräger Beleuchtung ist so gross, dass er Niemanden entgehen kann: bei Eidechsen ist die Oberfläche der

---

[1]) a. a. O. in den Schriften d. Acad. Leop. Carol.

[2]) Auch an *Pseudopus Pallasii* beobachte ich, dass die Knochentafeln der Lederhaut keinen Einfluss auf die Weise der Häutung ausüben; dabei erfolgte in der Gefangenschaft der Wechsel der Epidermis erst nach Verlauf von fünf Monaten.

[3]) Ueber d. Leben d. Eidechsen, 1863.

[4]) Siebente Tafel. Fg. 97, d, Fg. 97, c.

Haut unter diesen Umständen verhältnissmässig matt, bei der Blindschleiche hingegen von spiegelndem glänzenden Aussehen, wesshalb auch die Bezeichnung „Glanzschleichen" eine recht passende ist.

PALLAS, indem er den merkwürdigen, von ihm entdeckten *Pseudopus* näher untersuchte, weiss schon, dass die Haut mit Knochentafeln gepanzert sei.[1]) Der zweite, welcher „knochenartige Schüppchen, denen der Fische ähnlich in der Haut der Scinke" beobachtet hat, ist HEUSINGER[2]) gewesen: später wurden auch von Andern bei *Scincus* und den nahe stehenden Gattungen *Ophisaurus*, *Cyclodus* Knochenbildungen in der Haut wahrgenommen, sowie ich[3]) denn selbst schon vor geraumer Zeit nachwies, dass bei unserer Blindschleiche die Lederhaut wirkliche Hautknochen erzeuge. Trotzdem wird dieser Charakter in den Handbüchern der Zoologie wenig oder gar nicht berührt; und wenn man dessen einmal gedenkt, so geschieht es mit dem unrichtigen Beisatz, dass „die Knochentäfelchen in eigenen Taschen der Oberhaut stecken".

Dieser Irrthum fällt zusammen mit der Ansicht HEUSINGER'S, welcher zufolge die „Schüppchen oberhalb der Lederhaut im Malpighi'schen Schleimnetz abgesondert werden, sohin nicht Verknöcherungen der Lederhaut seien". Dass diese Annahme ganz zu beseitigen sei, geht aus meinen[4]) vor Kurzem veröffentlichten Mittheilungen hervor, wo ich den histologischen Bau im Einzelnen dargelegt habe. Die Knochenschuppe ist in Wirklichkeit ein Stück verkalkter Lederhaut, wobei noch unverkalktes Bindegewebe eine Art weicher Rinde um den Knochen bildet.

Es darf vielleicht angenommen werden, dass die harte Unterlage der Knochentafeln den darüber folgenden Hornschuppen theilweise zu dem sie auszeichnenden Glanze verhilft.

Die Knochentafeln der Haut zeigen eine Anordnung in Querringen, was sich sehr deutlich zeigt, wenn wir von einem gekochten Thier die Haut abzuziehen versuchen: es gelingt alsdann leicht in Querringeln, kaum aber in Längsstücken.

---

[1]) »Totum cataphractum est squamis .... osseis, et supra osseam lameam epidermide corneola incrustatis.«
[2]) Vergl. dessen Histologie, 1822, S. 222.
[3]) Lehrb. d. Histologie, 1857, S. 90.
[4]) Ueber Organe eines sechsten Sinnes, Nov. Act. Acad. Leop. Carol. 1868. Dort werden auch histologische Abbildungen der Schuppen von *Anguis* und *Scincus* gegeben, wesshalb ich mich diesmal auf vergleichende, mehr für den zoologischen Gebrauch bestimmte, Hautdurchschnitte von *Anguis* und *Lacerta*, sowie auf Wiedergabe der Sculptur beschränkt habe. — In genannter Abhandlung habe ich ferner auf Kalkablagerungen in der Haut der Kröte aufmerksam gemacht und möchte hier gelegentlich bemerken, dass bereits, was mir damals unbekannt war, zwei ältere auf den gleichen Punct bezügliche Angaben vorliegen. So führt HEUSINGER (a. a. O. 225) an, dass bei *Pipa* in der Pigmentschicht der Haut, welche dazumal zur Epidermis gerechnet wurde, kreidenartige Körnchen sich finden. Dann hat zu gleicher Zeit DAVY (Phil. Transact. 1826) beobachtet, dass bei Kröten die Haut ihre besondere Festigkeit erhalte durch einen Ueberfluss von phosphorsaurem und kohlensaurem Kalk.

Auch die Haut der Blindschleiche ist drüsenlos. Aber was im Hinblick auf die Verwandtschaftsverhältnisse, welche zwischen *Lacerta* und *Anguis* bestehen, von Bedeutung ist: es fehlen nach meiner Wahrnehmung den Schenkeldrüsen entsprechende Organe keineswegs völlig, sondern sie haben, bei dem Mangel von Gliedmassen, sich auf einen anderen Ort zurückgezogen. Es wird nämlich unten, wo über die Fortpflanzungswerkzeuge die Rede ist, gezeigt werden, dass gewisse Drüsen der Begattungsorgane oder Ruthen die Stellvertreter der „Schenkelporen" sind.

In der Epidermis der Blindschleiche, nicht minder bei Eidechsen und Nattern, habe ich Organe aufgefunden und beschrieben, welche man dem ersten Eindruck nach für Drüsen halten könnte, aber dies, wenigstens im gewöhnlichen Sinne, nicht sind. Vielmehr müssen sie in die Reihe der Sinnesorgane gerechnet werden, wesshalb ihrer unten noch einmal zu gedenken ist.

II. Muskelsystem.

Ueber die Muskeln des Stammes habe ich selbst keine zusammenhängenden Studien angestellt, sondern nur gelegentlich, im Anschluss an die Betrachtung der Knochen mir Einzelnes bemerkt, wesshalb ich mich bei nachfolgenden Andeutungen auf andere Forscher stütze, und zwar zumeist auf die Angaben FÜRBRINGERS, die mir den Eindruck grosser Genauigkeit machen.

Man hat auszugehen von den Seitenrumpfmuskeln. Die Rückenhälfte derselben, welche sich vom Kopf bis zum Schwanzende erstreckt, wird gebildet vom Spinalis (mit Splenius), Semispinalis, Multifidus, Longissimus dorsi, Sacrolumbalis und den Levatores costarum. Die Bauchhälfte setzen zusammen die Longi colli, Recti capitis, Retrahentes costarum der Hals- und vorderen Brustgegend und die unteren Schwanzmuskeln. Endlich die Seitenbauchmuskel umfassen die zwei Obliqui externi und interni und den Transversus. — Der Pyramidalis fehlt und die Recti abdominis gehören zu den Intercostalmuskeln.

An der Schwanzwirbelsäule behält die Musculatur nahezu den Charakter des grossen Lateralmuskels der Fische. Man sieht daher von aussen nach Abzug der äusseren Haut, namentlich gut bei der Blindschleiche, eine schöne zickzackförmige Zeichnung, bedingt durch die Anordnung der musculösen Elemente; und auch der Querschnitt erinnert an die Kegelstücke und Kegelmäntel der Fische. (Die ganze

Schwanzmusculatur hat eine besondere von der Lederhaut der äussern Bedeckung wohl verschiedene, bindegewebige, derbe Umhüllung.)

Für den Schulter- und Beckengürtel lösen sich ab vom Sacrolumbaris: der Depressor maxillae, der Cucullaris, der Latissimus dorsi, der Levator scapulae, der Serratus anticus major.

In der Brustgegend finden sich einige Muskeln als Fortsetzungen des Rectus abdominis. Auch den Pectoralis major der Brustgegend möchte der genannte Beobachter als eine abgelöste Partie des Obliquus abdominis externus ansehen, während er den Sterno-cleidomastoideus den Hautmuskeln zuzuzählen geneigt ist.

Am Beckengürtel stellt die tiefere Lage des Sacrolumbaris den Quadratus vor. Die untere Muskelmasse des Schwanzes geht mit einzelnen Bäuchen aus Becken (Ileo-coccygeus und ischio-coccygeus.)

Am Schultergürtel fehlen mehrere Muskeln, welche sich beim Menschen finden, so z. B. der Subclavius, der Rhomboideus; während andere zugegen sind, welche beim Menschen nicht vorhanden sind, so z. B. ein Sterno-costoscapularis.

Der Deltoides des Oberarms ist ein kleiner schmaler Muskel. Ein Coracobrachialis, Teres major, Subscapularis, lassen sich ausser dem schon genannten Latissimus dorsi unterscheiden. Die Sehne des Triceps des Unterarms schliesst eine später noch zu erwähnende Ellenbogenscheibe ein.

Von den Muskeln des Oberschenkels sind Glutaeus medius und minimus, sehr verschieden von der menschlichen Bildung, lange schmale Muskeln; der Glutaeus maximus setzt sich an den Kopf des Wadenbeins. Der Adductor stellt nur einen kleinen Muskel vor. Andererseits treten wieder Muskeln auf, welche dem Menschen am Ober- und Unterschenkel fehlen.

Von Gesichtsmuskeln sehe ich keine Spur; selbst nicht einmal die kleinen Muskeln, welche bei Fröschen an der Schnauze als Intermaxillaris und Lateralis narium unterschieden werden, sind vorhanden.

Die Kaumuskeln bestehen aus dem äusseren oder Masseter und Temporalis, und dem inneren oder Pterygoideus. Des Herabziehers des Unterkiefers wurde schon gedacht.

In das Einzelne der anatomischen Beschreibung des Muskelsystems von *Lacerta* und *Anguis* geht von älteren Autoren z. B. MECKEL ein. Ganz besonders ist HEUSINGERS Arbeit hervorzuheben,[1] allwo nicht nur die Muskeln vom Rücken und Bauch, sondern auch des Schulter- und Beckengürtels der Blindschleiche im Näheren behandelt werden, begleitet von bildlichen sauberen Darstellungen. Nicht minder sind in der gleichen Abhandlung, wenigstens auf den Tafeln, durch drei schöne Muskelpräparate *Lacerta agilis* und *L.*

---

[1] Ueber die Extremitäten der Ophidier, Zeitschrift für organische Physik. 1828.

viridis berücksichtigt. Eine im Geist der neueren vergleichenden Anatomie durchgeführte Arbeit über die Muskeln von *Anguis* und anderer Scincoiden verdanken wir FÜRBRINGER, [1] welche, wie ich mir denke, alle die früheren, unseren Gegenstand berührenden Schriften überflüssig gemacht hat.

Noch mag auf die weite und allgemeine Verbreitung des Pigments in der Musculatur des Stammes hingewiesen sein. Nicht nur bei Eidechsen zeigt sich mir diese dunkle Besprenkelung der Muskeln, sondern auch bei der Blindschleiche. Und sucht man darnach wo das Pigment eigentlich untergebracht sei, so finden wir, dass es lediglich in den bindegewebigen Umhüllungen und Abgrenzungen der contractilen Substanz, niemals in dieser selbst, liegt. Es hält sich vor Allem an die Blutgefässe und hat seinen Hauptsitz in deren äusserer Hülle.

III. Skelet.

Es gliedert sich das Knochengerüste in das Kopfskelet und die Wirbelsäule nebst den Anhängen, sowie in den Brust- und Beckengürtel; daran schliessen sich bei *Lacerta* noch vordere und hintere Gliedmassen, während sie bei *Anguis* fehlen.

Blindschleiche.

Primordialschädel.

Die Umstände lassen es nicht zu, den Primordialschädel von seinen ersten Anfängen aus darzulegen, da mir nur Embryen von jener Reife, bis zu welcher sie in der Mitte Juli's gediehen sind, zu Gebote standen.

Man kann den ursprünglichen knorpeligen Schädel in dieser Zeit bei einiger Sorgfalt ziemlich als ein Ganzes in der Art gewinnen, dass man nach vorausgegangener Einwirkung des Weingeistes auf das Thier, das Präparat reinigt, hierauf mit verdünnter Kalilauge und endlich mit Glycerin behandelt. Das knorpelige Gerüste des Schädels, gelbroth geworden, hebt sich jetzt von den weisslichen Deckknochen gut ab, so dass beide in einen die Uebersicht erleichternden Gegensatz zu einander treten.

Ohne hier schon auf die Frage, ob der Schädel aus Wirbeln sich zusammensetze, einzugehen, sei doch zum Voraus bemerkt, dass der Primordialschädel eigentlich nichts Wirbelähnliches an sich hat.

---

[1] Die Knochen u. Muskeln der Extremitäten bei den schlangenähnlichen Sauriern. Mit sieben Tafeln. Leipzig. 1870.

Beginnen wir von hinten und unten, so zeigen sich zuerst zwei bogig nach aufwärts strebende Knorpelstreifen, welche später den Grund zu den Seitentheilen des Hinterhauptbeines geben.[1] Hat man sie etwas abgebogen, so wird nahe ihrem unteren Ende eine grössere Oeffnung und weiter nach oben eine andere um vieles kleinere sichtbar. Vor diesen Occipitalia lateralia liegend bildet den Grund des Schädels eine Knorpelplatte[2] von beiläufig dreiseitiger Form, in welcher man die Summe des späteren Körpers des Hinterhauptbeins, sowie den hintern Keilbeinkörper erblicken darf. Ihr hinterster, eigentlich plattenartiger Theil ist nach unten ausgewölbt, da auf ihm das verlängerte Mark ruht. Nach vorne zu wird die Platte zweimal von einer mittleren Oeffnung durchbrochen, wovon die hintere eine rundliche, die vordere eine beiläufig dreieckige Gestalt aufzeigt. Dann sind auch jederseits zwei längliche Spalten, unter sich von verschiedener aber immer beständiger Form, zugegen, welche Durchbrechungen sämmtlich einen häutig-bindegewebigen Verschluss haben. In die vordere der mittleren Oeffnungen, genauer auf deren häutigen etwas vertieften Boden, kommt der Hirnanhang zu liegen.

Die Fortsetzung der Platte zieht als Knorpelstreifen nach der Mitte und Länge des Schädelgrundes hin bis zur Schnauzenspitze, allwo er sich gablig theilt. Auf diesem Wege entsendet er unmittelbar vor der Spitze der zweiten, den Hirnanhang bergenden, Durchbrechung einen Knorpelfaden nach rechts und links, und indem die beiden sich nach oben schliessen, entsteht ein Ring, dessen beide Hälften zum Durchtritt des Sehnerven dienen.[3]

Von beiden Seiten des Ringes geht ein Knorpelfaden nach rückwärts in die Gegend der knorpeligen Ohrkapsel. Unmittelbar vor dem Ring entwickelt der Basalknorpelstreifen einen Kamm, der ziemlich dick ist und aufsteigend zwischen die Augen zu liegen kommt.

Weiter nach vorne dient der Basalknorpelstreifen und seine kammförmige Erhebung, die jetzt wieder schmäler geworden, zur knorpeligen Nasenscheidewand; das knorpelige Ende, die Nasenhöhlen umgreifend, wird zur Nasenkapsel und die Einsprünge zu den Muscheln.

Endlich unterscheidet man noch einen Knorpelfaden, der am Seitenrand des häutigen Schädels hinziehend, hinter den Augen vorbei, in die knorpelige Nasenkapsel ausläuft, nachdem er sich zuvor durch eine kurze Querbrücke mit dem Knor-

[1] Fg. 28, α. Fg. 29 α.
[2] Fg. 29, β.
[3] Fg. 28 d, Fg. 29, γ.

pelkamm zwischen den Augen verbindet. Es hat mir mehrmals geschienen, als ob dieser seitliche lange Knorpelfaden hinten über die Ohrkapsel weggehend, in Verbindung stehe mit dem hintersten Knorpel des Primordialschädels d. h. mit dem Occipitale laterale.

Die Columnella,[1] ebenfalls ein Knorpelstab, setzt sich sowohl nach oben als auch nach unten, insoweit sie aus Knorpelsubstanz besteht, mit scharfer Grenze ab. Das Pterygoideum, dem er sich unten anfügt, ist nie knorpelig gewesen.

Einen sehr wesentlichen Theil des Primordialschädels bildet die knorpelige Ohrkapsel. [2] Von innen her angesehen bemerkt man an ihr eine grössere Oeffnung zum Schädelraum, von länglicher Form. Von aussen macht sich ein grosses Foramen ovale auffällig, das wohl jetzt auch noch zugleich das Foramen rotundum mitbegreift. Von den Gehörknöchelchen ist das Operculum ebenfalls knorpelig angelegt. Ferner unterscheidet man nicht blos deutlich die Umrisse für die Bogengänge und die stumpfkegelförmige Schnecke, sondern es schimmern auch zwei weissliche Haufen von Otolithen hindurch, einer aus dem Vorhof, der andere aus der Schnecke.

Endlich stellen noch knorpelige Anhänge des Primordialschädels vor: das Quadratbein (Os tympanicum) und der Bogen für den Unterkiefer. Das erstere ist oben etwas breiter als unten, aber sonst von noch ganz einfacher Form, ohne Aushöhlung für ein Trommelfell und ohne Muskelleisten.

Das Verhalten der Rückenseite (Chorda dorsalis) zum Primordialschädel ist gut wahrzunehmen. [3] Die letzte Verdickung der Chorda liegt im Körper des zweiten Halswirbels (Epistropheus); dann zieht sie fadig verdünnt durch den ersten Halswirbel (Atlas) in die knorpelige Grundplatte des Schädels und erstreckt sich genau bis zum Rande der zweiten häutigen Durchbrechung jener Platte, auf welcher der Hirnanhang ruht. Ihre Spitze geht unmittelbar bis an den Hirnanhang heran, hört aber bestimmt für sich auf, ohne mit dem letzteren in Zusammenhang zu stehen. Auch lässt sich, bei Betrachtung des Schädels von innen klar sehen, dass die Chorda während ihres Verlaufs durch den Schädelknorpel von oben her nicht von Knorpelsubstanz bedeckt ist, sondern in einer Furche des Knorpels liegt, und ebenso jenseits der ersten grossen häutigen Lücke, in der Fortsetzung des Knorpels, jetzt geradezu auf letzterem ruht.

Mit dem Studium des Primordialschädels beschäftigt vermied ich absichtlich RATHKE's bekannte

[1] Fg. 29, e.
[2] Fg. 28, e; Fg. 29, d.
[3] Fg. 28, f; Fg. 29, f.

Darstellung in der Entwicklungsgeschichte der Natter, [1] deren Ergebnisse mir nur den allgemeinen Zügen nach im Gedächtniss waren, zur Hand zu nehmen. Erst nach Abschluss meiner Beobachtungen verglich ich die beiderseitigen Erfunde und konnte mit Vergnügen die Uebereinstimmung in den Hauptsachen wahrnehmen. Die Unterschiede, welche sich herausstellen, beziehen sich offenbar darauf, dass die Blindschleiche zwar ein schlangenartiges Thier, aber doch keine echte Schlange ist.

Die knorpelige Grundplatte in ihrem hintern Abschnitt nennt RATHKE den Körper des Hinterhauptbeins: die Knorpelquerbrücke zwischen der hintern und vordern häutigen Durchbrechung heisst bei ihm Körper des hintern Keilbeins: die Knorpelstreifen, welche die seitlichen kleineren Durchbrechungen umfassen, sind die „Fortsätze vom Körper des hintern Keilbeins zum Felsenbein". Die Knorpelstreifen, welche die vordere, hier bei der Natter viel länger ausgezogene, Oeffnung rechts und links begrenzen, heissen die „paarigen Balken der Hirnschale": die Fortsetzung des Knorpels nach vorne ist „der verschmolzene Theil der Schädelbalken": auch bildet RATHKE einen Theil der knorpeligen Nasenkapsel ab, ebenso stimmen die Umrisse der Ohrkapsel gut mit dem was ich sah, nicht minder die Seitentheile des Hinterhauptbeins.

Verfolgen wir die weiteren Schicksale des knorpeligen Primordialschädels, so zeigt sich, dass der hintere Abschnitt, nämlich die Theile, welche dem Körper und den Seitentheilen des Hinterhauptbeins entsprechen, verkalken, ebenso die Ohrkapsel sammt dem Paukenknochen, der hintere Keilbeinkörper, ferner die Columella, das Tympanicum, sowie das Articulare des Unterkiefers. Der übrige Knorpel hingegen, welcher sich nach vorne erstreckt, also die sogenannten paarigen Schädelbalken und ihre unpaarige Fortsetzung bis zur Schnauze, dann der auf letzterer sich erhebende Kamm, die Nasenkapseln und der lange Streifen nach oben, aussen und hinten bis in die Gegend des Schläfenbeins, bleiben zeitlebens bestehen und lassen sich an jedem rein präparirten Schädel wieder auffinden, nicht weniger der Meckel'sche Knorpel im Unterkiefer.

Einer ganzen Reihe von Knochen geht keine knorpelige Bildung voraus: sie sind sogenannte Belegknochen. [2] Dazu gehören: die Schuppe des Hinterhauptbeins, Scheitelbeine, Stirnbeine (sowohl die Haupt- als auch die vordern und hintern Nebenstirnbeine), Thränenbein, Nasenbeine, Zwischenkiefer, Oberkiefer, Unterkiefer, Pflugschaarbeine, Gaumenbeine, Flügelbeine, endlich der Stachel am Keilbeinkörper. Diese herkömmlich gewordene Unterscheidung in Knochen, welche knorpelig vorgebildet sind und in solche, welche das niemals waren, die Belegknochen, verschwindet zwar vor einer genaueren histologischen Untersuchung der Art und Weise wie Knochensubstanz entsteht, da GEGENBAUR [3] ermittelt hat, dass auch diejenigen Knochen, welche anscheinend dem Knorpel ihre Entstehung verdanken, aus dem umhüllenden

---

[1] Tab. VII., Fg. 17. Schädel eines Embryo von der unteren Seite angesehen.

[2] Fg. 28, Fg. 29.

[3] Jenaische Zeitschrift I. II. Ich kann bei dieser Gelegenheit nicht unterlassen zu erwähnen, dass zu meinen Nachweisen über die Verwandtschaft der Cuticularbildungen mit den Bindesubstanzen durch das, was GEGENBAUR über die Entstehung des Knochengewebes d. h. über die Beziehung der Zelle zur Intercellularsubstanz aufgedeckt hat, neue und feste Stützen hinzugekommen sind.

Bindegewebe, dem Periost, ihren Ursprung nehmen. Aber trotzdem wird Jedem, welcher den Schädel eines Wirbelthieres aus dieser frühen Zeit unter den Augen hat, die Bemerkung sich aufdringen, dass die einen Knochen eine nähere Beziehung zum knorpeligen Primordialschädel haben und die anderen nur eine entferntere und man wird zugestehen, dass die hergebrachte Unterscheidung eine wohl berechtigte ist.

Knochen des fertigen Schädels.

Das Hinterhauptsbein besteht aus dem Körper, den zwei Seitentheilen und der Schuppe, welche nicht blos unter sich fest verschmolzen sind, sondern auch mit dem Keilbein und Schläfenbein so innig verbunden erscheinen, dass erst bei längerem Maceriren das Keilbein sich löst; während auch dann noch Schläfenbein und Hinterhauptsbein zu einem Ganzen verbunden bleiben.

Der unpaare Gelenkkopf, stark vorspringend, hat eine dreigelappte Beschaffenheit,[1] die bei jüngeren Thieren sehr ausgeprägt ist, indem die drei Abtheilungen förmlich vorquellen; später verliert sich hin und wieder diese scharfe Ausprägung und bei längerer Lebensdauer kann sie wie verwischt sein. Die dreilappige Form des Gelenkhöckers rührt her von seiner Entstehung, indem der Körper des Hinterhauptbeins den mittleren und die Occipitalia lateralia die seitlichen Lappen liefern.[2] Die Seitenstücke des Hinterhauptbeins sind ursprünglich am Primordialschädel verhältnissmässig sehr schmal angelegt, und übertreffen die hinten sich anschliessenden Wirbelbogen wenig an Umfang. Sie sind aber keineswegs die einzigen Elemente für die späteren Seitenstücke; diese haben sich vielmehr am fertigen Schädel dadurch vergrössert, dass sich ein Knochenstück, welches in seiner knorpeligen Grundlage der Ohrkapsel angehörte, mit ihm verbunden hat. Von diesem Knochen wird beim Schläfenbein näher die Rede sein. — Die Occipitalia lateralia erhalten seitwärts bald eine bogige Leiste zum Ansatz von Muskeln.

Die unpaare Schuppe (Occipitale superius) ist ziemlich umfänglich und bei reifen Embryen und ganz jungen Thieren sitzen an ihrem oberen und vorderen Rande zwei auffällige Höcker, weisser von Farbe als die übrige Schuppe.[3] Im Inneren der Höcker sind die Enden der Kalksäckchen des Ohrlabyrinthes geborgen, wesshalb ich noch einmal bei Besprechung des Gehörorgans darauf zurückkommen werde. Beim fertigen Thier erhebt sich an dieser Stelle ein cylindrischer medianer Vorsprung, der nichts mit den vorerwähnten Höckern, wohl aber mit Theilen des Knorpelschädels zu thun hat.

---

[1] Zweite Tafel, Fg. 32, a.
[2] Dritte Tafel, Fg. 33, a. b. b.
[3] Fg. 33, c.

Ein cylindrisches aus echtem Knorpel bestehendes Stück von etwa einer Linie Länge sitzt auf diesem Knochenvorsprung der Hinterhauptsschuppe und erstreckt sich von da in eine mittlere Aushöhlung des Scheitelbeins. Am macerirten Schädel hat sich das Knorpelstück vom Hinterhauptsbein gelöst und der walzige Vorsprung der Schuppe, dem er aufsass, zeigt auf der Verbindungsfläche eine strahlige Beschaffenheit. [1]

Ausser diesem unpaaren, ein Knorpelstück tragenden walzigen Knochenvorsprung gibt es einen paarigen Höcker am oberen Rande des Schläfenbeins, genauer Felsenbeins, welcher schon jetzt erwähnt sein soll, da er von gleicher Beschaffenheit ist und sich auf ihm die vorhin angezeigten nach rückwärts gekehrten Seitenstreifen des Primordialschädels anheften mögen. Diese drei Knochenzapfen erscheinen am frischmacerirten Schädel nicht blos eigenartig durch eine strahlige Endfläche, sondern auch durch ihre röthliche Farbe, welche von dem Weiss der Umgebung absticht; alle drei sind auch wohl erst nachträglich aus Knorpelfäden des Primordialschädels entstanden. Zwischen der Schuppe und dem Scheitelbein bleibt längere Zeit (an jungen Thieren) eine grössere Fontanelle, durch deren mittlere Verbreiterung der mediane Knorpelstreifen geht. [2]

Das Keilbein besteht aus dem Körper, der gross und breit ist, und nach vorne in eine mittlere Platte oder Schnabel vorspringt. Die hintere Grenze zwischen ihm und dem Körper des Hinterhauptbeins bleibt bei genauerem Zusehen fast immer als Nath bemerklich. Nach oben erhebt sich jederseits ein kurzer flügelartiger Theil, den ich als Andeutung einer knöchernen Ala superior nehmen möchte, womit freilich sehr gegen die CUVIER'sche Deutung verstossen würde. [3] Nach unten und aussen gehen starke untere Flügel oder Flügelfortsätze (Processus pterygoidei) ab, mit welchen dann die Flügelbeine oder Ossa pterygoidea articuliren. [4]

Betrachtet man das Keilbein von oben und innen, so zeigen sich vorne, wo der Schnabel in den sogenannten vorderen Keilbeinkörper übergeht, zwei rein walzige Vorsprünge, — man könnte auch sagen — kurze Stäbe, von demselben Aussehen, wie die bereits erwähnten drei Fortsätze in der Hinterhauptgegend. Und offenbar sind sie auch desselben Ursprunges, indem sie nach Farbe und Form auf verknöcherte Partien jener Theile des Primordialschädels zurückzuführen sind, welche RATHKE Schädelbalken genannt hat. Diese letzteren erhalten sich im knorpeligen Zustande jenseits der zwei Knochenstäbchen, wie schon bemerkt, durch's ganze Leben.

---

[1] Zweite Tafel, Fg. 31, a; Fg. 32, b, c.
[2] Fg. 32, d.
[3] Fg. 31, d.
[4] Fg. 31, e.

Ein deutlicher Türkensattel (Sella turcica) ist vorhanden, und vor ihm eine tiefe Aushöhlung zur Aufnahme des Hirnanhanges. Unten und seitlich vom Türkensattel, in der Ecke, machen sich zwei Grübchen sehr bemerklich, welche fast für Oeffnungen genommen werden könnten. (Sollten vielleicht Augenmuskeln hier entspringen?)

Der Erwähnung werth halte ich auch die Beobachtung, dass der eben bezeichnete Vorsprung im Inneren des Schädels nur seinem kleineren Theile nach einen knorpeligen Vorläufer hat, seiner weitaus grösseren Masse nach aber aus Verknöcherung der harten Hirnhaut hervorgeht; wovon man sich an Durchschnitten des Schädels von Embryen aus der Mitte Juli überzeugt. Man sieht hier deutlich die bekannte Knickung des Gehirns, aber der Vorsprung der Schädelbasis in den Raum vor dem verlängerten Mark erscheint nur eine Strecke weit als Fortsetzung der Knorpelbasis des Schädels; weiter nach einwärts und oben wird er von dem Bindegewebe der faltig zusammengeschobenen harten Hirnhaut gebildet.

Für das Keilbein des fertigen Schädels liefert übrigens der Knorpel des Primordialschädels nur einen kleinen Grundstock. Am ursprünglichen Knorpelgerüste nämlich wird der hintere Keilbeinkörper blos von der knorpeligen Querbrücke[1]) vor dem häutigen Ausschnitt des Occipitale basilare vorgestellt; den grössten Zuwachs bezieht er offenbar von dem hinter ihm befindlichen Material des häutigen Schädelverschlusses.[2]) Ferner bleibt der Raum zwischen dem Keilbein und dem Schläfenbein, näher Petrosum, ebenfalls nur häutig geschlossen; ebenso weiter nach vorne im Bereich der Austrittsstelle des Sehnerven und Riechnerven. Es sind somit, um gleich weiter zu blicken, die Knochen, welche aus der Verknöcherung der Ohrkapsel entstehen, diejenigen, welche den Haupttheil der knöchernen Seitenwand des Schädels bilden. Erwägt man diess, so können wir uns geneigt finden, anzunehmen, dass anstatt wohl entwickelter, knöcherner Alae magnae und parvae ein physiologischer Ersatz gegeben sei, einmal in dem Vorhandensein der Columella, dem bekannten senkrechten Stützknochen zwischen Flügelbein und Scheitelbein, und dann noch in später zu gedenkenden Verknöcherungen der allgemeinen Körperbedeckung.

Was man den vorderen Keilbeinkörper nennt, ein Stachel, welcher vom vorderen Rande des Schnabels des hinteren Keilbeinkörpers unter scharfem seitlichem Absatz entspringt und fein auslaufend weit nach vorne sich erstreckt, so ist derselbe zu keiner Zeit knorpelig gewesen, sondern entsteht auf's deutlichste in

[1]) Fg. 37, b.
[2]) Fg. 37, c.
Leydig, Saurier.   4

jener Haut, welche die dreieckige Oeffnung zwischen den knorpeligen Schädelbalken schliesst. Wie schon erwähnt, bleiben zeitlebens neben dem Stachel und seiner breiteren Wurzel die nach vorne ziehenden knorpeligen Schädelbalken bestehen.

Bei Untersuchung des Felsenbeins oder der Knochen, welche das Ohrlabyrinth umschliessen, wird man, was oben ebenfalls bereits berührt wurde, gewahr, dass in den Seitenstücken des Hinterhauptbeins ein guter Theil vom Vorhof, ferner vom hinteren Bogengang, sowie eine kleinere Partie des äusseren oder horizontalen liegt; der hintere und vordere Bogengang erstrecken sich auch in das Occipitale superius. Diese Aufnahme eines Theiles des Ohrlabyrinthes, welches doch am Primordialschädel von einer besonderen Knorpelkapsel umschlossen erschien, in die seitlichen Partieen und Schuppe des Hinterhauptbeins muss befremden und unverständlich bleiben, so lange man in den verhältnissmässig schmalen, die Wirbelbogen an Umfang wenig übertreffenden, knorpeligen Stücken der Occipitalia lateralia die einzigen Elemente der späteren Seitentheile des Hinterhauptbeins erblicken will. Allein das Unklare hellt sich befriedigend auf, wenn man bei Embryen sieht, dass beim Verknöcherungsprocess der Ohrkapsel diese in drei Knochenstücke sich aus einander legt: in ein vorderes, hinteres und oberes: Prooticum, Opisthoticum und Epioticum, wenn wir die von HUXLEY eingeführte Bezeichnung anwenden wollen. Das hintere, mit dem Occipitale laterale des Primordialschädels zusammenschmelzend, bildet das spätere seitliche Hinterhauptbein. Das obere (Epioticum), schon gleich bei beginnender Verkalkung vom Occipitale superius weniger abgesetzt als vom Pro- und Opisthoticum, wird mit der Schuppe zu einem Ganzen: das vordere oder Prooticum den Haupttheil des Ohrlabyrinthes in sich bergend, gestaltet sich zum Os petrosum.

Schon RATHKE hat bei der Ringelnatter einen Theil dieser Gliederung der Ohrkapsel und Verschmelzung mit dem Hinterhauptbein wahrgenommen. Eine der Figuren, welche ich von einem Embryo der Blindschleiche [*] vorlege, ist bei durchfallendem Licht gezeichnet, so dass die Stellen mit den abgesetzten Kalksalzen dunkel erscheinen; und man sieht, dass während die hellen Theilungslinien zwischen den drei Theilstücken der Ohrkapsel deutlich und rein durchgreifen, die Verkalkung des Occipitale laterale schon jetzt über die Grenzlinie herüber zum Epioticum greift. Auch ist um diese Zeit bequem zu sehen, welche Partieen der Bogengänge des Labyrinthes auf die drei Theilstücke der Ohrkapsel kommen.

Das Foramen ovale ist gross, hat eine runde Form und auf ihm ruht das knorpelige Operculum. Das Fenster liegt zwischen den aus der Ohrkapsel hervorgegangenen Knochenstücken und geht ohne Unterbrechung jetzt noch in eine Fontanelle fort, welche nach unten zwischen Petrosum, Occipitale laterale und Occipitale basilare sich ausbreitet und wohl zum Foramen rotundum wird. Am fertigen Schädel unterscheidet man deutlich das Foramen ovale, welches oben liegt, dann

---

[*] Fg. 25 auf der zweiten Tafel; vergl. auch Fg. 36 auf der dritten Tafel.

darunter das Foramen rotundum. Davor machen sich, ebenfalls übereinander, zwei kleine Löcher bemerklich, welche dem Austritt von Nerven dienen.

Auch — was gleich hier erwähnt sein mag — der starke Querfortsatz der beim fertigen Schädel den Gelenktheil [1] für das Quadratbein bildet und gewöhnlich dem Occipitale laterale zugesprochen wird, gehört nach seiner Entwicklung ebenfalls der Ohrkapsel an. Man sieht an Embryen, deren Quadratbein [2] schon knöchern geworden, wie dasselbe der Ohrkapsel unmittelbar angeheftet ist, eine Erfahrung, die ein weiteres Verständniss in diese Partie des Schädels eröffnet, und die Homologie des Quadratbeins mit dem Tympanicum der Säuger auch von dieser Seite her erkennen lässt.

Einen Schläfenflügel (Temporale s. Squamosum), wenn auch in schwächster Ausbildung, könnte man in der plattenartigen seitlichen Erhebung des Felsenbeins suchen wollen, welche mit etwas zackigem Rande abschliesst. Doch möchte auf eine solche Deutung nichts zu geben sein; das Squamosum ist bei unsern Thieren von der Bildung der eigentlichen Schädelkapsel ausgeschlossen.

Was man Scheitelbein, Os parietale nennt, ist ein Knochen, der sich aus einem paarigen und unpaarigen Stück aufbaut. Beim Embryo erblickt man nämlich von der Seite der Ohrkapsel heraufgreifende schmale Knochen, welche nach vorne in bogige Spangen auslaufen, und zusammen eine weite Oeffnung umgrenzen, welche zunächst nur häutig geschlossen ist, also eine sehr grosse Fontanelle darstellt. [3] Diese paarige erste Anlage, welche später die hinteren Bogenschenkel und einen Theil der seitlichen Partieen des Scheitelbeines bildet, müsste man, indem man sich an die Deutung, welche CUVIER vom Krokodilschädel gegeben hat, anschliesst, für die Zitzenbeine, Mastoidea halten. Indem später zwischen diesen Mastoidea das häutige Schädeldach ossificirt, entstehen die Elemente des eigentlichen Scheitelbeines, zwischen denen einerseits und den Stirnbeinen andrerseits längere Zeit sich noch eine dreieckige Lücke erhält. Selbst an Thieren, welche schon einige Zeit geboren sind und deren Schädel etwa drei Linien Länge hat, ist als Rest der Fontanelle ein kreisrundes Loch [4] im jetzt einzigen Scheitelbein geblieben, zum Durchtritt von Blutgefässen. Das fertige Scheitelbein [5], welches eine grosse unpaare Platte, vorne mit zackigem Rande, hinten mit zwei, zum Querfortsatz des Hinterhauptbeins herab-

[1] Fig. 31. g.
[2] Vergl. zweite Tafel. Fg. 26. bei durchgehendem Licht gezeichnet.
[3] Zweite Tafel. Fg. 28. h; Fg. 32. e; dritte Tafel. Fg. 38. d.
[4] Fg. 32. f.
[5] Fg. 34.

steigenden Schenkeln, die länger sind als bei *Lacerta*, darstellt, ist sonach eine Verschmelzung aus Knochen, welche lange zuvor bestanden — den vorhin Mastoidea genannten Theilen — und Ossificationen, welche erst später hinzutraten. Diese Auffassung, wornach das Mastoideum gleich dem Temporale und dem Quadrato-jugale ein ausserhalb Der Begrenzung der eigentlichen Schädelkapsel befindlicher Knochen wäre, wird aber der entschieden verlassen, welcher den embryonalen Schädel der Blindschleiche prüft. Denn hier springt klar in die Augen, dass das Opisthoticum oder hintere Stück der verknöchernden Ohrkapsel das Homologon des Mastoideum der Säugethiere ist, also ein Knochen, der bleibend eine nähere Beziehung zur Schädelwand, insbesondere zum Ohrlabyrinth behält. Unten bei *Lacerta* wird auf diesen Punct noch einmal eingegangen werden.

Zwischen den Bogenschenkeln des fertigen Parietale findet sich ein Ausschnitt mit Vertiefung zur Aufnahme des früher beim Hinterhauptbein erwähnten Knorpelstückes. Ein medianes Loch, welches sich in der Platte des Scheitelbeines bei Eidechsen zeitlebens erhält, ist hier bei der Blindschleiche nur in der Jugend da; später schliesst es sich und lässt als Spur eine rundliche Vertiefung oder Grübchen an der Innenseite der Platte zurück. — Ein Theil des Knochens erhält oben durch Verkalkung der daraufliegenden Lederhaut eine Kruste, die von Furchungslinien so durchzogen ist, dass die Oberfläche dieser unpaaren Platte von aussen wie aus einem grösseren mittleren Stück von dreieckiger Form, sammt kleinem, ungefähr viereckigen Endstück und zwei seitlichen Theilen zu bestehen scheint. [1]

Die Stirnbeine, Frontalia, erhalten sich zeitlebens paarig: bei jüngeren Thieren ist selbst noch trotz der deckenden Hautincrustation die Trennungslinie sichtbar; später schwindet letztere allerdings derart, dass das Stirnbein von aussen wie ein einziges erscheint; am gut gereinigten Knochen lässt sich aber von innen her [2] das Gedoppeltsein sicher sehen. Zur Umgreifung des vorderen Theils des Grosshirns und des Riechkolben, dient ein nach unten absteigendes Blatt, welches breiter ist als bei *Lacerta*. Senkrechte Schnitte an dieser Stelle durch den Schädel gelegt, belehren, dass der Abschluss nach unten durch zwei dem Primordialschädel angehörende Knorpelleisten geschieht, die durch ihre bindegewebige Hülle oder Perichondrium mit dem Knorpelseptum zusammenhängen, ohne unmittelbare Ausstrahlungen desselben zu sein. [3] Ausser diesen Hauptstirnbeinen sind auch noch am vorderen und hinteren Rand der Augenhöhle Nebenstirnbeine vorhanden, sog. Frontalia orbi-

---

[1] Fg. 32, g.
[2] Dritte Tafel, Fg. 45.
[3] Fg. 46.

talia anteriora und posteriora. Das hintere[1]) erscheint, was schon CUVIER meldet, in zwei Stücke zerlegt, wovon das eine von langgezogener Form sich zwischen das Ende des Quadrato-jugale und das Jugale schiebt, während das vordere von ausgezogen dreieckiger Gestalt die Hauptverbindung mit dem eigentlichen Stirnbein, dem hinteren Nebenstirnbein und dem Jochbein hat. Auch das Frontale anterius zerlegt sich jederseits in zwei Stücke, wovon sich das vordere zwischen Nasenbein, Oberkiefer und Hauptstirnbein einschiebt, während das hintere mit zwei Rändern frei in die Augenhöhle vorspringt. Dieses letztere fällt am embryonalen Schädel durch seine weissere Farbe bei auffallendem, und dunklere bei durchgehendem Lichte, vor den andern aus Bindegewebe sich bildenden Knochen auf; es erinnert dadurch mehr an die Knochen, welche eine knorpelige Grundlage haben.

Die Nasenbeine, Nasalia, bleiben ebenfalls paarig, wenn auch von oben her durch die Sculptur der Hautincrustation dieser Charakter sich verwischt. Zwischen den scharf begrenzten Nasenbeinen, dem Zwischenkiefer und Oberkiefer wölbt sich die knorpelig bleibende Nasenkapsel stark hervor.

Bei JOH. MÜLLER[2]) erhält das einzelne Nasenbein nach rückwärts eine unrichtige Gestalt, indem dort übersehen ist, dass auch das vordere Stirnbein jederseits in zwei Stücke zerfällt. Auf der betreffenden Abbildung wird das eine derselben zum Nasenbein gezogen und letzterem damit eine eigenthümlich bogenförmig verlängerte Gestalt gegeben.

Das Thränenbein, Lacrimale, nennt JOH. MÜLLER „ausserordentlich klein“, aus welcher Angabe, sowie aus der Abbildung hervorzugehen scheint, dass unserem Forscher, dazumal wenigstens, das eigentliche Lacrimale gar nicht bekannt war. Was er so nennt und zeichnet finde ich nicht an den Schädeln, welche mir vorliegen, so dass ich an einen Schaltknochen denke. Das wirkliche Lacrimale ist, wie bei den Eidechsen, ein sehr ansehnlicher Knochen und von ganz ähnlicher Form wie dort, auch insofern, dass das „Loch des Thränenbeins“ durch einen Ausschnitt des Lacrimale und der anschliessenden Knochen, als da sind Oberkiefer und Jochbein, zu Stande kommt.

Der Zwischenkieferknochen, Intermaxillare, wird paarig[3]) angelegt; beide Stücke schmelzen aber später innig zu einem Knochen zusammen.[4]) Doch ist z. B. in der Zeit wo dieser Knochen den Eizahn trägt, der aufsteigende Theil (Apo-

---

[1]) Fg. 38, g, h. Die Verbindung mit den andern Knochen gibt Fg. 26 auf der zweiten Tafel.
[2]) Anatomie der Amphibien, (a. a. O.) Taf. XX, Fg. 4.
[3]) Fg. 28, a; Fg. 29, a.
[4]) Fg. 42.

physis internasalis Cuv.) noch deutlich paarig, während der die Zähne tragende
Bogen keine Trennungslinie mehr wahrnehmen lässt. Der fertige Knochen mit seinem
Zahnbesatz hat Aehnlichkeit mit einem Handrechen, dessen Stiel der aufsteigende
spatelförmig verbreiterte Theil entspricht. An der hinteren Fläche des Fortsatzes
(Processus frontalis) erhält sich eine Strecke weit eine mittlere tiefe Furche, als
letzter Rest der Verschmelzungslinie. Der zahntragende Bogen (Processus maxillaris)
entwickelt gegen die Mundhöhle zu eine zierliche, bogig ausgeschweifte Platte (Processus palatinus). Diese Gegend am Schädel weicht in den Linien merklich ab von
der gleichen Stelle bei der Eidechse: insbesondere bleibt auch da, wo Zwischenkiefer,
Oberkiefer und Pflugscharbein zusammentreffen, jederseits eine Lücke am Boden des
Nasenraumes, die nur durch den Nasenknorpel und die überziehenden Schleimhäute
zugedeckt wird.

Das Jochbein, Jugale, trägt zwar zur Bildung des Augenringes bei, aber
es sendet keine Knochenbrücke weiter rückwärts zum Quadratbein, sondern wie bei
den Eidechsen ist der entsprechende Theil ein Band geblieben. Am Oberkieferfortsatz
des Jochbeins hat sich das Ende als ein besonderer Theil abgelöst. So fasse ich
wenigstens das „kleine Knöchelchen" auf, dessen JOH. MÜLLER zuerst gedenkt und
an gedachter Stelle liegt.

Das Quadratbein, Os tympanicum, ist kürzer, gerader und viel weniger
ausgehöhlt als bei *Lacerta*, während die darüber liegenden Knochen, das kleine Temporale s. Squamosum und das grössere Quadrato-jugale, um vieles länger und gräten-
artiger sind als bei den Eidechsen. Das Temporale, näher besehen, erscheint nicht
blos im Umriss sichelförmig, sondern ist auch platt, mit zugeschärftem Rand, und
läuft sehr spitz aus. Auch das Quadrato-jugale ist gegen die Spitze hin platt und
zugeschärft.[)]

Vergleicht man noch die Vomera und Pterygoidea sammt Transversa mit den
gleichen Knochen der Eidechsen, so zeigt sich zwar durchaus im Wesentlichen die
gleiche Bildung, aber im Näheren besehen immerhin von einer Abänderung, wie man
sie bei zwei verschiedenen, wenn auch verwandten Gruppen erwarten darf. Insbesondere sind die Pflugscharbeine breiter als bei den Eidechsen, während Gau-
men- und Flügelbeine sich wieder mehr ins Enge ziehen, so dass am skeletirten
Schädel ein weiter Raum in der Mitte klafft, der bei Eidechsen nur hinten besteht,
nach vorne aber linienförmig schmal wird.

Wie bereits hin und wieder angedeutet, sind die Grenzlinien der Knochen

---

[)] Vergl. vierte Tafel, Fg. 48.

des Schädeldaches, und etwas zur Seite herab, unkenntlich durch die Verkalkung der Lederhaut, welche den Kopf überdeckt. Die Furchen, welche in diese Knochenkruste eingreifen, folgen gewissen Bildungen in der Haut und nicht den darunter liegenden Knochen, wovon nachher bei den Eidechsen näher die Rede sein wird. Die Knochenkruste erstreckt sich über den Bereich eines guten Theils vom Scheitelbein, von den Haupt- und Nebenstirnbeinen, Nasenbeinen, Thränenbein, einem Stück vom Oberkiefer. Indem diese Verkalkung der Lederhaut auch über die Grenzen der eigentlichen Schädelknochen hinausgreift, entstehen Knochen die keine Grundlage in der embryonalen häutigen Schädelkapsel haben, sondern als reine Hautknochen zu bezeichnen sind. Dazu gehört die Plättchenreihe der Lamina superciliaris.

Es darf an dieser Stelle wohl ausdrücklich daran erinnert werden, dass bereits vor beinahe vierzig Jahren Joh. Müller, als es ihm darum zu thun war, die Verwandtschaft der Blindschleiche mit den Eidechsen auf anatomischem Wege noch tiefer zu begründen, als es den Vorgängern gelungen, eine sorgfältige Zergliederung des Schädels vornahm, mit welcher er selbst so zufrieden war, dass er nicht unterlässt zu sagen, er bezweifle, dass man diesen Schädel genauer untersuchen könne, als es von ihm geschehen sei. [1]

Wirbelsäule.

Der erste Halswirbel, Atlas, ist ringförmig, dabei klein und niedrig und zerfällt beim Maceriren leicht in drei Stücke: in ein Mittelstück und zwei Bogentheile. Das Mittelstück besitzt einen nach unten gerichteten Fortsatz und entspricht wohl den unteren Bogen. Von den oberen Bogentheilen, deren jeder eine rückwärts gerichtete Zacke zeigt, darf besonders hervorgehoben werden, dass sie oben sich nicht berühren, der Wirbel somit oben offen und im Leben nur durch Bindegewebe geschlossen ist. — Das Mittelstück, früher Körper genannt, gilt seit den Untersuchungen Rathke's [2] als unterer Bogen und der Zahnfortsatz des nächsten Halswirbels als der zum Atlas gehörige Körper. Ohne an dieser Deutung etwa rütteln zu wollen, sei doch bemerkt, dass bei den Embryen unsrer Blindschleiche zur Zeit, wo noch eine ununterbrochene Rückenseite das Rückgrat durchzieht, und zwar in der Weise, dass sie zwischen den Wirbeln verdünnt und innerhalb der Wirbel verdickt erscheint, der Körper des Epistropheus eine solche Anschwellung der Chorda in sich birgt, in dem Zahnfortsatz aber die Chorda bereits den Grad der Verjüngung angenommen hat, den sie durch den Atlas und das Hinterhauptssegment beibehält.

Der zweite Halswirbel, Epistropheus, [3] hat ausser seinem Zahnfortsatz an der unteren Fläche zwei hintereinander stehende Dornen, deren Grenzlinien am Körper deutlich bleiben. [4] Der Querfortsatz ist gering. Der Dornfortsatz des oberen Bogens

---

[1] Beiträge z. Anatomie u. Naturgesch. der Amphibien, in d. Zeitschr. für Physiol. Bd. 4. 1832.
[2] Entwicklungsgeschichte der Natter, 1839, S. 119.
[3] Vierte Tafel, Fg. 56.
[4] An den Embryen sind es wohl gesonderte Stücke; vergl. zweite Tafel. Fg. 26.

ist eine hohe starke Leiste und an aufgehellten reifen Embryen, wobei alle Theile in ihrer Lage bleiben, ist ersichtlich, dass die beiden Bogen gleich denen des Atlas oben noch unverbunden sind,[1] während vom dritten Wirbel an dies geschehen ist. Später zeigt, wie erwähnt, nur der Atlas diese Besonderheit.

Am dritten und vierten Wirbel werden die Querfortsätze stärker und es tritt an dem des dritten Wirbels die erste Halsrippe auf. Sie ist noch um ein gutes Stück kürzer als die nächste, aber schon ganz rippen- das heisst spangenartig, keineswegs breit, wie solches bei *Lacerta* der Fall ist; *Anguis* besitzt keine einzige derartige, so eigenthümlich geformte Halsrippe. — Die dritte und vierte erscheint stark winklich gebogen und an ihnen sitzt der Schultergürtel. — Die unteren Dornen der Halswirbel, welche noch am dritten und vierten vorhanden sind und wie fest verwachsen mit dem Körper,[2] haben sich verloren.

Vergleicht man die Brustwirbel etwa einer *Lacerta agilis* mit jener der *Anguis fragilis*, so macht sich mancher Unterschied bemerklich. Diejenigen der Blindschleiche sind stärker, sowohl was den Körper als auch die Fortsätze angeht; die vordere Gelenkfläche des Körpers ist in beiden bekanntlich ausgehöhlt, nach hinten springt ein Gelenkkopf vor. Letzterer erscheint bei *Lacerta* gewölbter, bei *Anguis* etwas flacher: gereinigte Wirbel zeigen an der Wurzel des Gelenkkopfes eine Abgrenzungslinie, welche andeutet, bis wie weit der Kopf in die Grube des nächstfolgenden Wirbels greift. Die Querfortsätze sind bei *Anguis* kurz, aber dick und ihre Gelenkfläche ist nicht einfach gekrümmt, sondern wegen des ansitzenden Rippenendes durch eine mittlere Wölbung in zwei Rollen zerlegt. Alles dieses, sowie die noch hervorzuhebende Stärke der vorderen und hinteren Gelenkfortsätze der Wirbel[3] lässt sich mit dem Umstand in Zusammenhang bringen und davon ableiten, dass im Körper der Blindschleiche, beim Mangel der Gliedmassen, der Wirbelsäule allein, unter Nachhülfe der Rippen, die Fortbewegungen übertragen sind. — Die Gelenkfläche des Processus articularis steht schräg und wie bei allen Reptilien decken die hintern Flächen die vordern des zunächst folgenden Wirbels.

Kreuzbeinwirbel sind zwei vorhanden und durch besondere Form leicht erkennbar. Am ersten[4] geht jederseits ein starker, in zwei Endhöcker auslaufender Querfortsatz weg: an ihn heftet sich der Beckenknochen. Der zweite[5] Wirbel hat

---

[1] Fg. 25.
[2] Fg. 57, a.
[3] Vergl. z. B. Fg. 58.
[4] Fünfte Tafel. Fg. 69.
[5] Fg. 70.

sehr breite Querfortsätze, mit einem Loch an der Wurzel und einem nach hinten gerichteten Fortsatz; beides deutet auf eine Zusammensetzung aus zwei Hälften von ungleicher Entwickelung. Uebrigens ist mir bei der Untersuchung einer gewissen Zahl von Thieren bemerkenswerth geworden, dass in der Dicke und Länge der Kreuzbeinwirbel mancherlei individuelle Abweichungen vorkommen.

Auch die Schwanzwirbel haben ihre sie wohl unterscheidenden Eigenthümlichkeiten. Schon am ersten[1]) beginnen untere Bogenschenkel, welche sich zu einem Canal vereinigen und sich leicht vom Wirbel lösen. (Bei *Lacerta* ist es der dritte Schwanzwirbel, allwo die untern Bogen anfangen.) Der erste Schwanzwirbel, sowie noch der zweite haben einen derartig gegabelten Querfortsatz, dass man von zwei Querfortsätzen, wovon der eine höher steht als der andere, sprechen könnte. Diese zwei ersten Schwanzwirbel sind auch im Körper kürzer und breiter und ohne die Sonderung in zwei Stücke. Die nächsten Wirbel sind gestreckt, vorne gleich den übrigen Wirbeln ausgehöhlt, hinten mit Gelenkkopf, was ich kaum erwähnen würde, wenn nicht JOH. MÜLLER von den Schwanzwirbeln sagte: „eigenthümlich ist ihnen, dass sie nicht mehr durch Gelenkköpfe und entsprechende Aushöhlungen der Wirbelkörper, sondern durch blosse Facetten verbunden sind". Diese Bemerkung darf um so mehr auffallen, als der Gelenkkopf sehr hervorspringt. Bei den Eidechsen erscheint aber in der That das vordere und hintere Ende der letzten Schwanzwirbel so gebildet, wie JOH. MÜLLER angab, wovon unten.

Der Wirbelkörper besteht aus einem vorderen kleineren, die Concavität tragenden und einem hinteren längeren, in den Gelenkkopf auslaufenden Theil.[2]) Die Trennungslinie bleibt gut sichtbar, auch lösen sich bei längerem Maceriren die Stücke von einander ab. Entsprechend diesen beiden Hälften entsteht auch der nach aussen zugespitzte Querfortsatz an seiner Wurzel aus zwei Stücken, welche je einer Hälfte des Körpers zukommen, was sich auch durch eine grössere dreieckige Oeffnung an der Wurzel des Querfortsatzes ausdrückt. Die untern Bogen sind übrigens die längsten Fortsätze der noch vollständigen, nicht verkümmerten Schwanzwirbel. — Die Wirbel werden ringsum von Fett umgeben, welches in sehr regelmässigen Reihen sich folgende Klümpchen bildet. Auf einem Querschnitt durch den ganzen Schwanz umziehen sie den Wirbel so, dass nur die Spitzen der obern und untern Bogen hervorstehen. Erst jenseits dieser Fetthülle beginnt die Musculatur.[3])

Am Ende der Schwanzwirbelsäule ergeben sich einige Besonderheiten. Die

[1]) Vierte Tafel, Fg. 59.
[2]) Fg. 60, a, b.
[3]) Sechste Tafel, Fg. 84.

letzten Wirbel sind sehr klein geworden und schieben sich nahe zusammen; doch haben sie Spuren der verschiedenen Fortsätze behalten. Die untern Bogen sind aber jetzt nach unten nicht mehr verbunden, der Canal somit offen und die einzelnen Schenkel haben eine annähernd ankerförmige Gestalt angenommen. [1] Der letzte eigentliche Wirbel ist nur noch ringförmig, daher der Canal zur Aufnahme des Rückenmarks hinten offen steht und sein Verschluss geschieht auf eigenthümliche Weise.

Bekanntlich geht der unverletzte Schwanz der Blindschleiche in eine Hornspitze, wie man sagt, aus. Bei näherer Betrachtung ist es aber eigentlich ein becherförmig ausgehöhltes Knöchelchen, das bei gewisser Ansicht den Schälchen unserer Flussnapfschnecke ähnelt. [2] Seine Aussenfläche ist streifig-höckerig. Man könnte, so lange man nur das fertige Thier vor sich hat, im Zweifel darüber sein, ob man das Knöchelchen als einen Hautknochen von umgebildeter Form ansehen, oder ob man es zum Wirbelskelet als Schlussstück zählen soll. Bei Besichtigung von reifen Früchten erhält man sofort die Belehrung, dass man es nur mit einem Hautknochen zu thun habe.

Am Schädel erhalten sich nach dem oben Vorgetragenen vom primordialen Gerüst zeitlebens viele Theile. Die Rückensaite (Chorda dorsalis) schwindet aber völlig; doch sieht man bei reifen, dem Geboren werden nahen Embryen in den Wirbelkörpern starke Ueberreste des Chordastranges, welche immer durch das Intervertebralgelenk unterbrochen werden.

Rippen.

Die Rippen sind alle sogenannte falsche Rippen, beginnen am dritten[3] Halswirbel und erstrecken sich bis zum ersten Kreuzbein- oder Beckenwirbel; jedoch mit individuellen Verschiedenheiten, indem bei dem einen Thier noch am Wirbel vor dem ersten Kreuzwirbel eine Rippe ansitzt, und dann der Querfortsatz des Wirbels nur kurz ist, oder die Rippe fehlt an diesem Wirbel, hingegen erscheint der Querfortsatz lang und rippenartig entwickelt.

Auch der Form der Halsrippen wurde bereits gedacht und an dieser Stelle verdient noch hervorgehoben zu werden, dass die Rippen der Brustwirbel bei der Blindschleiche merklich dicker als bei der Eidechse sind, dann auch stärker gekrümmt. Ebenso ist das Gelenkende dicker und zeigt neben der ausgehöhlten Gelenkfläche ein Tuberculum. [4]

[1] Vierte Tafel, Fg. 61, a.
[2] Fünfte Tafel, Fg. 63.
[3] Bei den Embryen war es bereits der dritte Wirbel, welcher eine kurze Rippe besass; an erwachsenen Thieren sah ich die erste am vierten Wirbel. Vielleicht schwindet die des dritten Wirbels im weiteren Verlauf.
[4] Fünfte Tafel, Fg. 70, a.

Nach dem freien Ende gehen die meisten Rippen in eine schaufelförmige Knorpelplatte aus, deren Gewebe wegen fast völligen Mangels der Grundsubstanz zum Zellenknorpel zu stellen ist.

Brustbein.

Das Brustbein, unmittelbar über dem Herzen liegend, besteht aus dem eigentlichen oder hinteren Brustbein und dem vorderen oder Episternum.

Ersteres[1]) stellt eine in die Quere gezogene dünne, daher leicht einreissbare Platte dar, mit mittlerer schwacher Ausbuchtung am unteren Rand und einer seitlichen, schrägen, paarigen Leiste auf der äusseren Fläche. Die Platte besteht aus Hyalinknorpel, ist aber unterhalb der erwähnten Leiste einem guten Theil nach verkalkt: insoweit diess geschehen ist, sieht das Brustbein weisslich aus.

Das Episternum[2]) um vieles kleiner, und auf dem vorderen und mittleren Theil der Brustbeinplatte liegend, nimmt sich etwa wie eine Spindel aus, die quer liegt und deren mittlere Partie nach vorne in einen kleineren, nach hinten in einen grösseren rundlichen Höcker anschwillt; dieser Theil besteht aus echter Knochensubstanz und gieng aus der Verknöcherung einer bindegewebigen Grundlage hervor. Ungefähr in der Mitte, doch mehr nach oben zeigt sich ein Markraum in seinem Inneren.

Bei Untersuchung einer ganzen Anzahl von Thieren machte ich die Bemerkung, dass das Episternum mancherlei individuelle Abweichungen darbietet: die geringste ist die, dass der eine Querschenkel sich gegen den andern asymmetrisch verkürzt zeigt, dann aber erscheint er auch in andern Fällen stark verkrümmt, wie denn überhaupt rudimentäre Organe — und ein solches ist ja auch das Episternum der Blindschleiche — gerne individuell abändern.

Wegen der verschiedenen histologischen Beschaffenheit unterscheidet sich Brustbein und Episternum schon für die Lupe durch die Farbe: jenes sieht, was schon gesagt wurde, weisslich aus, dieses gelblich.

Ich habe ferner einen Embryo von zwei Zoll Länge und mit noch grossem Dottersack auf die Bildung des in Rede stehenden Theiles untersucht, wobei sich zeigte, dass um diese Zeit das Brustbein aus reinem Zellenknorpel bestand, während später Intercellularsubstanz, wenn auch nicht gerade reichlich, sich absetzt. Recht merkwürdig war das Episternum.[3]) Hier bot sich zunächst eine bindegewebige Grundlage von ziemlich regelmässig dreieckiger Form dar; dann erschien diese bindegewebige Grundlage im Verhältniss zur knorpeligen wirklichen Brustbeinplatte grösser

---

[1]) Sechste Tafel, Fg. 79ª, u. Vergl. fünfte Tafel. Fg. 65.

[2]) Fg. 79ª, b.

[3]) Vergl. Sechste Tafel, Fg. 80.

als es der Knochen — das Episternum — ist, welcher daraus hervorgeht. Von diesem letzteren waren innerhalb des bindegewebigen Dreiecks die Anfänge in Form von vier sehr unregelmässigen Knochenstücken aufgetreten. Die zwei grösseren lagen gegen die Mitte zu, in die Quere und seitwärts wachsend; von den zwei kleineren befand sich der eine Knochenkern gegen das Ende der beiden Querbalken, der andere in dem medianen seitwärts gerichteten Balken.

Vergleicht man das Episternum der Blindschleiche mit dem der Eidechse, so gewahrt man leicht, dass es durchaus jenem schlanken, zierlichen, kreuzförmigen Knochen zwar entspricht, aber in's Plumpe oder Verkrüppelte gerathen ist.

In historischer Beziehung möchte ich nicht unerwähnt lassen, dass wohl HELLMANN zuerst die Brustbeinplatte sicher gekannt und, wenn auch nicht ganz richtig, abgebildet hat. [1] Von dieser Beobachtung scheinen weder der genaue HEUSINGER, noch der umsichtige JOH. MÜLLER etwas gewusst zu haben, da sie beide das Brustbein bei *Anguis* fehlen lassen, was ich mir bei dem ersten Forscher damit erkläre, dass er nur ein einziges Exemplar untersucht hat. Da nun beim Abziehen der Haut das Brustbein gar leicht an dieser hängen bleibt, so mag es dadurch übersehen worden sein. JOH. MÜLLER scheint nicht selbst geprüft, sondern sich auf HEUSINGER verlassen zu haben. Dann war es CUVIER, welcher vielleicht selbstständig [2] das Brustbein der Blindschleiche wieder auffand.

Das Episternum ist wohl zuerst von RATHKE [3] gesehen und sehr genau beschrieben worden. Er nennt es das kleinere Stück, es habe eine Aehnlichkeit mit einem Kartenherzen, seine Masse sei eine feste, harte Knochensubstanz mit verzweigten Knochenkörperchen. — Der jüngste Beobachter, FÜRBRINGER, hat offenbar die Theile des Brustbeins nicht so genau untersucht, wie RATHKE es gethan hat. Denn einmal lässt er das „knorpelige Sternum" biconvex sein; dann meint er zweitens, das Episternum sei „durch eine rauhe Knochenstelle am Vorderrand des knorpeligen Sternums repräsentirt", welche Angabe Jeder so deuten wird, als ob dieser Knochen nicht selbstständig wäre. Und dass unser Autor wirklich dieser Ansicht ist, verräth eine andere Stelle (a. a. O. S. 61), wo er sagt, bei *Anguis fragilis* gehe das Episternum „ohne Grenzen in das Sternum" über. Es ist aber in der That nicht schwer, sich zu überzeugen, dass der Knochen, wenn auch verkümmert, doch ein selbstständiges Glied des Brustgürtels ist.

Schulterknochen.

Das Schultergerüst [4] wird zusammengesetzt aus dem Schlüsselbein (Clavicula), dem Hackenschlüsselbein (Coracoideum) und dem Schulterblatt (Scapula).

Das Schlüsselbein stellt einen etwas winkelig gebogenen, sonst einfachen Stab dar, welcher aus der Verknöcherung von Bindegewebe hervorgegangen ist; er zeigt sich daher um vieles härter und weisser als die übrigen Glieder des Schultergerüstes. Die Knochenkörperchen haben, entsprechend der Form des Knochens im Ganzen, fast durchweg eine längliche Gestalt.

---

[1] Ueber den Tastsinn der Schlangen. Göttingen 1817. »Das Sternum, welches die Form eines sphärischen Dreiecks hat, ist sehr dünn, liegt auf der Mitte der Brust und ist durch Ligamente mit den Schulterblättern verbunden.«

[2] Ich vermag leider nicht die zweite Ausgabe seiner vergleichenden Anatomie, wo Tom. I. Pag. 253 die Angabe stehen soll, zu vergleichen.

[3] Bau und Entwicklung des Brustbeins der Saurier. 1853.

[4] Fünfte Tafel, Fg. 65 u. Sechste Tafel, Fg. 79 a.

Das Schulterblatt, nach oben und seitwärts gekehrt, verbreitert sich in dieser Richtung etwas, doch viel weniger als solches vom freien Endstück des Hackenschlüsselbeins zu melden ist, welches dadurch vor dem Herzen eine breite Platte erzeugt, die mit jener der anderen Seite zusammenstösst. Die Platte verbindet sich mit dem Schulterblatt ausser dem eigentlichen Coracoideum noch durch eine Knorpelspange oder Procoracoid, so dass zwischen dem Schulterblatt, der Spange und dem Hackenschlüsselbein sammt plattenartiger Endverbreiterung, ein grösseres länglich ovales Loch oder Fenster bleibt.

Alle die zuletzt genannten Theile bilden zusammen eine einzige Masse und stellen histologisch einen verkalkten Knorpel dar, von dem sich nur das eigentliche Coracoideum zu einem wirklichen Knochen fortentwickelt hat.

Will man die Stücke des Brustbeins und jene des Schultergürtels vom histologischen Gesichtspunct mit einander vergleichen, so entsprechen sich als ossificirte Bindegewebspartieen das Episternum und Clavicula einander; das eigentliche Sternum, das Schulterblatt sammt spangenartigem Ausläufer und Endplatte stellen verkalkte Knorpel dar; somit erhält das Coracoideum eine Sonderstellung dadurch, dass es zwar beim Embryo ebenfalls nur verkalkter Knorpel war, aber zuletzt nach Einschmelzung der verkalkten Partieen und Neubildung wahrer Knochenlagen, wohl von der Beinhaut her, zu echtem Knochen wurde.

Seit SCHNEIDER zuerst auf Rudimente eines Brustgürtels bei *Anguis fragilis* aufmerksam machte, sind die Knochen von HELLMANN, CUVIER, MECKEL und HEUSINGER, welcher die Clavicula als „Gabel“, das Coracoideum als „Schlüsselbein“ bezeichnet, vielfach abgehandelt worden. Zuletzt hat sich GEGENBAUR [1] darüber ausgesprochen: den vorderen Schenkel des Coracoides nennt er Procoracoid, die beilförmige Verbreiterung am Bauchende Epicoracoid.

Beckenknochen.

Das Becken der Blindschleiche ist bekanntlich sehr rudimentär und wird nur von einem einzigen Knochen jederseits dargestellt; beide stossen bauchwärts nahe aneinander, ohne aber unter sich verwachsen zu sein. [2] Man hat bisher gewöhnlich den Knochen als Darmbein gedeutet; ich halte es aber für richtiger anzunehmen, dass auch die Anfänge der übrigen Theile eines vollständigen Beckens in dem Einen Knochen enthalten seien. — Auf eine Widerlegung der von MAYER [3] vorgebrachten, und wie er meinte ausser Zweifel stehenden Meinung, dass das „Beckenrudiment“ nicht dem Becken, sondern der hintern Extremität entspreche, braucht man wohl sich nicht mehr einzulassen.

---

[1] Untersuchungen z. vergleichenden Anatomie d. Wirbelthiere. 2. Heft. Schultergürtel der Wirbelthiere. Brustflosse der Fische. 1865.

[2] Fünfte Tafel. Fg. 62.

[3] Ueber die hintere Extremität der Ophidier. Nov. act. Acad. Leop. Carol. Vol. XII. p. 831.

Was zunächst die Lage im Näheren betrifft, so findet man die Beckenknochen zur Seite der Kloake, und genaueres Zusehen ergibt, dass sie die vordere Lippe der Kloake umgreifend mit dem Bauchende gerade über dem Stiel der Harnblase stehen. Das obere oder Rückenende der Knochen ist dem ersten Kreuzbeinwirbel angeheftet und zwar so, dass wie es auch sonst bei entwickeltem Becken der Fall ist, das Ende über den Querfortsatz des Wirbels hinausragt.

Wenn man reife Embryen durch Reagentien aufhellt, so zeigen die beiden Beckenhälften eine ungemein starke Neigung nach vorne, wodurch ihr Bauchende der vierten Rippe, von hinten her gezählt, gegenüber liegt. Allein diess ist nicht das ganz natürliche Verhalten, sondern wie die jetzt weit offen stehende Kloakenspalte lehrt, durch Aufquellung der Weichtheile und dadurch bewirkte Verschiebung der Knochen entstanden. [1]

Die Form des fertigen Knochens ist in den beigegebenen Zeichnungen getreu dargestellt; wobei zu bemerken, dass am Bauchende bleibend ein kleines Knorpelstück sich erhält. [2] Im Inneren des Knochens verbreiten sich Markräume. Interessant ist es, das Becken eines reifen Embryo näher zu untersuchen: es tritt uns als ein Knorpel entgegen, der oben und unten zwar ein Stück weit ohne Kalkkrümeln ist, nach seiner grössten Ausdehnung aber verkalkt erscheint. Aus der verkalkten Partie hebt sich da, wo der Beckenknochen am breitesten ist, eine helle unverkalkte Stelle von querlänglicher Form scharf ab. Um den ganzen Knorpel zieht eine dicke bindegewebige Hülle, von welcher wohl die eigentliche Knochenentwicklung ausgeht, wenn der verkalkte Knorpel sich wieder gelöst hat.

Mir scheint nun bezüglich der Deutung des Knochens wichtig, dass man gar wohl die helle abgegrenzte, nicht verkalkte Stelle, welche innerhalb des breitesten Theils sich bemerkbar macht, als den Ort ansehen kann, wo sich die Pfanne bilden würde, wenn ein vollkommenes Becken zu entstehen und Extremitäten sich anzuschliessen hätten. Und demzufolge betrachte ich den nach oben auslaufenden Theil als Darmbein, den nach unten gehenden kürzeren als Schambein; das Sitzbein wäre in dem von der Pfannengegend nach hinten gerichteten Fortsatz zu erblicken. Das bleibende Knorpelstück am Bauchende könnte an die medianen Knorpel bei *Lacerta* erinnern.

Die hier über die Deutung des Beckenknochens der Blindschleiche niedergelegte Ansicht hege ich seit Langem. Um so angenehmer war es mir zu sehen, dass Fürbringer, dessen Studien ganz besonders auf diesen Punct gerichtet waren, dasselbe Ergebniss gewonnen hat. Während ich oben einfach vom Darm-

---

[1] Sechste Tafel, Fg. 86.
[2] Fünfte Tafel, Fg. 67, d.

Scham- und Sitzbein gesprochen habe, so bringt genannter Beobachter, im Anschluss an seine Deutung des entwickelten Beckens der Saurier, die Bezeichnung Ileo-pectineum für Schambein (O. pubis) und Pubo-ischium für Sitzbein (O. ischii) in Anwendung. eine Auffassung, der ich nach dem was unten vom Becken der Eidechse zu sagen ist, beitrete. Derselbe Naturforscher bemerkt, dass „bei sehr jungen Thieren noch die Näthe sichtbar" seien zwischen O. ilei, pubo-ischium und ileo-pectineum. Ich habe früher nichts von Näthen gesehen und möchte daher einstweilen, da ich seit der Zeit, als ich mit dessen Schrift bekannt geworden, die Theile nicht mehr untersucht habe, annehmen, dass die beim ganz jungen Thier unverkalkte Stelle, wo die Pfanne zu suchen wäre, eins und dasselbe mit diesen „Näthen" ist.

Das Becken ist sehr beweglich. In früherer Zeit haben MECKEL und HEUSINGER die aus Becken sich heftenden Muskel beschrieben; besser und mit richtigerer Deutung behandelt FÜRBRINGER diesen Gegenstand.

Eidechsen.

Als eine Bemerkung zum histologischen Verhalten des Skeletes möchte ich vorausschicken, dass in den Knochen das System der feineren Gefässräume, der sog. Havers'schen Canäle nicht vorhanden ist. Man sieht zwar grosse Markräume von unregelmässig buchtiger Form in den platten und in den dicken Knochen, sowie in den Röhrenknochen einen Längsraum; aber wie der Querschnitt etwa des Humerus oder vom Femur darthun kann: ausser diesem mittleren Markraum durchbricht kein Canal- oder Lückensystem mehr die Knochenlamellen, welche daher alle einfach concentrisch verlaufen.

Nach DUGÉS wäre das Skelet der Eidechsen „presque toujours colorée en rouge", was ich nicht zu bestätigen vermag. Die Farbe hängt einigermassen von der Zubereitungsart des Skeletes ab; längere Zeit macerirt werden die Knochen schön weiss. *Lacerta vivipara*, weil am meisten von dunkelm Pigment durchdrungen, hat ein schwärzliches Skelet, wobei das Pigment in der Beinhaut und ihren Fortsetzungen nach einwärts liegt; aber selbst bei *L. viridis* und *agilis* begleitet das Pigment wenigstens die bindegewebige Auskleidung des Markraumes der Röhrenknochen. Am entkalkten durchscheinenden Skelet wiederholen daher z. B. der Humerus, Radius, Ulna, für's freie Auge dasselbe, was man mikroskopisch an der Columella des Ohres wahrnimmt: wie dort, zieht hier ein schwarzer Pigmentstreifen durch die Länge des Knochens.

Knochen des Schädels.

Beim erwachsenen Thier bleiben, mag auch der Schädel stark macerirt sein, so dass alle übrigen Knochen sich von einander gelöst haben, Hinterhauptbein, Felsenbein und Keilbein zu einem untrennbaren Ganzen vereinigt. [1] Ja selbst an Köpfen

---

[1] »Os petrosum, cum osse sphenoideo et occipitis, in unum, os basilare conflatum, latera cranii format« bemerkt bereits richtig POLL. in seiner Expositio generalis anatomica organi auditus. 1818.

jüngerer Thiere, allwo noch die Nähte sichtbar sind, haften sie bereits in dieser festen Weise aneinander.

Das Grundstück, Basilare, des Hinterhauptbeins zeigt an seiner unteren Fläche starke, bogige Leisten sowie Vertiefungen und Höcker für die Muskelansätze, namentlich der Beugemuskeln des Kopfes (Musculi recti). Die Seitenstücke, Lateralia, ursprünglich ganz unbedeutend und wenig breiter als die rückwärts anschliessenden Wirbelbogen, verbreitern sich durch Hinzutreten eines Knochenstückes, welches wie die Untersuchung des Embryo auch hier darthut, ursprünglich der Ohrkapsel angehört. Es ist das Stück, welches dem Mastoideum der Säuger entspricht. Nicht minder gehört der starke Querbalken, welcher beim alten Thier vom Occipitale laterale nach aussen geht und den Schädel am Hinterhauptbein in auffälliger Weise verbreitert, seiner Entwicklung nach den das Ohrlabyrinth umschliessenden Knochen, und nicht dem Hinterhauptbein, an.

Der Gelenkkopf zur Verbindung mit der Wirbelsäule ist zwar ein einziger, aber bei genauerem Zusehen und namentlich an jüngeren Thieren besteht er deutlich aus drei Stücken: einem mittleren und zwei Seitentheilen. [1] Mitunter sind freilich die ursprünglichen Trennungslinien bis auf Spuren verschwunden. Vor dem Gelenkkopf, unten und seitwärts, gerade wo der hintere Bogengang des Ohrlabyrinthes herabbiegt, bemerkt man drei Oeffnungen, wovon wohl die eine dem Foramen jugulare zum Austritt des Nervus vagus und N. glossopharyngeus entspricht, die hinterste für den Durchgang des N. hypoglossus dienen mag, und die dritte einem Canalis caroticus gleichkommt. Doch muss ich hierzu ausdrücklich bemerken, dass ich die Gefässe und Nerven dieser Gegend nicht näher studirt habe.

Die Schuppe des Hinterhauptbeins erhebt sich an ihrem oberen freien Rand in einen nach vorne geneigten Höcker, dem ein cylindrisches Knorpelstück aufsitzt [2] und sich ebenfalls schräg nach vorne gegen eine Aushöhlung des Scheitelbeins neigt, um dort aufzuhören. [3] Ich habe es so bei *Lacerta viridis*, *L. agilis*, *L. vivipara* und *L. muralis* gesehen. Das Knorpelstäbchen löst sich leicht ab, hört dann vorne und hinten abgerundet auf und hat eine verkalkte Mitte. An *L. viridis*, einem jüngeren Exemplar, machte ich nach Entfernung der Kalksalze einen Schnitt durch das Scheitelbein, sammt Knorpelstäbchen und Schuppe, wobei zum Vorschein kam, dass das vordere Ende des Knorpelstabes sich unterhalb des Scheitelbeins in eine wabige Bildung auflöst; es schien sich der Hyalinknorpel des Stabes in Zellen umzusetzen, wie

---

[1] Dritte Tafel, Fg. 33, a.
[2] Fg. 33, c, d.
[3] Vergl. hiezu dritte Tafel, Fg. 35.

man sie als Substanz der Chorda dorsalis kennt. Uebrigens schied sich der Knorpelstab in Mark und Rinde.

Das hintere Keilbein[1]) zeigt einen breiten Körper, Basisphenoid: in einem
beiderseits nach oben gerichteten schmalen Fortsatz möchte ich den Anfang des
hinteren oder grossen Flügels, Alisphenoid, und in einer im Knorpel der Augenscheidewand befindlichen, nach hinten vom Sehnerven liegenden kleinen Knochen
eine etwelche Vertretung des vorderen oder kleinen Flügels, Orbitosphenoid, erblicken.

Das vordere Keilbein, Praesphenoid, der Stachel oder nach HALLMANN
Deichsel des Körpers vom hinteren Keilbein, erstreckt sich weit nach vorne: es übertrifft im unverletzten Zustande das Hinterhauptbein und den hinteren Keilbeinkörper
zusammen an Länge, was man jedoch nur nach sorgfältigem Macerirn beurtheilen kann.
Dieses sogenannte Corpus ossis sphenoidei anterius ist auch hier bei den Eidechsen
vom Körper des eigentlichen Keilbeins in der Art verschieden, dass es beim Embryo
nicht knorpelig vorgebildet erscheint, sondern aus Bindegewebe entsteht, also Belegknochen ist.

Die Columella oder jener Knochenstab, welcher von der oberen Fläche des
Os pterygoideum nach oben zum Scheitelbein frei sich erhebt, ist so charakteristisch
für den Schädel der Eidechsen und Scinke, dass man wohl auch die ganze Gruppe
danach zu benennen sich veranlasst glaubte. [2]) Wie man das Knochenstück im stren-
geren Sinne deuten soll, ist schwer zu sagen; obschon man im Allgemeinen fühlt,
dass es bei der Eigenthümlichkeit des Schädels, vorn und seitlich einem guten Theile
nach knorpelig-häutig zu bleiben, im physiologischen Sinne als Ersatz für festere
Seitenwandungen dienen möge, welche Ansicht bereits oben, als vom gleichen Theil
der Blindschleiche die Rede war, ausgesprochen wurde.

Das Felsenbein birgt den grössern Theil des Gehörlabyrinthes, doch ist
eine Partie des letzteren in dem aus dem Opisthoticum, gleich Mastoideum, hervorgegangenen Seitenstück des Hinterhauptbeins enthalten; ja selbst die Schuppe, insoweit sie sich aus dem Epioticum ergänzt hat, nimmt einen Theil der Bogengänge
auf; die Umrisse der drei Bogengänge, des vordern, hintern und äussern machen
sich von aussen gut bemerklich. Ein Foramen ovale und darunter ein Foramen
rotundum sind deutlich; nach unten vom letzteren erhebt sich ein Vorsprung, welcher zunächst durch die Schnecke des Ohrlabyrinthes bedingt wird, dann aber auch
zu einer Leiste behufs Ansatz von Muskeln sich vergrössert. Nach oben und vorne

[1]) Zweite Tafel, Fg. 30; dritte Tafel, Fg. 33.
[2]) Kinocrania von κιον, columna.

erhebt sich das Felsenbein zu einer mit bogigem Rande ausgehenden Platte, welche hier grösser ist als bei *Anguis*, und in welcher man abermals den Schuppentheil des Schläfenbeins vermuthen könnte; allein ich muss mich mit Ueberzeugung dem Gedankengang CUVIER'S anschliessen, welcher bekanntlich zuerst aussprach, dass eine Schuppe des Schläfenbeins nur bei Säugethieren vorkomme, bei den Reptilien aber nicht mehr in die Zusammensetzung der eigentlichen Wand der Schädelkapsel eingehe, sondern nach aussen liege, zwischen Quadratbein und Jochbein. Ich werde nachher auf dieses Temporale zurückkommen.

Bezüglich des S i e b b e i n s, Ethmoideum, pflegt man anzunehmen, dass es ebenfalls in der senkrechten Knorpelplatte des vorderen Schädelabschnittes mitbegriffen sei. Ich stimme dieser Auffassung zu, möchte aber zwei kleine Knochen[1] von stark gekrümmter Form und von unregelmässigen Rändern begrenzt, für knöcherne Seitentheile des Siebbeins halten. Sie werden sonst als Conchae oder knöcherne Muscheln aufgeführt; sitzen nach innen vom vorderen Ende des Oberkiefers. oberhalb der Vomera; einwärts stossen sie an's knorpelige Septum narium, von welchem sie etwas schwierig zu lösen sind. Sie stehen in Beziehung zu dem darunter liegenden Jacobson'schen Organ.

Das S c h e i t e l b e i n, Parietale, ist eine unpaare Platte, in der Mitte durchbohrt von einem grösseren rundlichen Loch und am hinteren Rande, welcher im Gegensatz zum vorderen zackigen, glatt ist, in der Richtung zu dem erwähnten Loch mit einer Aushöhlung versehen.[2] In dieser liegt der Knochenstab, dessen hinteres Ende dem Vorsprung der Schuppe des Hinterhauptbeins ansitzt.

Auf der Innenseite des Knochens macht sich ein mittlerer Vförmiger Wulst bemerklich und es ist mir aufgefallen, wie selbst in der Bildung dieser Leisten kleine Speciesverschiedenheiten vorhanden sind. Bei *L. agilis* z. B. ist der Wulst entschieden stärker und auch etwas anders geformt als bei *L. muralis*, womit zusammenhängt, dass bei letzterer Art der hintere Ausschnitt, mit dem Knorpelstückchen darin, offener liegt, als dies bei *L. agilis* der Fall ist.

Nach rückwärts geht das Scheitelbein in zwei Bogenschenkel aus, welche herab zum Querbalken des Hinterhauptbeines steigen. Diese Schenkel sind, wie bei *Anguis*, am embryonalen Schädel lange schon zugegen, ehe das Mittelstück des Scheitelbeins aufgetreten ist. Ueber die Sculptur auf der Aussenfläche dieses und des folgenden Knochens wird noch unten im Weiteren die Rede sein.

[1] Elfte Tafel, Fig. 112. c.
[2] Dritte Tafel, Fig. 35.

Das Stirnbein, Frontale, ist paarig zeitlebens. Beide Stücke biegen mit ihrem seitlichen Rande, von da an wo sie sich nach vorne verschmälern, abwärts; doch etwas weniger als bei *Anguis*. Es geht dieser Rand nach unten in einen scharfen Fortsatz aus, welcher weiter absteigend sich an das Thränenbein anlegt. Nach vorne, wo die Stirnbeine von den Nasenbeinen überdeckt werden, schärft sich der Rand zu und endigt in mehrere Spitzen.

Das vordere Nebenstirnbein, Frontale anterius Cuv., zwischen dem Haupt-stirnbein, Nasenbein, Thränenbein und Oberkiefer gelegen, ist in seinen Grenzen durch die Knochenkruste der Haut meist verwischt; bei *L. vivipara* bleiben am ehesten noch die Linien erkennbar.

Das hintere Nebenstirnbein, Frontale posterius, ist entgegen von *Anguis*, allwo es wie schon CUVIER gesehen in zwei Stücke zerfällt, hier bei *Lacerta* von einem einzigen Knochen vorgestellt; wovon man sich überzeugt, wenn man von innen her das Schädeldach besieht. Von aussen aber erscheint es durch eine Furche der deckenden Knochenkruste ebenfalls wie in zwei hintereinanderliegende Abschnitte zertheilt.

Das Nasenbein, Nasale, ist nicht minder paarig angelegt und bleibt es auch, wie man bei Betrachtung des Knochens von seiner inneren Seite gut gewahrt. Von aussen freilich, durch die darüber gelagerte Incrustation und gewisse Furchen,[1]) erscheint es ganz anders zerlegt, wovon später.

Nach vorne umgreifen die Nasenbeine den aufsteigenden Ast des Zwischen-kieferbeins. Dieses oder das Os intermaxillare ist zwar ursprünglich ebenfalls paarig angelegt, stellt aber später einen einzigen Knochen vor, dessen Processus maxillaris die Zähne, etwa neun trägt. Der Gaumenfortsatz erscheint nach hinten in zwei dreieckige Blätter[2]) ausgezogen; in den dadurch entstehenden Raum treten die vorderen Enden der Vomera ein. Der aufsteigende Theil schien mir nach den Arten und Individuen insoferne zu wechseln, als er bald etwas breiter und kürzer, dann wieder schmäler und länger war.

Das Thränenbein, Lacrimale, ist verhältnissmässig sehr gross, nach aussen gewölbt, nach innen stark schüsselförmig ausgehöhlt: oben und rückwärts in einen langen spitzen Fortsatz ausgezogen.[3]) Mit dem ausgehöhlten Theil bildet es jenen Abschnitt der Nasenhöhle, in welchem die hintere Partie der knorpeligen Nasen-muschel liegt. Ein rundlicher Ausschnitt an dem unteren hinteren Rand des Thränen-

---

[1]) Vergl. dritte Tafel, Fg. 44.
[2]) Fg. 43.
[3]) Fg. 39. b.

beines bildet, unter Beihülfe des Oberkiefers, dem sich hier der Oberkieferfortsatz des Jochbeins anlegt, ein Loch zum Durchgang der Thränenröhrchen. Es ist somit der Ausdruck „durchbohrtes Thränenbein" nicht ganz genau.

Der Oberkiefer, Maxillare, entwickelt eine senkrecht aufsteigende Platte, welche einen Theil der Seitenwand des Gesichtes bildet;' an ihr stehen in Längsreihen etwa sechs Löcher zum Durchtritt von Nerven. Der horizontale oder Gaumenfortsatz ist schmal, so dass die von beiden Seiten sich nicht erreichen, sich also auch nicht zur Schliessung des Gaumens und Bedeckung der Vomera verbinden können.

Das Pflugscharbein, Vomer, ist paarig,[1]) und das einzelne stellt im Allgemeinen ein längliches Knochenblatt dar, welches hinter dem Zwischenkieferbein und zwischen diesem und dem Oberkiefer gelegen den Boden der Nasenhöhle und des Jacobson'schen Organes bildet. Im Näheren besehen rollt sich der innere Rand etwas nach einwärts und aufwärts; nach vorne ist das Blatt in einer schwach gebogenen Linie aufgeschlitzt: anstatt der Durchbrechung bleibt bei manchen Individuen von *Lacerta agilis* nur eine tiefe Furche mit einer Oeffnung im Grunde. Nach hinten begrenzen die Vomera in Gemeinschaft mit dem Oberkiefer und Gaumenbein die Choanen.

Rückwärts und in enger Verbindung mit den Vomera folgen die Gaumenbeine, Palatina; durch einen starken Fortsatz nach aussen stossen sie an den Oberkiefer. — Die Grenze zwischen Vomer und Palatinum liegt in der Gegend der Choanen und stellt eine sehr ausgesprochene Bogenlinie vor, welche am deutlichsten bei *L. ocellata* bleibt.

An die Gaumenbeine nach hinten schliessen sich die Flügelbeine, Pterygoidea,[2]) an, welche ähnlich wie die Gaumenbeine durch einen kräftigen nach aussen und vorne gehenden Balken, Os transversum, dem Oberkiefer und Jochbein sich verbinden; während der rückwärts und auswärts lenkende Bogen sich den Flügelfortsätzen des Keilbeinkörpers, dann schliesslich dem Paukenknochen anlegt. Die Trennungslinie zwischen dem Pterygoideum und dem Transversum bleibt zwar zeitlebens deutlich sichtbar, aber die Verbindung ist doch eine so innige, dass ein längeres Maceriren nothwendig wird, um beide Knochen von einander zu lösen. Während die Verbindung dieses Knochens nach vorne mit dem Gaumenbein, Jochbein und Oberkiefer eine feste ist, heftet sich der nach hinten gehende Schenkel dem Keilbein und Paukenbein einigermassen beweglich an.

[1]) Fg. 41.
[2]) Fg. 40.

Das Quadratbein, Tympanicum, erinnert durch seine Form, wenn auch noch entfernt, an das Paukenbein der Säuger, für dessen Homologon es auch zu halten ist; es zeigt sich übrigens um vieles stärker und ausgehöhlter[1]) bei der Eidechse als bei der Blindschleiche. Sein oberes Ende sitzt am Querbalken des Hinterhauptbeins, welcher Theil aber eigentlich seiner Enstehung nach der Ohrkapsel angehört, wie bereits erörtert wurde.

An den gleichen Querbalken gelangt von oben her und zwar wenn wir von hinten nach vorne gehen, zuerst der Knochen, welchen man den hinteren Schenkel oder bogenförmigen Ausläufer des Scheitelbeins nennt. Diese „hinteren Schenkel oder bogenförmigen Ausläufer" könnten, wie bei *Anguis*, wenn man sich nur an fertige Schädel und an die Cuvier'sche Auslegung des Krokodilschädels hält, den Eindruck von Mastoidea machen. Sie entstehen als Spangen, welche den Schädel von unten und hinten her umgreifen; später bekommen sie nach oben und einwärts eine Verbindung, welche mit der verkalkenden allgemeinen Bedeckung verwächst, sich aber seitwärts gar wohl von der eigentlichen Platte des Scheitelbeines zeitlebens abgegrenzt erhalten kann. Ich habe wenigstens mehrere gutgereinigte Schädel von *L. agilis*, sowie von *L. viridis* vor mir, wo eine deutliche Längsnath[2]) vorhanden sich zeigt, welche beiderseits von der hinteren Grenze des Stirnbeins beginnend über das „Scheitelbein" wegzieht, so dass letzteres eigentlich in ein Mittelstück und zwei Seitentheile zerfällt.

Wollte man das Mittelstück allein für das wahre Scheitelbein halten, die Seitenstücke aber für die oberen flachen Partien des Zitzenbeins, so würde, wie schon angedeutet, diese Ansicht eine Bekräftigung erhalten durch den Schädel des Krokodils. Dort gliedert sich[3]) der hintere, breite und flache Theil des Schädeldaches noch schärfer in das mittlere und zwei Seitenstücke und Cuvier hat die Theile auch so gedeutet, dass er das Mittelstück Parietale nennt und die Seitenstücke Mastoidea. Allein, obschon ich gestehe, dass mir diese Deutung auch für die Eidechse anwendbar schien, ich bin davon ganz zurückgekommen. Der embryonale Schädel lehrt zu deutlich, dass auch das Mastoideum unserer Lacerten der Schädelkapsel selber angehört und in näherer Beziehung zum Gehörlabyrinth steht. Es ist ein aus knorpeliger Grundlage hervorgegangener Knochen, wie das Mastoideum der Säuger und auch dadurch ganz verschieden von den aus bindegewebiger Grundlage entstandenen Spangentheilen des Parietale, des anschliessenden Temporale und Qua-

---

[1]) Vierte Tafel, Fg. 47, b.
[2]) Vergl. erste Tafel, Fg. 18.
[3]) Man blicke z. B. auf die in's Einzelne gehenden Abbildungen bei Bronn: Skelet der Krokodilinen, 1862.

drato-jugale. Das Mastoideum der Eidechse ist mit einem Wort im Opisthoticum der Gehörkapsel enthalten, und wird später durch Verschmelzung ein Theil des Occipitale.

Um nun weiter in der Aufzählung der Knochen fortzufahren, welche sich an den Querbalken des Hinterhauptbeins stützen, ist zu nennen: ein kleiner gekrümmter Knochen, der nach Cuvier Mastoideum wäre, nach Hallmann aber Schläfenschuppe, Temporale. An der nach aussen gewendeten Fläche erscheint er einfach glatt, auf der entgegengesetzten Seite zeigt er einen schwachen Querwulst und Ausschnitt am Rande, wenigstens nach meiner Prüfung bei *L. agilis.* [1]) Endlich schliesst sich noch ein um vieles längerer, sichelförmig gekrümmter und zugeschärfter Knochen an, welcher die Richtung gegen das Jochbein nimmt, nach Cuvier Temporale ist, nach Hallmann ein Quadrato-jugale vorstellt. [2]) Er erreicht das Jochbein, d. h. den aufsteigenden Ast, welcher den hinteren Augenhöhlenrand bildet, nicht ganz, aber nahezu, so dass im Leben wohl die kleine Lücke durch Bandmasse ausgefüllt sein kann. Da das Mastoideum, nach voriger Erörterung, durchaus nicht in diesen äusseren aus Bindegewebe entstandenen oder Belegknochen gesucht werden kann, so ist Cuvier's Deutung gewiss irrig. Indem ich aber die Hallmann'sche Bezeichnung angenommen habe, möchte ich noch bemerken, dass Temporale und Quadrato-jugale, wie schon in ihrer Form, so auch in ihrer Bedeutung noch näher verwandt sein mögen. Sie scheinen beide zusammen die Schuppe des Schläfenbeines der Säuger vorzustellen.

Die auf den Querbalken des hinteren Schädelabschnittes von oben her sich stützenden Enden der erwähnten Knochen sind dicht zusammengeschoben, doch so, dass der Bogen des Parietale nur den oberen Rand des Querbalkens berührt, während das Temporale weiter herabgehend sich nur zwischen das Ende des Querbalkens und das Tympanicum hineinschiebt, so dass letzteres eigentlich, was abermals für die Deutung dieser Knochen nicht unwichtig ist, dem Ende des Temporale verbunden erscheint.

Das Jochbein, Jugale, entwickelt zwar keinen wirklichen Jochbogen, sondern durch einen kurzen Fortsatz nach hinten nur den Anfang eines solchen und es wird der Mangel eines knöchernen Jochbogens durch ein queres fibröses Band ersetzt, welches von dem Fortsatz des Jochbeins rückwärts zum unteren Ende des Tympanicum zieht.

Der Unterkiefer besteht aus fünf Knochenstücken: einem zahntragenden

[1]) Fg. 47, c.
[2]) Fg. 47, d.

Theil oder Dentale[1]), einem Gelenkstück oder Articulare mit der Gelenkfläche zum Quadratbein, einem Coronoideum zum Ansatz der grossen Sehne des Schläfenmuskels und endlich aus zwei Ausfüllungsstücken. Leicht überzeugt man sich, dass in seinem Inneren ein primordialer Theil, sog. Meckel'scher Knorpel zeitlebens sich erhält.[2]) Auf Querschnitten sieht man letztern als cylindrischen Knorpelstrang, umgeben von den Knochenstücken, welche den Unterkiefer zusammensetzen und es mag bemerkt sein, dass das Ausfüllungsgewebe, welches die einzelnen Knochenstücke zusammenhält sehr reich an schmalen, faserartig verlängerten Kernen ist.

Verknöcherte Schädelhaut.

Schon frühere Autoren sprechen von einer „Crusta calcarea", welche am Schädel der Eidechsen vorkomme; später pflegte man sich darüber so auszudrücken: es habe eine innige Verwachsung der Knochen der Schädeloberfläche mit den soliden Schuppenkörpern stattgefunden. Mir scheint es von mehrfachem Interesse, sowohl im Hinblick auf die Zusammensetzung des Schädels als auch hinsichtlich der sogenannten Schilder, diesen Gegenstand etwas näher in's Auge zu fassen, um so mehr als Anatomen wie CUVIER und MECKEL sich von dem Verhalten der Haut und ihrer Schilder zu den wirklichen Schädelknochen keine Rechenschaft gegeben haben.

Von der Knochenkruste sind bei allen einheimischen Arten überdeckt: die Platte des Scheitelbeins, Haupt- und Nebenstirnbein, Nasenbeine, ein Stück vom Oberkiefer nebst einem kleinen Rand vom Thränenbein, endlich der oberflächlich gelegene Theil vom Jochbein.

Ferner aber gibt es, was bereits oben gelegentlich des Integumentes angedeutet wurde, echte für sich bleibende Hautknochen, welche nicht mit einem aus der häutigen, embryonalen Schädelwand entstandenen Knochen verschmolzen sind. Dergleichen finden sich in der Augen- und in der Schläfengegend. Die Knochentafeln, welche den oberen Rand der Augenhöhle bilden, die Braunenplatte „Lamina superciliaris", wie sie WAGLER nennt, sind solche reine Hautknochen. Bei L. agilis, L. muralis, L. rivipara beschränkt sich die Verknöcherung der Haut auf das Hinterhauptsegment bis zum seitlichen Rande des hinteren Nebenstirnbeins: die Decke der Schläfengegend bleibt häutig. Bei L. viridis aber verknöchert hier die Haut weiter herab zu vier bis fünf Tafeln, welche an die Knochenkruste des Jochbeins sich anschliessend, diesen Knochen bedecken, und sich bis zur hinteren Grenze des Oberkiefers ausdehnen. Noch weiter rückt die Verkalkung der Haut der Schläfengegend bei Lacerta ocellata vor, indem sie sich zwischen Auge und Ohr zu etwa

[1]) Sechste Tafel. Fg. 81.
[2]) Siebente Tafel. Fg. 93. b.

vierundzwanzig verschieden grossen Knochentafeln umgestaltet hat, wovon die grösseren mehr gegen das Auge zu liegen, und die kleineren nach rückwärts.

Diese Knochentäfelchen der Schläfengegend scheinen bisher wenig beachtet worden zu sein. Vielleicht dass CALORI, dessen Abhandlung über das Skelet der *L. viridis* mir nicht zugänglich ist, davon redet. In dem Werke BIBRON und DUMERIL's, welches eine Darstellung des Skeletes gibt,[1] ist keine Spur von den seitlichen Knochenplatten zu sehen; wohl aber hat sie POHL, als er die grosse Perleidechse (*L. ocellata*) für seine Studien über das Gehörorgan wählte, richtig abgebildet, ohne im Text davon zu handeln.[2] CUVIER lässt später den Schädel derselben Eidechse („La mienne est faite d'après le grand lézard ocellé d'Espagne") zeichnen, aber auch dort ist keine Andeutung dieser auffälligen und charakteristischen Knochentafeln zu erblicken; der Rand hört mit jenen Hautknochen auf, welche nach CUVIER'scher Deutung hintere Stirnbeine sind.[3] Doch scheint immerhin CUVIER nach einer Bemerkung zu schliessen, welche er über den Schädel der Eidechsen überhaupt macht, etwas von diesen Hautknochen gesehen zu haben.[4] — Noch sei, bevor wir die Hautverknöcherung weiter betrachten, eine physiologische Bemerkung eingeschaltet.

Der Schädel der Eidechsen an sich ist schmal; er verbreitert sich aber schon in der Stirngegend durch die Tafeln der „Braunenplatte" und noch mehr rückwärts dadurch, dass das Scheitelbein, und die Nebenstirnbeine die eigentliche Schädelkapsel dachig überwölben, woran endlich auch noch reine Hautknochen sich anreihen können. Diese Umbildung erscheint bedingt von den Weichtheilen, durch die Nothwendigkeit dem mächtigen Kaumuskeln, besonders dem Schläfenmuskel, eine feste Ansatzfläche zu bereiten, da der eigentliche Schädel, wegen Kleinheit des Gehirns, dazu nicht ausreichte. Was daher bei gewissen Säugern, Raubthieren insbesondere, durch Entwicklung von Knochenkräten und Kämmen bezweckt wurde, geschah hier in der angedeuteten Weise.

Ueberall, wo es sich um Verknöcherung der Haut handelt, tritt an der freien Oberfläche eine eigenthümliche Sculptur auf, von körnig schrundigem Wesen. Die Verkalkung greift nicht durch die ganze Dicke der Lederhaut, sondern es zieht die Verknöcherung von unten herauf durch die derben wagrechten Lagen oder die eigentliche Grundmasse der Cutis; lässt dann aber die obere, weichere, unmittelbar unter der Epidermis ruhende Schicht, welche zahlreiche Blutgefässe und Nerven, sowie die Hauptmasse des Pigments trägt, theilweise oder vielleicht ganz frei. Hievon kann man sich nicht blos beim Maceriren des Schädels überzeugen, sondern auch mikroskopisch an senkrechten Schnitten.

Die Wahrnehmung, dass die obere Schicht der Lederhaut nicht oder wenigstens nicht völlig verknöchert, in Berücksichtigung ferner des Umstandes, dass hier eine reiche Ausbreitung von Blutgefässen statt hat, gibt uns einen Fingerzeig, woher die Sculptur oder eigenthümliche Körnelung an der Hautverknöcherung rührt.

Man sieht am gereinigten und getrockneten Schädeldach, z. B. von *Lacerta agilis*, eine Menge von schwarzen Grübchen oder Löchern, und von ihnen weg auch kürzere oder länger verzweigte Rinnen. Wer nun den Bau der Lederhaut der Rep-

[1] a. a. O. Pl. V, Fg. 1. — Ich habe die Theile abgebildet auf Fg. 23 der zweiten Tafel.
[2] Expositio generalis anatomica organi auditus, 1818, Tab. IV, Fg. V.
[3] Rech. sur les ossemens fossiles, troisième Edition, 1825, Tab. XVI, Fg. 4.
[4] a. a. O. p. 264, sub Nro 3.

tilien näher kennt, wird nicht im Zweifel sein, dass die Löcher den Stellen entsprechen, wo die Blutgefässe durch die senkrechten oder säulenartigen Bindegewebsstränge von unten nach oben ihren Weg genommen haben, um sich in der pigmentirten Grenzschicht flächenhaft zu verbreiten. Sie sind schwarz, indem, wie der Schnitt durch die unverkalkte Haut lehrt, das Pigment die Gefässe schon von der unteren weichen Grenzschicht her begleitet. Und man begreift sofort, dass die festgewordenen Bahnen für die Blutgefässe es sind, welche der verknöchernden Oberfläche der Haut eine Reliefbildung geben, welche an Knochen des inneren Skeletes niemals vorkommt. [1]

Die Knochenkruste am Schädel erhält eine fernere Bedeutung für uns dadurch, dass sie es ist, welche durch ihre grösseren Gefässfurchen die Abgrenzung der sogenannten Kopfschilder bedingt, letztere sonach keineswegs ganz und überall mit dem Umriss der darunter liegenden Knochen zusammenfallen. Wenn wir diess erwägen, kann es auch weniger befremden, dass beim Durchmustern einer grösseren Anzahl von Thieren derselben Art die Kopfschilder nicht allzu selten Abweichungen zeigen. Es genügt das Auftreten einer neuen Gefässfurche um ein Schild weiter zu gliedern oder umgekehrt es kann ein Schild, das sonst für sich besteht, bei Mangel einer solchen Trennungsfurche in ein anderes aufgenommen sein.

Betrachten wir jetzt einige Knochen und ihr Verhältniss zu den sie deckenden Schildern näher.

Das Scheitelbein glaubt man bei Besichtigung von aussen in zwei mittlere unpaare kleine, und zwei seitliche oder paarige, grössere Platten zerlegt. Das hinterste oder mittlere gibt das sogenannte Occipitalschild, das davorliegende das Interparietalschild, die zwei seitlichen die Parietalschilder. Diese scheinbare Auflösung des unpaaren Scheitelbeines in genannte vier Platten geschieht durch tiefe Gefässrinnen. Auch, nebenbei gesagt, die mitten auf dem Scheitelbein, in der Abgrenzung welche den Namen des Interparietalschildes trägt, befindliche kreisrunde Oeffnung, dient ebenfalls dazu, Blutgefässe vom Schädelraum nach aussen auf die Oberfläche zu leiten.

Am Stirnbein ist wieder eine mittlere, dann sich gabelnde und die Blutge-

[1] Viel auffallender, weil in's Grosse gezeichnet, ist diese Sculptur der Hautknochen z. B. an der Schildkröte Trionyx, dann besonders bei fossilen Sauriern; der Grund der Entstehung ist wohl immer derselbe, wie er oben von Lacerta dargethan wurde. Dasselbe gilt von der bekannten schrundigen Oberfläche des Hirschgeweihes. W. Sömmering, welchem wir lehrreiche Mittheilungen über den Wechsel und das Wachsthum des Geweihes beim Edelhirsch verdanken (Zool. Garten, 1866), bemerkt ohne dass er sich die Frage vorgelegt hätte, woher die Sculptur des Geweihes sich bilde, dass man an der abgeworfenen Stange »anfangs beim Waschen sogar noch Spuren der getrockneten Blutgefässe des Bastes, der in den Furchen festsass, erkannte«.

fässe leitende Furche die Ursache, dass man den Knochen nach aussen zusammengesetzt sein lässt aus einer paarigen hinteren Abtheilung, „Fronto-Parietalschilder", und einer vorderen unpaaren Platte, „Frontalschild". Am skeletirten Schädel sieht man deutlich und abermals zum Beweis, dass die Schilder am frischen Thier keineswegs mit den Grenzen der Kopfknochen zusammenfallen, wie ein guter Theil der Fronto-Parietalschilder noch auf dem vorderen Abschnitt des Scheitelbeines ruht.

Endlich das Nasenbein, von aussen unpaar erscheinend, zeigt eine mittlere Gefässfurche mit Gabelung, somit eine Art Trennung in zwei hintere kleinere und in ein vorderes, grösseres unpaares Schild.

Bleibende Theile des Primordialschädels.

Embryen von *Lacerta rivipara*, welche fast reif waren und auf den Primordialschädel geprüft wurden, zeigen im Wesentlichen ein gleiches aus Balken, Platten, und verästigten Stäben bestehendes Knorpelwerk, wie der Primordialschädel von *Anguis*; ich will daher nicht noch einmal auf eine Auseinandersetzung dieser Theile eingehen, sondern vielmehr jener Knorpelstücke gedenken, welche am fertigen Schädel vom Primordialskelet zeitlebens übrig bleiben.

Bei Betrachtung des Schädels von unten, ich habe es von *Lacerta viridis* abgebildet,[1] sieht man zu beiden Seiten des langen Stachels des Keilbeins, genauer neben dem sog. vorderen Keilbeinkörper, einen Knorpelfaden nach vorn treten, welche beide sich in der Medianlinie des Schädels zu einer Knorpelplatte erheben. Zugleich gewahrt man aber noch in der bezeichneten Lage des Schädels einen Knorpelfaden, welcher rechts und links näher dem Schädeldache, im Bogen von vorne, aus der Gegend der Augenhöhle, nach hinten zur Ohrgegend zieht.

Ein gut macerirter Schädel lässt erkennen, dass wie bei *Anguis* die neben dem Stachel des Keilbeins verlaufenden Knorpelfäden von zwei cylindrischen Knochenstäben[2] ausgehen, die als ihre verknöcherten Wurzelstücke anzusehen sind, und von welchen sie sich scharf ablösen lassen. Die Knorpelfäden sind die ursprünglichen sog. Schädelbalken.

Das zweite erwähnte Paar der Knorpelstreifen geht vom Primordialschädel zwischen den Augen von der grossen knorpeligen Scheidewand ab und verliert sich nach hinten in die knorpelige Ohrkapsel. Bei *Anguis* markirt sich noch am fertigen Schädel klar die Stelle, wo das Felsenbein den Streifen aufnimmt.[3] Bei *Lacerta,*

---

[1] Fg. 19 auf der ersten Tafel.
[2] Vergl. die Figuren 30 u. 31 auf der zweiten Tafel: beide lassen die zwei Knochenstäbe von *Lacerta* und *Anguis* sehen.
[3] Fg. 31. b.

wenigstens bei *L. agilis* und *muralis*, welche ich auf diesen Punct untersucht habe, wollte sich die gelenkartige Fläche nicht mehr zeigen; während sie doch an der Schuppe des Hinterhauptbeins für einen anderen medianen Knorpelstreifen so deutlich bleibt wie bei *Anguis*.

Den dritten und ausgedehntesten Knorpeltheil bildet die Platte, welche zwischen den Augen in die Höhe steigt und nach vorne in den vierten Abschnitt, in die knorpelige Nasenkapsel, zunächst Scheidewand der Nase, ausgeht. Von unten her ist sie eine gute Strecke weit eine undurchlöcherte Wand; dann gegen oben, sowohl in der Richtung nach vorne als auch nach hinten zeigt sie sich von grösseren und kleineren Oeffnungen durchbrochen. Es scheint, dass in Form, Grösse und Zahl der Löcher, welche die Platte durchsetzen und beinahe wie in ein Gitter verwandeln, nach den einzelnen Arten Unterschiede vorhanden sind; wenigstens stimmen meine Skizzen, die ich hierüber von *Lacerta vivipara*, *L. agilis*, *L. viridis* und *L. ocellata* nahm, nicht ganz genau mit einander überein. [1]

Erwähnenswerth ist auch, dass sich in dem Knorpel an bestimmter Stelle, ganz inselartig, eine Knochenbildung vorfindet, nämlich dort, wo der Sehnerv vom Schädelraume heranstritt. Bei *L. ocellata* stellt sie einen halbmondförmig gekrümmten Knochenstab vor, bei *L. agilis* und *L. viridis* hingegen ein Knochenstäbchen von gerader Form. Man kann fragen, ob der Knochen nicht wegen seiner Lage und Beziehung zum Sehnerven dem Anfang eines knöchernen Keilbeinflügels zu vergleichen wäre. — Verschieden davon sind Verkalkungen des Knorpels, welche ich bei *L. viridis* in der Platte zwischen den Augen antraf. Es befanden sich dort in die Intercellularsubstanz des Knorpels abgelagerte Kalkkrümeln, welche für das freie Auge weissfarbige Flecken erzeugten. — Histologisch ist der Knorpel von rein hyaliner Beschaffenheit: die Zellen, im Allgemeinen rundlich-eckig, sind so zahlreich, dass sie an Menge die Grundsubstanz überwiegen.

Dass die aufgeführten Knorpeltheile des Schädels sich wirklich zeitlebens in dieser Form erhalten und nicht etwa doch nur vorübergehend sind, lehrte mich besonders eine untersuchte *Lacerta ocellata*, welche eine bedeutende Grösse und Dicke hatte, und auch ihr Alter durch den sehr abgenutzten Zustand der Zähne kundgab.

Wirbeltheorie des Schädels.

Jedem, welcher den Knochenbau des Schädels eines Wirbelthiers zum Gegenstand seiner Untersuchung und Nachdenkens gemacht hat, tritt die Frage entgegen: besteht der Schädel aus umgewandelten Wirbeln?

---

[1] Auf Figur 20 der ersten Tafel ist dieser Theil schematisch gehalten.

Von einem ganz allgemeinen Gesichtspunct aus, welcher sich auf das Hervorgehen neuer Bildungen durch das Sichverändern und Sichsondern schon bestandener, einfacherer Elemente richtet, wird man zu der Ansicht hingeleitet: der Schädel sei ein Stück umgebildeter Wirbelsäule. Diese Auffassung, in älterer wie neuerer Zeit wie oft schon ausgesprochen, erhält auch eine nähere thatsächliche Unterlage durch die Betrachtung des Schädels gewisser Säugethiere, insbesondere der Wiederkäuer. Doch bereits gegenüber dem Schädel gar mancher anderer Gruppen muss der Beobachter sich gestehen, dass die „Wirbeltheorie des Schädels" schwer zu benützen ist und beim Versuch sie strenger durchzuführen, sich zu verflüchtigen droht.

Geht man nun gar zurück zu dem embryonalen Schädel, der doch einem Stück Wirbelsäule noch mehr vergleichbar sein sollte, als der fertige, so schwebt die Theorie in der That in der Luft. Oder um bei unserem nächsten Gegenstande zu bleiben, was hat der von mir abgebildete Primordialschädel der Blindschleiche — und ebenso verhält es sich mit dem der Eidechse — Wirbelähnliches? Wollte man dieses aus Platten und Stäben bestehende Knorpelgerüst einer anderen bekannten Bildung vergleichen, so hätte es jedenfalls mehr Aehnlichkeit mit dem Nervenskelet im Kopfraum mancher Arthropoden, — ich erinnere an gewisse Käfer — als mit Elementen der Wirbelsäule.

Dieses Knorpelskelet des embryonalen Kopfes dient, wie der unbefangene Beobachter sich sagen muss, zur Umhüllung und Stütze des Gehirns, des Ohrlabyrinthes, ferner der Nase und man könnte auch anführen des Auges; denn die knorpelige Sklera des Auges liesse sich in gemeintem Sinne gar wohl als ein dieses Sinnesorgan stützender Theil des Primordialschädels ansprechen.

Man hat nun zunächst schon in früherer Zeit — und selbst von Seite mancher entschiedener Anhänger der Wirbeltheorie des Schädels ist diess geschehen — in den Knorpeln und Knochen, welche zur Stütze des Geruchsorgans dienen, keinen umgebildeten Wirbel mehr erblickt und ebenso die Knochen, welche das Ohrlabyrinth umschliessen, für Schaltknochen zwischen den Wirbeln erklärt, sonach ebenfalls ausser Spiel gelassen; vom Auge gar nicht zu reden, dessen Sklera man überhaupt nie zum Primordialcranium rechnete.

Auf diese Weise waren alle Knochen, welche den Sinnesorganen dienen, von vornherein von den Wirbeln ausgeschlossen und die Theorie erschien jetzt eingeschränkt auf diejenigen Knochen welche das Gehirn umfassen.

Bleiben wir ebenfalls dabei stehen und prüfen junge Embryonen auf das Verhalten des Gehirns und der umschliessenden Knorpelplatten und Spangen zu einander — und ich habe das wiederholt an noch fast farblosen Früchten der Eidechsen mit grossem Dottersack gethan, — so drängt sich uns die Wahrnehmung auf, dass die Dreitheilung des Gehirns in Vorderhirn, Mittelhirn und Hinterhirn zwar nicht eigentlich am Primordialschädel, aber später beim Entstehen der knöchernen Kapsel sich einigermassen nach aussen abzeichnet und zwar fast mehr an der Decke als am Schädelgrund. Denn die Stirnbeine haben näheren Bezug zum Vorderhirn, das Scheitelbein zum Mittelhirn und die Schuppe des Hinterhauptbeins zu dem kleinen Gehirn und verlängerten Mark. Am Schädelgrund würden als entsprechende Partieen hieher zählen: vorderer und hinterer Keilbeinkörper sammt Anfängen von Flügelfortsätzen, Hinterhauptsbein mit Seitenstücken.

Wir finden somit als Ergebniss, dass eine Theilung des Schädels in drei hintereinanderfolgende Abschnitte zunächst eine Wiederspiegelung der ursprünglichen Dreitheilung des Gehirns ist, aber in so lange es sich um den primordialen knorpeligen Zustand handelt nicht eigentlich auf Wirbel bezogen werden kann. Erst nach der Entstehung der Knochen tritt eine etwelche Aehnlichkeit mit Wirbeln zu Tage.

Wenn wir uns nun vergegenwärtigen, dass auch an dem ursprünglichen Knorpelskelete für das Rückenmark das Wirbelartige noch nicht vorhanden ist, sondern ebenfalls erst mit der Ausbildung der Knochen in die Erscheinung tritt, so müssen wir schliessen, dass die Abscheidung der Kalksalze das bedingende Moment sei; und in diesem Sinne wäre auch für das Verständniss des Schädelbaues die Wirbeltheorie keineswegs ganz aufzugeben. Gleichwie das geistige Auge in der Bildung des Gehirns eine Umformung und höhere Ausbildung des vorderen Endes des Rückenmarkes erblicken darf, ebenso wird es auch immer in den umschliessenden Knochen einen Wiederschein Dessen wahrnehmen, was an der Rückgratsäule geschah; wenn auch das Einzelne einer solchen Betrachtungsweise sich nicht mehr fügen will. Und es ist gewiss beherzigenswerth und gibt einen sichern Fingerzeig, dass die Hinterhauptgegend des Schädels noch am meisten wirbelähnlich ist, da ja auch das verlängerte Mark, welches in ihm liegt, den Charakter des Rückenmarkes noch am wenigsten eingebüsst hat. Je weiter nach vorne das Rückenmark zur „Blüthe" des Gehirns sich entfaltet, um so mehr entfernen sich auch die umschliessenden Knochen von der Wirbelbildung.

Wirbelsäule.

An der Wirbelsäule lassen sich die verschiedenen Partieen unterscheiden, welche man für die Säugethiere anzunehmen pflegt. Halswirbel gehen vom Atlas bis zu dem Wirbel, dessen Rippen sich mit dem Brustbein in Verbindung setzen; dieser eröffnet die Reihe der Brustwirbel, an welche sich dann die Lendenwirbel

54

anreihen, von denen diejenigen, welchen sich das Darmbein des Beckens anheftet, als Kreuzwirbel bezeichnet werden können; jenseits der letzteren folgen die Schwanzwirbel. Die Verbindung der Wirbel untereinander ist gelenkartig, indem der Körper vorne zu einer Pfanne vertieft ist, während das hintere Ende sich zum Gelenkkopf wölbt.

Der Wirbelkörper und seine Fortsätze bestehen bei den Embryen aus hyalinem Knorpel; später verkalkt derselbe und schmilzt als solcher wieder ein. Macht man daher vom fertigen Wirbel Querschnitte, so erscheint er von Markräumen durchsetzt, welche an die Stelle des geschwundenen Kalkknorpels getreten sind; die Markräume sind von echten Knochenlamellen schalig umzogen, welche sich von ossificirendem Bindegewebe herleiten. Ebenso verhalten sich die Bogen und übrigen Fortsätze des Wirbels.

Der Atlas, ich habe ihn von *L. agilis* vor mir, zerfällt durch Maceriren leicht wie bei der Blindschleiche in drei Stücke, in einen unteren oder mittleren Theil und zwei aufsteigende Bogen.[1] Da das Mittelstück zwar einem Körper ähnelt, der eigentliche Körper des Atlas aber, nach dem was die Entwicklung lehrt, vom Zahnfortsatz des Epistropheus vorgestellt wird, so wird man diesen mittleren, nach unten dornartig vorspringenden Theil den unteren Dornen zu vergleichen haben. Die beiden Bogen lassen oben eine Lücke frei und der Atlas ist hier so wenig als bei *Anguis* knöchern geschlossen; ich habe mich von diesem Verhalten an mehr als einem Exemplar überzeugt.[2] Ein Ligamentum transversum, welches den Zahnfortsatz des nächsten Wirbels überbrückt, ist vorhanden.

Der zweite Halswirbel, Epistropheus, hat einen besonders langen, kammförmigen Dornfortsatz: ebenso sitzt unten am Körper ein Dornstück, welches seine Abgrenzungslinie so gut behält wie der Zahnfortsatz.[3] Der untere Dorn trifft nach hinten auf den gleichen untern Dorn des dritten Halswirbels, wie um mit diesem zu verwachsen *(L. agilis).*

Die Wirbelkörper der Hals- und Rumpfgegend bieten von vorne angesehen, einen gewissen herzförmigen Umriss dar und ihre Vorderfläche erscheint, nach hinten besonders, etwas ausgetieft. Diejenigen der Brustgegend sind dabei etwas schmäler,

---

[1] Vierte Tafel, Fg. 49.
[2] Bei Cuvier, Rech. s. les ossemens fossiles T. V, erscheint auf Pl. XVII. Fg. 10 der Atlas von einem *Monitor* abgebildet, dessen Bogentheile ebenfalls oben sich nicht berühren. Wahrscheinlich sah dies der grosse Kenner des Skelets, welcher den Theil nicht selbst präparirt haben mochte, für etwas Zufälliges an: denn der Text sagt ausdrücklich: ». . . deux superieurs, unies l'une à l'autre à la partie dorsale.« Auch bei den Crocodilen — ich kann es gut an einem grossen Skelet des *Crocodilus biporcatus* der hiesigen Sammlung sehen — endigen die Schenkel des Atlas für sich, aber die Lücke deckt ein selbstständig bleibender dachförmiger Knochen.
[3] Vierte Tafel, Fg. 50.

daher länglicher als die des Halses, während die der Kreuzgegend wieder breiter werden und sich ins Kürzere ziehen. Die Wirbel der Schwanzgegend verschmälern sich abermals und bekommen äussere Vertiefungen, wie Fischwirbel; in ihnen liegen auch Ansammlungen von Fett, welche die ganze Schwanzwirbelsäule gleich der von *Anguis* wie perlschnurartig aneinander gereihte Klumpen begleiten.

An den Schwanzwirbeln [1]) tritt wie bei der Blindschleiche die Eigenthümlichkeit auf, dass der einzelne Wirbel in zwei Hälften zerfällt. Diese Trennung beginnt erst am siebenten Schwanzwirbel, wo der Körper auf einmal doppelt so lang ist als vorher: es geschieht die Sonderung hinter dem Querfortsatz und oben bildet sich eine Art von secundärem Dornfortsatz.

Ueber die Entstehung dieser zuerst von CUVIER, dann später von Anderen zum zweitenmal „entdeckten" Bildung klärt uns GEGENBAUR dahin auf, dass in der Anlage der Wirbel nichts gegeben sei, was jene Trennung bedingen könne, sondern dass sie auf der Entstehung eines grossen Markraumes beruhe, der mit dem Verschwinden des Chordarestes einigen Zusammenhang hat.

Die Körper der letzten Schwanzwirbel sind sehr verschmächtigt und was besonders auffällig und erwähnenswerth ist: sie haben vorne und hinten eine Concavität, also keinen Gelenkkopf mehr. Dabei zerfallen sie immer noch deutlich in zwei Stücke.

Die oberen Bogen sämmtlicher Wirbel vom Epistropheus an, sind so verbreitert, dass sie den Rückgratscanal nach oben völlig schliessen. Der Dornfortsatz der Halswirbel ist an seinem freien Ende deutlich, wenn auch schwach gegabelt:[2]) gegen den sechsten und siebenten Wirbel verliert sich diese Bildung und der Dorn geht mehr ins einfach Leistenförmige über, an den Schwanzwirbeln ins einfach Spitzige.

Die unteren Bogen[3]) beginnen in Form von Dornen nach dem oben Gesagten schon am Atlas, sind dann aber besonders entwickelt vom Epistropheus an: rückwärts nehmen sie an Grösse ab, am sechsten Halswirbel ist das Knochenstück schon sehr winzig und am siebenten zu einem paarigen Knöchelchen geworden, das aber nochmals in wieder schwächerer Ausbildung am achten Wirbel sich zugegen zeigt. Alle diese Knochenstücke lösen sich bei der Maceration vom Wirbelkörper ebenso leicht ab, als solches mit den unteren Bogen der Schwanzwirbel der Fall ist.

Diese Erscheinung, sowie die Thatsache, dass die unteren Dornen der Halswirbel in ihrer Entstehung paarig sind und wohl erst, indem sie sich vergrössern,

---

[1]) Vergl. vierte Tafel. Fg. 55.

[2]) Fg. 51.

[3]) Fg. 53. a.

zusammenschmelzen, lässt mich in diesen Bildungen die Homologa der unteren Bogen der Schwanzwirbel erblicken: wenn sie auch am Hals-Abschnitt der Wirbelsäule etwas anderes zu leisten haben, als am Schwanz. GEGENBAUR andrerseits erklärt, dass er diese sogenannten unteren Dornfortsätze auch bei Eidechsen für ganz selbstständige Fortsätze des Wirbelkörpers halte.[1] Es ist diess eine natürliche Folge seiner Annahme, dass bei den Reptilien die untern Bogen der Schwanzwirbelsäule den Rippen homolog seien.[2]

Die Rumpfgegend entbehrt der unteren Bogen; sie beginnen erst wieder am Schwanze und zwar am vorderen Rande des vierten Wirbels, da wo zwei Wirbel aufeinanderstossen; wobei sie jedoch eigentlich dem vorderen angehören. Sie fallen leicht ab und ihre Schenkel können noch durch eine Querbrücke verbunden sein.

Die schiefen oder Gelenkfortsätze treffen nach der ganzen Länge der Wirbelsäule immer derart aufeinander, dass die hinteren die vorderen des zunächst folgenden Wirbels decken: die Gelenkflächen liegen mehr oder weniger schräg, nähern sich aber am Halse stark dem Wagrechten. Untersucht man die Gelenkflächen genau so überzeugt man sich, dass sie von einer dünnen Knorpelschicht überzogen werden. — Von Processus mammillares und musculares an den Gelenkfortsätzen lässt sich nicht sprechen.

Die Querfortsätze erscheinen an den Hals- Brust- und Lendenwirbeln nur als geringe Höcker. Jene der Halswirbel sind noch etwas stärker, als die der Brustwirbel und springen, bei Betrachtung des Halses von vorne, wie gesimsartig vor. Entsprechend dem einfacheren Rippenende, das sich an den Querfortsatz heftet, ist dieser auch nur einfach rundlich gewölbt. Stark sind diese Fortsätze an den Schwanzwirbeln; die stärksten aber finden sich an den beiden Kreuzwirbeln;[3] dabei übertrifft derjenige des zweiten Kreuzwirbels den des ersteren noch an Dicke. Indem der erste etwas nach hinten neigt und der zweite nach vorn, treffen sie mit ihren freien Enden nahezu winklig zusammen und erzeugen damit die Ansatzfläche für das Darmbein.

An den letzten Schwanzwirbeln zeigen sich die Fortsätze, insbesondere die queren und die untern Bogen, sehr zurückgebildet. Die untern Bogen sind nach unten offen, bis sie zuletzt völlig schwinden.

Nach der ganzen Ausdehnung der Wirbelsäule läuft vorne ein Längsband herab von weissem glänzenden Aussehen.

[1] Grundzüge d. vergleichend. Anatomie. Zweite umgearbeitete Auflage, 1870.
[2] Jenaische Zeitschrift, Bd. III, S. 414.
[3] Fg. 54.

Rippen.

Die Halsrippen beginnen am ersten Wirbel hinter dem Epistropheus, also am dritten Halswirbel; die erste Rippe ist noch schwach, dann werden sie am vierten und fünften Wirbel stärker. Es unterscheiden sich [1] die Rippen der Halsgegend gar sehr von denen der Brust- und der Lendengegend durch breite Gestalt und einen platten grossen Endknorpel. Die sechste ist die breiteste und hat den grössten Knorpel; die siebente nimmt bereits, indem sie lang und schmal geworden, den Charakter gewöhnlicher Rippen an.

Von den Rippen der Brustgegend setzen sich an den Rand des Brustbeins unmittelbar drei Paare an, dann unten noch mittelst eines besonderen Knorpels zwei Paare, demnach jederseits fünf einzelne Rippen. — An ihrem obern Ende sind sie einfacher als bei der Blindschleiche: sie zeigen noch nicht die Zerlegung in Capitulum und Tuberculum, sondern nur eine schwache Anschwellung mit ausgehöhlter Gelenkfläche. [2]

Schon oben als von den Rippen der Blindschleiche die Rede war, wurde bemerkt, dass dort der letzte Wirbel vor dem ersten Kreuzwirbel bald eine Rippe noch trägt, bei kurzem Querfortsatz, oder keine Rippe mehr hat, aber alsdann einen langen Querfortsatz besitze. Es lässt sich daraus folgern, dass die Rippen als lange abgegliederte Querfortsätze zu betrachten sind. Zu gleicher Auffassung kommen wir auch bezüglich der Eidechsen, wenn man die letzten Lenden-, dann wieder die zwei Kreuzwirbel und die Schwanzwirbel vergleichend in's Auge fasst. Denn am letzten Lendenwirbel sind die Rippen nicht länger, als der Querfortsatz der Kreuzwirbel ist, und jene von den anstossenden Schwanzwirbeln sind wieder wenig kürzer als die der Kreuzwirbel; dann aber nehmen sie rasch an Länge ab.

Was man an den Rippen der Embryen bezüglich des histologischen Verhaltens gegenüber vom fertigen Theil sieht, spricht deutlich dafür, dass die knorpelige Anlage zuerst wirklich ossificirt, aber das daraus entstehende Gewebe wieder schwinden muss. Embryen von *Lacerta vivipara* boten Rippen dar, deren Knorpelzellen von strahliger Form waren, derart, dass die von der Zellsubstanz ausgehenden Strahlen innerhalb der stark verdickten Knorpelkapseln oder Verdickungsschichten lagen. Knochenkörperchen von dieser Form bemerkt man aber nicht mehr in der fertigen Rippe; sie sind wieder eingegangen und der Knochen zeigt in seinem Gewebe die Merkmale des ossificirten Bindegewebes.

---

[1] Vergl. Fg. 53, b.
[2] Fünfte Tafel, Fg. 75.
Leydig, Saurier.

Brustbein.

Man unterscheidet das eigentliche Sternum und das Episternum. Das Sternum[1]) stellt eine ziemlich grosse, nach aussen gewölbte, einwärts ausgehöhlte, beiläufig rhomboidale Knorpelplatte dar, welche grossentheils verkalkt ist und die ster-
nalen Enden der Rippen aufnimmt. Seitwärts am Vorderrand zieht eine Leiste herab,
wodurch eine Art Rinne entsteht, gegen welche sich der bogig scharfe Rand des Coracoideum stemmt. Diese Leiste ist bei den grösseren Arten, wie bei *L. viridis* und
selbst *L. agilis*, für's freie Auge deutlich, fehlt aber auch nicht den kleinern z. B.
nicht der *L. vivipara*. Am hinteren Ende zeigt sich im Knorpel ein häufig geschlos-
senes Loch, etwa vergleichbar der Oeffnung im Schwertfortsatz des Menschen. Uebrigens erscheint, ebenfalls wie beim Menschen, dieses Loch im Brustbein veränderlich
nach Grösse und Vorkommen, sowohl was die Arten als die Individuen betrifft.

Das Episternum,[2]) von zierlicher schlank kreuzförmiger Gestalt, scheint
nach den Arten ganz leise Unterschiede zu besitzen. Von *L. vivipara* z. B. habe ich
mir angemerkt, dass die Linien nicht rein symmetrisch ziehen, namentlich nicht am
unteren oder längeren Theil, allwo sich eine längliche Anschwellung bemerkbar macht;
dann erst folgt das wieder verschmälerte Ende. — Das Mittelstück liegt eine ziemliche Strecke weit auf der ventralen Fläche des Sternum. Der Querbalken trifft genau
an den blattartigen Vorsprung des unteren Randes der Clavicula.

Das Episternum ist ein aus Bindegewebe entstandener Knochen und erhärtet
früh. Bei Embryen von *L. vivipara*, welche nahe dem Geborenwerden standen, war
es schon verknöchert; während in das Brustbein und die Rippen noch kein Kalk sich
abgesetzt hatte.

Schulterknochen.

Das Schlüsselbein, Clavicula,[3]) erscheint stark gebogen, am hinteren oder
Acromialende verschmälert, am vorderen oder Sternalende verbreitert, aber von einem
Fenster durchbrochen. Letzteres, am grössten bei *L. viridis*, ist auch noch umfänglich, doch kleiner bei *L. muralis* und *L. vivipara*, am kleinsten bei *L. agilis*. Genauer
bezeichnet: der Breitendurchmesser des Fensters ist hier sehr gering geworden, was
nicht der Fall ist mit dem Längendurchmesser. Dieser Theil der Clavicula sieht aus
wie ein Nadelöhr. Das Mittelstück unseres Knochens entwickelt an seiner Biegung
nach unten einen rundlich platten Vorsprung, an den, wie schon erwähnt, der Querbalken des Episternum stösst.

[1]) Sechste Tafel, Fig 78, a.
[2]) Fig. 78, b.
[3]) Fig. 78, c.

Gleich dem Episternum ossificirt das Schlüsselbein sehr früh beim Embryo und entsteht wie letzteres aus bindegewebiger Grundlage, nicht aus Knorpel.

Das Schulterblatt[1] zeigt eine breite grösstentheils verkalkte Knorpelplatte oder das Suprascapulare. Der obere Rand verläuft bogig, der hintere ausgeschnitten, der vordere zieht sich in eine Spitze oder Art Acromion aus. Der Theil ist bei _L. agilis_ und _L. vivipara_ ziemlich lang; bei einer auf diesen Punct untersuchten _L. viridis_, waren statt dessen zwei kurze Vorsprünge zugegen.

Dann unterscheidet man zweitens ein Knochenstück,[2] welches die eigentliche Scapula vorstellt, die Gelenkfläche für den Oberarm trägt und ohne Grenze in das Hackenschlüsselbein oder Coracoideum ausgeht. Dasselbe wird am freien Ende umsäumt von einer theilweise verkalkten Knorpelplatte, welche, wofür die Verhältnisse bei _Anguis_ sprechen, als ursprünglich mit der Knorpelplatte der Scapula zusammenhängend zu denken ist. Dieses Knochenstück ist gleich dem anschliessenden Oberarm zwar aus verkalktem Knorpel hervorgegangen, dieser schmolz aber wieder ein, um einer aus Bindegewebe hervorgehenden Ossification Platz zu machen. — Zwei Fenster, ein grösseres und ein kleineres, das letzte der Gelenkhöhle näher, finden sich bei allen Arten; sie sind in frischem Zustande von einer straffen Membran geschlossen.

Das ganze Gerüste, welches sich aus Sternum und Episternum, Scapula, Coracoideum, nebst Clavicula zusammensetzt, erscheint in seinen verschiedenen Theilen sehr beweglich gegen einander, namentlich was den bogigen Rand des Coracoideum betrifft, da wo er gegen das Brustbein sich stemmt.

Vordergliedmassen.

Der Arm besteht aus dem Knochen des Oberarms, Humerus, und den zwei Vorderarmknochen: Ulna und Radius. Das obere Ende[3] des Oberarms ist breit, seitlich zusammengedrückt und auch der Gelenkkopf ist weniger halbkugelig als vielmehr ebenfalls seitlich zusammengedrückt, länglich und schräg. Unter ihm öffnet sich ein grosses Gefässloch. Die Tubercula stehen weit auseinander, das Mittelstück ist platt. — Das untere Ende[4] ist noch etwas breiter als das obere, zeigt einen äusseren und inneren Gelenkhöcker und den Gelenkfortsatz, der deutlich in Rotula und Trochlea zerfällt. Die Vertiefung über dem Gelenkfortsatz ist gut ausgebildet, die hintere hingegen fehlt.

Die von MECKEL vor langen Jahren an _L. agilis_ und _L. ocellata_ nachgewiesene

---

[1] Fg. 78, d.
[2] Fg. 78, c.
[3] Fünfte Tafel. Fg. 71.
[4] Fg. 72.

5 *

Ellenbogenscheibe lässt sich bei allen, auch den kleineren Arten in der Strecksehne (M. triceps) des Vorderarms unschwer auffinden.

Ulna und Radius[1]) sind leicht nach der Bildung ihres oberen und unteren Endes zu erkennen. Erstere hat oben ein, wenn auch kleines Olecranon mit Cavitas sigmoidea; das Mittelstück ist ziemlich walzig; das untere Ende erscheint abgerundet und mit einem kaum angedeuteten Processus styloideus. — Das obere Ende des Radius hat eine Gelenkfläche für die Rotula; das untere Ende ist etwas breiter als das obere, und zeigt die Incisura semilunaris. — Beide Vorderarmknochen stehen ziemlich weit, namentlich in der Mitte, auseinander.

Der Carpus setzt sich nach GEGENBAUR[2]) aus acht Stücken, in zwei Reihen zusammen. Die erste Reihe, den zwei Knochen des Vorderarms zunächst, bilden ein Radiale und ein Ulnare; dazwischen liegt ein dreieckiger Knochen, der nicht dem Intermedium, welches den Sauriern fehlt, entspricht, sondern dem Centrale. Den Mittelhandknochen näher liegt die zweite oder untergeordnete Reihe, welche aus fünf Carpalia besteht. Hinsichtlich der Textur gehören die Elemente des Carpus vorzugsweise zum verkalkten Knorpel, mit mehr oder minder zahlreichen Markräumen. In den Wandungen der letzteren sieht man häufig echte oder secundäre Knochenschichten.

Ich habe den Vorderfuss von Embryonen untersucht, welche noch unpigmentirt waren und die Anordnung der Carpalknochen schon durchaus so gefunden, wie GEGENBAUR sie beschreibt, nur von dem Sesambein war noch nichts vorhanden. Die Zahl der Phalangen betrug an den drei kleineren Fingern zwei und das Nagelglied, also zusammen drei; die zwei längeren Finger hatten drei Phalangen und das Nagelglied, somit im Ganzen vier. Die Knorpelzellen der Phalangen lagen sehr dicht beisammen und in die Quere geordnet; da wo Gelenke sich bilden sollen, werden die Zellen grösser und rundlicher, und es scheint die Ablösung in Glieder auf einer Metamorphose der Zellen zu beruhen.

Die Nagelglieder, welche bereits an diesen zarten, farblosen Embryonen sich durch eine Spur von Pigment und eine gewisse seitlich zusammengedrückte Beschaffenheit auszeichnen, werden später mit scharfen Krallen ausgestattet. Bei den Arten *agilis, muralis, vivipara* können sie entsprechend der geringen Körpergrösse, wenigstens nicht gegen unsere Haut als Waffe wirken; aber die grosse dalmatinische Art, kratzt die Hand blutig, ohne sich anzustrengen. Schon DUGES bemerkt bezüglich der Krallen der *L. ocellata:* „.... des griffes acérées avec lesquelles ils peuvent faire (surtout celles des membres postérieurs) des egratignures assez profondes".

Von Interesse war mir bei näherem Vergleichen der Krallen unserer vier einheimischen Arten zu

[1]) Fg. 73.
[2]) Untersuchungen zur vergleichenden Anatomie der Wirbelthiere. 1. Heft, 1861.

bemerken, wie sich die engere Verwandtschaft zwischen *L. viridis* mit *L. agilis*, und auf der anderen Seite die von *L. vivipara* zu *L. muralis*, auch in der Form und den Grössenverhältnissen dieser untergeordneten Theile noch ausspricht. Bei *viridis* und *agilis* sind die Krallen der Vorderfüsse kürzer als die der Hinterfüsse, bei *L. vivipara* und *muralis* findet das Umgekehrte statt. Bei den zwei ersteren haben sie alle mehr eine rein sichelförmige Gestalt, bei den zwei anderen hat die Höhe an der Basis beträchtlich zugenommen.[1]

Becken.

Die Eidechsen haben ein vollständiges Becken, indem die Elemente des Hüft- Scham- und Sitzbeins vorhanden sind und ausserdem noch ein Theil sich sehr entwickelt zeigt, der bei den meisten Sängern einen einfachen Höcker darstellt. Schon in dieser Bemerkung liegt das Geständniss, dass ich den neueren Ansichten über die Deutung der Beckenknochen beizustimmen mich veranlasst sehe.

Ueber das Darmbein, Os ilei, kann keine Meinungsverschiedenheit stattfinden. Es ist der schmale, schwach gekrümmte Knochen, mit welchem das Becken an die Querfortsätze der zwei Kreuzwirbel sich anheftet. Unten in der Nähe der Pfanne hat es einen höckerartigen Fortsatz, die Spina anterior.

Von der Pfanne nach vorne und etwas abwärts erstreckt sich ein Knochen, den CUVIER und alle späteren Anatomen bis auf REICHERT und GORSKY[2] für das Schambein, Os pubis, hielten. Der Knochen ist lang, geht in seinem hinteren Drittel in einen starken nach unten gewendeten Fortsatz aus, und vereinigt sich mit dem der Gegenseite, wenn wir an der früheren Deutung festhalten wollten, zu der Symphysis ossium pubis. Zwischen diese Symphyse, mehr nach vorne zu, schiebt sich ein verkalkter Knorpel von rundlicher Gestalt ein.

Ich stehe durchaus nicht an, in diesem Knochen mit GORSKY nicht das Schambein, sondern ein Os ileo-pectineum[3] zu erblicken; der von den beiden Knochen bei der Eidechse umschlossene Raum ist das Foramen cordiforme.

Ist das bisherige Os pubis nicht Schambein, so muss selbstverständlich das Os ischii zum Schambein werden, wie das vom genannten Autor in sorgfältiger Weise näher begründet wird. Indem er nun aber das Os ischii der Autoren in seiner Ganzheit dem Os pubis vergleicht, und die Reihe der Beckenknochen damit zu Ende ist, so wird er zu dem Schlusse gedrängt, dass den Eidechsen das Os ischii mangle und nur ein Band, das Ligamentum ischiadicum, eine Art Homologon des Sitzbeins vorstelle.

In diesem Puncte hat nun offenbar FÜRBRINGER,[4] welcher vor Kurzem den

[1] Vergl. hierzu die Figuren der ersten Tafel, welche die Krallen unserer Arten in getreuer Darstellung versinnlichen.
[2] Ueber das Becken der Saurier. Inauguraldiss. Dorpat. 1852. Unter dem Präsidium von REICHERT.
[3] Vergl. fünfte Tafel. Fg. 65.
[4] Die Knochen und Muskeln der Extremitäten bei den schlangenähnlichen Sauriern. Leipzig, 1870.

Gegenstand geprüft hat, das richtigere getroffen, wenn er annimmt, dass das Os pubis GORSKY auch das Os ischii mit enthält, und desshalb den Knochen Os pubo-ischium nennt. Das Becken der Gattung *Lacerta* spricht sehr für diese Auffassung.

Das Schambein, Os pubis, ist kürzer als das Os ileo-pectineum und geht fast gerade nach abwärts. Nach vorne schiebt sich ein lanzettförmiger Knorpel zwischen die Symphyse ein, dessen Spitze sich in ein Band verlängert und, indem es bis zur Symphyse des Os ileo-pectineum gelangt, den herzförmigen Raum in zwei Hälften zerlegt.

Das eigentliche Sitzbein, Os ischii, nach unten und hinten in eine Art Knorren ausgehend, ist als hinterer schmälerer Abschnitt in dem von CUVIER Scham-bein genannten Knochen enthalten. Zwischen beiden bleibt ein Foramen obtura-torium bestehen, so bei *Lacerta muralis*.

Auch in die Symphyse des Sitzbeins schiebt sich ein Knorpel, der ziemlich weit über das Becken hinaus nach hinten sich verlängernd, wie ein Stab aussieht, dessen Ende bei sorgfältiger Behandlung gegabelt sich zeigt. Hier schliesst noch ein Band an, das weiter rückwärts zur Haut der Vorderlippe der Kloakenspalte ver-läuft. Dieser mediane Skelettheil wird auch als Os cloacale unterschieden.

Wie bei allen Theilen des Skeletes, so herrschen auch am Becken kleine Ver-schiedenheiten nach den einzelnen Arten. Bei *L. viridis* z. B. verlängert sich der Knorpelstreifen zwischen der Symphyse der Schambeine selber bis zur Symphyse des Os ileo-pectineum, so dass das Dazwischentreten eines Bandes, wie es bei *agilis, vivipara* und *muralis* geschieht, unnöthig ist. Hingegen ist der nach hinten abgehende Knorpelstreifen kürzer; auch fehlt das Foramen obturatorium, welches bei *L. muralis* so deutlich ist, und an seiner Stelle zeigt sich bloss eine flache, dreieckige Grube. Und dass es sich hiebei nicht um individuelle Abänderungen handelt, geht daraus hervor, dass bei einer ganzen Anzahl von Thieren, auch eines grossen dalmatinischen Exemplars, immer das gleiche Verhalten bestand. Bei der erwachsenen *L. agilis* erscheint ebenfalls die Oeffnung immer knöchern ausgefüllt.

Die oben dargelegte Ansicht, dass das sog. Schambein nicht dem wirklichen Schambein entspreche, sondern ein den eigentlichen Beckenknochen fremdes Knochenstück sei, bestätigt sich auch, wenn wir auf das Becken anderer Reptilien und Amphibien, sowie der Säugethiere blicken. Bei den Crocodilen wird das Scham- und Sitzbein von einem einzigen Knochenstück vorgestellt und der starke jederseits nach vorne gerichtete Knochen, welcher an der Bildung der Gelenkpfanne keinen Antheil nimmt, ist gleich dem Os ileo-pectineum der Eidechsen. Bei einem riesigen *Zanclodon laevis*[1]) der hiesigen paläontologischen Sammlung zeigt sich dieser Knochen nach Form und Befestigung in wesentlich gleicher Weise. Wenn wir nun überlegen, dass die Saurier die Vertreter und Vorgänger der Säugethiere in früheren Weltaltern waren und hinwiederum

[1]) Gefunden im Keupermergel der Jächklinge bei Pfrondorf, Oberamt Tübingen.

dass die Beutelthiere als die ältesten Säugethiere bekannt, und auch wohl die Schnabelthiere von höchstem Alter sind, so würde es den Gedanken, welche man gegenwärtig über den Zusammenhang der Thiere hegt, nur entgegen kommen, wenn wir sehen, dass gerade am Becken der Beutelthiere und Schnabelthiere diese Knochen der genannten grossen Saurier am deutlichsten sich als sog. Beutelknochen erhalten haben. Bei den späteren Säugethieren ist als Rest des Knochens nur ein Dorn, z. B. die Eminentia ileo-pectinea am Becken der Fledermäuse, oder ein Höcker, Tuberculum ileo-pectineum, geblieben. Für gleichwerthig halte ich auch noch den breiten Fortsatz am Schambein des Pterodactylus und die Cartilago ypsiloidea der Salamander.

Die Abschnitte des Schultergürtels und Beckengürtels lassen sich, wenn man vielleicht von der Clavicula absieht, welche nach GEGENBAUR[1]) kein Aequivalent am Beckengürtel hat, unschwer auf einander zurückführen. Wenn nun, wie gezeigt, am Becken ausser dem Darm- Sitz- und Schambein noch ein besonderer Skelettheil zugegen sein kann, so wird man fragen dürfen, welches sein Homologon am Brustgürtel ist. Ich meine, dass dieses im Episternum zu erblicken sei und freue mich hintendrein zu sehen, dass BRESCHET[2]) schon vor Jahren daran gedacht hat, wenigstens die Beutelknochen, dann die Cartilago ypsiloidea der Salamander mit den von ihm beschriebenen Episternalknochen zu vergleichen.

Hintergliedmassen.

Der Kopf des Oberschenkels, Femur, ist nicht kugelrund, sondern seitlich zusammengedrückt; der Rollhügel ist vorhanden, von einem Hals hingegen kaum eine Spur: das untere Ende geht in zwei Gelenkknorren aus.

Die Tibia ist der stärkere Knochen des Unterschenkels und gegen das obere Ende von dreiseitigem Umriss. Die Gelenkfläche zum Oberschenkel zeigt eine mittlere runde Grube, gegen welche eine thalartige Einsenkung zwischen den Erhöhungen der Gelenkfläche zieht. Im Ganzen nimmt sich daher die letztere, von oben angesehen, wie dreilappig aus.[3])

In dem knorpeligen Meniscus des Gelenks sind mehrere Verkalkungen vorhanden, die sich in trockenem Zustande als weisse Knochen leicht abheben; auch in der Strecksehne des M. rectus femoris liegt eine Verknöcherung oder Kniescheibe, eine andere gerade über der Gelenkfläche der Fibula, so dass man im Ganzen fünf Knochenstückchen am Kniegelenk unterscheidet, wovon das letzterwähnte das grösste ist.

Die Fibula ist der schwächere Knochen des Unterschenkels, und die Gelenkfläche des oberen Endes spitzt sich etwas pyramidal zu.[4])

Der Tarsus, indem ich hiebei den Angaben GEGENBAUR'S folge, gliedert sich wie der Carpus in zwei Reihen von Stücken. Die erste Reihe besteht aus einem einzigen grossen Knochen, der den Astragalus, Calcaneus und das Naviculare vorstellt: bei jungen Thieren sind auch in dem gemeinsamen Knorpelstück mehrere Knochenkerne zu unterscheiden. Diese Neigung zur Verschmelzung zeigt sich auch

[1]) Grundzüge d. vergl. Anatomie. 2. Aufl. 1870.
[2]) Squelette des Vertébrés, Ann. d. scienc. nat. 1838.
[3]) Fg. 74. f.
[4]) Fg. 74. f.

für die zweite Reihe; anstatt fünf gesonderter Stücke sieht man nur zwei: ein Cuboideum, welches das vierte und fünfte Tarsale umfasst und ein Cuneiforme tertium; die beiden fehlenden Tarsalien haben sich mit dem entsprechenden Metatarsus vereinigt. [1])

Wegen der straffen, festen Verbindung des Tarsus mit den beiden Knochen des Unterschenkels bewegt sich der Fuss der Eidechsen am Unterschenkel nicht an einem dem Sprunggelenke der Säugethiere homologen Orte, einem Tarsocruralgelenke, sondern in einem Tarso-Tarsalgelenke, wie GEGENBAUR ferner nachwies.

Was die Zehenglieder anbelangt, so zähle ich im aufgehellten Hinterfuss eines Embryo an der kleinsten Zehe zwei Phalangen, an den zwei längern drei, und in den zwei ganz langen Zehen vier. Bei Embryen, deren Extremitäten erst die Form einfacher Stummeln haben, lassen sich noch keine Knochenanlagen unterscheiden.

Ein eigenthümliches Wechselverhältniss besteht im Aussehen und Bau von Hand und Fuss zwischen den Embryen der Eidechsen und gewissen fertigen Molchen einerseits und den Fingern und Zehen der Larven von Molchen und denen ausgebildeter Eidechsen andererseits. Die Gliedmassen [2]) unreifer Embryen der Eidechsen gehen in förmliche Flossenfüsse aus und erinnern damit an Wassermolche; umgekehrt besitzen gerade die Larven der Molche Finger und Zehen, welche durch Länge und Zartheit denen der fertigen Eidechsen vergleichbar sind. Mir scheint, dass sich auch hierin eine nähere und ursprünglichere Verwandtschaft der Reptilien zu den höheren Classen kundgibt, da der Embryo von Vögeln und Säugethieren ebenfalls ähnliche Fussformen vorübergehend besitzt.

Anhang.

Brechbarkeit und Wiedererzeugung des Schwanzes.

Eine allbekannte Erscheinung ist, dass der Schwanz der Eidechsen gar leicht, in geringerem Grade der von Blindschleichen, sich ablöst; doch ist schwerlich anzunehmen, dass es auf Beobachtung beruht, wenn TSCHUDI versichert, der Schwanz breche oft entzwei, indem sich die Thiere spielend durch die Dorngebüsche herumtreiben, oder unter Steine sich verkriechen; obschon ich immerhin selbst sah, wie einer frisch eingefangenen und in einen geräumigen Glaskasten gesetzten L. viridis der Schwanz dadurch abbrach, dass das Thier solchen als Anstemmungsmittel gebrauchte,

---

[1]) Eine gute Umrissfigur des Fussskeletes der Eidechse findet sich in den Grundzügen der vergl. Anatomie von GEGENBAUR. 2. Auflage. S. 609.

[2]) Fünfte Tafel. Fg. 64.

um möglichst hoch an der Wand hinaufzukommen. Aber bei den Kämpfen der Männchen zur Begattungszeit, bei den Angriffen, welchen die Thiere von Seiten der Raubvögel und gewisser Schlangen *(Coronella laevis, Coluber Aesculapii)* ausgesetzt sind, mag der Theil oft genug zu Verluste gehen.

Der Grund dieser leichten Brechbarkeit liegt wahrscheinlich zunächst in der Quertheilung der Schwanzwirbel, wofür vor Allem der bemerkenswerthe Umstand spricht, dass gerade in der Gegend des siebenten Wirbels, allwo die Quertheilung beginnt, am leichtesten der Schwanz abknickt. Immerhin möchte zu beachten sein, dass noch Anderes ausser der Theilung der Wirbelkörper mithilft; wozu ich rechne, dass die äussere Hautbedeckung zwischen den Wirteln der Schwanzschuppen um gar vieles dünner ist, als unterhalb der Wirteln selber, was sich beim Skeletiren des Schwanzes dadurch kund gibt, dass die Haut, indem wir sie abzustreifen versuchen, lieber in die Quere, zwischen den Wirteln durchreisst als nach der Länge. Dann mag endlich das viele lockere Fett um die Wirbel, sowie die Anordnung der Schwanzmusculatur etwas dazu beitragen, die Festigkeit des Zusammenhangs der Theile gegen Widerstände zu mindern.

Bekannt und von jeher [1]) bewundert ist auch die Ergänzungskraft, durch welche das verloren gegangene Organ leicht wieder erzeugt wird. Nachdem sich die Wunde zusammengezogen und geschlossen hat, kann die Neubildung sofort beginnen, zunächst unter der Form einer grauschwärzlichen Warze, die sich kegelförmig verlängert. An Thieren, denen der Verlust des Schwanzes im Herbst zugestossen war und welche während des Winters im Zimmer gehalten wurden, wuchs in dieser ganzen Zeit der sich neu bildende Kegel kaum nennenswerth. Mit dem Eintritt der warmen Jahreszeit, bei guter Fütterung, geht die Wiedererzeugung rasch von statten. Der neue Zuwachs ist bei den meisten Arten, so bei *viridis, agilis, vivipara,* gleich anfangs stark dunkel pigmentirt; seltener, ich sah es so bei *L. muralis, var. campestris,* war er hell durchscheinend, wie fleischfarben; erst nach und nach bekam er auf der Rückenseite Pigmentirungen und zwar als Fortsetzung der dunkeln Bandstreifen des unversehrten Schwanzes. Die Haut, längere Zeit glatt, erhebt sich jetzt in Ringfalten oder Schuppen, welche mitunter nicht mehr so ganz regelmässig gerathen, wie sie es am verloren gegangenen Organ waren.

Wenn man sich einige Rechenschaft über den Grund der geweblichen Sonderungen geben und die Vorstellung nicht genügen will, dass das sich Neuzubildende

---

[1]) Lacertis et serpentibus amputatae caudae renascuntur, ARISTOTELES et PLINIUS. Auch gaben die Alten eine Art Erklärung: CARDANUS causam cur quibusdam animalibus partes quaedam praecisae excisaeve renascantur, in eo collocat, quod imperfecta sint: medici ob id quod humidiora sint, dicerunt. Vergl. GESSNER. quadr. ovip. p. 30.

durch „die Idee des Organismus" vorgezeichnet sei, so lässt sich nur denken, dass die Nachbarschaft der gebliebenen Gewebe auf die Sonderung der Neubildung bestimmend einwirke; obschon genau besehen, auch mit dieser Auffassung kaum etwas gewonnen ist.

Nicht allzuselten, was ich nach eigener Erfahrung bestätigen könnte, trifft man auch Eidechsen mit zwei Schwänzen. Schon PLINIUS weiss davon, dann GESSNER, und ALDROVANDI[1]) hat sie zuerst abgebildet; selbst solche mit drei Schwänzen wurden beobachtet, wovon ein Beispiel bereits REDI bekannt machte.[2]) In derartigen Fällen mag mitunter einer der Schwänze noch der ursprüngliche sein, da wenigstens LACÉPÈDE bezüglich einer doppelschwänzigen Eidechse angibt, dass in dem einen der beiden Organe vollständige Wirbel vorhanden gewesen. Häufiger scheint aber nach den bis jetzt darüber angestellten Untersuchungen das Vorkommniss zu sein, dass beide Organe neu ergänzte waren.

Wie zwei Schwänze entstehen können, ist in neuester Zeit von GLÖCKSELIG[3]) an Thieren in Gefangenschaft beobachtet worden. Ein Männchen biss einem anderen im Kampf den Schwanz so ab, dass nur ein Drittel seiner Länge übrig blieb und der Stumpf zwei Linien ober seinem Ende noch eine tief eindringende Wunde hatte. Es wuchs nun nicht blos der Stummel zu einem neuen Schwanz aus, sondern auch aus der Wunde am Rücken des Schweifes erhob sich eine Warze, die sich gleichfalls verlängerte und einen zweiten Schweif bildete.

Es begreift sich, dass die verschiedensten Beobachter den Bau des wiedererzeugten Schwanzes untersuchten; da aber HEINRICH MÜLLER seine Verwunderung aussprechen zu müssen glaubte, dass man den Bau der nachgewachsenen Schwänze der Eidechsen noch so wenig beachtet habe, so darf ganz besonders auf DUGÈS hingewiesen werden, welcher in seiner Abhandlung über die auf französischem Boden vorkommenden Eidechsen[4]) nicht nur das, was man äusserlich an dem nachwachsenden Schwanz bemerkt, aufgezeichnet hat, sondern auch mit dem inneren Baue

---

[1]) De quadrupedibus oviparis, 1637. Lacertus viridis cauda bifurca auf S. 635 und Lacertus viridis exsiccatus auf S. 636.

[2]) Osservazioni intorno agli animali viventi etc., 1684, Tav. seconda, Lucertola con tre code. Bei SEBA Thesaur. T. II, Tab. CIII erscheint ebenfalls eine *Lacerta (ocellata?)*, deren nachgewachsener Schwanz — dass er wieder erzeugt sei, sieht man deutlich an dem starken Absatz — zwei Seitensprossen hat (»Cauda alias saepe bifurcata rarissimo huic spectaculo plures quasi ramulos laterales emittit.«) — Auch EVERSMANN sah in einer Sammlung in Algier Eidechsen mit drei Schwänzen. Erinnerungen aus einer Reise in's Ausland 1857—58. Bulletin d. naturalistes de Moscou, 1858.

[3]) Ueber das Leben der Eidechsen, Verhandlungen d. zool. botanischen Vereins in Wien, 1863.

[4]) Ann. d. sc. natur. 1829, p. 360. »A l'interieur, quelle que soit l'ancienneté d'un bout reproduit, il ne contient point de vertèbres, mais un cartilage d'une seule pièce, blanc, flexible, fistuleux et rempli d'un prolongement du cordon ou faisceau nerveux rachidien.« — Zwei andere spätere Arbeiten über den gleichen Gegenstand kenne ich nur dem Titel nach, nämlich: GACHET, Mém. sur la reproduction de la queue des reptiles sauriens. Actes d. l. soc. Linn. de Bordeaux, 1883, und CALORI, sullo scheletro della Lacerta viridis, sulla riproduzione della coda nelle Lucertole, Mem. Accad. di Bologna, 1858.

völlig vertraut war. Denn nicht blos sagt derselbe, dass im Inneren eines solchen Schwanzes keine Wirbel sich fänden, wohl aber ein weisses biegsames Knorpelstück, welches hohl sei; sondern man erfährt bereits durch den Genannten, dass das Knorpelrohr erfüllt sei mit einer nervösen Verlängerung des Rückenmarkes.

In Deutschland kam man erst auf Umwegen zu dieser Erkenntniss. Allerdings wusste man auch hier seit langer Zeit, dass im Inneren des nachgewachsenen Schwanzes, anstatt einer Wirbelsäule, ein knorpeliger, und zwar hohler Cylinder zugegen sei. Was sollte derselbe aber morphologisch bedeuten?

HEINRICH MÜLLER gieng zuerst auf eine histologische Untersuchung ein,[1] dessen Ergebniss war, dass das Knorpelrohr den Wirbelanlagen entspreche und die weiche Masse, welche das Rohr ausfülle, sei der Chorda zu vergleichen.

Ich selbst, als ich die regenerirte Schwanzspitze einer Eidechse prüfte,[2] dachte bei dem Knorpelfaden zunächst an eine Chorda dorsalis; doch musste ich beisetzen, dass dieselbe dann mikroskopisch nicht wie die Substanz der Chorda bei Fischen und Batrachiern aussehe. Hierauf wies GEGENBAUR[3] überzeugend nach, dass es sich keineswegs um eine Regeneration der Chorda dorsalis handle, sondern dass die Masse, welche man dafür genommen, mit dem Rückenmark im Zusammenhang stehe; es sei demnach die Lichtung des Knorpelrohrs eine Fortsetzung des Rückgratcanales. Mithin wäre das Knorpelrohr einer Summe von Wirbelkörpern und oberen Bogenstücken gleichzusetzen; es sei ein neugebildetes, ungegliedertes Rückgrat.

Auch HEINRICH MÜLLER hatte die Sache wieder aufgenommen und indem er seinem Vorgänger beistimmen musste, erledigte er die strittigen Fragen mit einer schönen Arbeit, worin er namentlich zeigte, die Masse in dem Knorpelrohr sei wirklich Rückenmark, indem sie aus nervösen Elementen bestehe,[4] ein Punct, über den gerade GEGENBAUR noch Zweifel gehegt hatte.

Ich habe im Laufe vorliegender Studien aus dem nachgewachsenen Schwanz den Knorpelfaden mehrmals ausgeschält und mikroskopirt. Seine Länge betrug z. B. bei einer *L. viridis* 2½ Zoll und war für's freie Auge ganz vom Aussehen einer Chorda: ohne alle Abgliederung der Wirbel, einfach walzig, nach hinten sich allmählig verschmälernd. Nur am Vorderende, da wo der Knorpelfaden den noch bestehenden Wirbeln ansass, war er nicht rein walzig, sondern entsprechend den Kanten der Wirbel, erhoben sich als Fortsetzung derselben leistenartige Vorsprünge an der Neubildung welche sich erst nach und nach verloren.

In Scheiben geschnitten und unter dem Mikroskop, unterschied man zunächst um den, das Rückenmark bergenden, Canal eine dünne Lage von Hyalinknorpel; dann kam die Hauptmasse des Stranges, welche sich als theilweise verkalkter Knorpel darstellt; hierauf schloss nach aussen eine dünne Lage rindenartig ab und diese bestand aus ossificirtem Bindegewebe.

An einer *Lacerta agilis*, deren nachgewachsener Schwanz noch nicht völlig

---

[1] Würzburger Verhandlungen 1852.

[2] Histol. S. 62.

[3] a. a. O. S. 48.

[4] Ueber die Regeneration der Wirbelsäule und des Rückenmarkes bei Tritonen und Eidechsen. Abhandlungen d. Senkenberg. Naturf. Ges. Bd. V. (1864—65.)

die Länge von einem halben Zoll hatte, zeigte der Querschnitt ebenfalls zunächst
um das Rückenmark herum eine Knorpelschicht mit rundlichen Zellen; dann kam
nach aussen die Hauptknorpelmasse, wobei mir bemerkenswerth war, dass die Zellen
durch Grösse und sonstige Beschaffenheit doch etwas an das Gewebe der Chorda-
substanz erinnerten. Davon schied sich als Rinde eine Lage, deren zugespitzte Zellen
ringförmig verliefen. [1]

Man darf selbst auf den Gedanken kommen, dass bei manchen Individuen
die Schwanzwirbelsäule überhaupt nicht die vollständige Ausbildung erreicht, sondern
ein solcher Knorpelstrang deren Stelle vertreten kann. Ich habe nemlich den Knorpelfaden auch bei Exemplaren von *L. viridis*, *L. muralis* und *L. vivipara* getroffen, wo
es sich nach der Länge des Schwanzes, sowie in Anbetracht der regelmässigen Beschuppung und der Farbe, nicht entfernt um einen wiedererzeugten Theil handeln
konnte. Und doch war im Inneren ein gutes Stück Knorpelfaden zugegen und in
einen Längscanal ausgehöhlt, welcher zur Aufnahme des Rückenmarkes diente. Bei
grossen Exemplaren betrug ein solcher Knorpelfaden zwei bis drei Zoll Länge.

Und damit komme ich zum Schlusse wieder auf die Frage: als was soll der
Knorpelfaden angesehen werden? Ich meine, dass, gleichwie er ausgeschält und für's
freie Auge einer Chorda dorsalis etwa einer kleinen Lamprete oder eines kleinen
Störes ähnlich ist, so auch nach seiner Bedeutung; selbstverständlich in einem gewissen beschränkteren Sinne. Legen wir uns zu diesem Zweck die Mittheilungen
vor, welche wir GEGENBAUR über die Entwicklung der Wirbelsäule der Lacerten verdanken. [2]

Die skeletbildende Schicht, welche die Chorda umgibt, besteht anfänglich aus
indifferenten Zellen. Durch Ablagerung von Intercellularsubstanz wird diese Schicht
zu Knorpel umgewandelt und dieser bildet jetzt, gleich den vorher indifferenten
Zellen, einen cylindrischen Beleg um die Chorda, zugleich auch die Bogenstücke ab-
schickend. Die Anlage der Wirbelkörper erscheint dadurch, dass je ein dünner
Knorpelring, dem jedesmal die oberen Bogen seitlich ansitzen, verkalkt. Die zwischen je zwei Kalkringen lagernde Knorpelmasse wird zum Intervertebralknorpel,
welcher nach aussen sowohl als nach innen wächst, mit andern Worten sich wulstet
und dadurch die in seinem Inneren liegende Chorda einschnürt; während die inner-

[1] Die Durchschnitte belehrten auch, dass der sich wiedererzeugende Schwanz nicht bloss äusserlich schwarz gefärbt ist, sondern dass das Pigment sich von der Haut nach innen fortsetzt.
[2] Untersuchungen z. vergl. Anat. der Wirbelsäule b. Amphib. u. Reptil. 1862. Abgebildet ist auf Taf. IV der senkrechte Längsschnitt durch einen Schwanzwirbelkörper eines reifen Embryo von *Lacerta agilis*, sowie im Text S. 45 der horizontale Schnitt durch zwei Rumpfwirbel einer einjährigen *Lacerta agilis*; beidesmal in der gewohnten sicheren und leichten Art des Verfassers.

halb der Kalkringe oder Wirbelkörper befindliche Partie der Chorda sich zuerst noch erhält. Bei weiterem Wachsthum trennt sich der Intervertebralknorpel in zwei Abschnitte, derartig, dass er sich in Pfanne und Gelenkkopf sondert. Bei *Lacerta agilis* erhält sich im Inneren der abgeschnürte Rest der Chorda durch das erste Lebensjahr; er schwindet erst nach dieser Zeit zufolge Veränderungen und Rückbildungen, welche der verkalkte Knorpel erleidet und die auf Entstehung von Markräumen hinauslaufen.

Der fertige Wirbel besteht nämlich aus wirklich ossificirten Lamellen. Diese kommen einerseits aus dem Periost her, durch Auflagerung von der Innenseite desselben auf die Aussenfläche des Wirbels; sie bilden das System der Lamellen, welches die Umrisse des Knochens im Grossen und Ganzen wiederholt. Andererseits entstehen die concentrisch geschichteten, die Markräume und Canäle umgebenden Knochenlamellen durch sklerosirende Schichten an den Wandungen der Markräume; wobei der ursprüngliche Knorpelknochen nach und nach völlig aufgezehrt wird.

Vergleichen wir mit diesen Vorgängen den Knorpelfaden im regenerirten Schwanz, so ist hier allerdings die Chorda im engeren Sinne, oder in ihrem Axentheil, nicht vorhanden; aber zugegen sind die Rinden oder skeletbildenden Schichten, das heisst, ein verkalkender Knorpel und ossificirendes Bindegewebe als Grundlage für Wirbelkörper und obere Bogen. Die wirkliche Sonderung und Gliederung in Wirbel erscheint aber meist gehemmt oder nur auf eine Strecke des „Knorpelfadens" beschränkt, so dass der grösste Theil im sonst vorübergehenden Zustand sich erhält. Aber gleichwie man sagt, die Chorda sei bei Embryen ein Vorläufer, bei manchen Fischen dauernd ein Vertreter der Wirbelsäule, so lässt sich auch vom Knorpelfaden im Schwanze der Eidechse behaupten, dass er jene Schichten und Theile in sich begreift, welche sonst aus der Scheide der Chorda ihren Ursprung nehmen; das ganze Gebilde behalte sonach etwas Chordaähnliches und sei in gewissem Sinne auch Chorda. Und nach dieser Auffassung liegt kein Widerspruch darin, wenn man hinwiederum gelten lässt: der Knorpelfaden stelle ein unfertiges Rückgrat vor.

Auch bei der Blindschleiche findet Wiedererzeugung des Körperendes statt. Ich spaltete mehrmals den Schwanz von Thieren, wo sich in dessen Spitze anstatt der Wirbel ein Knorpelstück vorfand, von 3—4 Linien Länge, auch wohl kürzer und ohne Abgliederung. Es entsprach deutlich einer Anzahl von Wirbeln, umschloss auch nach oben das Ende des Rückenmarkes.

Für andere Theile des Körpers, z. B. der Extremitäten, wirkt die Ergänzungskraft in schwächerem Grade. „Ein abgeschnittener Fuss wächst nie mehr nach, aber auch nicht ganz stumpf zu, sondern verlängert sich in eine Spitze" (Tschudi). Jüngst zeigte Erber [1] eine lebende *L. viridis* vor, welcher kurz vorher von einem *Bipes Pallasii* ein Hinterfuss glatt abgebissen worden war. Es hatte sich jedoch in der Zeit von einigen Wochen „ein bedeutender Nachwuchs" gebildet.

IV. Nervensystem.

Das Gehirn der heimischen Eidechsen [2] hat ein paariges, längliches Vorderhirn (Lobi hemisphaerici), das sich nach vorne in die Riechnerven auszieht; durchschnitten lassen die Lappen in ihrem Innenraum einen deutlichen Streifenhügel (Corpus striatum) erblicken, der von unten und seitlich sich hereinwölbend, den Binnenraum sehr vereugt. Das unpaare Zwischenhirn (Lobus ventriculi tertii) wird ziemlich bedeckt vom Vorderhirn; biegt man letzteres nach vorne, so zeigt sich die Oeffnung, durch welche seine Höhle zu Tage tritt.

Es folgt jetzt das paarige Mittelhirn (Corpora quadrigemina), welches zwei rundliche Massen darstellt: auf dem senkrechten Schnitt erscheint eine Höhle, welche beiden Hügeln gemeinsam, jedoch klein ist, da der Boden der Höhle sowohl sich verdickt, als auch von oben und seitlich die Wand massig geworden ist. Vor den Vierhügeln erheben sich die Stiele der verhältnissmässig sehr grossen Zirbel, welch letztere eine faltige Oberfläche darbietet; nach meinen früheren Untersuchungen besteht sie aber aus Schläuchen, welche auf's reichste von Blutgefässen umzogen werden. [3]

Das unpaare, kleine, nach vorne und aufwärts gewendete Hinterhirn (Cerebellum) ist zwar wenig entwickelt; stellt aber doch nicht mehr wie bei den Amphibien ein einfach queres Markblättchen dar, sondern hat eine deutliche mittlere Wölbung. Endlich das Nachhirn (Medulla oblongata) bietet noch eine weite offene Rautengrube dar. Auf dem Längsschnitt gewahrt man die allen höheren Wirbelthieren zukommende, unter dem Mittelhirn befindliche Einknickung und deutlich die Lage des Hirnanhanges. Dieser, durch einen langen dünnen Stiel mit dem Gehirn in Verbindung, erscheint stark rückwärts gerichtet und zeigt gleich der Zirbeldrüse eine unscheinend faltige Oberfläche. Das verlängerte Mark ist nach unten, was schon frühere Beobachter erwähnten, bedeutend angeschwollen.

Spaltet man den Schädel eines frischen Thieres, so tritt sehr zu Tage, in

[1] Verhandlungen d. zool. bot. Vereins in Wien. 1868 (Erber, Bericht einer Reise nach Rhodus).
[2] Vergl. Zwölfte Tafel, Fgg. 152, 154, 155, 156.
[3] Fische u. Reptilien, S. 94.

welchem Gegensatz auch durch die Farbe das eigentliche Gehirn zum Rückenmark steht. Letzteres sowie das verlängerte Mark und die austretenden Hirnnerven sind lebhaft weiss; hingegen Vorder- Mittel- und Hinterhirn erscheinen von grauer Farbe, auf solche Weise schon ausdrückend, dass Nervenzellen und Punctsubstanz das vorherrschende Element dieser Theile ausmachen.

Ueber die äusseren Umrisse haben bereits vor Jahren KUHL[1] und SERRES[2] bildliche Darstellungen gegeben, wovon die des deutschen Naturforschers von grösserer Sorgfalt zeugen. Dennoch habe ich es nicht für überflüssig gehalten, noch einmal das Gehirn etwas mehr vergrössert vorzulegen, und zwar sowohl von *Lacerta* als auch von *Anguis*.

Am Gehirn der einzelnen Arten der Eidechsen fand ich keinen Unterschied: *Lacerta agilis* verhielt sich wie *L. muralis* und *L. vivipara*. Die Blindschleiche[3] hingegen zeigt eine bestimmte Abweichung, welche in dem Grössenverhältniss des Vorderhirns zum Mittelhirn besteht. Hier sind nämlich die Corpora quadrigemina an und für sich kleiner als bei der Eidechse, und dann noch im Besonderen um vieles kleiner als die Lobi hemisphaerici; diese hinwiederum sind bei der Blindschleiche merklich grösser, als bei der Eidechse. Für mich war diese anatomische Thatsache insofern von einiger Bedeutung, als ich bei längerer Pflege der beiden Thierarten mich überzeugen musste, dass die Blindschleiche in ihrem Benehmen mehr Ueberlegung verräth, als die Eidechsen.

Es wäre wohl zu wünschen, dass eine dem jetzigen Standpunct der thierischen Morphologie entsprechende Zergliederung des Gehirnes gegeben würde; bis jetzt fehlt eine derartige Arbeit. Vor mehreren Jahren hat FR. E. SCHULZE bei seinen Studien über das kleine Gehirn[4] auch die Eidechsen berücksichtigt. Nach ihm besteht hier, wie auch bei Kröte und Frosch, das ganze kleine Gehirn nur aus einer einzigen Windung oder vielmehr nur aus der Rinde einer Windung; eine eigentliche weisse Substanz fehle vollständig. Auf senkrechten Schnitten durch die Randpartie erscheinen Faserzüge, die sich zu einer unterhalb der Gefässhaut liegenden Grenzhaut (Membrana limitans) verbinden.

Da DUGÈS den Centralcanal des Rückenmarkes in Abrede stellt, sei erwähnt, dass man desselben an Querschnitten leicht ansichtig wird; selbst in dem wiedererzeugten Rückenmark nachgewachsener Schwänze zeigt er sich deutlich zugegen.

---

[1] Beiträge z. Zoologie u. vergl. Anatomie. 1820. S. 59. Taf. III, Fg. 10, 11 u. 11½.
[2] Anatomie comparée du cerveau, 1824.
[3] Vergl. Zwölfte Tafel, Fg. 153, Fg. 157, Fg. 158.
[4] Ueber den feineren Bau der Rinde des kleinen Gehirns, 1863.

Bezüglich der häutigen Umhüllungen mag bemerkt sein, dass bei allen unseren Lacerten die harte Haut des Gehirns dunkel pigmentirt ist; bald mehr, bald weniger, zum Theil tief schwarz.

Man kann diese Färbung in Zusammenhang bringen mit der Erscheinung, dass das schwarze Pigment eine sehr weite Verbreitung bei diesen Thieren durch alle möglichen Organe hat. So ist ja nicht blos das Bauchfell von tief schwarzer Farbe, sondern auch die Sinnesorgane, wie z. B. die Nase, sind von vielem Pigment durchzogen, nicht minder die Schleimhaut der Mund- und Rachenhöhle, Zunge einbegriffen; dann die Gefässe, die Muskeln des Stammes etc.

Aber auf eine ganz besondere Bildung in oder an der harten Hirnhaut habe ich noch aufmerksam zu machen, die mir, da sie nicht an Bekanntes mit Sicherheit angereiht werden kann, unverständlich blieb. Wahrscheinlich hat sie einen näheren Bezug zum Gehirn; denn sie tritt an diesem schon zu einer Zeit auf, wo die Sonderung in harte Haut und Schädeldecke noch kaum eingetreten ist.

Wenn wir nämlich — ich that es bei *Lacerta agilis*, *L. muralis*, *L. vivipara* — noch für's freie Auge ganz weisse Embryen aus dem Ei nehmen, von der Entwickelung, wie Figur 160 sie vorstellt, so sehen wir über dem Zwischenhirn oder der Gegend des dritten Ventrikels einen lebhaft schwarzen Punct, der gerade durch seine Farbe von dem sonst, mit Ausnahme des Augenschwarzes, ganz pigmentlosen, also hellen Kopf absticht. Greift man zu noch jüngeren Embryen, als der vorgestellte ist, so zeigt sich der Punct ebenfalls schon vorhanden; aber ohne Pigmentzone, blos von Blutgefässen umgeben.

Unter dem Mikroskop, bei starker Vergrösserung, besteht der Körper aus länglichen, einem Cylinderepithel ähnlichen Zellen, so geordnet, dass sie zusammen eine flache Grube von rundlichem Umriss bilden. Der Rand der Grube ist nach oben gewendet und hat einen dichten schwarzen Gürtel von Pigment; dieser ist es eben, welcher schon für's freie Auge das Organ sehr bemerklich macht. Etwas weniges, zerstreutes Pigment umspinnt auch sonst das ganze Gebilde; wie man auch jetzt sieht, dass in der Gehirnhülle bereits Pigment, wenn auch schwach, aufgetreten ist. Blutgefässe umziehen in allen Fällen und reichlich das fragliche Organ. Ich finde auf den mir bekannt gewordenen Abbildungen von Embryonen der Eidechsen das Gebilde weder angedeutet, noch sonst in Worten erwähnt.

Das Organ ist keineswegs, woran man zunächst denken könnte, die embryonale Zirbel, denn diese folgt erst darunter und ist von ganz anderer Beschaffenheit.

Fragliches Gebilde entspricht ferner der Stelle, wo sich am skeletirten Schädel des fertigen Thieres, im späteren Scheitelbeine, das oben schon erwähnte kreisrunde Loch befindet; über welchem sich aber auch am frischen Thier nach aussen noch ein kleiner runder Fleck als etwas besonderes abhebt.

Man darf sich wundern, dass die schon dem freien Auge bemerkbare und bei guter Beleuchtung mit wallartiger Umfassung (*L. muralis, var. campestris*) versehene Stelle, bis jetzt kaum beachtet wurde; denn der einzige Zoolog, der sie erwähnt, ist BRANDT, [1]) welcher von *Lacerta agilis* sagt, es fände sich „meist mitten auf dem Hinterhauptschild eine runde, vertiefte Stelle" und in einer Anmerkung hinzufügt: „eine eigene Drüsenstelle bezeichnend." MILNE EDWARDS in seiner bekannten Abhandlung über die Eidechsen, [2]) obschon er die Kopfschilder genauer durchgeht, schweigt davon; aber unter den zahlreichen Köpfen, welche dort abgebildet sind, hat der Zeichner die markirte Stelle doch nicht überall übersehen können, und trägt sie daher als ein Ringelchen bei *Lézard piqueté*, *Lézard pommelé* und *Lézard d'Olivier* auf das Interparietalschild ein. In einem Werke KESSLER's über die Reptilien und Amphibien des Gouvernements Kiew, allwo ebenfalls die Köpfe von Eidechsen in vergrössertem Massstabe gezeichnet sind, ist nicht minder das Organ ganz unberücksichtigt gelassen; selbst bei Anfertigung der sonst so genauen Abbildungen in BONAPARTE'S Fauna ist nur hin und wieder das Auge des Zeichners an dem Punct haften geblieben und hat ihm angebracht, so z. B. auf *Acanthodactylus velox*.

Da mir sehr daran gelegen war, die Natur dieses „Ringes" näher kennen zu lernen, so habe ich an frischen Köpfen, nachdem sie in Säuren erweicht waren, Schnitte gemacht, von oben herein durch die markirte Stelle bis in den Schädelraum. [3]) Man gewinnt dadurch die Ueberzeugung, dass es sich um eine innerhalb der Epidermis besonders abgegrenzte Partie handelt; und zwar einer solchen, welche von kugeligem Umriss und zelliger Zusammensetzung über der Oeffnung im Scheitelbein ruht. Unmittelbar unter dem Knochen in der gleichen senkrechten Linie steht die Zirbeldrüse. Sollen etwa die Lagen des Schnittes genauer aufgezählt werden, so folgt von aussen nach innen zuerst die Hornschicht der Epidermis; dann die Schleimschicht und das kugelige, zellige Organ in ihr; darauf der nicht ossificirte, stark schwarz pigmentirte Theil der Lederhaut; alsdann der Knochen mit seinen Markräumen, welche gegen die Oberfläche geöffnet sind. Unterhalb des Knochens kommt die wieder stark gefärbte harte Hirnhaut, und unter dieser, ihr angeheftet, die Zirbel; sie verbindet sich durch zwei nervöse Schenkel mit dem Gehirn.

Bei *Anguis fragilis* findet sich das räthselhafte embryonale Organ ebenfalls vor. Schon bei noch sehr jungen Früchten [4]) mit grossem Dottersack hebt es sich als schwärzlicher Punct vor den Vierhügeln und einem grossen Blutsinus ab. Bei reiferen Embryen [5]) aus der Mitte August lässt sich mit der Lupe ausser dem schwarzen Punct sammt lichter Umgebung noch ein dahinter liegender schwarzer Strich, gleichfalls von hellerem Saum begrenzt, unterscheiden; endlich in gleicher Linie nach hinten macht sich, doch nicht mehr an allen Individuen, ein kleiner unpigmentirter Körper, wie ein winziger Hügel bemerkbar.

[1]) Medicinische Zoologie, S. 160.
[2]) Recherches zoologiques pour servir à l'histoire des Lézards, Ann. d. sc. nat. 1829.
[3]) Zwölfte Tafel, Fg. 159.
[4]) Fg. 161.
[5]) Fg. 162.

74

Alles dieses zeigt sich deutlich und rein, nachdem wir die Haut des Kopfes abgezogen, und ohne dass das häutige Schädeldach verletzt wurde. Es gehören somit der schwarze Punct, der schwarze Strich und der helle Hügel, jener Partie der Haut an, welche zu den Deckknochen des Schädels wird. Darunter liegt erst, und ist verschieden von allen den drei aufgezählten Bildungen, die Zirbel.

Geht man an die Untersuchung mit dem Mikroskop, so findet sich, dass die Gebilde der inneren Fläche der Schädelhaut angehören, aber leicht davon sich abstreifen lassen. Ferner wird klar, dass der schwarze Punct und der schwarze Strich von gleicher Structur sind: die Wand beider besteht aus cylindrischen, ziemlich langen Zellen, welche am schwarzen Strich so sich ordnen, dass dadurch eine Lichtung begrenzt wird: während sie am schwarzen Fleck eine Grube einschliessen, die vielleicht als Ausgang jener Lichtung zu deuten ist. Die Zellen sind an dem Ende, welches sich gegen die Lichtung und den Rand der Grube richtet, schwarz pigmentirt: an dem Punct stärker als an dem „Strich". Es ist kaum nöthig zu erwähnen, dass für die Besichtigung mit der Lupe der pigmentfreie Theil der Zellen die helle Umgebung des schwarzen Punctes und Striches bedingt.

Der kleine, ebenfalls helle und dabei etwas unbeständige Hügel dahinter ist von ganz anderer Art. Er stellt ein deutliches inselartig abgegrenztes Knorpelstückchen vor, welches mit jenem früher erwähnten Knorpelstreifen des Primordialschädels, zwischen Hinterhauptbein und Scheitelbein, in Beziehung zu stehen scheint.

Die Zirbel, deren Stiel aus zwei Schenkeln besteht, liegt unterhalb des „Punctes" und „Streifens"; und zeigt sich als etwas von beiden wohl verschiedenes. Ihre Oberfläche hat das schon gedachte, faltige Aussehen, das ich auf eine Zusammensetzung aus gewundenen Schläuchen bezog. Doch erhielt ich auch den Eindruck, als ob es sich um eine blasige Bildung mit Faltung der Oberfläche handle. Die Zirbel ist völlig unpigmentirt.

Noch mag bemerkt sein, dass der zierliche dunkle Rückenstreifen, welcher die jungen Thiere auszeichnet, am Kopfe seinen Anfang gerade an der markirten Stelle nimmt, indem er den zelligen, theilweise pigmentirten Körper bogig umgreift.

Doch nicht blos bei Embryen und jungen, bis einjährigen Blindschleichen hebt sich am Interparietalschild nach aussen der merkwürdige Körper ab, sondern auch bei manchen ganz erwachsenen Thieren ist er völlig deutlich geblieben.[1]

Wie das Organ zu deuten sei, wird im Augenblick wohl Niemand zu sagen

---

[1] Vergl. Erste Tafel, Fig. 25.

sich im Stande fühlen. Doch kann ich nicht umhin, einstweilen an die „Stirndrüse" der Batrachier zu denken und etwas dieser Bildung Verwandtes zu vermuthen.[1]

Bekanntlich ist gewissen Labyrinthodonten (*Trematosaurus*) ebenfalls das Loch im Scheitelbein eigen und man kann sonach für wahrscheinlich halten, dass sie auch die eigenthümliche, in der Epidermis abgegrenzte, nach aussen häuslig vorragende Partie in der Epidermis besassen. Aber ich kann nicht unterlassen, bei dieser Gelegenheit noch eine andere Vermuthung zu äussern. Auf dem Schädel der genannten Amphibien aus der secundären Epoche macht sich jederseits zwischen Nasenloch und Auge eine merkwürdige Furche bemerklich, die beide, als Ganzes genommen, bei den Paläontologen den Namen „Brille" tragen. Die Furche ist ohne jene Sculptur, welche rings herum über die Schädelknochen wegzieht. Nach meinem Dafürhalten mochte in der Furche ein Ast des Nervus trigeminus verlaufen, welcher alsdann nach oben in der Haut ähnliche epidermoidale Endkörper trug, wie ich solche am Kopf der Larven von Batrachiern auffand. Mit andern Worten, ich hege die Vermuthung, dass die sog. Brille zur Aufnahme von Organen diente, wie ich sie in den Figuren 25, 26 und 27 auf der vierten Tafel der unten angezogenen Abhandlung dargestellt habe.

Es ist mir unbekannt, ob das peripherische Nervensystem einer der einheimischen Arten in gleicher Vollständigkeit behandelt worden ist, wie wir dergleichen Arbeiten über die Schildkröte und den Frosch besitzen. Ich weiss nur von Studien über Kopfnerven, welche an der grössten in Europa lebenden Art, an *Lacerta ocellata*, angestellt wurden; dahin gehören die Untersuchungen und der Nachweis BISCHOFF'S,[2] dass auch bei Eidechsen der Nervus accessorius vorhanden sei, ferner die Darstellung FISCHER'S über die Ursprünge sämmtlicher Gehirnnerven.

Erwähnung verdient vielleicht, dass ich in der Augenhöhle von *Anguis* ein deutliches Ganglion ciliare bemerkt habe. Dasselbe bestand aus drei Abtheilungen, wovon die grösste etwa fünfzig Ganglienkugeln zählen mochte; die kleineren bestanden aus etwa vierzig solcher Elemente. Die Ganglien liegen hinten und seitlich an der Sklera.

Den Stamm des sympathischen Nerven verlegt DUGÉS in den Rückgrathscanal, unterhalb der Pia mater des Rückenmarkes; wesshalb ich bemerken darf, dass man beim Herausheben des Harn- und Geschlechtsapparates bei jungen Thieren grössere Stücke des Nervus sympathicus, sowie seiner Geflechte und zahlreiche Ganglien zur Ansicht bekommt.

Histologisches über die Spinalganglien der *L. agilis* hat vor Kurzem SCHWALBE veröffentlicht.[3]

[1] Vergl. m. Abhandlung: Ueber Organe eines sechsten Sinnes. Nov. act. acad. Leop. Carol. 1868.
[2] Commentatio de nervi accessorii Willisii anatomia et physiologia, 1832. Während fast alle Figuren zu dieser Schrift, auch in Nebendingen, treu und mit künstlerischem Geschick von FRANZ WAGNER gezeichnet sind, darf es einigermassen verwundern, dass die Oberfläche des Schädels etwas in Bausch und Bogen gehalten erscheint. Es werden nemlich die Superciliarknochen von beiden Seiten zusammengerückt, anstatt das Stirnbein dazwischen zu fügen und es blieb so für letzteres, wenigstens nach hinten, kein rechter Raum.
[3] Archiv für mikrosk. Anatomie, Bd. IV, 1868.

V. Sinnesorgane.

Auge.

Der Augapfel der Eidechsen und ebenso jener der Blindschleiche ist wohl entwickelt, wenn er auch bei *Anguis* eine etwas geringere Grösse hat. Schon an gleichalterigen Embryen macht sich diese Verschiedenheit der beiden Gattungen sehr bemerkbar; es quellen alsdann die Augen bei der Eidechse äusserst stark hervor, was nicht der Fall ist bei der Blindschleiche.

Legen wir einen Horizontalschnitt durch das Organ, so zeigt sich der hintere oder Skleroticalabschnitt etwas in die Quere gezogen: die Wölbung der Hornhaut tritt bedeutend hervor, wozu auch wohl der Kranz von Knochenplättchen beitragen mag.

Sklera.

Die harte Haut ist in ihrer Grundlage hyalinknorpelig. An Thieren von *L. agilis*, welche in Weingeist gelegen, gewährt der Knorpel der Sklera bei geringer Vergrösserung ein etwas ungewöhnliches Bild: was sich bei starker Vergrösserung dahin aufklärt, dass die eigentliche Zelle klein ist, um sie herum aber eine lichtgelbliche, dicke Kapsel geht, mit zahlreichen Schichtungslinien. Da nun die Kapsel der Zelle nach aussen sich scharf abgrenzt und zwischen den Kapseln der einzelnen Zellen eine helle Zwischensubstanz sich hinzieht; so möchte man auf den ersten Blick meinen, die Kapseln, welche doch nur Abscheidungsproduct der Zellen sind, wären die Hauptmassen der Zellen und die eigentliche Zellsubstanz wäre blos der Kern.

Am Vorderrand treten bei *Lacerta* und *Anguis* die zu einem Ring verbundenen Knochenplättchen auf, welche der treffliche BOJANUS[1]) dazumal wenigstens noch nicht gekannt zu haben scheint, als er die Vermuthung äusserte, die Knochenstücke am oberen Rand der Augenhöhle (Squamae supraorbitales) bei Eidechsen seien dem Knochenring im Auge der Vögel zu vergleichen.

Es ist mir nicht bekannt, dass irgend Jemand bisher der eigenthümlichen Form dieser Knochen seine Aufmerksamkeit gewidmet hätte. Man unterscheidet an dem einzelnen Plättchen[2]) den Vordertheil mit etwas buchtigem Rand und einen davon nach hinten abgehenden, wie stielartigen Abschnitt. Betrachtet man den Augapfel im Ganzen,[3]) so greifen die vorderen Partien der Knochen dachziegelartig übereinander, während zwischen den rückwärts gerichteten Stielen grössere Lücken

[1]) Isis 1821.
[2]) Elfte Tafel, Fg. 135¹ und Fg. 135².
[3]) Fg. 134.

frei bleiben. Die Stiele reichen nach hinten bis dahin, wo die Augenmuskeln sich ansetzen. Doch nur bei der Eidechse findet sich diese Gestalt.

Bei der Blindschleiche bieten die Knochenplatten eine einfachere Form dar, wie man nach der beigelegten Zeichnung [1]) beurtheilen kann.

Der Augapfel, gesäubert von Dem was an seine Aussenfläche tritt, sieht, soweit die knorpelige Grundlage der Sklera geht, schwarz aus, da das Pigment der Choroidea durch den hyalinen Knorpel durchschimmern kann; weiter nach vorn, wo die Knochenplättchen folgen, ändert sich das Schwarz in Bläulich um, da jetzt das Pigment der Choroidea durch das Grau des Knochenringes und des bindegewebigen Theils der Sklera gedämpft erscheint. Denn es geht der Knorpel der Sklera, wie ich an *L. viridis* mich überzeugte, keineswegs bis zum Rande der Hornhaut, sondern hört viel früher auf. Der vordere Theil der Sklera ist bindegewebig und diesem Theil gehört der Knochenkranz an; jedoch so, dass die Stiele der Knochenplättchen noch etwas den Knorpel bedecken.

Die Knochenplättchen, von dünner zarter Beschaffenheit, und leicht isolirbar, sind ihrer Entstehung nach Verknöcherungen des Bindegewebes; und wegen ihrer besondern Dünnheit verbreiten sich gegen das Ende des stielartigen Abschnittes die Knochenkörperchen nur in einfacher Schicht, am vordern Theil, welcher etwas dicker ist, in mehreren Lagen. Ihr Kern ist in frischen Präparaten meist sichtbar. Auch ist mir aufgefallen, dass wenn man auf die Oberfläche des Knochens den Blick richtet, die Strahlen der Knochenkörperchen mit verhältnissmässig grossen Oeffnungen dort ausgehen. Bei Embryen von *L. vivipara*, welche schon ganz schwarz gefärbt und auch sonst schon reif waren, zeigten sich die Knochentäfelchen bereits vorhanden.

Kamm der Choroidea; Linse.

Die Choroidea besitzt einen kleinen Fächer oder Kamm, welcher in Form eines schmalen schwarzen Keiles ins Innere des Auges vorspringt. [2]) Bei einem mässig grossen Thier von *L. viridis* war er etwa eine Linie lang.

Wer vom Kamm im Auge unserer Eidechsen zuerst wusste, ist mir unklar geblieben: vielleicht war es TIEDEMANN, welcher in seiner Naturgeschichte der Amphibien (1817) sagt: Ein dem Kamm des Vogelauges ähnliches Organ, welches wir im Auge des Leguans und einiger anderer Eidechsen fanden, besitzt das Crocodil nicht. Vom Leguan hatte übrigens bereits im Jahre 1814 GUSTAV CARUS in seiner Darstellung des Nervensystems und Gehirns das Gebilde erwähnt. Fast alle Späteren, welche sich mit dem Auge der Eidechsen beschäftigen, kennen den Kamm, so FRIKER (1827), BLAINVILLE (1828) und DUGÈS (1829): während ich [3]) vielleicht zuerst den näheren Bau desselben erörterte, indem ich zeigte, dass er einen grossen

---

[1]) Vergl. zwölfte Tafel, Fg. 146 b.
[2]) Fg. 136.
[3]) Anat. hist. Untersuchungen über Fische u. Reptilien, 1853, S. 95.

konischen Glomerulus von Blutcapillaren vorstelle, zusammengehalten von zartem Bindegewebe und überdeckt von schwarzem Pigment. Es verhalte sich somit der Kamm nach seinem Bau wie ein Ciliarfortsatz der Choroidea.

Uebrigens steht auch bereits in der Abhandlung FRIKER'S [1] richtig: „Hujus pectinis structura eadem est, quae in oculi avium pectine invenitur; constat enim tunica vasculosa, sine ullo fibrarum irritabilium vestigio, sed distincta pigmento nigro". Ich vermuthe, dass diese Bemerkung aus TIEDEMANN geschöpft ist.

Auch bei der Blindschleiche ist der Kamm zugegen, wenn er auch von geringerer Grösse ist als jener der Eidechse. [2] Beim Durchschneiden des Auges bleibt er im Grunde sitzen und hebt sich als ein schwarzer Punct von der weissgewordenen Netzhaut ab. Unter dem Mikroskop [3] erscheint er wie eine Art Papille die gegen das freie Ende hin dicht schwarz, nach der Wurzel zu aber nur gering netzförmig gefärbt ist. Von der Spitze zieht eine Art Bindegewebe rein und ohne Pigment, weiter in den Glaskörper hinein, wahrscheinlich gegen die Linse hin.

Ein gleiches fibrilläres Bindegewebe, von der Art, wie es das Tapetum im Auge der Wiederkäuer bildet, sehe ich hier im Auge der Blindschleiche als dünne Lage über die Membrana choriocapillaris sich ausbreiten. Letztere die Blutcapillaren tragende Haut ist sehr stark dunkel pigmentirt. Hebt man die Retina aus dem Auge, so bleibt an ihrer hinteren Fläche die Lamina pigmenti der Choroidea hangen, wie wenn sie zur Retina und nicht zur Choroidea gehörte. Dann erscheint eine zarte Lage — das tapetalartige Bindegewebe — und zeigt wegen des vielen durchscheinenden Pigmentes der Membrana choriocapillaris eine bläuliche Farbe.

Im Gewebe der Iris sind die Muskelelemente, sowohl die, welche zunächst dem Pupillarrande einen geschlossenen Ring bilden, als auch die radiären Fasern deutlich erkennbar. Die radiären Züge, quergestreift wie die übrigen, stehen weiter auseinander, als die circulären. Die einzelne quergestreifte Muskelfaser ist sehr fein, worauf ich schon längst anderwärts [4] aufmerksam machte. — Von der Iris der Blindschleiche ist hin und wieder zu lesen, dass sie schwarz sei; in Wirklichkeit ist sie aber am Pupillarrand gelbroth und der färbende Stoff gehört wie auch sonst zum metallisch glänzenden Pigment.

Noch möchte ich bemerken, dass bei einigen Exemplaren von *Lacerta viridis*, welche ich frisch in starken Weingeist gesetzt hatte, beim Eröffnen des Auges zwischen Sklera und Choroidea eine weissliche Masse, geronnener Lymphe ähnlich, sich vorfand, die wohl den Inhalt eines unterdessen von SCHWALBE von Neuem entdeckten und im Näheren begründeten Lymphraumes darstellt. [5]

---

[1] De oculo reptilium. Dissertatio inaug. (Praeside RAPP) Tubingae. 1827.
[2] Fg. 137.
[3] Fg. 139.
[4] Anat. histol. Untersuchungen üb. Fische u. Reptilien S. 96.
[5] Archiv f. mikrosk. Anat. 1870, Heft 1.

Die Linse des Auges, wie ich wenigstens bei *L. agilis* sehe, ist nicht rein kugelig: am Horizontalschnitt lässt sich erkennen, dass die Krümmung vorne und hinten einen etwas verschiedenen Bogen beschreibt.

Der Retina der Reptilien und Amphibien habe ich seiner Zeit längere Aufmerksamkeit gewidmet und obschon meine Arbeiten durch die späteren verbesserten Methoden der Untersuchung und die gesteigerten optischen Hülfsmittel weit überholt worden sind — Jeder mit der Histologie Vertraute kennt die Leistungen von M. SCHULTZE, STEINLIN u. A. — so gestatte ich mir doch daran zu erinnern, dass ich bezüglich der Stäbchen, welche man dazumal noch für rein homogen hielt, zuerst gewisse Zusammensetzungen nachwies, so insbesondere eine von der Substanz des Stäbchens sich abhebende Hülle,[1] ferner eine feine Querstrichelung ihrer Substanz.[2] Auch wüsste ich nicht, dass Jemand vor mir die Grundzüge im Bau der Retina, ich meine das Verhalten des stützenden Gewebes zu den Körnern und Stäben ausgesprochen hätte. Die Radialfasern und ihre Verbreitung galten noch für nervös. Meine Untersuchungen bestimmten mich aber zu der Erklärung: „das radiäre Fasersystem der Autoren scheine mir sammt der Membrana limitans gleichsam den Stützapparat oder Rahmen abzugeben, in welchem die specifischen und nervösen Gebilde der Retina enthalten sind."[3]

Die Auffassung, dass die Elemente des Nervus opticus schliesslich mit den Stäbchen zusammenhängen, letztere demnach nervöser Natur seien, wird bekanntlich in neuerer Zeit abermals bestritten. Sie sollen vielmehr in dem bindegewebigen Stützapparat endigen, und somit ein katoptrisches System vorstellen: die eigentliche Endigung der Fasern des Nervus opticus wäre unbekannt.

Ich bekenne mich zu der Ansicht, dass die Stäbe Endorgane der Fasern des Sehnerven sind. Denn mag auch die Hülle der Stäbchen in den bindegewebigen Stützapparat übergehen, was nach der eben veröffentlichten, wie mir dünkt, sehr sorgfältigen Arbeit von LANDOLT[4] der Fall zu sein scheint, so kann dieselbe nach unten zu ebenso feinlöcherig durchbrochen sein und dadurch zum Durchtritt von verbindenden Elementen geeignet, wie es der gesammte bindegewebige Stützapparat ist. — Endlich bestimmt mich bei der bisherigen Annahme zu bleiben die Aehnlichkeit der Dinge mit Dem, was im Auge der Arthropoden mit mehr Sicherheit wahrgenommen wird. Es möchte schwer fallen, darthun zu wollen, dass die von mir Nervenstäbe im Auge der Gliederthiere genannten Theile den Stäben im Auge der Wirbelthiere nicht entsprechen. Da erstere nun aber unzweifelhaft mit den Elementen des N. opticus zusammenhängen, so gibt dies einen Grund ab, das bisher im Auge der Wirbelthiere an den homologen Theilen Beobachtete in gleichem Sinne zu deuten.

Nebenorgane des Augapfels.

Man unterscheidet bezüglich der Augenlider ein oberes und unteres Lid und eine Nickhaut. Das obere Lid wird durch Hautknochen gestützt (Lamina superciliaris), die wohl dem Knorpel des oberen Lides beim Menschen einigermassen zu vergleichen sind.

Im unteren Lid kommt ein Knorpel[5] vor, dessen zuerst DUGÈS gedenkt und den ich auch bei mehreren Arten untersuchte. Seine Gestalt im Ganzen ist die eines flachen Schlüsselchens, gleichsam um die Wölbung der Hornhaut aufzunehmen, wie man wegen der Grösse an *L. viridis* am bequemsten sieht. Zur histologischen

---

[1] Anat. hist. Unters. üb. Fische u. Reptilien, 1853, S. 96.
[2] Archiv f. Anat. u. Phys. 1855, S. 128.
[3] Histologie, 1857, S. 224.
[4] Archiv f. mikrosk. Anat. 1870, Octoberheft.
[5] Zwölfte Tafel. Fig. 145. e.

Untersuchung empfiehlt sich dann durch Kleinheit *L. vivipara*, wo man den Knorpel leicht an Thieren, die in passenden Reagentien gelegen, isoliren kann.

Beim Abziehen des Lides bleibt er an der Conjunctiva sitzen. Die Knorpelzellen sind schmal, sehr zugespitzt, nähern sich mehr den Bindegewebskörpern; wie ich denn bereits längst von dem gleichen Gebilde, welches ich aus einigen grösseren fremden Sauriern mikroskopirte, meldete, dass dieser Lidknorpel Verwandtschaft habe mit dem Knorpelrahmen in der Schnecke der Vögel. [1] An seinen unteren Rand setzt sich ein quergestreifter Muskel, welcher das untere Lid herabzieht.

Wenn man erwägt, dass der Lidknorpel in seine Höhlung die Wölbung der Hornhaut aufnimmt, dann, dass über ihm nach aussen die Haut hell ist (*L. muralis, L. vivipara, agilis*) und ohne die Warzenbildung, welche sonst die Oberfläche des Lides überzieht, so kann man sich der Betrachtung nicht verschliessen, dass diese unpigmentirte Stelle den Uebergang zu der durchsichtigen, brillenähnlichen Partie im untern Lid mancher Scinke bildet.

Unter der äusseren Haut des oberen und unteren Lides, nicht minder der Conjunctiva verbreitet sich, wie ich an *L. agilis* und *viridis* verfolgte, dasselbe lymphdrüsenartige Gewebe, von dem oben bei der allgemeinen Hautbedeckung die Rede war. Dasselbe stellt sich der gewöhnlichen Besichtigung als weissgraue drüsige Masse dar, und man erhält am besten Aufklärung an Querschnitten durch das ganze Lid. [2] Wählen wir z. B. das untere Lid von *L. viridis*, so haben wir von aussen nach innen: zuerst die Epidermis, dann die Lederhaut von den Eigenschaften wie sie oben dargelegt wurde, nur alles etwas zart und dünn; darunter breiten sich weite Räume aus, so gross, dass sie schon mit freiem Auge unterscheidbar sind; die durchsetzenden bindegewebigen Balken zeigen an der Aussenfläche rundliche Kerne, welche wohl einer Art Epithel angehören. Schon dieses Verhalten deutet auf Lymphräume; man sieht aber bei weiterem Nachforschen, dass manche, selbst viele oder unter Umständen die meisten Räume, mit derselben fein-granuläreren Masse erfüllt sind, wie es oben von der äusseren Haut gesagt wurde. Dadurch erhält das freie Auge den Eindruck von einer weissgrauen drüsigen Lage. [3] Unter den Lymphräumen schliesst das Bindegewebe wieder zu einer die hintere Fläche des Lidknorpels aufnehmenden Haut zusammen, von welcher sich die helle Substanz des letztern abhebt. Die freie

---

[1] Histologie S. 243.
[2] Fg. 145.
[3] Bekanntlich erscheint auch beim gesunden Menschen leicht das untere Lid wie sackartig geschwollen; man sagt dann, es sei »von seröser Flüssigkeit infiltrirt«. Nach dem, was man bei *Lacerta* sieht, darf angenommen werden, dass auch beim Menschen in den Lidern grössere Lymphräume zugegen sind, bei deren starker Füllung das untere Lid wie beutelartig anschwellen kann.

Fläche des Knorpels ist bedeckt vom Epithel, welches unmittelbar auf dem Knorpel sitzt; jedoch so, dass sich vom Knorpel ein heller Saum abgrenzt, etwa in der Art, wie die Hornhaut auf ihrer Hinterfläche die Descemet'sche Haut erzeugt, und diesem Saum liegt erst das Epithel auf. Trifft das Messer gerade auf den unteren Rand des Knorpels, so bemerkt man auch wohl noch etwas fetthaltiges Bindegewebe und grosse Venen.

Bei diesen Schnitten macht man aber ferner auch die beachtenswerthe Erfahrung, dass in der Conjunctiva eine reiche glatte Musculatur sich ausbreitet. Sie durchzieht die ganze Bindehaut des Auges und scheint theilweise sogar in die erwähnten, die Lymphräume durchsetzenden Balken einzutreten. Weiteres Nachforschen belehrt, dass man es eigentlich mit einem grossen glatten Muskel von hautartiger Ausbreitung zu thun habe, der rings um das Auge entspringend die Richtung gegen die Lider nimmt. Besonders stark ist der Muskel am vorderen Augenwinkel; hier unterscheidet man leicht neben dem oberen schiefen Augenmuskel, schon an der Farbe, einen glatten Muskel, welcher von der knorpeligen Augenscheidewand kommt und sich vor dem M. obliquus superior gegen das obere Lid, die Nickhaut und Harder'sche Drüse verliert; auch von unten her strebt eine stärkere Portion dieser glatten Musculatur gegen das dritte Lid.[1]

Dieser letztere Theil oder die Nickhaut bietet ebenfalls Verhältnisse dar, welche bis jetzt unbekannt waren. Was zunächst die Gestalt betrifft, so unterscheidet man auf der nach aussen gewendeten Fläche zwei halbmondförmige Leisten, — nicht etwa Falten, sondern bleibende Bildungen. Die erstere gehört dem Vorderrand des Lides an und ist ein starker, wie zweilippiger Wulst, dabei etwas dunkel pigmentirt. Der andere weiter nach hinten gelegene, aber ebenfalls bogige Wulst, ist zarter und nicht minder etwas dunkel pigmentirt. Ganz verschieden davon sind eine Menge Fältchen, welche an der hinteren Ausdehnung, wo das Lid in die Bindehaut des Auges übergeht, im zurückgezogenen Zustande auftreten.

Die Nickhaut besitzt auch einen Knorpel,[2] der aber sowohl in der Gestalt als auch histologisch sehr verschieden sich zeigt von jenem des unteren Lides; es ist ein spangenartiger Streifen, welcher wie eine Art Vorhangsstange das Lid stützt; sein Gewebe ist echter Hyalinknorpel. Man erhält den Knorpelstreifen leicht zur Ansicht, wenn man Nickhaut und Harder'sche Drüse zusammen ausschneidet;

---

[1] Obige glatte Musculatur hat aber wohl nichts mit der Bewegung der Lider zu thun; vielmehr spielen alle, oberes, unteres und drittes am lebenden Thier so rasch, wie es nur durch quergestreifte Muskeln geschehen kann. Es scheint die glatte Musculatur der Bindehaut des Auges hauptsächlich auf die Entleerung der Drüsensecrete berechnet zu sein.

[2] Fg. 139. b.

er zieht von der Nickhaut über die Drüse weg und ich will nicht verhehlen, dass es mir anfangs schien, als sei er nur ein Theil der bogigen Knorpelstreifen, wie sie oben als Reste des Primordialschädels beschrieben wurden. Allein die Untersuchung ganz junger, noch ungeborener Thiere von *L. vivipara* liess sehen, dass der Knorpelstreifen kein abgeschnittener Theil vom Gestell des Primordialschädels sei, sondern nach beiden Enden frei auslaufend, lediglich zur Nickhaut in Beziehung stehe. — Das Epithel der inneren Fläche der Nickhaut besitzt viele Becherzellen. Die bindegewebige Grundlage erscheint sehr reich an elastischen Fasern feiner Art *(L. agilis)*.

Die Augenmuskeln zerfallen in die vier geraden und die zwei schiefen, welche alle im Umkreis des Sehnerven von der Knorpelwand zwischen den Augen entspringen; aber es scheinen noch einige kleinere Muskeln an der hinteren Fläche des Augapfels vorzukommen, welche, ohne dass ich dies näher studirte, dem Quadrat- und Pyramidenmuskel am Auge der Vögel entsprechen mögen. Ich sehe nämlich wie eine lange dünne Sehne, für die Nickhaut bestimmt, sich an der hinteren Wölbung des Augapfels in einem Bogen um den Sehnerven herumbiegt, dann gegen den unteren Rand der Nickhaut sich verliert; und zwar so, dass sie da, wo sie in die Nickhaut überzugehen sich anschickt, die strangartige Beschaffenheit aufgibt und unter Verbreiterung zu einer Art Hohlkehle sich gestaltet. Diese letztere Form der Sehne scheint sich bereits auf die zwei bogigen Leisten der Nickhaut, wie sie oben beschrieben wurden, zu beziehen, indem sie die eigentlichen Puncte des Ansatzes der Sehnen abgeben mögen. Mit mehr Sicherheit sehe ich dann wieder, dass die lange dünne Sehne auf ihrem Wege um den Sehnerven herum vom freien Ende eines Muskels[1] umfasst wird, welcher auf der Hinterfläche des Augapfels liegend, ganz so wie der Quadratmuskel am Vogelauge, einen Canal durch Umbiegung seiner Bündel erzeugt, in welchem alsdann die Sehne hinzieht.

Von den Drüsen der Augenhöhlen sind die beiden, eine Thränendrüse und eine Nickhautdrüse, vorhanden.

Die erstere liegt am äusseren oder hinteren Augenwinkel, und ist sehr klein gegenüber von der Nickhautdrüse. Sie besteht aus wenig langen, am Ende gern schwach gegabelten Schläuchen, die sich nicht zu einem einzigen Gang sammeln, sondern sich zu mehreren Mündungen zu gruppiren scheinen. Auch in der Nähe der Thränendrüse zeigt sich die Conjunctiva mit Lagen glatter Muskeln ausgestattet.

Die Nickhautdrüse oder Harder'sche Drüse befindet sich im vorderen oder inneren Augenwinkel und ist so entwickelt, dass sie wie schalen- oder halbringförmig

[1] Vergl. Elfte Tafel. Fg. 140.

den Augapfel von unten und hinten umgreift; wobei die Hauptpartie nach hinten und oben liegt. Die Drüse hat nur einen einzigen Ausführungsgang, welchen ich ziemlich weit gegen die Nasenhöhle verfolgt habe, ohne aber der eigentlichen Ausmündungsstelle mit Bestimmtheit ansichtig zu werden.

Thränenröhrchen sind am inneren Augenwinkel zugegen. Man wird ihrer am besten gewahr, indem man die Nickhaut scharf ausschneidet; dadurch wird die Lichtung der nahe beisammenstehenden Röhrchen offen gelegt und die nähere Prüfung ergibt, dass sie mit demselben an Becherzellen reichen Epithel ausgekleidet sind, wie es die Conjunctiva besitzt. Die Röhrchen werden von Blutgefässen umzogen; eine Borste in das Lumen der Thränencanäle eingeführt, gelangt in die Nasenhöhle.

Noch verdient Erwähnung, dass in der Augenhöhle der Eidechsen keineswegs der bei Säugethieren vorhandene Fettreichthum zugegen ist; man trifft hier blos einzelne spärliche Läppchen dieses Gewebes.

War in Bisherigem fast ausschliesslich nur von *Lacerta* die Rede, so sei noch in vergleichendem Hinblick auf *Anguis* bemerkt, dass sich im unteren Lid die schüsselförmige Knorpelplatte ebenfalls findet, nur entsprechend dem überhaupt kleineren Auge von geringerer und zarterer Entwicklung. Die glatte Musculatur der Bindehaut des Auges ist nicht minder zugegen. Der Bewegungsapparat für die Nickhaut, welche dieselben bogigen etwas pigmentirten Leisten und die Knorpelspange hat, ist wie bei *Lacerta:* ich sehe eine lange, dünne Sehne, welche durch die Schlinge eines Muskels geht. Die Thränendrüse am äusseren oberen Augenwinkel ist hier grösser als bei *Lacerta;* die Harder'sche Drüse umfasst wie dort im Halbbogen den Augapfel.

Ohr.

Eidechse.

Das Gehörorgan unserer Eidechsen gliedert sich bekanntlich in ein frei liegendes Trommelfell, eine dahinter folgende von der Kette der Gehörknöchelchen durchsetzte Paukenhöhle, mit einer weiten Oeffnung oder Eustachischen Röhre zur Rachenhöhle; das innere Ohr oder Labyrinth besteht aus Vorhof, halbkreisförmigen Canälen und der Schnecke.

Schon GEOFFROY,[1] welcher vor nahezu hundert Jahren die Eidechsen seines Landes — nach der Abbildung zu schliessen wahrscheinlich *L. agilis* und *L. muralis* — untersuchte, hat bereits vieles richtig

[1] Abhandlungen von dem Gehörwerkzeuge des Menschen, der Amphibien und Fische. Leipzig 1780. Das Original erschien 1778.

gesehen und bildlich dargestellt. Er beschreibt das Trommelfell genauer, namentlich seine Zusammensetzung aus „zwo Platten, einer äusseren und einer inneren". Auch scheint er schon ganz gut eingesehen zu haben, dass die äussere Platte eine Fortsetzung der allgemeinen Hautbedeckung ist, während die innere zu der die Paukenhöhle auskleidenden Schleimhaut als Abschnitt gehört. Die Trommelhöhle selber sei nicht ganz aus Knochen gebildet, sondern nur ihr vorderer Theil durch einen sattsam breiten, in einem halben Kreise endigenden Knochen — was wir jetzt das Tympanicum s. Os quadratum nennen —; der Rest der Höhle sei häutig, oder wie er sich ausdrückt, werde nur aus Bändern zusammengesetzt. Die Kette der Gehörknöchelchen: den nagelähnlichen, am Trommelfell befestigten Hammer sammt seinem Muskel (?), den stabförmigen Ambos und den tellerförmigen das eirunde Fenster verschliessenden Steigbügel[1]) beschreibt und zeichnet er gut. Selbst die Zusammensetzung des am schwierigsten zu behandelnden Theils, des Labyrinthes, wusste er bereits der Hauptsache nach aufzuhellen; indem er das „Gewölbe des Vorhofs" kennt und darin „drei kleine Oeffnungen, welche ihrer Lage nach die Enden einer Triangel bilden"; darin lägen die halbkreisförmigen Canäle. Seine Worte sowohl wie die Zeichnung thun dar, dass er die Lage und Richtung derselben gut aufgefasst hat. Das Verdienst GEOFFROY's ist um so höher anzuschlagen, als er alle diese „ansehnend feinen Theile die leicht dem blossen Auge entwischen", nur mit freiem Auge und der Lupe untersuchte. Dass er noch nichts von der Schnecke weiss und dem runden Fenster, wird ihm Niemand verargen.

SCARPA hat von Reptilien das Ohr der Schildkröte und des Crocodils nicht blos genauer studirt, sondern auch durch sehr gelungene Abbildungen von Künstlerhand versinnlichen lassen; aber auf die Eidechsen geht er nicht näher ein. Ich finde wenigstens in seinem mit Recht hoch berühmten Werke[2]) keine Angabe, welche über das, was GEOFFROY bereits gesehen, hinausgienge. Die Tafeln enthalten den etwas oberflächlich behandelten Kopf und Vorderkörper von „Lacerta agilis",[3]) um das Trommelfell zu zeigen und dann noch den Umriss dieser Haut, sowie die anschliessende Kette der Gehörknöchelchen sammt dem Muskel des Hammerknorpels. Es scheint dem Anatomen von Pavia bezüglich unserer Eidechsen überhaupt zumeist um das mittlere Ohr zu thun gewesen zu sein; er wollte zeigen, dass bei Reptilien, welche länger und lieber auf dem Lande und im Trockenen leben, noch Werkzeuge zur Aufnahme des Luftschalls dem inneren Ohre zugetheilt wären. Und als besonderes Beispiel sei hiefür auch die „Kupfereidechse", welche dürre und von der Mittagssonne fast verbrannte Stellen aufsucht und bewohnt; desswegen sei bei diesem Thier das Trommelfell ausserordentlich dünn, ganz frei und fast wie unbedeckt.

Im Jahr 1818 gab POHL,[4]) welcher noch in gutem Glauben und Willen die vergleichende Anatomie des Ohrs zu Heil und Frommen der Physiologie und Pathologie betrieb, eine Darstellung der Theile bei der Eidechse, und wählte wegen der Grösse L. ocellata. Er bespricht das Vestibulum und die Bogengänge und ihre Ampullen: er weiss von den Otolithen („materia cretacea sacculi inclusa"); das „rudimentum cochleae", scheint er nicht anerkennen zu wollen, denn er will finden, dass dieser Processus nicht hohl sei. Bezüglich der Paukenhöhle, der Eustachi'schen Röhre, der Hörknöchelchen, des Nervus facialis, welcher die Columella begleitet, sind die Angaben richtig. Als Art eines äusseren Ohres möchte er die Hautfalte am vorderen Rande des Paukenfells betrachten.

DUGÈS (1829) hat wie aus seiner Arbeit über die Eidechsen der französischen Fauna hervorgeht, das Gehörorgan ebenfalls zergliedert. Er hebt hervor, dass die Eustachi'sche Röhre sehr weit sei („la caisse communique avec le pharynx par une ouverture large"); dann beschreibt er die Gehörknöchelchen, worin er

---

[1]) »Stegreif« sagt der Uebersetzer.

[2]) Mir liegt nur die Uebersetzung vor: Anatomische Untersuchungen des Gehörs und Geruchs. Nürnberg, 1800.

[3]) Mit dieser Bezeichnung ist wohl *L. muralis* gemeint, denn unsere *L. agilis* kommt in der Lombardei, sowie überhaupt jenseits der Alpen nicht mehr vor; worüber unten bei dieser Art das Nähere gesagt wird.

[4]) Expositio generalis anatomica organi auditus. Vindobonae 1818. Wer sich für naturhistorische Abbildungen interessirt, wird die Tafeln in's Auge fassen; zur Zeit der eben erst aufkommenden Lithographie entstanden, sind sie in einer Manier ausgeführt, welche nicht für den Steindruck passt, und daher wohl auch allgemein verkannt wurde.

von dem Herkömmlichen etwas abweicht, namentlich will er auch ein dem Linsenbeinchen (Os lenticulare) entsprechendes Stück unterscheiden. Endlich, was besonders wichtig ist, Dugès spricht zum erstenmale von einer Schnecke: „rudiment probable du limaçon"; nachdem allerdings zuvor durch Cuvier das Vorkommen einer kleinen Schnecke beim Crocodil und Leguan angezeigt worden war.

Einige Jahre später erschien die treffliche Arbeit Windischmann's über das Gehörorgan der Amphibien überhaupt: er wählt zum Studium dieses Sinneswerkzeuges [1] bei Eidechsen im engeren Sinne nicht die kleineren einheimischen Arten, sondern wie Poll. die grösste der europäischen Fauna, die *Lacerta ocellata*. Auch er hebt, wie solches Cuvier [2] in seiner bekannten klaren Weise bereits gethan hatte, bezüglich der Eustachi'schen Röhre die grosse Weite derselben hervor, wesshalb die Gehörknöchelchen wie in einer Ausbuchtung (recessus) der Mundhöhle lägen. Von einem Muskel des Hammers findet er nichts. Die Schnecke wird jetzt zum erstenmal an einer echten *Lacerta* nach ihrem Knorpelrahmen, Lagena und Nerven beschrieben; auch das Dasein eines Schneckenfensters (Foramen rotundum) betont. Eine beigegebene Abbildung — ebenfalls die erste über die Schnecke einer *Lacerta* — versinnlicht in geringer Vergrösserung, damals freilich als „multum magnitudine aucta" bezeichnet, den Knorpelring, die Flasche, den Schneckennerven sammt dessen Ast zum Vorhof. [3]

Als ich seiner Zeit das Gehörorgan der *Lacerta agilis* auf den feineren Bau untersuchte, fand ich bezüglich der Paukenhöhle erwähnenswerth, dass diesen Raum ein Flimmerepithel auskleidet: aber mit der Einschränkung, dass der zellige Ueberzug an der Innenseite des Trommelfells, sowie das Epithel der Gehörknöchelchen cilienlos seien. [4] Und wie Pigment sehr allgemein bei diesen Thieren die Blutgefässe begleitet, so seien auch die im Inneren der Columella verlaufenden Blutgefässe pigmentirt. Dann gab ich ferner eine bildliche Darstellung nebst Erörterung über den histologischen Bau der Schnecke.

Die genaueste Arbeit, welche bisher die Wissenschaft über die Schnecke der Eidechse mit gelegentlicher Vergleichung jener der Blindschleiche besitzt, verdanken wir dem leider zu früh verstorbenen Deiters in Bonn. [5]

Das innere Ohr oder Labyrinth liess ich bei meinen letzten Studien ziemlich ausser Acht; nur mag bemerkt sein, dass die knöcherne Höhle zur Aufnahme des häutigen Labyrinthes im Verhältniss zum Schädelraume sehr gross genannt werden muss, [6] was besonders Querschnitte durch den ganzen Schädel darthun. Dann sind namentlich die Bogengänge des häutigen Labyrinthes noch immer im Hinblick auf die Grösse des Kopfes sehr umfänglich und heben sich alle drei nach aussen am gereinigten Schädel, selbst ganz alter Thiere, in ihrer knöchernen Umgrenzung derart ab, dass sie nach ihrer Lage gut zu überblicken sind. [7]

Am rein präparirten Schädel lässt sich auch bei guter Belenchtung sehen, dass die Umgebung des Foramen ovale in Form eines ähnlichen Wulstes vorspringt, wie bei den Salamandrinen, wenn auch viel weniger stark.

[1] De penitiori auris in amphibiis structura. 1831.
[2] Rech. sur les ossimeus foesiles, 3. edit. 1825. Tom. V. p. 253.
[3] u. a. O. Tab. 11. Fg. 11.
[4] Histologie S. 267. Nach Pappenheim hingegen trägt das Trommelfell an seiner Innenfläche ebenfalls ein Flimmerepithel und Valentin will es bestätigen. Repertorium f. Anat. u. Physiologie 1841, S. 95.
[5] Archiv f. Anat. u. Phys. 1862.
[6] Vergl. Zwölfte Tafel, Fg. 146, b.
[7] Vergl. z. B. Dritte Tafel, Fg. 33.

Am meisten habe ich diesmal auf das mittlere Ohr oder die Paukenhöhle Rücksicht genommen. Hier bleibt es immer von Bedeutung sich leicht überzeugen zu können, dass der Paukenraum nur eine Ausbuchtung der Rachenhöhle, um den dickbauchigen Musculus pterygoideus externus herum, nach hinten und oben vorstellt. Ganz besonders eignen sich zum Nachweis dieses Verhältnisses Thiere, welchen der Kalk des Skeletes entzogen wurde, und die daher nicht blos in jeder Richtung ohne Hinderniss durchschnitten werden können, sondern auch in allen Theilen biegsam sind. An Längsschnitten[1]) des Kopfes kann man von der Rachenhöhle her das Trommelfell in ganzem Umfang sehen. Ja bei der *L. muralis, var. campestris* BETTA, vermag man sogar, da hier das Trommelfell eine überaus zarte und helle Beschaffenheit hat, am unverletzten lebenden Thier, welches man nur gegen das Licht zu halten braucht, von dem einen Trommelfell quer hindurch zum anderen zu sehen; was eben nur dadurch möglich wird, dass die Paukenhöhle einfach ein Nebenraum der Rachenhöhle ist. Und desshalb kann man aber auch nicht in strengerem Sinne von einer Eustachischen „Röhre" sprechen, da es sich um eine weite Communication zwischen der Rachenhöhle und ihrer zur Paukenhöhle gewordenen Ausbiegung handelt.

Im Trommelfell sehe ich die früher von mir am gleichen Organe beim Frosche aufgefundenen glatten Muskeln.

Auch über die Gehörknöchelchen ist einiges zu erwähnen. Die Membran, welche das Operculum zur Befestigung auf dem Foramen ovale umzieht und wohl der Fensterhaut entspricht, ist sehr reich an elastischen Fasern. Das Operculum ist zwar verkalkt, aber es behält für immer *(L. agilis)* einen rein knorpeligen, ziemlich breiten Saum. Nach unten ist das Knöchelchen offen, stellt also nicht eigentlich eine Scheibe, sondern einen Trichter dar. Dieser innere Raum führt, sich verschmälernd, in die Markhöhle der Columella, mit welcher überhaupt das Operculum ein Ganzes bildet. Jetzt folgt das Knorpelstück, welches rein präparirt ein schaufelförmig verbreitertes Ende hat, und sich damit an's Trommelfell anheftet. Der Stamm des Knorpels erfährt nach Abgabe des erwähnten Fortsatzes immer eine leichte Knickung, um hierauf in zwei Fortsätze auszulaufen, welche stärker sind als der Stamm. Der eine geht etwas spitz zu, der andere — es ist der kürzere — verbreitert sich gegen das Ende hin ebenfalls schaufelartig. Durch diese beiden Fortsätze geschieht die zweite Verbindung des Knorpels mit dem Trommelfell. Bei Besichtigung mit der Lupe will es bedünken, als ob der Knorpel mit einer Scheibe sich am Trommelfell befestige; die bezeichnete Form erkennt man erst bei näherer Prüfung.

---

[1]) Zwölfte Tafel. Fig. 117.

Es hat mir einigemale geschienen, als ob an der Knickung des Knorpels eine wirkliche Abgliederung stattfände, aber in anderen Fällen sah ich wieder nichts davon. Jedenfalls ist bemerkenswerth, dass das Knorpelstück jenseits der Knickung — also gegen das Trommelfell hin — verkalkt ist, während das andere Stück rein knorpelig bleibt. — Einen Muskel, der sich an die Kette der Gehörknöchelchen etwa ansetzte, habe ich niemals gesehen. Wo sich der Knorpel dem Trommelfell anfügt, sieht man sehr viele feine elastische Fasern, die wohl offenbar zur Verknüpfung des Knorpels mit der gedachten Haut dienen. — Gleichwie die Schleimhaut der Trommelhöhle überhaupt viel dunkles Pigment hat, das sich auch über die äussere Fläche des Hammerknorpels hinzieht, so erstreckt es sich auch von der Oeffnung des Operculum aus in den Markraum der Columella und erzeugt in deren Innerem öfters einen ganz schwarzen Achsenstrich.

Die Gehörknöchelchen liegen in gewissem Sinne wie ausserhalb der Paukenhöhle und springen nur in dieselbe vor. Denn sie ziehen nicht blos nahe an der Wand der Paukenhöhle her, sondern sind auch völlig überdeckt und umhüllt von der Schleimhaut der Paukenhöhle. Im Hinblick auf die Fälle, wo das mittlere Ohr sich zurück zu bilden beginnt, scheint mir dieses Verhalten beachtenswerth.

Zugleich mit den Gehörknöchelchen hebt man immer auch einen Nerven heraus, welcher wohl der Stamm des die Paukenhöhle durchsetzenden Nervus facialis ist. Derselbe liegt jedoch ebenfalls nicht frei, sondern wird von einer Falte der Schleimhaut rings umgeben, was man sich dadurch zur Ansicht bringt, dass wir mit scharfem Schnitt das ganze Trommelfell abtragen: im obersten Ende der Trommelhöhle, hinter der Paukenmembran, erblickt man jetzt den Durchschnitt des Gehörknöchelchens,[1]) umgeben von der Falte der Schleimhaut; dann noch eine andere Falte, von welcher der Durchschnitt des Facialnerven umzogen wird. Diese Lagerung von Theilen, von welchen man zu sagen pflegt, dass sie den Paukenraum „durchsetzen", begreift sich gut aus der Entstehung der Paukenhöhle von der ersten Visceralspalte her, indessen die Gehörknöchelchen aus der Substanz des ersten Visceralbogen ihren Ursprung nehmen.

Das vordere Horn des Zungenbeines sehe ich bei *L. agilis* in seiner Biegung sich gegen den knorpeligen Gehörknochen (Hammer) wenden und demselben so nahe kommen, dass beide, der Hammerknorpel und das Ende des knorpeligen Zungenbeinbogen, sich fast berühren.

Es erklärt sich dieses aus der ursprünglichen Zusammengehörigkeit beider Bildungen, und es mag an dieser Stelle eine Beobachtung HEUSINGER's an *Pseudopus* aus der Zeit, in welcher man noch nicht über

---

[1]) Zwölfte Tafel. Fg. 149 b.

die Herkunft gewisser Gehörknöchelchen von den ursprünglichen Kiemen- oder Visceralbogen unterrichtet war, in Erinnerung gebracht werden.[1] Derselbe sagt: „Noch etwas ist mir bei der Untersuchung des jungen Thieres aufgefallen, was die grösste Aufmerksamkeit verdient. Als ich nämlich die Muskeln an der linken Seite des Kopfes untersuchte und mit dem Zungenbein etwas nachlässig umgegangen war, schien es mir, als habe sich das vordere Horn des Zungenbeins in die Trommelhöhle fortgesetzt: ich war nun auf der rechten Seite vorsichtiger und sah in der That, dass sich dieses Horn immer mehr verfeinerte und längs des Trommelfells durch die Trommelhöhle bis zum Gehörknochen fortsetzt! Im erwachsenen Thier fand ich nichts Aehnliches." — Wenn andere Beobachter von einer „Verbindung der vorderen Hörner des Zungenbeins mit Schädelquerfortsätzen in der Gegend der Trommelhöhle" sprechen, so bezieht sich dies wohl auf das gleiche Verhalten.

Bei den Embryonen der Eidechsen finden sich oben auf dem Hinterhaupt zwei Anhäufungen von Kalkmassen, welche mich längere Zeit beschäftigt haben. Die Bildungen können nicht übersehen werden, und so gedenken ihrer auch bereits EMMERT und HOCHSTETTER,[2] wenigstens insoweit, als sie sich dem freien Auge darstellen. Sie sagen, dass die Embryonen am Hinterhaupt auf jeder Seite ein zugespitztes, cylindrisches, kreideweisses Körperchen besässen, das durch eine leichte Verletzung in eine kreideweisse Flüssigkeit zerfloss; auch vom reiferen Fötus gedenken sie der „kreideweissen Zäpfchen am Hinterhaupt".

Gerade dreissig Jahre später handelt von denselben Gebilden GUSTAV CARUS, welchem sie an Schlangenembryonen aufgefallen waren, ohne dass er die Wahrnehmungen der zwei vorgenannten Beobachter zu kennen scheint.[3] Er sieht „am Hinterhaupt zwei weisse Körperchen von kreideartigem Ansehen, die stark von der übrigen zart röthlichen Substanz des Kopfes abstachen". Unser Forscher geht näher auf die Untersuchung ein und findet, dass unter dem Mikroskop die Substanz der Körperchen aus unzähligen Krystallen bestehe, die er näher beschreibt und abbildet. Ferner im Hinblick auf die Frage, wo denn eigentlich die Stelle sei für diese „merkwürdige Anhäufung von Krystallen", überzeugt er sich, dass dieselben „an der inneren Fläche der werdenden Schädelwandungen liegen, ohne mit dem Gehirn einen näheren Bezug zu haben".

Bezüglich der Deutung äussern EMMERT und HOCHSTETTER nur ganz obenhin, es möchten die Körperchen „vielleicht die Anfänge des Labyrinthes sein"; CARUS erklärt als Ergebniss einer Reihe von Untersuchungen, dass die Krystallbildung am Hinterhaupt mit der Krystallbildung des Ohres nichts gemein habe, vielmehr sei sie als eine selbstständige, der Knochenbildung vorausschreitende Erscheinung anzusehen.

---

[1] Zeitschrift f. organische Physik. Bd. III. 1825. S. 183.
[2] Untersuchungen über die Entwicklung der Eidechsen in ihren Eiern. Archiv für Physiologie, 1811.
[3] Archiv für Anat. u. Physiol. 1841.

Die Krystallhaufen scheinen eine Art von Depot des entstehenden Kalkes zu sein, der später wieder aufgesaugt und anderwärts verwendet werde.

Mich hatten wohl gelegentlich auch schon diese kreideweissen Pünctchen am Hinterhauptsbein der Eidechsen angezogen, ohne dass es mir damals gelungen wäre, über die Mittheilungen von dem zuletztgenannten Beobachter hinauszukommen. Jetzt aber bei Anwendung anderer Methoden ist mir klar geworden, dass die Klümpchen von Kalkkrystallen doch mit dem Labyrinth des Ohrs im Zusammenhang stehen; aber weder mit dem Vorhof oder der Schnecke, noch weniger mit den halbkreisförmigen Canälen, sondern mit einem besonderen langgestielten Anhang des Labyrinthes, welcher vom Vorhof sich aussackend nach oben in die Hinterhauptsgegend sich wendet. In dem blinden erweiterten Ende desselben liegt jederseits die weisse Kalkmasse. [1]

Eine Belehrung, welche übrigens früher und leichter zu erwerben gewesen wäre, wenn ich RATHKE'S Entwicklungsgeschichte der Natter über diesen Punct befragt hätte. Denn dort ist vom Embryo der Ringelnatter das Labyrinth auf Taf. VI. abgebildet und gibt getreu den birnförmigen Anhang wieder. RATHKE nennt ihn aus der Periode des Fruchtlebens, welche er als zweite bezeichnet das „keulenförmige Säckchen", später in der dritten Periode wegen seines Inhaltes „das Kalksäckchen"; er theilt in einer Anmerkung mit, dass er auch bei der erwachsenen Natter das Kalksäckchen, wenn schon mit einiger Abänderung gefunden habe. Auffallend bleibt mir, dass der genaue Beobachter, soviel ich wenigstens bemerke, mit keinem Worte sagt, wie sich diese Bildungen am unverletzten Embryo dem freien Auge darstellen.

Das keulenförmige Säckchen verdient unsere Beachtung in hohem Grade, denn es wirft ein Licht auf einen seltsamen, lange morphologisch ganz unverstandenen Canal am Ohrlabyrinth der Selachier. Dort kennt man seit GEOFFROY einen vom Vorhof ausgehenden, nach oben zur Hinterhauptgegend strebenden, an seinem Ende mit Kalk gefüllten Canal, dessen Homologon offenbar das keulenförmige Säckchen im Ohr der Reptilien ist. Und die Bedeutung beider lässt sich an der Hand dessen, was die Entwicklungsgeschichte des Ohrlabyrinthes gelehrt hat, dahin fassen, dass sie Reste und Umbildungen des Ganges sind, durch welchen das Ohrbläschen in früher Embryonalzeit mit der äussern Hautoberfläche im Zusammenhange war.

Blindschleiche.

Fast länger noch habe ich dem mittleren Ohr der Blindschleiche Aufmerksamkeit gewidmet und zwar im Hinblick auf die An- oder Abwesenheit eines Trommelfells.

Vor BIBRON und DUMÉRIL sagen alle Zoologen, welche das Ohr der Blindschleiche näher betrachteten, dass hier von aussen nichts vom Gehörorgan sichtbar sei: das Trommelfell liege versteckt unter der Haut. Anders sprechen sich die genannten

[1] Zwölfte Tafel, Fg. 148, c.

französischen Herpetologen aus, indem sie behaupten, es sei eine feine Ohrspalte vorhanden, zwar etwas versteckt, aber doch deutlich genug. [1]

Ich habe, nachdem ich mit dieser Angabe bekannt geworden war, von neuem alte und junge Thiere auf das Vorhandensein der Ohröffnung untersucht, bin aber auf kein Thier gestossen, bei welchem ein von der äusseren Haut vorgestelltes Trommelfell mit Sicherheit zu erkennen gewesen wäre. Nur einmal schien es mir an einem grossen weiblichen Thier mit kurzem gedrungenen Kopf, als ob ein ganz feines Ohrspältchen zugegen sei; aber bei näherer Prüfung wollte es sich doch nicht bestätigen: die äussere Haut, abgezogen und von innen angesehen, liess nichts von einer Oeffnung wahrnehmen; die Stelle, wo das Trommelfell sein sollte, war erfüllt von einem weichen lockeren Bindegewebe, welches der Schleimhaut der Paukenhöhle zugehörte.

Das Ergebniss meiner Studien könnte ich so zusammenfassen: bei geringer Grösse des Os tympanicum ist auch der Recessus der Rachenhöhle, welcher zur Paukenhöhle wird, viel kleiner als bei *Lacerta* und darum rücken die Muskeln, welche aussen um das Os tympanicum liegen, so nahe aneinander, dass über der Schleimhaut kein Theil der äusseren Haut sich als deckender Ueberzug unter der Form eines Trommelfells abgrenzt, und es geht die ganze Beschuppung ununterbrochen darüber weg.

Immerhin muss es aber doch Thiere geben, wo das Ohr von aussen durch ein winziges Spältchen bezeichnet wird. Denn abgesehen von BIBRON und DUMÉRIL finde ich bei JEITTELES. [2] dessen Angaben ich Vertrauen schenken möchte, von der *Anguis fragilis* der Kaschauer Gegend gesagt: „Ohröffnung ist sehr deutlich". Damit steht aber im Widerspruch, wenn ein anderer ungarischer Zoolog FRIVALDSZKY, [3] von den Blindschleichen desselben Landes sagt: „aures sub cute latentes".

Bezüglich der Hörknöchelchen, [4] welche im Ganzen kürzer sind als bei *Lacerta*, erwähne ich, dass das trichterartige Operculum, welches mit der Columella zusammen den einzigen knöchernen Theil bildet, ebenfalls einen bleibenden, aber schmalen Knorpelsaum hat. Sein knöcherner Boden ist durchbrochen und setzt sich in den Markraum der Columella fort, zur Ueberleitung der Blutgefässe. Der dem Hammer entsprechende Knorpel zeigt einen Stiel, welcher geknickt ist, wodurch die Stelle auch wohl den Eindruck machen kann, als ob eine wirkliche Abgliederung hier statt fände; dann endigt er in einen sehr kurzen und in einen längeren Fort-

---

[1] Erpétologie générale. T. V. p. 792.
[2] Prodromus faunae Hungariae superioris.
[3] Monographia serpentum Hungariae. Pestini 1823.
[4] Zwölfte Tafel. Fg. 150.

satz. An den Knorpel tritt ein Band, das ich auch bei *Lacerta agilis* sehe, wo es entsprechend breiter und stärker ist. Ueber dem Hammer erblickt man den Stamm des Nervus facialis. Um das Ende des Hammerknorpels herum ziehen feine elastische Fasern, welche auch in dem Ueberzug der Gehörknöchelchen nicht fehlen. Das Epithel auf den Hörknöchelchen zeigt viele Schleim- oder Becherzellen.

Die Bogengänge des Gehörlabyrinths schimmern am gereinigten Schädel deutlich nach aussen hindurch, was bereits SCHNEIDER hervorhob, [1] gegenüber von GEOFFROY, welcher bei der Blindschleiche diese Theile nicht zu finden vermochte. Noch klarer ist das Bild am Schädel ganz junger Thiere, welche etwa Mitte August aus der Mutter genommen werden; und hiebei muss man sich abermals sagen, dass doch diese Theile im Verhältniss zur Grösse des Thieres ungemein gross sind!

Es fehlen auch nicht die bei den Eidechsen erwähnten Kalksäckchen, welche in Form zweier gestielter Beutel [2] nach oben zur Hinterhauptgegend streben und dort durch ihren Inhalt zwei lebhaft weiss gefärbte, dicht beisammenliegende Flecken erzeugen. Der Knochen springt über jeden der beiden Flecken etwas gewölbt hervor, so dass zwei deutliche höckerähnliche Partien an der Schuppe [3] des Hinterhauptbeins sich abheben. Der Flächenschnitt belehrt, dass die Höhle im Inneren der Höcker zur Aufnahme des Kalkbeutels bestimmt ist. Hat man den Inhalt des letztern frei vor sich, so lässt sich bemerken, dass die Kalkkrystalle durch eine klebrige Bindemasse zusammengehalten werden: denn sie fliessen beim Einreissen des Säckchens keineswegs auseinander.

Nase.

Den Geruchsapparat der Reptilien lassen manche Zootomen in eine, der äusseren Nasenöffnung entsprechende, eigentliche Nasenhöhle und in einen davon durch Vorsprünge geschiedenen hinteren Nasengang zerfallen. Daran ist nun zwar, wie mich meine Untersuchungen gelehrt haben, soviel richtig, dass wirklich zwei von einander wohl verschiedene Räume zugegen sind, aber die bisherige Deutung ist irrig; denn der Raum, welcher die eigentliche Nasenhöhle vorstellen soll, ist der äusseren Nase der Säuger zu vergleichen und der sogenannte hintere Nasengang stellt die wirkliche Nasenhöhle vor, wie das jetzt im Näheren gezeigt werden soll.

[1] Hist. natur. et litteraria Amphibiorum, p. 313.
[2] Zwölfte Tafel, Fg. 148; Zweite Tafel, Fg. 25.
[3] Vergl. Dritte Tafel, Fg. 38.

Aeussere Nasen- oder Vorhöhle.

Dies ist eine geräumige Höhle,[1] in welche die aussere Nasenöffnung führt und im weiteren Sinn vom Oberkiefer, Zwischenkiefer, der sog. Concha und den Nasenbeinen umfasst wird. Enger begrenzt wird sie von einer hyalinknorpeligen Kapsel, welche in sehr früher Zeit am Primordialcranium auftritt und von den genannten Knochen nach und nach überlagert wird.

Schon bei Betrachtung des knöchernen Skeletes[2] dieses Nasenraumes lässt sich am oberen freien Rand der sog. Concha ein Vorsprung bemerken und die Untersuchung der Weichtheile zeigt, dass die auskleidende Haut der Nasenhöhle von dieser Knochenecke weg nach vorn und aussen eine Falte bildet, welche den Raum unvollkommen halbirt. Diese einspringende Falte ist auch die Ursache, dass, nachdem man durch wagrechte Schnitte das Dach der Höhle abgetragen, es den Anschein gewinnen kann, als ob man, anstatt mit einer rundlichen, halbgetheilten Höhle, es mit einem Gang zu thun habe, welcher mit der äusseren Nasenöffnung beginnend, zuerst quereinwärts gehe, dann sich hinterwärts umbiege.

Die Schleimhaut, welche die Vorhöhle auskleidet und mit der äusseren Haut zusammenhängt, ist unpigmentirt. Ihre bindegewebige Grundlage besitzt, wie Querschnitte am besten zeigen können, eine gewisse Dicke und Derbheit; sie weicht auch in der feineren Zusammensetzung vom Corium der äusseren Haut merklich ab. Zunächst nämlich ist nichts von der eigenthümlichen Gliederung in wagrechte und senkrecht aufsteigende Bindegewebslagen wahrzunehmen, sondern die Hauptsubstanz sind feine elastische Fasern, von denen auch die weissliche derbere Beschaffenheit der Haut herrührt. Die elastischen Fasernetze weichen auseinander um Blutgefässe durchzulassen, umgrenzen aber auch wie es scheint einfache Bluträume in fast ähnlicher Weise, wie am erectilen Gewebe der Ruthe. Wenigstens wurde ich wiederholt durch den Blutreichthum und dieses doppelte Vorhandensein von wirklichen Arterien und Venen, sowie von wandungslosen Bluträumen an den Schwellkörper derselben Thiere erinnert. Auch Nervenstümpfen begegnet man auf Querschnitten, die wohl vom Trigeminus abstammend, an der Schnauzenspitze enden mögen. Dagegen fehlen, abgesehen von der Ringlage der Arterien, musculöse Elemente völlig. Auch sind keine Drüsen in dieser Schleimhaut der Nasenhöhle vorhanden, was ich ausdrücklich bemerken will, da es mir zuerst selbst, namentlich an Glycerinpräparaten scheinen wollte, als ob drüsige Bildungen zugegen seien; wiederholte Prüfungen haben mich aber vom Gegentheil überzeugt. Auch das Epithel sieht, frisch unter-

[1] Elfte Tafel, Fg. 141, a.
[2] Fg. 142.

sucht, charakteristisch aus. Es besteht aus Plattenzellen, welche dicht mit punctförmiger Masse und Klümpchen verschiedener Grösse, dem Ansehen nach fettartiger
Natur, erfüllt sind; die Epithellage im Ganzen erhält dadurch ein gewisses trübes
Aussehen. Einige Fetzen des Epithels sackten sich in kurze hohle Zapfen aus, von
denen ich nicht mehr bestimmen konnte, ob sie zum Ueberzug von Papillen oder umgekehrt zur Auskleidung von Crypten bestimmt waren. An Schnitten, welche in
Glycerin aufbewahrt werden, zeigt das Epithel durch seine scharfe Scheidung in eine
untere weichere Lage und obere festere, sowie durch die Art wie sich letztere ab-
blättert, endlich durch die Conturen der Zellen selber eine gewisse nähere Verwandtschaft mit der Epidermis der äusseren Haut.

In diese Vorhöhle der Nase mündet auch die nachher zu erwähnende Drüse
aus, und zwar geschieht es nahe der Uebergangsstelle in die eigentliche Nasenhöhle.

Dass nun diese Höhle nicht „eigentliche Nasenhöhle" sei, sondern dem Raume
der äusseren Nase bei Säugethieren zu vergleichen, dafür spricht auch Alles. Die
Knorpelstücke in der äusseren Nase höherer Wirbelthiere, welche ja auch selbst beim
Menschen zum Theil unter sich und mit dem Nasenscheidewandknorpel innig zusammenhängen, werden hier in der noch ursprünglicheren Weise von einer zusammenhängenden Knorpelkapsel vorgestellt. Die innere Wand derselben ist das senkrechte
Knorpelblatt, welches nach rückwärts zwischen den beiden Augen in die Höhe steigt;
von ihm wölben sich seitliche Theile zu einer Kapsel zusammen, welche in frischem
Zustande, nach Abzug der äusseren Haut, am Seitentheil der Schnauze etwas bauchig
vorquillt. Die Natur des Epithels, welches wie erörtert der Epidermis der äusseren
Haut sich verwandter zeigt, sowie endlich der Mangel von Endästen des N. olfactorius machen es gewiss, dass man es keineswegs mit der „eigentlichen Nasenhöhle"
zu thun habe.

Niemand kann einen Anstoss daran nehmen, dass diese „äussere Nase" nicht über
die Schnauze vorspringt, denn bei vielen, ja den meisten Säugethieren ist es auch nicht
anders; vielmehr sind der Umriss der Schnauze einer Eidechse und jener mancher Säugethiere sich so ähnlich, dass wie viele Abbildungen lehren können, der Zeichner geradezu
den Schnauzentheil des Kopfes der Eidechsen vollkommen wie bei einem Säugethier
ausführte.

Innere Nasenhöhle.

Man könnte diesen Abschnitt auch die eigentliche Nasenhöhle nennen, weil in
ihr die Entfaltung und Endausbreitung von Aesten des Riechnerven Statt hat. Es
ist der Raum, welchen Andere den hinteren Nasengang heissen.

Die eigentliche Nasenhöhle ist um mehr als das Dreifache länger und geräumiger als die äussere Nasenhöhle. Sie beginnt mit ganz bestimmter Grenze hinter dem Knochen, welchen man gewöhnlich „Concha" nennt und wird ausserdem von den Nasenbeinen, dem Oberkiefer- und Thränenbein umgeben und ihren knöchernen Boden bilden insbesondere die Pflugscharbeine. Die Oeffnung, durch welche äussere und innere Nasenhöhle mit einander zusammenhängen, ist von rundlicher Form, während die Mündung der inneren Nasenhöhle in den Raum des Rachens — die Choane — länglich ist, mit rundlicher Ausweitung am Ende. Am Boden der Nasenhöhle unterscheidet man ausser dem Eingang zur Choane, nach einwärts von dieser, gegen die Nasenscheidewand zu, eine starke Längsrinne, wozu der Vomer die Grundlage bildet. [1]

In dieser Höhle befindet sich dann ferner eine grosse Muschel. Sie entspringt gegenüber der Nasenscheidewand von der Nasenkapsel und besteht wie diese aus Hyalinknorpel. Sie erstreckt sich durch die ganze Länge der Nasenhöhle und stellt, was ihre Form betrifft, ein einwärts gerolltes Blatt vor, mit oberem und unterem umgekrempten Rand, wovon der untere in die vorhin erwähnte Rinne am Boden der Nasenhöhle sich legt, der hintere etwas verjüngt über dem Eingang zur Choane steht und sich selbst in den Anfang der Oeffnung hineindrückt. Die Hauptbefestigung oder der Abgang der Muschel von der Nasenkapsel geschieht seitwärts von oben her; aber wie man namentlich an Längsschnitten durch den ganzen Apparat leicht erfahren kann, es ist noch eine zweite Verbindung mit der Nasenkapsel vorhanden und zwar in Form einer schmäleren Brücke, nach hinten und unten seitwärts von den Choanen.

Die Beschaffenheit der Haut, welche diesen eigentlichen Nasenraum auskleidet und die Muschel überzieht, ist wesentlich verschieden von jener der äusseren Nasenhöhle. In ihr verbreitet sich der Riechnerv, und dadurch, dass die Zweige und Aeste dieses Nerven sowie auch die Blutgefässe reichlich von Pigment umsponnen sind, erhält das Bindegewebe der Schleimhaut einen schwärzlichen, ziemlich plötzlich auftretenden Anflug. Das Epithel ist ferner sehr verschieden von dem der Vorhöhle, indem man unterscheidet

1) Cylinderzellen mit Flimmern an den Stellen, wo keine Endausbreitung des Riechnerven statt hat. An gleichen Orten finden sich auch (flimmerlose) Becherzellen in grosser Menge.

2) Da wo Endausläufer des Nervus olfactorius im bindegewebigen Theil der Schleimhaut ausstrahlen, stehen hohe faserähnliche Zellen, wie wir sie bekanntlich durch MAX SCHULTZE [2] von allen Wirbelthieren kennen gelernt haben. An ihrem

[1] Vergl. Fg. 141.
[2] Bau der Nasenschleimhaut bei dem Menschen und den Wirbelthieren, 1862.

freien Ende tragen sie starre Härchen, welche die Wimpercilien an Länge weit übertreffen und von ganz anderer Natur als die letzteren sind. Ich kann nur bestätigen, was der genannte Forscher über die ausserordentliche Empfindlichkeit der Härchen gegen die Einwirkung des Wassers angibt: sie schmelzen derart rasch ein, dass man ihre Anwesenheit an einem aus dem frischen Thier genommenen Stück Schleimhaut geradezu läugnen würde. Auch dass die Zellenlage nicht den Cuticularsaum besitzt, ist ganz richtig. Es ist wohl unzweifelhaft, dass diese eigenartigen Zellen mit den Enden der faserigen Elemente des Riechnerven in Beziehung stehen, obschon ich keinen unmittelbaren Zusammenhang vor die Augen bekam.

Weiterhin besitzt die Gegend der Muschel reichliche Drüsen in Form kurzer cylindrischer, von Zellen mehr erfüllter als ausgekleideter Schläuche, welche dicht beisammen stehen und ebenfalls meist von Pigmentnetzen umzogen sind. Dass auch dieses Pigment eigentlich in der Wand der die Drüsen begleitenden Blutgefässe liege, ist mir nach der ganzen Art der Ausbreitung wahrscheinlich. Hat man die Schleimhaut von Köpfen vor sich, welche in doppelt chromsaurem Kali gelegen waren, so machen sich im Epithel eigenthümliche Zelleneinheiten bemerklich von einer gewissen trichterförmigen Gestalt und mit einer annähernd schuppigen Gruppirung der Zellen am weiteren Ende des Trichters. Es mögen diese Zellengruppen die Ausmündungen der Drüsen im Epithel sein.

Ich bin im Zweifel darüber geblieben, ob nicht neben diesen auf der Schleimhaut der Muschel ausmündenden Drüsensäckchen auch Drüsenelemente noch anderswo, und in anderer Weise ausmünden. Zu dieser Annahme bestimmt mich zweierlei. Einmal ist mit Sicherheit zu sehen, dass in die Vorhöhle oder äussere Nase ein Drüsengang mündet, und zwar am äusseren Umfang, nahe der Grenze zwischen Vorhöhle und eigentlicher Nasenhöhle. Bei *L. agilis*, wo ich näher darauf achtete, entsteht das Ende des Ganges aus der Vereinigung von drei Gängen, die leicht kenntlich dadurch werden, dass ihr Inhalt oder das auszuführende Secret, eine sattgelbe Farbe an sich hat. Dann ist zweitens, recht deutlich für's freie Auge schon an grossen Exemplaren von *L. viridis*, eine Drüse zu beobachten, welche aussen an der Knorpelkapsel der Nase liegt, gerade über der Bucht, welche von Seite der Knorpelkapsel durch die nach einwärts vortretende Muschel sich bildet: wobei es mir allerdings auch wieder vorkam, als ob diese Drüse und die Haufen der Drüsensäckchen, welche der Muschel angehören, zusammenhiengen und als ein Ganzes zu betrachten seien. Wenn aber letzteres nicht der Fall sein sollte, so möchte ich die obigen Ausführungsgänge mit bezeichneter Drüse in Verbindung bringen und annehmen, dass es sich um ein der Nasendrüse der Vögel gleichwerthiges Organ handelt, dessen

Ausführungsgang nach den Beobachtungen von Nitzsch ebenfalls ziemlich weit nach vorne in die Nasenhöhle sich öffnet. Doch würde der Unterschied bestehen, dass bei *Lacerta* drei Gänge aus der Drüse kommen, die erst kurz vor der Ausmündung zu Einem zusammentreten. — Was man an Querschnitten der Nase von *Anguis* sieht, spricht gleichfalls dafür, dass die Drüsen der Muschel und die Drüse aussen an der Nasenkapsel von einander völlig geschieden sind. [1]

Jacobson'sche Organe.

Diese merkwürdigen Organe, welche den gleichen Bildungen bei Säugern entsprechen, kommen hier von *Lacerta* und *Anguis* zum erstenmal zur Sprache. Entdeckt wurden sie bei *Varanus*, *Podinema*, *Iguana*, *Pseudopus*, *Chamaeleo* durch den Verfasser der Zootomie der Amphibien. „Paarige, enge, vor den Choanen in den Gaumen mündende Oeffnungen sind die Ausgänge von Höhlen, die gewöhnlich durch Knochen begrenzt werden. Jede Höhle ist nämlich umfasst vom Os vomeris und der Concha ihrer Seite; sie liegt unmittelbar unter dem knöchernen Boden der Nasenkapsel. Die Höhle besitzt eine häutige Auskleidung; sie enthält z. B. bei *Varanus* ein eigenthümliches, ziemlich weiches, scharfbegrenztes Organ, das wie ein Pilz auf einem sehr kurzen Stiel sitzt."

Ich habe mich an *Lacerta* vor Allem darüber vergewissert, dass die Höhlen zwar unterhalb des Bodens des Nasenraumes liegen, jedoch mit letzterem keineswegs in offener Verbindung stehen; vielmehr sind sie nach dieser Seite hin völlig geschlossen, was um so beachtenswerther ist, als ein Haupttheil des Nervus olfactorius in dieser Höhle seine Endausbreitung hat. Jede der beiden Höhlen mündet für sich durch einen feinen Gang in die Rachenhöhle und zwar in den Anfang der Furche, welche weiter rückwärts mit der Oeffnung der Choane abschliesst.

Will man die Lage der Höhlen näher bezeichnen, so ist es die Stelle, wo unmittelbar darüber die äussere und die innere Nasenhöhle in einander übergehen; doch wieder so, dass der grössere Theil des Organs unterhalb des Beginns der eigentlichen oder inneren Nasenhöhle sich hin erstreckt. [2]

Die von oben her geöffnete Höhle [3] zeigt einen querovalen, annähernd nierenförmigen Umriss. Der Gang zur Rachenhöhle geht von dem hinteren, inneren Eck — wenn man dieser Bezeichnung sich bedienen kann — ab.

Nach dem grössten Theil ihres Umfanges hat die Höhle eine hyalinknorpelige

---

[1] Vergl. Elfte Tafel, Fg. 144.
[2] Achte Tafel, Fg. 108.
[3] Fg. 110.

Grundlage, welche mit der Nasenkapsel zusammenhängt; die Knochen, welche sich darüber legen sind der Oberkiefer, die sog. Concha und das Pflugscharbein. [1]

In den Raum springt, ähnlich wie die Muschel in die Nasenhöhle, ein papillenartiger Querwulst vor mit eingeschnürter Basis, und verengt die Lichtung der Höhle um ein Bedeutendes. Der papillenartige Wulst besteht aus Knorpel und ist eine Fortsetzung der Knorpelwand; er wird weder von Blutgefässen noch von Nerven durchbohrt. In histologischer Beziehung ist aber erwähnenswerth, dass die Zellen dieses Hyalinknorpels, da wo sie gegen den Rand des Wulstes zu liegen kommen, gleich dem darüber wegziehenden pigmentirten Gewebe, selbst einiges dunkle Pigment besitzen. Ich sah es so bei *L. agilis* und *viridis.* Pigmenthaltige Knorpelzellen sind aber etwas Selteneres, für mich wenigstens wäre es erst das zweite Beispiel, welches ich kennen gelernt. [2]

Die häutige Auskleidung der Höhle besteht aus einer bindegewebigen Schicht und dem Epithel. Erstere ist stark pigmentirt, am meisten da, wo die Mehrzahl der Nervenbündel liegt. Vergleichungsweise wird dadurch der Raum tiefer schwarz für das freie Auge gefärbt als die eigentliche Nasenhöhle es ist. Dass in der bindegewebigen Schicht der auskleidenden Haut Blutgefässe sich verbreiten ist selbstverständlich und ich habe sie nach oben auf dem papillenartigen Wulst gesehen.

Von besonderer Wichtigkeit sind die Nerven. An je eine Höhle geht ein starker Zug von Bündeln des Riechnerven, welche an das Dach der Höhle herangetreten, dasselbe förmlich umfassen und nach einwärts enden. Alle Bündel sind reichlich von dunkelm Pigment umsponnen, was theilweise, namentlich gegen das Ende zu, die Verfolgung der feineren Bündel erschwert. Doch habe ich so viel gesehen, dass die knorpelige Wand von zahlreichen zum Hohlraum radiär stehenden Canälen durchbrochen ist, in welchen die durch Zertheilung feiner gewordenen Endbündel des Nervus olfactorius vordringen und in die bindegewebige dunkle Lage der die Höhle auskleidenden Schicht gelangen. [3] Man gewahrt somit an feinen Schnitten zu äusserst die dickeren Bündel des Riechnerven, welche die Höhle umgreifen und reich von dunkelm Pigment umsponnen sind; dann die Fortsetzungen in den Knorpelcanälen, immer noch ringsum schwarz von Pigment; hierauf ihr Auslaufen in die ebenfalls schwarze Haut der Höhle. Die Hauptmasse der Nerven liegt am Umfang des Daches, welches einwärts nach der Nasenscheidewand steht; der Boden der Höhle und jedenfalls der papillenartige Querwulst gehen leer aus. Damit hängt denn auch

[1] Elfte Tafel, Fg. 143.
[2] Bau d. thierisch. Körpers. S. 54.
[3] Achte Tafel, Fg. 111.

wieder zusammen, dass das Epithel der Höhle nicht allerorts das gleiche ist, sondern einen ähnlichen Unterschied zeigt, wie in der eigentlichen Nasenhöhle zwischen den Stellen, wo Nerven enden, und wo dies nicht der Fall ist. So wird der knorpelige in die Höhle vorspringende Wulst von einem Flimmerepithel überzogen, dessen Zellen nach Gestalt, Cuticularsaum, Länge der Cilien mit den gleichen Bildungen in der Nasenhöhle übereinstimmen. Hingegen am Dach oder der Wölbung der Höhle stehen dicht zusammengeschlossen sehr lange Zellen mit den starren, aber leicht zerstörbaren Härchen und bilden als Ganzes eine dicke in Weingeist weisslichtrübe Schicht, die noch etwas massiger ist, als die entsprechenden Lagen des Epithels des Nasenraumes. — Dass auch Zweige vom N. trigeminus an die Höhle gehen, ist wahrscheinlich, doch bin ich keinem begegnet.

Gleichwie an den Choanen, wenn man ihren Eingang von der Nasenhöhle her betrachtet, das Pigment der Schleimhaut mit ganz bestimmter Grenze plötzlich aufhört, so geschieht dies auch an dem Gang des Jacobson'schen Organs, welcher an bereits bezeichneter Stelle in den Rachen führt.

Da ich bezüglich der Ausmündung des in Rede stehenden Hohlraumes einige Zeit auf falscher Fährte mich befand, will ich nicht unterlassen, diese hier anzudeuten.

Legen wir nämlich einen Schnitt durch die Schnauze etwa in der Höhe der Nasenlöcher, so erscheint in der Schleimhaut der Mundhöhle, unterhalb der verschmolzenen und hier einen Längswulst erzeugenden Vomera die Lichtung eines in der Mittellinie gelagerten Canales.[1] Seine Wand wird von der Bindegewebsschicht der Schleimhaut gebildet und zu beiden Seiten, gewissermassen in der Wand des Canals, erblickt man den Durchschnitt eines stärkeren Nerven, der auch wohl wie halbkugelig in die Lichtung des Ganges vorspringt. Fertigt man eine grössere Anzahl von Schnitten, so zeigen sich gewisse Veränderungen. Die Lichtung des Canals ist in dem einen von scharfer Begrenzung und scheint selbst wie von Epithel ausgekleidet; in anderen Schnitten hat der Canal kein reines Lumen, es fehlt nicht blos das Epithel, sondern der Raum ist von einem Bindegewebsnetz durchspannt. Nur die beiden Nerven erhalten sich. Schneidet man aber immer weiter nach rückwärts, so ist der Gang nach und nach verschwunden und an seiner Stelle sieht man lediglich einen dunkeln Fleck. der ein Rest der Nerven zu sein scheint; endlich nach dem Ende der Gaumenwulstes zu ist auch diese Spur verschwunden. Verschafft man sich umgekehrt Schnitte weiter nach vorne, als die im Bisherigen gemeinten, so hat man anstatt eines, zwei Canäle, jeden mit seinem Nerv zur Seite, welch' letzterer wohl dem N. nasopalatinus Scarpae entspricht.

Diesen Canal war ich geneigt mit den Jacobson'schen Höhlen in Verbindung zu bringen, allein es ist wahrscheinlich nur ein bloser medianer Lymph- oder Blutraum, ähnlich wie sich weiter nach aussen an den gleichen Schnitten je seitwärts ein grösserer Blutraum zeigt.

Schon der skeletirte Schädel der Eidechsen von unten her angesehen, lässt die Vermuthung aufkommen, dass den Jacobson'schen Organen der Säuger verwandte Bildungen zugegen sein mögen. Man sieht nämlich vorn, hinter dem Zwischenkiefer, zwei Oeffnungen von etwas wulstigem Rande umgeben und den Vomera zugehörig. Sie erinnern an die Foramina incisiva der Säugethiere und sind denselben auch wohl zu vergleichen, trotzdem dass sie nach rückwärts mit den Choanen zusammenfliessen. Um sich davon zu überzeugen, halte man den Schädel eines Wiederkäuers, mir liegt gerade der des Hirsches vor, gegenüber dem

[1] Vergl. Elfte Tafel. Fig. 113, e.

der Eidechse und es wird klar, dass der scheinbar grosse Unterschied zwischen beiden am vorderen Theil des Rachens dadurch entsteht, dass bei den Säugethieren der Oberkiefer durch Entwickelung des Processus palatinus die Nasenhöhle und Mundhöhle trennt und dadurch das Foramen incisivum so gut wie die Choanen für sich abschliesst, der Vomer selbst aber jetzt nicht mehr der Rachen- sondern lediglich der Nasenhöhle angehört. Denken wir uns den Gaumenfortsatz des Oberkiefers bei Säugethieren weg, so werden die Verhältnisse denen des Eidechsenschädels nicht wenig ähnlich. Diese Foramina incisiva stehen nun in Beziehung zur Ausmündung der oben abgehandelten, einen Theil des Riechnerven aufnehmenden Höhlen. Doch muss erwähnt werden, dass auch Blutgefässe und Nerven in nächster Nähe hier in die Rachenhöhle übertreten. Es zeigt sich ein grosses venöses Gefäss, das sich rückwärts in einen Blutraum fortsetzt und in einer längs des Oberkiefers herziehenden ähnlichen Seitenfalte der Schleimhaut ausgegraben, sich gegen die weite Oeffnung erstreckt, welche beiderseits hinten im Rachengewölbe vom Oberkiefer, den Gaumen- und Flügelbeinen gebildet wird. Der Blutraum führt in die Nähe des Auges, und zwar hinter dieses Organ. Der Nerv lässt sich ebenfalls schon ohne Hilfe der Lupe am Rachen des lebenden Thieres, wo alsdann die Schleimhaut noch durchsichtig ist, ermitteln.

Was den Geruchsapparat[1]) der Blindschleiche anbetrifft, so habe ich mich wenigstens davon überzeugt, dass im Wesentlichen dieselben Verhältnisse bestehen. Insbesondere gliedert sich auch hier das Organ in eine der äusseren Nasenöffnung entsprechende Vorhöhle, auf welche erst rückwärts die eigentliche Nasenhöhle folgt. In diese springt die knorpelige Muschel herein, deren Epithel viele Becherzellen eingestreut enthält. Die aus kurzen Schläuchen bestehende Drüse an der concaven Fläche der Muschel ist ebenfalls vorhanden, sowie eine zweite aussen an der Nasenkapsel gelegene. Dann ist auch das Jacobson'sche Organ unterhalb des Bodens des Nasenraumes zugegen, mit dem gleichen Nervenreichthum und jenem Knorpelwulst, welcher auf dem Längsschnitt pilzartig in die Höhle vorspringt.

—

Die physiologische Bedeutung der Jacobson'schen Organe der Säuger will bekanntlich noch nicht ganz klar werden. Der Bau des Organs hier bei *Lacerta* und *Anguis* möchte aber geeignet sein, auf die richtige Spur zu leiten. Wir sehen nämlich einen Hohlraum, der zur Aufnahme eines Endabschnittes vom Riechnerven dient, ohne dass dieser Hohlraum mit der Nasenhöhle in Verbindung steht. Auf die Endigung des Riechnerven vermögen nur Stoffe zu wirken, welche von der Rachenhöhle in den nach oben geschlossenen Raum gelangen. Daraus können wir einstweilen kaum etwas anderes folgern, als dass die in den vorderen Theil der Mundhöhle bereits aufgenommene Nahrung durch besagtes Organ vom Geruchsinn geprüft werden kann.

---

[1]) Achte Tafel. Fg. 109; Elfte Tafel, Fg. 144; Zwölfte Tafel. Fg. 158.

Organe eines „sechsten Sinnes".

In einer bereits mehrfach angezogenen Abhandlung [1]) habe ich bei Sauriern und Ophidiern Bildungen nachgewiesen, welche mit den becherförmigen Organen der Fische in eine Reihe gehören. Wie bei letztgenannten Thieren können sie über die ganze Körperoberfläche [2]) vertheilt sein; ich fand es z. B. so bei der Blindschleiche. Und gerade mit Rücksicht auf die Gattung *Anguis* möchte ich jetzt noch zusetzen, dass man die Verbreitung über die ganze Haut am leichtesten bei reifen Embryonen sehen kann. Am gehäuftesten stehen sie jedoch am Kopf, besonders an den Lippen.

Zu Folge weiterer Untersuchungen, welche ich an Eidechsen — diesmal an *L. agilis* und *L. vivipara* — anstellte, vermag ich jetzt anzugeben, dass bezüglich der Verbreitung der Organe die Saurier noch in einem anderen Puncte mit den Fischen übereinstimmen. Ich zeigte vor Jahren, dass bei den Süsswasserfischen und beim Stör die Gebilde nicht blos an der äusseren Haut vorkommen, sondern sich von den Lippen nach einwärts über die Schleimhaut der ganzen Mund- und Rachenhöhle weg erstrecken, und am Gaumen so gut, wie am Zungenrudimente vorhanden seien. Aehnliches sehe ich jetzt auch bei den Eidechsen.

Die Organe, um welche es sich handelt, verbreiten sich von den Lippen über die Schleimhaut der Mund- und Rachenhöhle. Ich begegnete denselben an den verschiedensten Stellen, besonders zahlreich standen sie am Gaumen, und zwar an jenem Höcker (Tuberculum palatinum), welcher zwischen den Choanen liegt. Dort bilden die Vomera einen leistenartigen Vorsprung und die Schleimhaut gestaltet sich zu einer wulst- oder plattenartigen Verdickung. welche beinahe einem „Zäpfchen" vergleichbar wäre. [3]) Ausser diesem mittleren Gaumenvorsprung sah ich die Organe noch recht zahlreich auf zwei seitlichen Gaumenfalten. Aber ihr Vorkommen erstreckt sich rückwärts nicht über die Rachenhöhle hinaus; im Anfang des Schlundes finde ich wenigstens keine mehr. Auch an der Zunge. sowohl oben wie unten, vermisse ich sie.

---

[1]) Ueber Organe eines sechsten Sinnes, Nov. Act. Acad. Leop. Carol. Vol. XXXIV, 1868. Zu den dort über die Gallertröhren zusammengestellten Mittheilungen früherer Autoren finde ich nachträglich noch des Physiologen Rudolphi zu erwähnen, welcher in seinem Grundriss der Physiologie erzählt, dass er im Jahr 1817 bei Fanzi in Rimini sehr hübsche Präparate über die »Schleimgänge« sah. Der genannte Italiener hielt dieselben, wie Jacobson und Treviranus, für eigene Sinnesorgane, ihm selber sei diess unwahrscheinlich, weil man eine schleimige Flüssigkeit aus den Poren durch Druck auf die Schnauze des Thieres hervorpressen könne. Was der Berliner Gelehrte sonst noch gegen diese Annahme sagt, zeigt nur, dass er mit dem Bau der Organe unbekannt war.

[2]) Ich höre, dass Prof. Reinhardt in Kopenhagen eigenthümliche auf den Schuppen der Schlangen befindliche Grübchen beschrieben hat, welche er für die Systematik verwendet. Mir ist nicht unwahrscheinlich, dass damit die Stellen der Haut gemeint sind, wo die becherförmigen Organe liegen.

[3]) Vergl. Achte Tafel, Fig. 102.

Man unterscheidet in dem Bindegewebe, besonders gut nach Aufhellung durch Reagentien, zahlreiche Blutgefässe und Nerven, welch' letztere von Ausläufern des Nervus nasopalatinus herrühren und durch Austausch der Fasern Geflechte erzeugen. Die bindegewebige Hautlage erhebt sich in kurze Papillen und auf ihnen sitzen die Organe, welche im Allgemeinen kleiner sind, als jene der äusseren Haut des Kopfes, aber von demselben Bau.[1] Die Becher bestehen aus einer von länglichen Zellen zusammengesetzten Wand, die an der Mündung einen streifigen Saum zeigt, bedingt durch feine Spitzen der Zellen. Die Oeffnung des Bechers trifft man bald sehr erweitert, bald sehr verengt. Im Grunde des Bechers ruht ein zelliger Innenkörper; an die Organe heran treten die Nerven.

Die Gebilde, von denen hier die Rede ist, sind zwar selbst an Thieren, welche in Weingeist lagen, gut sichtbar, werden aber doch am besten an frischen Exemplaren untersucht; empfehlenswerth ist es lebende Thiere in äusserst verdünnte Salpetersäure zu werfen, wodurch die Theile sehr deutlich sich abheben. Von der Höhlung im Inneren des Bechers überzeugt man sich auch gut durch Betrachtung von unten.

Der besondere Geruch, welchen die Batrachier von sich geben, kommt bekanntlich aus den Hautdrüsen. Auch die Eidechsen und Blindschleichen verbreiten, wenn man sie in frischem Zustande zergliedert, einen eigenthümlichen Geruch, ohne dass wirkliche Hautdrüsen, mit Ausnahme der hier nicht in Betracht kommenden Schenkeldrüsen, zugegen wären. Der Geruch scheint hier von den becherförmigen Organen auszugehen; was mir dadurch - höchst wahrscheinlich, um nicht zu sagen, sicher geworden ist, dass frisch abgekochte Blindschleichen zunächst nichts von dem Geruch verspüren lassen, sondern etwa wie gekochte Fische duften. Sobald man aber die Epidermis abreibt, lassen sich sofort noch die Spuren des in frischem Zustand so stark hervortretenden eigenthümlichen Geruches wahrnehmen.

Die becherförmigen Organe dürfen unser Interesse um so mehr in Anspruch nehmen, als in neuester Zeit SCHWALBE in Bonn und CHR. LOVÉN in Stockholm bei Säugethieren und dem Menschen entsprechende Bildungen auf den umwallten und schwammförmigen Papillen der Zunge aufgefunden haben.[2] Die Organe werden mit Genauigkeit beschrieben und als „Schmeckbecher" oder „Geschmacksknospen" angesprochen; und bezüglich dieser Deutung könne nach ihrer Ansicht gar kein Zweifel herrschen. Ich halte diesen Schluss für übereilt und ungerechtfertigt, obschon auch FRANZ EILHARD SCHULZE dieselbe Meinung schon früher geäussert hat und noch vertritt.[3]

---

[1] Zwölfte Tafel, Fg. 151.

[2] Archiv f. mikrosk. Anatomie. Bd. 4.

[3] Ueber die Sinnesorgane der Seitenlinie bei Fischen und Amphibien. Archiv f. mikrosk. Anat. Bd. VI, 1870.

Wenn ich mir herausnehme dieses Urtheil zu fällen, so liegt die Begründung zwar schon ausführlich in meiner oben angezogenen Abhandlung; es mögen aber im besonderen Hinblick auf die gegentheilige Auffassung noch einige Puncte zusammengestellt werden.

1) Die becherförmigen Organe der Fische erstrecken sich über die ganze äussere Haut, stehen gedrängt an den Lippenrändern und verbreiten sich von da über die Schleimhaut der Mundhöhle. Wollte man sie einfach dem Geschmackssinne dienen lassen, so müsste man auch sagen, der Fisch schmecke nicht blos mit der Schleimhaut des Mundes, sondern auch mit seiner ganzen äusseren Haut. Es wäre dies ein neuer Satz, welcher in die vergleichende Physiologie noch nicht aufgenommen ist. Obgleich ich schon seiner Zeit auf diese weite Verbreitung der Gebilde aufmerksam machte, so glaubt man der Darstellung SCHWALBE'S entnehmen zu müssen, als ob sie nur am Gaumen vorkämen, was dann freilich leicht zu dem Schlusse, dass es Geschmacksorgane seien, hinführt. [1]

2) Bei den Reptilien finden sich die homologen Körper zwar wieder in der Rachenhöhle und man könnte abermals, wenn sie nur in diesem Raum vorkämen, sie für Geschmacksbecher gar wohl ansprechen; allein auch bei diesen sind sie über die äussere Haut verbreitet und stehen besonders gedrängt an den Lippenrändern.

3) Nach der gegenwärtig in der vergleichenden Anatomie und Physiologie herrschenden Ansicht würde man schliessen, dass Organe, welche als Endapparate den Nerven aufsitzen und über die ganze äussere Haut zerstreut vorkommen, dabei an den Stellen, wo erfahrungsgemäss eine geschärfte Empfindung ihren Sitz hat, sich anhäufen, in das Bereich der Tastorgane gehören. Bei dieser Deutung kann man sich aber nicht beruhigen, weil der Bau ein solcher ist, dass wir uns gar keine Vorstellung abzuleiten vermögen, wie sie als „Tastorgane" wirken sollten.

4) Wir sehen, dass bei den Amphibien im Larvenzustande die becherförmigen Körper den Seitennerven aufsitzen und daher die Classe der in noch höherem Grade eigenartigen nervösen Bildungen der Seitenlinie der Fische vertreten, anders zu sagen, mit den Organen der Seitenlinie der Fische in eine Reihe zusammen gehören. Die letzteren Organe aber schlechthin als dem Geschmackssinn dienend ansprechen zu wollen, liegt noch weniger ein Grund vor.

5) Wenn wir daher nach der gegenwärtigen Sachlage nicht behaupten können,

[1] Ich will keinen besonderen Werth darauf legen, dass bereits Joh. MÜLLER in seinem Handbuch der Physiologie (Bd. I. S. 798) nach Reizungsversuchen sich dahin erklärte, dass das Gaumenorgan kein Geschmacksorgan sei, sondern ein eigenthümlicher Schlingapparat; wofür sich auch DAVAINE (Compt. rend. de la Societ. de Biologie. 1850) ausgesprochen hat. Doch mag immerhin hier an die Auffassung dieser Beobachter erinnert sein.

die Becher der Fische, Amphibien und Reptilien seien Tastorgane schlechthin, und noch viel weniger, dass es Geschmacksorgane seien: so ahnen wir, da Auge und Ohr nicht in Betracht kommen können, dass sie einer Empfindungsform dienen, welche die Physiologie noch nicht kennt und eben desshalb habe ich für sie die Bezeichnung „Organe eines sechsten Sinnes" gewählt.

VI. Verdauungsorgane.

Zähne.

Eidechsen.

Die Zähne unserer Eidechsen verdienen eine genauere Berücksichtigung als ihnen bisher zu Theil geworden ist. Dass in den Kinnladen, in der oberen so gut als in der unteren, Zähne sich finden, konnte wohl von keinem Beobachter übersehen werden, und wir finden sie daher z. B. schon auf dem „*Lacertae sceleton*" bei ALDROVANDI[1]) angedeutet. Die Gaumenzähne blieben wegen ihrer Lage und Kleinheit noch lange verborgen; insoweit wenigstens meine historische Kenntniss geht, werden sie erst bei CUVIER,[2]) dann bei MECKEL[3]) erwähnt. Und trotzdem hat noch später gar Mancher, obschon er sich näher mit unseren Thieren abgab, ich nenne z. B. KOCH, von den Zähnen des Gaumens nichts gewusst.

Am genauesten hat offenbar WAGLER[4]) die Zähne unserer Eidechsen nach Vorkommen, Form und Bau studirt; insbesondere auch zuerst bemerkt, dass die Gaumenzähne keineswegs den sämmtlichen einheimischen Arten zukommen, sondern nur einzelnen; immerhin finde ich seine Angaben mehrmals zu verbessern und zu erweitern.

Nicht alle Zähne der Kinnladen haben gleiche Grösse: die kleinsten sind jene des Zwischenkiefers, die längsten diejenigen, welche im Ober- und Unterkiefer die Mitte einnehmen, während sie dann nach beiden Seiten hin, nach vorne und nach rückwärts, sich verkürzen. Aehnliches sieht man an den Gaumenzähnen: die mittleren sind die grösseren, nach vorne und hinten schliessen sich kleinere an.

[1]) De quadrupedibus oviparis, 1657. p. 628. Diese Figur war offenbar das stark benutzte Vorbild der Zeichnung des Skelets bei Cuvier; erscheint auch aufgenommen in das Sammelwerk des BLASIUS: Anatome animalium. 1681. Tab. LIV.
[2]) Le règne animal, 1817.
[3]) System der vergleichenden Anatomie, 1829.
[4]) System der Amphibien, 1830; besonders in dem Abschnitt: descriptio dentium crocodilorum et lacertarum.

Was die Form betrifft, so lautet die gewöhnliche Angabe dahin, dass die Zähne von *Lacerta* stumpf-kegelförmig seien; so heisst es bei MECKEL und vielen Anderen. CUVIER jedoch gab bereits früher an, die Zähne der gewöhnlichen Eidechse, wenigstens die grösseren, besässen einen Einschnitt, während die vorderen ohne Einkerbung wären. Vergleicht man noch die späteren Angaben CUVIER'S,[1] so merkt man, dass er zwar die „dentelure" der Zähne kennt, aber über die Zahl der Zacken immer im Unklaren geblieben ist. DUGÈS erklärt, dass er deutlich zwei Zinken,[2] einen kleineren vorderen und einen grösseren hinteren, bei allen einheimischen Arten beobachtet habe, ausgenommen *L. ocellata*, bei welcher der Zahn in drei Zacken endige. Dann hat wohl um dieselbe Zeit auch WAGLER die Form des Zahnes näher in's Auge gefasst; nach ihm wäre die Spitze der längeren Zähne in dem Ober- und Unterkiefer zwei- bis dreilappig,[3] welche Lappen bei alten Thieren sich verwischen könnten, so dass die Schneide ganz einfach erscheine. Aber wirklich sollten diese Lappen fehlen an den Zähnen des Zwischenkiefers.[4] Endlich beschreibt MENGE die Kieferzähne von *L. agilis* und *L. crocea* als cylindrisch, an der stumpf kegelförmigen Spitze eingekerbt, so dass sich ein grösserer und ein kleinerer Höcker zeige.[5]

Ich habe die Zähne von sämmtlichen unten aufzuführenden Eidechsen untersucht und mich überzeugt, dass sie alle, auch die des Zwischenkiefers, zweispitzig sind; ebenso bestimmt habe ich aber auch gesehen, dass kein Zahn in Wirklichkeit dreispitzig ist, was Alles besonders hervorgehoben zu werden verdient, da noch BIBRON und DUMERIL als einen allgemeinen Charakter oben an stellen: dents maxillaires un peu comprimées, droites; les premières simples, les suivantes obtusément tricuspides.

Wer sich indessen selbst damit abgibt die eigentliche Form des Zahnes herauszufinden, wird bald gewahr, woher der Irrthum WAGLER'S und der Anderen rührt. Man kann in der That bei Einstellung des Mikroskops auf die Krone der grösseren Zähne glauben, als ob neben den zwei Spitzen noch eine kleine dritte vorhanden sei; allein diess ist Schein, hervorgerufen von der Wendung, welche die Hauptspitze nach innen macht, wozu die Unmöglichkeit kommt die ganze Zahnkrone auf einmal in den Focus zu bringen. Der Eindruck des „Dreilappigen" entsteht am leichtesten bei

---

[1] Rech. sur les ossemens fossiles. 3. edit. 1825. T. V, p. 277.
[2] u. a. O. „une grande dentelure posterieure, et une anterieure plus petite".
[3] a. a. O. maxillares apice plus minusve distincti bi-sive trilobi, mandibulares scalpro fere simplici aut obsolete lobato.
[4] „Apice obtusiusculo-acuminato".
[5] Neueste Schriften d. naturf. Gesellschaft in Danzig, Bd. 4, 1850.

Anwendung geringer Vergrösserung; nicht aber an der Hand stärkerer Linsen, da man hier den Linien besser nachgehen und sich eher zurecht finden kann.

Von den zwei wirklich vorhandenen Spitzen[1]) steht die eine, es ist die kleinere, tiefer, nach vorne und aussen und ist gerade; die andere oder grössere erscheint nach hinten gerichtet und krümmt sich nach einwärts; von innen angesehen erinnert sie an eine umgebogene Blattspitze in der Ornamentik. An den Zähnen des Zwischenkiefers ist diese Spitze in höherem Grade hackig einwärts gekrümmt.

Genau genommen vermag man schon bei Besichtigung des trockenen Schädels einer grösseren Eidechse, der *L. viridis* z. B., mit der Lupe die zweispitzige Form der Zahnkrone deutlich zu erkennen. Aber um die weiteren Einzelheiten der Oberfläche ansichtig zu werden, muss man für starke Vergrösserung und gute Beleuchtung sorgen, auch die Beleuchtung manchfach wechseln. Dann kommen ferner Bildungen zum Vorschein, welche uns darthun, dass der kleine Zahn unserer Eidechsen mit den grossen Zähnen ausgestorbener Saurier manches gemein hat. Man sieht, dass die Spitzen nicht einfach glatt sind, sondern durch herablaufende Leisten kantig werden. Auch heben sich zarte Längsstreifen, richtiger Furchen ab, welche genauer besehen, wieder durch schräge Linien verbunden sind; dadurch erhält die Krone bei scharfer Einstellung ein eigenthümlich unebenes Wesen und im Profil können verschiedene Eckchen und Spitzchen — Alles natürlich sehr schwach — vorspringen.

Hat man den Zahn in Säuren erweichen lassen, so büsst er nicht blos durch Quellung von seiner Gestalt überhaupt ein, sondern es verschwindet die feine Sculptur der Oberfläche oder die streifige, rinnige, dann wieder höckerige Beschaffenheit; nur die Hauptleiste der zwei Zacken erhält sich auch jetzt noch. Hingegen ist ein Zahn, welcher nach der zuletzt angedeuteten Weise behandelt wurde, recht geeignet zum Studium des feineren Baues.

Auf die histologische Beschaffenheit des Zahnbeins und seiner Grenzschicht nach aussen, welche man auch wohl Schmelz genannt hat, gebe ich hier nicht mehr ein, sondern verweise auf meine frühern hierüber veröffentlichten Mittheilungen.[2])

Die Höhle des Zahnes hängt zusammen mit den Markräumen jener Knochen, welchen sie an- oder aufsitzen. Dies lässt sich sehr deutlich sehen, sowohl am Os pterygoideum, wenn es „Gaumenzähne" hat, — welchen Knochen man aufgehellt, ganz wie er ist unter das Mikroskop legen kann — als auch an Durchschnitten in sehr verdünnter Säure erweichter Kiefern. Und so hängt auch die sogenannte Zahn-

---

[1]) Sechste Tafel, Fg. 83.
[2]) Histologie, und Molche der württ. Fauna. S. 84.

pulpe mit dem Inhalt der Markräume unmittelbar zusammen. Die Substanz der Zahnpulpe ist ein feinstreifiges Bindegewebe, in welchem etwas veränderte Fettkugeln beinahe wie einzelne grössere, kernartige Gebilde sich ansnehmen können. Die Pulpa enthält ferner zahlreiche Blutgefässe; man unterscheidet schon bei natürlicher Injection ein paar stärkere Gefässe und dazwischen ein dichtes Netz feinerer. Dass die Gefässe mit jenen der Markräume des Knochens zusammenhängen, ist selbstverständlich. Beim Salamander[1] war nichts von Blutgefässen in der Zahnpulpe wahrzunehmen; dass sie hier bei Eidechsen vorhanden sind, erklärt sich gut durch eine Abweichung im Entstehen der Zähne, wovon gleich nachher.

Nach Nerven habe ich mich oft vergeblich umgesehen; selbst an quer durchschnittenen Zähnen, allwo doch die Lichtungen der einzelnen Blutgefässe sich deutlich unterscheiden lassen, will es nicht gelingen, nervöse Elemente zu erblicken. Da jedoch die Verhältnisse der Nervenstämme in den Kiefern denjenigen der Säugethiere ähnlich sind, indem man innerhalb des Hauptcanals nicht blos Arterien, Venen, Capillaren und Marktheile, sondern auch Nervenstämme klar vor Augen hat, so nahm ich den Gegenstand immer wieder vor und endlich gelang es an *Lacerta viridis* Nerven zu sehen, welche wenigstens die Richtung zur Zahnpulpe einschlugen. Das Präparat war ein senkrechter Schnitt durch den Oberkiefer, an dem man innerhalb des Hauptcanales wie immer die quergetroffenen Blutgefässe, Arterien sowohl wie Venen, Mark und Pigment, sowie endlich den Nervenstamm beisammen hatte. Von diesem Hauptcanal zogen sich Markräume herüber zum Zahn und in diesen, ausser den Blutgefässen, auch mehrere Nerven in geflechtartiger Verbreitung und ihr Ende musste nach der Richtung, insoweit man sie verfolgen konnte, in der Zahnpulpe liegen. Doch waren sie schon ausserhalb des Zahns blass und nur bei starker Vergrösserung und gehöriger, darauf gerichteter Aufmerksamkeit zu erkennen.

Von Interesse ist es die Entwickelung des Zahnes zu verfolgen, besonders im vergleichenden Hinblick zu den Salamandern. Dort gehört, wie ich gezeigt habe, die Zahnsubstanz nach ihrer Entstehung lediglich dem Epithel der Schleimhaut an. Dasselbe ist der Fall bei den Zähnen unserer Eidechsen, indem in gleicher Weise wie dort das Zahnsäckchen eine Partie des Epithels vorstellt; und in diesem entstehen das Zahnbein sammt der sogenannten Schmelzschicht, beide als Cuticularbildung.[2]

[1] a. a. O. S. 85.
[2] Achte Tafel, Fg. 103.

Aber — und hierin zeigt sich der Unterschied gegenüber vom Salamander — in die zellige, ursprüngliche Pulpe hinein erhebt sich vom bindegewebigen Stratum der Schleimhaut ein Knopf, welcher zugleich Ausbiegungen der Blutcapillaren enthält. Der Knopf bildet durch Wachsthum und Vermehrung seiner Blutgefässe die spätere Zahnpulpe. Der ursprüngliche, vom Epithel der Schleimhaut herrührende Theil der Zahnpapille, welcher im früheren Stadium den von unten her in die Höhe wuchernden Knopf als dicke, zellige Zone völlig umzieht, verdünnt sich, bleibt aber für das ganze Leben des Zahns fortbestehen; denn er wird zu dem zelligen Beleg, welchen man das Epithel der Zahnpapille nennen könnte; obschon diese zellige Lage der Innenfläche des Zahnbeines allezeit inniger angeheftet bleibt, als der Oberfläche der Zahnpapille.

Von dem letzteren Verhalten überzeugt man sich dadurch, dass man Zähne, auf welche längere Zeit Essigsäure und Glycerin eingewirkt haben, zur Untersuchung auswählt. Man sieht alsdann zwischen der Papille und dem Zahnbein einen oftmals geradezu weiten Raum klaffen, wobei das Zahnbein, also die Innenfläche der Zahnhöhle, noch eine zellige oder epitheliale Lage trägt, die offenbar dem Zahnbein — es war ja die Substanz desselben aus solchen Zellen abgeschieden worden — inniger angehört als der Zahnpulpe.

Vergleicht man die Zähne der Salamander und jene der Eidechsen bezüglich ihrer Befestigung, so ist der Unterschied ein nicht geringer, und wie mir scheint der bleibende Ausdruck dessen, was die Abweichungen in der Entwicklung zeigen. Dort bei den Salamandern ist auch der fertige Zahn durch eine scharfe Grenze bleibend von dem knöchernen Sockel geschieden; hier bei den Eidechsen findet eine engere Verwachsung der Basis mit den Kiefern statt.

Nehmen wir auch Rücksicht auf die Art und Weise wie bei den Eidechsen die Zähne mit den Kiefern verwachsen sind, so wirft ein näheres Studium noch den Gewinn ab, dass ein anscheinend schroffer Unterschied zwischen den Crocodilen und Eidechsen verständlich wird und an Schärfe verliert.

Die Crocodile allein unter den jetzt lebenden Sauriern haben eingekeilte Zähne, oder solche, welche in Löchern des Kieferrandes stecken, und der einzelne Zahn schliesst in seiner Höhlung einen jungen Zahn ein; dieser kann den andern ersetzen, wenn er verloren gegangen wäre. Bei unseren Eidechsen[1]) sind die Zähne der Innenfläche der Kiefer „angeheftet, gleichsam angeleimt"; an ihrem Grunde, nach der

---

[1]) Vergl. sechste Tafel, Fg. 81.

Mundhöhle zu steht ein junger Zahn — Glied einer zweiten Zahnreihe —, der wohl ebenfalls zum Ersatz des ersten dienen kann.

Man macerire die Kiefer — ich that es mit *Lacerta vivipara* — bis zu dem Grade, dass sie nicht blos in ihre einzelnen Stücke rein auseinander gehen, sondern auch die jungen Zähne abgefallen sind, ebenso ein Theil der alten. Prüfen wir jetzt die zahntragenden Theile mit dem Mikroskop, so zeigt sich, dass die Lücken, allwo die alten Zähne „angeleimt" waren und welche die Form einer Mulde haben, eine Art unvollkommener Alveole vorstellen oder den Anfang zu einer knöchernen Umfassung des Zahnes. Man könnte die Bildung derjenigen einer senkrecht halbirten Alveole vergleichen: denn würde sie nicht an den Seitenrändern des Zahnes aufhören, sondern rings herum greifen, so würde eine wirkliche oder ganze Alveole damit gegeben sein und in gleichem Maass auch das Verhältniss des jungen Zahnes zum alten sich ändern. Denn anstatt dass der junge Zahn jetzt nach unten und vorn einigermassen frei von dem alten Zahn steht, müsste er wohl bei vollständiger knöcherner Hülse oder Alveole in den alten hineinwachsen.

Immerhin erinnert auch das, was man schon jetzt sieht, nicht wenig an die Verhältnisse beim Crocodil. Der alte Zahn bekommt an seiner „Wurzel", an der Seite nach der Mundhöhle hin, zuerst eine längliche Oeffnung; letztere vergrössert sich zu einer bedeutenden Lücke, welche auf Kosten eines guten Theils des Zahnrandes immer mehr zunimmt. In diese Lücke hinein wächst der junge Zahn. Wer diese Verhältnisse berücksichtigt, wird sich wohl geneigt finden zuzugestehen, dass von hier bis zu den Crocodilen nur einige Schritte seien.

Oeffnen wir die Mundhöhle einer frischen Eidechse, so erheben sich bekanntlich nur die Spitzen der Zähne als eine Reihe glänzender Körper aus dem „Zahnfleisch". Der Durchschnitt, den ich vom Unterkiefer der *Lacerta muralis* vorlege,[1] versinnlicht die nähere Beziehung der Weichtheile zum Zahn. Wir sehen, dass das Epithel der Mundschleimhaut den Zahn bis auf die Spitze umgreift; dann legt sich auch nach innen vor den Zähnen eine Falte derselben Schleimhaut über die Zahnreihe her, welche an Schädeln, die sammt den Weichtheilen getrocknet wurden, wie ein wirkliches „Zahnfleisch" weit herauf die Zahnreihen unmittelbar bedeckt. Im frischen Zustande aber, wie der Schnitt belehrt, zieht eine tiefe Furche zwischen den Zähnen und der Falte hin.

[1] Siebente Tafel. Fg. 13.

Blindschleiche.

Voraus sei bemerkt, dass an der Innenseite des Oberkiefers, wie bei den Eidechsen, eine hohe Längsfalte besteht, in der ein weites venöses Blutgefäss liegt.
Für das Uebrige empfiehlt es sich als Untersuchungsmethode ganz junge Thiere in
verdünnter Kalilauge zu erweichen, wo alsdann der Schädel leicht zu behandeln ist.
Denn beim Skeletiren, mag man sich auch noch so sehr in Acht nehmen, gehen
doch immer einzelne Zähne verloren.

Das Gebiss hat hier mehrere Eigenthümlichkeiten, wodurch es nicht wenig
von jenem der Eidechsen abweicht.[1] Zunächst lässt sich nicht von einer eigentlichen Rinne der Kinnladen sprechen, in welcher die Zähne stehen, höchstens von
einer schwachen, und überdies nach vorne sich verflachenden Andeutung einer solchen.
Ferner ist die Anzahl der Zähne bei jungen Thieren grösser als später, was damit
zusammenhängt, dass die Zähne der hinteren Reihe, welche an sich kleiner sind,
nur in der Schleimhaut haften. In frischem Zustande sind desshalb auch die Zähne
der zweiten Reihe beweglich und an getrockneten Kiefern zeigen sie nach unten
eine weit offene Mündung. Dass sie auf solche Weise leicht ausfallen, ist begreiflich;
aber auch von denen der vorderen Reihe geht gern ein oder der andere verloren.
Ueber die Zahlenverhältnisse gibt unten die Artbeschreibung Auskunft.

Der einzelne Zahn ist hackenförmig gekrümmt und einspitzig. Bei auffallendem Licht erscheint die Krone glänzend weiss, wie polirt, an der Spitze gelblich,
dabei von hartem Gefüge; die Wurzel ist mattweiss, streifig und grubig, auch minder
hart. Unten sitzt der Zahn auf einer Art Sockel von lockerer Knochensubstanz,
wahrscheinlich gebildet durch Verkalkung der bindegewebigen Schicht der Schleimhaut. An dem sockelartigen Wulst zeigt sich gewöhnlich eine Oeffnung, die Stelle
andeutend, wo ein kleiner Zahn der zweiten Reihe sass. Löst man den Zahn vom
Sockel ab, so finden wir ihn nach unten weit offen und überhaupt lockerer befestigt
als solches bei Eidechsen der Fall ist. Noch lässt sich bei schärferem Zusehen und
auffallendem Licht ermitteln, dass die Krone oder Spitze nicht rein oval im Querschnitt ist, sondern vielmehr nach unten zu etwas ausgehöhlt. Man bemerkt nämlich
eine scharfe Leiste, welche an der Spitze von beiden Seiten zusammenstossend, und
rückwärts auseinander weichend, eine Art Furche erzeugt: in dieser ziehen dann
selbst wieder als Sculptur des Zahnes zarte schräge Furchenlinien herab, um weiter
unten in die schwach grubigen Bildungen der Zahnoberfläche überzugehen.

Die Zähne des Zwischenkiefers sind am kleinsten und am wenigsten gekrümmt;

---

[1] Sechste Tafel, Fg. 82, Fg. 84.

im Oberkiefer und Unterkiefer stehen die ersten und hintersten an Grösse zurück, während jene, welche die Mitte der Kinnlade besetzen, die längsten sind.

Der Umstand, dass man früher die Verwandtschaft der Blindschleiche mit den Schlangen besonders in's Auge gefasst hatte, war wohl Ursache, dass man auch Gaumenzähne der *Anguis* zuschrieb. Doch schon WOLF [1] erklärt, dass er, ohne und mit Vergrösserungsglas, keine Gaumenzähne habe entdecken können. CUVIER hingegen scheint eine Zeit lang in der Meinung gestanden zu haben, dass die Blindschleiche Gaumenzähne besitze; wenigstens lauten die Angaben in seinen verschiedenen Schriften hierüber nicht gleich, [2] und die Haltung CUVIER's mag noch auf manchen andern Zoologen eingewirkt haben. METAXA z. B. in seiner Beschreibung der Schlangen der Gegend um Rom [3] theilt an einer Stelle den „*Angues*" im Allgemeinen die Gaumenzähne zu, an einer andern Stelle aber schweigt er von Gaumenzähnen und spricht blos von „mascelle dentate". Am genauesten hat wohl unter den Späteren WAGLER [4] die Zähne der Blindschleiche untersucht, doch jedenfalls nur mit der Lupe. Was sich bezüglich der Form noch mit dem Mikroskop daran sehen lässt, fand schon oben Erwähnung.

Eizahn.

Die Embryen der Eidechsen, der Blindschleichen und Nattern besitzen bekanntermassen einen merkwürdigen Zahn, [5] der ihnen zur Eröffnung der Eischale dient.

Ich habe denselben zunächst von reifen Früchten der *Lacerta vivipara* näher angesehen und gebe davon eine Abbildung. [6] Der Zahn ist um vieles grösser als die zunächst stehenden Zähne des Zwischenkiefers und ragt weit hervor; er sitzt genau in der Mittellinie mit einer wulstigen Abgrenzung auf einer besonderen Wölbung des Kiefers, und zwar ziemlich locker. Es scheint auch, dass er sofort ausfällt, wenn der mit ihm zu erreichende Zweck vorüber ist; denn an ganz jungen Thierchen, die frei eingefangen, kurz zuvor geboren sein mussten, war er nicht mehr vorhanden. Was seine Form angeht, so nimmt er im Allgemeinen eine wagrechte Stellung zur Schnauze ein und ist dabei stark gekrümmt, die concave Fläche nach oben gewendet; er hat eine breit schaufelförmige, glänzende, zugeschärfte Spitze. In seinem Inneren sieht man eine weite Pulpahöhle und in der Wand die feinen Zahncanälchen.

Der Eizahn von *Anguis fragilis* [7] ist kleiner als bei der Eidechse. Er ragt

[1] In STURM's Fauna. 1812.

[2] Vorlesungen über vergleichende Anatomie, MECKEL'sche Uebers. 1810: »die Blindschleichen haben ausser den konischen, etwas gebogenen Zähnen in den beiden Kiefern in der hintern Hälfte des Gaumenbogens sehr kleine und kurze, in zwei Reihen zusammengestellte Zähne.« Man sehe ferner Regne animal. 1817.

[3] Monografia de' Serpenti di Roma e suoi contorni. 1823.

[4] System d. Amphibien, 1830; in dem Abschnitt: descriptio dentium crocodilorum et lacertarum.

[5] Nachdem Joh. MÜLLER den Zahn im Zwischenkiefer bei Embryen exotischer Schlangen und Eidechsen entdeckt hatte, Arch. f. Anat. u. Phys. 1841, wies WEINLAND das Gebilde, welches er »Eizahn« nannte, bei den einheimischen Arten von *Lacerta* und *Anguis fragilis*, sowie von der Viper und der glatten Natter nach. (Württemb. Jahreshefte des Vereins f. vaterländische Naturkunde, 1856.)

[6] Siebente Tafel, Fg. 94.

[7] Siebente Tafel, Fg. 95.

am unverletzten Thier nicht aus der Mundhöhle heraus; weder mit freiem Auge noch mit der Lupe sieht man bei geschlossener Mundspalte etwas von ihm; ja selbst an der abgeschnittenen Kinnlade ist er noch durch bedeckende Weichtheile unsichtbar; wobei freilich erwähnt werden muss, dass die untersuchten Embryen noch nicht zum Auskriechen reif waren. Der Zahn steht ziemlich weit nach hinten und der Zwischenkiefer bildet für ihn eine Art Scharte, aus welcher er so hervorkommt, dass er sich zuerst stark nach abwärts, dann nach oben krümmt.

Speicheldrüsen.

Eidechsen.

Die Speicheldrüsen scheinen bisher niemals genauer untersucht worden zu sein, insoweit man dies nach den vorliegenden zum Theil unvollständigen, zum Theil unrichtigen Angaben schliessen darf. Ich habe sie von *Lacerta viridis*, *L. agilis*, *L. vivipara* und *L. muralis* geprüft, ohne einen wesentlichen Unterschied, abgesehen von dem Umfang welcher sich nach der Grösse der Thiere richtet, zu bemerken.

Man überzeugt sich leicht vom Vorhandensein einer Drüse, welche längs der Unterlippe unterhalb der äusseren Haut liegt, und einer anderen oder der Unterzungendrüse. Von der Oberkieferdrüse, welche der Gattung *Lacerta* auch zugeschrieben wird,[1] sehe ich keine Spur und muss sie in Abrede stellen.

Die Unterzungendrüse[2] ist die grössere und bildet für's freie Auge jederseits einen starken Wulst zwischen der Innenseite der Unterkinnlade und der Zunge. Ueber das weitere Verhalten unterrichtet man sich am besten an Querschnitten durch die Gegend der unteren Kinnlade. Man sieht jetzt, dass die Drüsenschläuche quer gelagert sind; die eingehendere Betrachtung lehrt, dass, ähnlich wie bei den Schenkeldrüsen, immer eine Anzahl von Schläuchen sich zu einer Drüse verbinden; der Ausführungsgang, ebenfalls quer gerichtet, mündet in die tiefe Furche, welche zwischen dem ganzen drüsigen Wulst und der Zunge hinzieht. Man erblickt an einem Querschnitt eine ganze Menge von Ausführungsgängen, welche bald über und bald neben einander liegen.

Mehrmals, namentlich an *L. muralis*, hat es mir geschienen, als ob nach der

[1] Z. B. in Wagner's vergleichender Anat., S. 132.
[2] Siebente Tafel. Fg. 96, b; Fg. 93, e.

Beschaffenheit des die Schläuche auskleidenden Epithels zu urtheilen, die Drüse aus zwei etwas verschiedenen Partieen bestehe: aus einer grösseren, oberen Masse, deren Epithelzellen hell sind und einer hinteren, welche sich gegen den unteren Rand des Unterkiefers hinkrümmt und deren Zellen einen dunkeln Inhalt haben. Dabei liesse sich im Hinblick auf andere Wirbelthiere denken, dass in der Unterzungendrüse das zusammengefasst sei, was anderwärts sich in Unterzungen- und Unterkieferdrüse gesondert hat.

Für unsere bisherigen Anschauungen über das Vorkommen und Fehlen der Speicheldrüsen bei Amphibien und Reptilien scheint es mir ferner von Bedeutung zu sein, dass, wie Jeder durch Vergleichung bemessen kann, die Drüsen im Boden der Mundhöhle von *Lacerta* nach Umriss und histologischem Bau jenen Drüsen vollkommen gleichen, welche sich bei den Fröschen in der Substanz der Zunge finden. Man sagt gegenwärtig allgemein: den Batrachiern fehlen die Speicheldrüsen. Es ist vielleicht nach dem Vorgebrachten richtiger, auch den Fröschen Speicheldrüsen zuzuschreiben, die zwar nicht frei für sich bestehen, sondern in die Substanz der Zunge aufgenommen sind; was man sich hinwiederum durch die breite, den ganzen Boden der Mundhöhle einnehmende Form der Zunge bedingt denken könnte. Bei *Lacerta* im Gegentheil ist die Zunge sehr schmal, in ihrer Substanz liegen keine Drüsen, wohl aber treten sie neben der Zunge als selbstständige Massen auf.

Die Lippendrüse,[1] welche sich an der äusseren Seite des Unterkiefers herzieht, ist weniger massig als die Unterzungendrüse; sie kann aber dennoch schon mit freiem Auge unterschieden werden. Bequemer wird sie abermals an Querschnitten untersucht; hiebei zeigt sich, dass sie so wenig, wie die Unterzungendrüse eine einzige mit einem gemeinsamen Ausführungsgang versehene Drüse ist, sondern vielmehr die Zusammenhäufung einer grossen Anzahl kleiner Drüsen vorstellt, jede mit ihrem besonderen in einer feinen Rinne an der Innenfläche der Lippen mündenden Ausführungsgang. Obschon auch hier die einzelne Drüse aus einer Anzahl zusammenhängender Blindschläuche, sammt Epithel besteht, so erhält das Organ doch eine eigenartige, von jener der Unterzungendrüschen verschiedenen Tracht dadurch, dass die Schläuche gewunden und zusammengeschoben sind; das Bild erinnert damit im Ganzen mehr an traubige Drüsen.

Gelegentlich sei auch erwähnt, dass man nach einwärts von den Drüsen im Bindegewebe der Unterlippe allezeit den Durchschnitt[2] eines derberen ebenfalls bindegewebigen Stranges bemerkt, welcher, offenbar wie zur Stütze der inneren Partie der Unterlippe, nach der ganzen Länge derselben sich scharf abhebt. In der Anordnung seiner bindegewebigen Elemente gemahnt er an den Durchschnitt einer festen Sehne.

Blindschleiche.

Es stimmt *Anguis fragilis* mit den Eidechsen darin überein, dass eine Lippendrüse am Oberkiefer fehlt, was schon MECKEL[3] richtig bemerkt hat; diejenige des

[1] Fg. 93, d.
[2] Siebente Tafel. Fg. 93, f.
[3] System der vergl. Anat. 4. Theil, S. 360.

Unterkiefers ist nicht nur wohl entwickelt, sondern entschieden stärker als bei den Eidechsen. Für das freie Auge erscheint sie beim Abhäuten der Kinnlade in Form eines platten, weissgrauen Längswulstes, an welchem man alsdann mittelst der Lupe die Drüsenbälge gut unterscheidet. Hat man ein in verdünnter Kalilauge erweichtes Thier vor sich, so lassen sich die vielen Oeffnungen der Lippendrüse nach ihrer ganzen Länge bequem sehen.

Ferner ist, gleichwie bei den Eidechsen, eine grosse Drüse vorhanden, deren die früheren Autoren nicht gedenken und welche ich oben Unterzungendrüse nannte. Sie bildet für die Besichtigung mit freiem Auge einen länglichen Wulst, welcher am Boden der Mundhöhle zwischen der Zunge und dem Unterkiefer scharf vorsteht. Ueber die gegenseitige Lage und Grösse der Lippendrüse sowohl wie dieser Unterzungendrüse bekommt man an Querschnitten, welche durch alle Theile am Boden der Mundhöhle gehen, gute Bilder. Die letzt genannte Drüse hatte ich schon früher untersucht und erwähnt. [1]

Endlich finde ich noch eine Drüsengruppe in der Mundhöhle, welche der Eidechse mangelt. Dieselbe liegt paarig am Gaumen unterhalb der die Vomera überziehenden Schleimhaut: sie besteht aus kurzen, dicht zusammengeschobenen Bälgen. [2]

Zunge.

Eidechsen.

Am Skelet der Zunge — Rest und Umbildung der ursprünglichen Kiemen- oder Visceralbogen — unterscheiden wir zunächst das mittlere Stück oder Zungenbeinkörper, welcher nach vorne mit langer Spitze weit in die Zunge hinein sich erstreckt. [3] Man kann diesen langen Knorpelfaden dem Os entoglossum der Fische vergleichen. Nach hinten zieht sich die Platte des Zungenbeinkörpers in zwei lange etwas einwärts gekrümmte Fortsätze aus; vor letzteren, also an der Seite des Körpers, gehen die eigentlichen Hörner ab und zwar jederseits ein Paar. Sie sind zweigliederig, wobei am vorderen Horn das Wurzelstück das kürzere ist und am hinteren Horn umgekehrt das Wurzelstück den Endtheil weit an Länge übertrifft; das Endglied am vorderen Horn verbreitert sich zuletzt zu einem wahren Knorpelflügel. Schon

---

[1] Histologie, S. 312. Dort wird auch auf eine wahrscheinlich ähnliche Bildung beim Chamäleon hingewiesen.

[2] Elfte Tafel. Fg. 144, c.

[3] Achte Tafel, Fg. 100.

für's freie Auge ist die Farbe des vorderen und hinteren Hornes verschieden, was sich unter dem Mikroskop dahin aufklärt, dass der Körper und die vorderen Hörner in ihren festen Abschnitten nicht wirkliche Knochen sind, sondern nur verkalkte Knorpel; das lange Basalglied des zweiten Knochens hingegen besteht aus echter Knochensubstanz mit mittlerem Markraum, gleich einem Röhrenknochen. Wie CUVIER drei Paar von Hörnern dem Zungenbein der echten Eidechsen zuschrieb, so thun diess auch die späteren Beobachter, z. B. WIEGMANN.[1] In diesem Fall werden die zwei langen Spitzen am Hinterrande des Körpers mit den wirklich abgegliederten Hörnern für ein und dasselbe gehalten, was wohl schon im Hinblick auf das Zungenbein der Blindschleiche unstatthaft ist.

Bekannt ist die Theilung der Zunge an ihrem Vorderende. Diese Bildung hat ein neues Interesse für den Morphologen gewonnen, seitdem man weiss, dass auch die Zunge höherer Wirbelthiere aus einer deutlich paarigen Anlage, wie KOLLMANN[2] zuerst am Menschen dargethan hat, hervorgeht. Die Zunge erscheint hinten zur Aufnahme des Kehlkopfes wie ausgeschnitten; an ihrem Seitenrand ist sie mit einer schwachen Einbuchtung versehen; die zwei Endspitzen haben im Näheren den Umriss einer Zitze; an der Zungengabelung geht die Theilungsfurche weiter nach hinten als die wirkliche Trennung reicht. Ich glaube mich (an *L. vivipara*) überzeugt zu haben, dass diess die eigentliche Form der ruhenden Zunge ist.

Ueber die Musculatur[3] suchte ich mich an *L. agilis*[4] zu unterrichten, und zwar an Quer- und Längsschnitten durch das ganze Organ. Man sieht auf diese Weise erstens Muskelzüge, welche nach der Länge der Zunge verlaufen, wozu gehören:

a) eine zusammenhängende Schicht gegen die Schleimhaut hin, welche oben nur von den in die Papillen aufsteigenden Muskelbündeln durchbrochen wird. Diese Schicht erstreckt sich auch seitwärts gegen den unteren Rand der Zunge.

b) Zwei grosse, wohl abgegrenzte Muskeln, welche an der Unterseite der Zunge von hinten nach vorn verlaufen und für's freie Auge als zwei starke Wülste sich

[1] In der Herpetologia mexicana: »Os hyoideum cornibus tribus utrinque instructum«. Mit der Darstellung LORASA's über Abgliederung dieser sog. hinteren Hörner vom Körper des Zungenbeins in dessen Abhandlung: Essai sur l'os hyoïde de quelques reptiles. Mem. d. Acad. d. sc. di Torino. 1834, stimmen meine Beobachtungen nicht überein.

[2] Zeitschrift f. Biologie. 1868.

[3] Zu vergleichen wäre, obschon dort nicht auf die Muskeln der Eidechsen eingegangen wird: DUVERNOY, de la langue, considerée comme organe de préhension des aliments, ou recherches anatomiques sur les mouvemens de la langue dans quelques animaux, particulierement de le classe des mammifères et de celles des reptiles; Memoires de la société d'histoire nat. de Strasbourg, 1830.

[4] Vergl. Fg. 101.

darstellen; sie sind die Hauptzurückzieher der Zunge (M. hyoglossus). Der Haupt-
nerv der Zunge liegt oben und seitwärts von diesem Muskel.

e) Endlich verbreiten sich Längszüge zerstreut durch die ganze Zunge und
schieben sich zwischen die queren und senkrechten Bündel ein.

Man unterscheidet zweitens senkrechte Bündel oder die Ausstrahlungen
des M. genioglossus. Sie bilden zum Theil Bogen, welche von unten her die M. M.
hyoglossi umgreifen, dann nach oben auseinander tretend bis in die Papillen aufsteigen und zwar bis unter das Epithel derselben.

Endlich sind drittens noch quere Faserzüge zu unterscheiden, und zwar nach
oben gegen die Schleimhaut hin. Näheres Zusehen lässt bemerken, dass alle die
aufgezählten Bündel manchfach sich durchkreuzen und durchflechten, woraus zuletzt
für die Thätigkeit des Organs die ungemeine Beweglichkeit erwächst.

Die Oberfläche der Zunge ist keineswegs nach der ganzen Ausdehnung von
gleicher Beschaffenheit, vielmehr lässt sie sich zum mindesten in drei Zonen zerlegen.
Zu hinterst, vor dem Kehlkopf, erscheint ein dreieckiges unpigmentirtes Feld, glatt
und nur in der Mitte mit einigen queren Schleimhautfalten. Zu beiden Seiten von
dieser Partie dehnt sich von hinten nach vorne die Zone der Querleisten aus,
welche am Rande der Zunge auch etwas nach unten biegen. Eingeschlossen von
diesen beiden Gegenden der Querleisten nimmt die eigentliche Mitte und Vorderhälfte
der Zunge, die Zone der Papillen ein; unter sich von ungleicher Grösse sind alle
Papillen dachziegelförmig rückwärts gekehrt. Auf den beiden Zungenspitzen bilden
sich die Papillen wieder mehr zu Längsleisten oder blattartigen Erhöhungen um.

Was den Bau[1] der Papillen betrifft, so ist ihr freier Hinterrand ausgezackt
und zwar, indem wir eine grössere Anzahl durchmustern, von einer einzigen Einkerbung aus bis zur manchfaltigsten Zackenbildung. Wer damit noch unbekannt ist,
wird auf Schnitten Bildern begegnen, die nicht sofort verständlich sind; es ist daher
gut die Papillen erst von der Fläche zu besehen und sich zu überzeugen, dass nur
der rückwärts gerichtete Rand gezähnelt ist. Diese Zacken, welche zunächst lediglich dem Epithel anzugehören scheinen, werden hervorgerufen durch die Anwesenheit
kleiner höckeriger Vorsprünge oder Wärzchen zweiter Ordnung, in welche die bindegewebige Grundlage der Hauptpapillen ausgeht.

Der zellige Beleg ist über die ganze Zunge weg ein geschichtetes Plattenepithel, das besonders dick gegen die zwei Gabelspitzen wird und diesen Theilen
etwas steifes, hornartiges verleiht. Auch auf jeder Papille scheidet sich die epitheliale Lage deutlich in eine Horn- und Schleimschicht.

[1] Achte Tafel, Fg. 105, Fg. 106.

Im Inneren der Papillen steigen, wie schon angedeutet, quergestreifte Muskeln in die Höhe; auf Querschnitten bemerkt man, dass, namentlich in den grösseren Papillen, eine ganze Menge von sogenannten Primitivbündeln vorhanden sind. Ueber die Art und Weise wie die Nerven enden, habe ich nichts in Erfahrung bringen können, nur wiederholt mich davon überzeugt, dass auf den Papillen sich keine becherförmigen Organe vorfinden. Dass auch Blutcapillaren in den Papillen zugegen sind, braucht wohl kaum hervorgehoben zu werden.

Was ich im Bisherigen mittheilte wurde im Wesentlichen bei *L. agilis*, *L. viridis*, *L. vivipara* und *L. muralis* in gleicher Weise gesehen, nur dass selbstverständlich bei den kleineren Arten alle Bildungen mehr ins Feinere ziehen. Am ehesten noch zeigt sich etwelcher Unterschied in der Ausbreitung der schwärzlichen Farbe. Bei *L. agilis* erstreckt sich meist das dunkle Pigment über die ganze Zungenoberfläche weg, mit Ausnahme der an der Wurzel befindlichen und mit Querleisten versehenen Partie; bei *L. vivipara* war sie weniger pigmentirt, und nur etwas vorne, sowie nach hinten, da, wo sie sich für die Umgreifung des Kehlkopfes gabelt. Doch selbst diess wechselt nach den Individuen ab. Immer liegt das Pigment im Bindegewebe der Zunge, nicht im Epithel, welches daher als heller Saum über den dunkeln Rand wegzieht.

Endlich sei, obschon bereits oben die Rede davon war, und seine Erklärung gefunden hat, noch einmal daran erinnert, dass die Zunge drüsiger Bildungen in ihrer Substanz entbehrt.

Blindschleiche.

Die Zunge dieses Thieres[1] zeigt nicht blos für die Besichtigung mit freiem Auge mancherlei Unterschiede gegenüber von jener der Eidechsen, sondern auch wenn wir auf den feineren Bau eingehen.

Bekanntlich ist sie nicht blos kürzer, etwas dicker und die Spitze kurz gabelförmig getheilt, sondern ich sehe, dass wenn die Zungenspitze völlig erschlafft ist, sich zwischen den zwei Hauptspitzen noch eine ganz kleine mittlere abhebt. Bei Thieren, welche in Weingeist gelegen haben, können die zwei Endspitzen wie abgeschnürt aussehen, indem dahinter wieder eine in die Quere gehende Absonderung folgt und da nur diese Partieen stark dunkel pigmentirt auftreten, der übrige Theil der Zunge aber hell bleibt, so könnte man meinen, etwas sehr Charakteristisches vor Augen zu haben; allein das Vergleichen mit andern Individuen thut dar, dass

---

[1] Fg. 101.

nur eine bestimmte Form der Muskelzusammenziehung im Tode durch den erhärtenden Einfluss des Weingeistes festgehalten wurde.

Die Zungenoberfläche erscheint hier schon für's freie Auge von mehr weicher, zottiger Beschaffenheit, was sich auch besonders schön zeigt an Thieren deren Epithel weg macerirt wurde.

Die Form der Papillen geht mehr ins Blattartige und da und dort erheben sich von ihren Rändern secundäre Papillen in Gestalt kurzer Vorsprünge. Wie überhaupt die Papillen der nicht pigmentirten Partie der Zunge eher an blattförmige Darmzotten erinnern, so ist auch ihr Epithel weicher und vom Charakter der Cylinderzellen. Erst innerhalb des pigmentirten vorderen Abschnittes überdeckt ein deutliches Plattenepithel, mit Scheidung in Horn- und Schleimschicht, die Papillen; aber selbst hier ist es noch immer weicher als bei den Eidechsen, erst an den zwei Endspitzen wird es dicker und etwas härtlich.

Einige durch die ganze Zunge gelegte Querschnitte scheinen mir anzuzeigen, dass auch die Musculatur gewisse Abänderungen habe. Eine Scheibe, z. B. aus der Mitte der hinteren unpigmentirten Partie genommen, liess zwar die M. M. hyoglossi erkennen und neben ihnen den stark gewundenen Zungennerven, ebenso die Elemente des M. genioglossus und seine Ausstrahlung in die bei dieser Ansicht ganz darmzottenähnlich sich darstellenden Papillen, nicht minder die starke Lage der queren Fasern; aber jene bei der Eidechse in der Schleimhaut noch über den Zügen des M. transversus verlaufenden Längsfasern düncken mir zu fehlen.

Das Pigment, namentlich der sehr stark dunkelgefärbten Zungenspitze, liegt wieder nur im Bindegewebe.

Der Körper des Zungenbeins geht wie bei der Eidechse nach vorn in einen langen Faden aus, der tief in die Zunge dringt; hingegen ist er hinten einfach bogig geschweift, ohne sich in zwei lange Fortsätze zu gabeln, wie solches bei *Lacerta* der Fall ist. Hörner finden sich jederseits zwei; ein vorderes kürzeres, welches sich gegen das freie Ende hin verbreitert; ein hinteres, längeres, welches aus mehreren Stücken zusammengesetzt ist und verjüngt ausgeht. Der Körper und das vordere Horn bestehen aus einem theilweise verkalkten Knorpel; vom hintern Horn bleibt nur das Endstück knorpelig, der übrige Theil besteht aus echtem Knochen, hervorgegangen aus ossificirtem Bindegewebe. Innen erhält sich ein Markraum. Schon beim reifen Embryo ist dieser Knochen gebildet, während der ganze übrige Zungenbeinapparat noch rein knorpelig bleibt.

Das Zungenbein hat wohl HELLMANN in seiner Schrift über den Tastsinn der Schlangen (1817) zuerst abgebildet, später ist diess z. B. von JOH. MÜLLER in seiner Anatomie der Amphibien (1832), bald darauf von

Losana (1834) geschehen. Eines Fehlers, dessen ich mich früher schuldig gemacht, habe ich zu berichtigen Gelegenheit gefunden. [1]

Darmrohr.

Eidechsen.

Die Gliederung des Nahrungsrohres in einen sehr weiten Pharynx, einen stark gefalteten Schlund und daran schliessenden länglichen, etwas birnförmigen Magen, sowie in einen mehrmals gewundenen Dünndarm und beträchtlich weiten, mit Blindsack versehenen Dickdarm, zeigt sich bei einfacher Eröffnung des Thieres; auch wurde bereits die grosse Weite des Munddarms, sowie die Ausdehnungsfähigkeit des Schlundes mit der Weise der Eidechsen, ihre Beute ganz zu verschlingen, von den älteren Beobachtern in Zusammenhang gebracht.

Was mir aber besonders beachtenswerth erscheint, ist der Umstand, dass da, wo der Darm in die Kloake mündet, der abschliessende Muskel (Sphincter) die Schleimhaut zu einer Ringfalte erhebt, welche soweit nach einwärts und nach vorne sich wendet, dass sie bei seitlicher Eröffnung des Enddarmes wie eine weite, faltige, quer abgestutzte Papille sich ausnimmt. [2] Sie mag etwas verschieden hoch bei den einzelnen Arten sein: bei *Lacerta vivipara* ist sie wenigstens niedriger als bei *L. agilis.* — Diese auffällige Mastdarmklappe ist von zwei Beobachtern, MARTIN SAINT-ANGE und LEREBOULLET in Arbeiten, welche unten noch vielmals zur Sprache kommen werden, richtig gesehen und gezeichnet worden.

Den feineren Bau des Tractus intestinalis habe ich bereits früher an *Lacerta agilis* dargelegt, [3] und führe hier blos an, dass am Schlund die Muskelhaut, gerade wie am Magen und Darm, nur aus glatten Elementen besteht; und dass die Schleimhaut des Schlundes ohne Drüsenbildung ist. Das Epithel besteht aus geschichteten Wimperzellen. Ich möchte Dem jetzt vielleicht noch beisetzen, dass im Rachen sowohl gegen die Choanen zu, als auch am Boden, im Umfang des beginnenden Schlundes, Schleimzellen in grosser Verbreitung sich finden. Bei Betrachtung von der Fläche gewahrt man ihre Oeffnungen sehr deutlich, und von der Seite angesehen zeigen sie eine Sonderung in eine Art Secretbläschen, den bauchigen Theil der Zelle einnehmend, und in einen hinteren stielartig verdünnten Theil. In letzterem befindet sich die eigentliche Zellsubstanz, welche nur in einem Streifen, wie becherförmig das Secretbläschen umgibt; in dem Stiel der Zelle liegt auch der Kern.

---

[1] Organe eines sechsten Sinnes. Nov. Act. acad. Leopold. Carol. 1868. S. 67.
[2] Vergl. Zehnte Tafel. Fig. 124. Fig. 129.
[3] Anat. histol. Unters. üb. Fische und Reptilien. 1853.

Die Schleimhaut des Magens, dessen Epithel aus nicht flimmernden Cylinderzellen zusammengesetzt ist, besitzt Drüsen in Form kurzer Säckchen und mit einer
gewissen gruppenweisen Anordnung.

Bezüglich der Innenfläche des Darmes möchte ich auf die angezogene Abhandlung zurückweisen. — Das Epithel des Darmes ist wie am Magen ein nicht
flimmerndes Cylinderepithel.

Die Faltenbildung der Schleimhaut geht im ganzen Nahrungsschlauch in die
Länge. Schon zur Seite des Kehlkopfes beginnen leistenartige, regelmässig längs-
gestellte Falten des Schlundes; bei ganz jungen Thieren, wo die Leisten der Schleimhaut aus dem Dünn- und Dickdarm durchschimmern, sieht man, dass sie in der
erstern Abtheilung zickzackförmig nach der Länge verlaufen, während sie sich im
Dickdarm zu einfachen Längsfalten umbilden.

Im Gekröse des ganzen Darmes, den Magen mit einbegriffen, fand ich
deutliche Züge glatter Muskeln, die im Mesorectum am stärksten auftreten.

Das Bauchfell, da wo es die Leibeswandungen überkleidet, zeigt sich bei
allen einheimischen Arten und bei beiden Geschlechtern tief schwarz gefärbt. Doch
beschränkt sich diese Schwärze auf die eigentliche Bauchhöhle; jene Partie des Leibesraumes, welche von den Rippen umschlossen der Brust entspricht, hat eine helle
Serosa. Das Schwarz hört ganz scharf auf, so dass bei geöffnetem, auf dem Rücken
liegenden Thier, der Leibesraum nach der Farbe sich scheidet in einen vorderen
hellen Abschnitt von dreieckigem Umriss, dessen Spitze weit nach hinten dringt,
und in einen hinteren tiefschwarzen Theil, der, die Seiten des hellen Dreiecks umgreifend, seitwärts nach vorne bis dahin sich erstreckt, wo z. B. beim Weibchen das
freie Ende der Eileiter sich anheftet. Schon DUGÈS gedenkt dieses bemerkenswerthen
Unterschiedes des „péritonée" von der „plèvre".

Das Pigment des Bauchfells liegt in der bindegewebigen Schicht; das Epithel
geht davon unberührt zart und blass darüber weg.

Blindschleiche.

Schlangenähnlich ist hier die grosse Länge der Speiseröhre; auch steht der
Magen ganz gerade. Der eigentliche Darm in seinen Windungen entfernt sich aber
entschieden von der Form bei den Schlangen; denn während dort eine grosse Menge
kurzer, zusammengeschobener, ja bei der Kürze des Gekröses eng zusammengehefteter
Windungen zugegen sind, zeigen sich die Darmwindungen bei *Anguis fragilis* eidechsenartig; das Gekröse ist breit und die Windungen nicht zusammengelöthet, ein Unterschied, welcher schon von MECKEL[1] bemerkt wurde.

[1] System d. vergl. Anat. 1. Bd.

Ebenso spricht der genannte Anatom bereits von einer starken „Pförtner-klappe", die in der That etwas Auffallendes hat. [1] Sie erscheint als eine hohe ring-förmige Falte, welche in den Anfang des Zwölffingerdarmes vorspringt und einer hohen offenen Papille ähnlich sieht. Die Andeutung eines Blinddarmes an der Grenze zwischen Dünndarm und Dickdarm fehlt.

Der Mastdarm schliesst von der Kloake mit einer ebenfalls derart grossen Pa-pille ab, dass man bei erster Besichtigung fast etwas in die Irre geführt werden kann. Nachdem nämlich die Schleimhaut des Darms nach unten zu ihre sammetartige Beschaffenheit verloren, treten Längsfalten auf, dann folgen starke Ringsfalten, alles sehr musculös; hieran schliesst ein glatter Endabschnitt des Mastdarms und in diesem ragt einwärts — nicht abwärts in die Kloake — die Afterpapille, welche 3 bis 4 Mil-limeter hoch und immer sehr faltig ist. [2] Mikroskopisch untersucht, zeigt sie eine dichte glatte Musculatur, deren Elemente hauptsächlich in Längszügen, zum Theil aber auch in Ringzügen geordnet sind. Bei der Kothentleerung stülpt sie sich wahr-scheinlich gegen die Kloake um.

Man nennt herkömmlich die Kloake den untersten, erweiterten Abschnitt des Nahrungsrohrs; allein dieser Raum zeigt doch gerade bei der Blindschleiche und den Eidechsen eine grosse Selbstständigkeit. Es ist eine Bildung für sich, in welche oben und vorne der Mastdarm mit besonderer verengter Oeffnung einmündet, worauf sich dann der Raum tief nach hinten und oben ausbuchtet, um die Papillae urogenitales aufzunehmen.

Nach meinen früheren Untersuchungen über den feineren Bau des Nahrungs-rohrs ist die Musculatur der Schleimhaut glatt, die Schleimhaut selbst ohne Drüsen. Im Gekröse des Darms zeigen sich Züge glatter Muskeln.

Das Bauchfell ist bekanntermassen tief schwarz. Die Pigmentirung ist nicht auf die Seitenwände des Leibesraumes beschränkt, sondern geht auch auf die ver-schiedenen Gekröse über, und von diesen selbst zum Theil auf die Eingeweide, welche von ihnen gehalten werden. So kann das Mesorectum ganz schwarz sein, theilweise die Serosa des Darms, des Hodens, der Ueberzug der Nieren und Anderes.

Leber.

Ohne bezüglich dieses Organes Untersuchungen angestellt zu haben, welche etwa die Prüfung neuerer histologischer Angaben sich zur Aufgabe setzen, glaube ich doch einige andere Puncte berühren zu können.

Von der Leber der Eidechsen berichtet schon MALPIGHI [3] dass sie zusammengesetzt sei aus vielen

[1] Achte Tafel, Fg. 98, a.
[2] Vergl. Neunte Tafel, Fg. 118.
[3] De hepate, p. 252.

länglichen, und theilweise zarten Lappen (lobi), die wieder in Läppchen getheilt seien, ohne Mikroskop noch sichtbar, und diese seien abermals zerlegbar in Drüsenkörner (acini). Dugès [1] kennzeichnet Form- und Lappenbildung gut und richtig, sowie das Verhalten der hinteren Hohlvene und auch der Gallenblase zur Lebersubstanz. Später gaben über den Umriss, Grösse und Gewicht der Leber bei den verschiedenen einheimischen und fremden Arten Brotz und Wagenmann genauere Angaben. [2]

Was die Gallenblase betrifft, so würde sich nach den darüber vorliegenden Mittheilungen die Art L. vivipara merkwürdig verhalten. Die Gallenblase soll beim Weibchen bald fehlen, bald da sein. Die letztgenannten Autoren nämlich vermissten sie in drei weiblichen Exemplaren: drei männliche Thiere hatten das Organ, einem Männchen mangelte es wieder, wie den Weibchen. Brandt [3] lässt die Gallenblase bei L. agilis fehlen. Hierzu bemerkt bereits R. Wagner, [4] es sei diess wohl ein Irrthum, die Gallenblase finde sich hier bestimmt, sei aber zuweilen stark in der Leber verborgen.

Unter zahlreichen von mir zergliederten Thieren glaubte ich einmal ebenfalls bei einem Männchen der L. agilis die Gallenblase zu vermissen. Allein nachdem die Leber herausgeschnitten und unter Wasser untersucht wurde, tauchte das Organ doch auf, nur war es ganz in die Lebersubstanz eingesenkt gewesen. Vielleicht liesse sich noch bezüglich der Brandt'schen Angabe eine andere Erklärung geben. Vergleicht man nämlich die Synonymie, welche genannter Forscher zusammenstellt, so bemerkt man, dass er die Lacerta vivipara für gleich hält mit L. agilis; es wäre denkbar, dass ein so genauer Zergliederer ein Exemplar von L. vivipara zur Hand gehabt habe, welchem die Gallenblase wirklich fehlte und sein Irrthum wäre dann, dass er L. vivipara für einerlei mit L. agilis gehalten hätte.

Diess angenommen würde man folgern können, dass bei der genannten Art von Eidechsen im Vorkommen der Gallenblase sich Aehnliches wiederhole, was man auch sonst bezüglich des Daseins oder Fehlens des fraglichen Organes bei Wirbelthieren überhaupt beobachtet: dieser oder jener Art von Fisch, Vogel oder Säugethier mangelt die Gallenblase, während nächst verwandte Arten sie besitzen.

Allein meine eigenen weiteren Beobachtungen lassen eine solche Annahme nicht zu, da ich bei keiner Art unserer Eidechsen die Gallenblase wirklich vermisst habe, auch nicht bei Lacerta vivipara. Ich habe eine ganze Anzahl von Exemplaren eigens auf diesen Punct geprüft, und obschon die Thiere aus verschiedenen Gegenden stammten — von hier, dann aus dem Schwarzwald, ein Exemplar auch aus den Hochalpen, die einen Männchen, die anderen Weibchen waren — alle zeigten sich mit der Gallenblase versehen; so dass ich die Richtigkeit der obigen Angaben zu bezweifeln Grund habe, um so mehr als die Blase mitunter recht klein war und in die Lebersubstanz eingebettet. Bei ganz jungen Thieren von L. vivipara war die

---

[1] a. a. O. p. 363.
[2] De amphibiorum hepate, liene ac pancreate observ. zootom. 1838.
[3] Medicinische Zoologie. S. 164.
[4] Vergleichende Anatomie. S. 133.

Leber noch sehr fetthaltig, daher von mehr weisslicher Farbe und die Gallenblase hob sich dann sofort deutlich ab, wenn sie auch ziemlich in der Masse der Leber steckt.

Die Gallengänge sind fein und ich überzeugte mich an *L. agilis*, dass ausser dem Gallenblasengang (Ductus cysticus) noch mehrere Lebergallengänge (D. hepatici) innerhalb des Pancreas herab zum Darm gehen; ferner dass um den Stiel der Gallenblase herum ein von der Leber kommendes Netz von Gallengängen vorhanden ist.

Da RATHKE nach seiner Aussage auch bei reifen Embryen der Ringelnatter die Mündungsstelle der fraglichen Gänge nicht erblicken konnte, so möchte ich bezüglich der *L. agilis* hervorheben, dass man hier im Anfang des Darmes — gleich hinter dem Magen — eine deutliche, ½ bis ¾''' lange Papille[1]) sieht, mit welcher die Gallen- und Pancreasgänge ausmünden. Diese verhältnissmässig sehr stattliche Papille, richtiger ihr Hohlraum, kann vielleicht jener Erweiterung oder dem Behälter verglichen werden, zu dem sich bei manchen Säugethieren, der Fischotter z. B., der Ductus choledochus und Ductus pancreaticus in der Darmwand vereinigen.

Meine Nachforschungen giengen auch auf das Verhältniss der Gallenblase zu den Gallengängen, wobei ich mich nicht der Injection, sondern jener einfachen Methode bediente, welche ich seiner Zeit zum Studium der Gallengangsnetze bei der Ringelnatter anwandte.[2]) Man sieht auf die dort angegebene Weise, dass wie bereits vorhin bemerkt, nicht ein, sondern mehrere Gänge herab zum Darme treten, die sich nach oben gegen die Gallenblase gabelig theilen, worauf sie, indem die Theilung zahlreicher wird und die Aeste sich verbinden, ein Netz von Gallengängen erzeugen. Hat man die ausgeschnittenen Theile durch Essigsäure aufgehellt, so wird diess Alles sehr deutlich, weil die Gallengänge mit ihrer epithelialen Auskleidung sich von der Umgebung gut abheben. Die Gallenblase schien mir einfach eine grosse Ausstülpung dieses Netzes zu sein, und zugleich wie wenn sie an mehreren Stellen mit dem Netz zusammenhienge. — Das Epithel der Gallenblase bot einen hohen Cuticularsaum dar, der von dem gelblichen Zellinhalt sich schon durch seine lichte Farbe klar unterschied und unverkennbare Porenstreifung zeigte.

Bauchspeicheldrüse; Milz.

Eidechsen.

Die Bauchspeicheldrüse weist bei allen einheimischen Arten eine so eigenthümliche Form auf, dass man sich wundern darf, warum sowohl BRANDT als

[1]) Vergl. achte Tafel, Fg. 90, a.
[2]) Vergl. m. Histologie S. 418, Anmerkung.

auch Brotz und Wagenmann sie einfach als länglich und schmal bezeichnen. Der Haupttheil allerdings stellt ein längliches Band vor, das sich weit nach vorne erstreckt, bis unmittelbar an den Hals der Gallenblase: aber im unteren Viertel der Länge geht ein dünner, nicht kurzer Balken ab, der quer gerichtet zuletzt kugelig anschwillt.[1] Diesem rundlich verdickten Ende ist die Milz angelöthet, was in so fern von Interesse ist, als es an das bekannte Verhältniss der Milz zum Pancreas bei den Nattern erinnert.[2] Die Milz der Eidechse ist länglich oval mit seitlichen Einkerbungen; durch röthliche Farbe hebt sie sich, wie immer, von dem Grauweiss der Bauchspeicheldrüse ab.

Das Bindegewebe, welches die Bauchspeicheldrüse und Gallengänge umfasst, theilt mit dem übrigen Bauchfell die Eigenschaft, dass in ihm Züge glatter Muskeln verlaufen.

Blindschleiche.

Die Bauchspeicheldrüse[3] ist hier massiger, glätter und dichter im Gefüge als bei den Eidechsen; sie besitzt eine tiefe Furche, aus welcher eine starke Vene kommt.

Die längliche Milz hängt nicht mit der Bauchspeicheldrüse zusammen.

VII. Circulationsorgane.

Zum Studium der Circulationsorgane im Näheren bin ich nicht gekommen und beschränke mich auf einige Bemerkungen.

Jedem Beobachter muss auffallen, dass das Herz der Blindschleiche nach dem Gesammtumriss beträchtlich von jenem der Eidechsen abweicht. Die letzteren haben ein mehr konisches, an der Basis in's Breite gehendes, dann stark zugespitztes Herz; jenes der Blindschleiche zieht in's Längliche, was sich namentlich an den Vorhöfen zeigt, die Spitze endet stumpf. Mit einem Wort: das Organ ist hier von der Form des Herzens der Schlangen und entsprechend der Aehnlichkeit nach dieser Seite hin erscheint es auch etwas weiter nach rückwärts gelagert, als solches bei Eidechsen der Fall ist.

[1] Fg. 99, c.
[2] Losana, dessen Abhandlung über die Milz der Schlangen (Memorie della accademia di Torino, T. XXXI, 1827) ich nur aus Oken's Isis kenne, da diese früheren Bände der Akademieschriften in hiesiger Bibliothek fehlen, scheint die wahre Gestalt obigen Organs bei Eidechsen und der Blindschleiche bemerkt zu haben.
[3] Achte Tafel, Fg. 98, b.

Sowohl bei der Eidechse als bei der Blindschleiche gehen von der Herzspitze herüber zum Herzbeutel einige bindegewebige Fäden, welche Blutgefässe zum Ueberzug des Herzens leiten. Der Herzbeutel befestigt sich *(L. vivipara)* nach unten und hinten durch einen Faden ans Brustbein. — Die sinusartig erweiterte, in den rechten Vorhof führende Hohlvene hat bei beiden Gattungen in der Wand eine quergestreifte Musculatur.

Ueber das Herz hatte BRÜCKE[1] nach Untersuchungen an *L. viridis* zu dem schon Bekannten anzufügen, dass die Scheidewand zwischen dem Cavum venosum und dem Cavum arteriosum wenig ausgebildet sei, indem sie ähnlich wie bei Schildkröten und Nattern in einzelne Stücke und Blätter aufgelöst ist.

Von hohem Interesse sind auch RATHKE's Untersuchungen über die Aortenwurzeln der Saurier,[2] wo vielfach auf *Lacerta agilis*, in Wort und Bild, Bezug genommen wird und dieser nicht leichte Gegenstand äusserst klar dargelegt erscheint.

Die Arbeit, welche jüngst über den Bau des Herzens und der Gefässstämme G. FRITSCH[3] geliefert hat und von sehr schönen Figuren (*L. ocellata*) begleitet ist, macht den Eindruck grosser Zuverlässigkeit. Ob Verfasser immer in seinen Berichtigungen der Angaben namentlich der beiden genannten Vorgänger im Rechte ist, wird nur Der sagen können, welcher in gleich genauer Methode nachzuprüfen sich entschliesst.

Die Blutkügelchen der Eidechsen *(L. agilis)* sind zuerst von R. WAGNER[4] nach ihrer Grösse und Form beim Embryo und erwachsenen Thiere, sowie in ihrem Verhalten gegen Eiweis und Wasser beschrieben worden. Jene der Blindschleiche hat GULLIVER[5] gemessen. — An mehreren Blindschleichen, welche einen Sommer und Winter in Gefangenschaft zugebracht hatten und deren Blut ich ansah, fiel mir auf, dass bei allen die Zahl der farblosen Blutkörperchen in jedem untersuchten Blutstropfen eine ungemein grosse war, wie mir schien eine grössere als bei Thieren, welche im Freien lebten.

Das Lymphgefässsystem der Eidechsen, wie der Reptilien und Amphibien überhaupt, ist schon mehr als einmal Gegenstand der Untersuchung gewesen, so von Seite JOH. MÜLLER's, welcher dabei die Lymphherzen entdeckte (1832), und an den Eidechsen wenigstens die hinteren aufzufinden vermochte; ebenso haben sich damit PANIZZA, RUSCONI, MEYER,[6] beschäftigt. Der letztere zeigt sich in seiner Arbeit als Gegner des erstgenannten Anatomen von Pavia, und obschon er den, mir freilich nur theilweise bekannten Prachtfiguren PANIZZA's sehr einfache, fast roh

[1] Beiträge z. vergl. Anat. u. Physiol. des Gefässsystems, Denkschriften der Wiener Akad. 1852.
[2] Denkschriften d. Akad. d. Wiss. in Wien 1857. — Eine ältere figürliche Darstellung der Hauptgefässe der grünen Eidechse, wohl aus französischer Quelle stammend, findet sich in verschiedenen deutschen Schriften wiederholt.
[3] Zur vergleichenden Anatomie der Amphibienherzen. Archiv f. Anat. u. Phys. 1867.
[4] Zur vergleichenden Physiologie des Blutes, 1833.
[5] VALENTIN, Repertorium zur Physiol. 1843, S. 180.
[6] Systema amphibiorum lymphaticum. Diss. inaug. 1845. Die Untersuchungen des Verfassers erstrecken sich neben *Lacerta viridis* auch auf *L. agilis*.

gehaltene und nach *Lacerta viridis* entworfene Zeichnungen gegenüberstellt, so ist immerhin diesen Figuren nachzurühmen, dass sie das natürliche Verhalten gut in's Auge fassen. Meine eigenen Beobachtungen über das Lymphgefässsystem, auch der Reptilien, gaben mir die Grundlage zu einer kritischen Beleuchtung [1]) der Arbeiten vorgenannter Autoren, deren Richtigkeit durch die neueren und neuesten Forschungen nur bestätigt wird.

Als eine besondere Bereicherung unserer Kenntnisse nach dieser Richtung hin sind die Mittheilungen SCHWEIGGER-SEIDEL'S [2]) anzusehen. Er fand Oeffnungen im Bauchfell, welche bei Eidechsen (auch Blindschleichen und Fröschen) in's Innere der Lymphräume führen, und als Lücken im Epithel des Peritoneums beginnen.

Ich darf wohl hiebei erinnern, was dem genannten Beobachter unbekannt zu sein scheint, dass indem ich schon früher die serösen Höhlen der Wirbelthiere unter die Lymphräume brachte, diess durch vergleichend anatomische Thatsachen begründete; [3]) dann habe ich längst an Cyclas [4]) offene Wege oder Lücken — ich nannte sie Canäle — zwischen den Epithelzellen beschrieben, welche in's Innere der Lacunen zwischen die Muskeln leiten. Es ist mir kein Zweifel, dass die Lücken zwischen dem Epithel mit den Oeffnungen im Bauchfell der Amphibien und Reptilien, endlich auch am Bauchfellüberzug bei Säugern [5]) in eine Reihe gehören.

VIII. Athmungswerkzeuge.

Zur bequemen Untersuchung des Kehlkopfes eignen sich besonders ganz junge Thiere und es haben mir solche von *L. vivipara* gedient.

Die Cartilago thyreoidea und C. cricoidea bilden einen einzigen Ring, Cartilago laryngea, dessen vorderer Theil eine höhere Wand bildet als der hintere; [6]) auf der ersteren sitzen die Giesskannenknorpel, unter der Form ein- und rückwärts gerichteter Spitzen. Sie sind ursprünglich 'wirkliche Fortsätze oder Hörner des Hauptknorpels, wovon man sich durch gehörige Einstellung des Mikroskops überzeugen kann; denn es geht in der Tiefe die Knorpelsubstanz ohne Unterbrechung von beiden Stücken in einander über. Später aber hat sich diess geändert, denn

---

[1]) Histologie, S. 419.
[2]) Ueber die Peritonealhöhle bei Fröschen und ihren Zusammenhang mit dem Lymphgefässsystem. Berichte der sächs. Ges. d. Wiss. 1866.
[3]) Vom Bau des thierischen Körpers, 1864. S. 106.
[4]) Arch. f. Anat. u. Phys. 1855.
[5]) (SCHWEIGGER-SEIDEL.) Ueber das Centrum tendineum d. Zwerchfells. Ber. d sächs. Ges. d. Wiss. 1866.
[6]) Neunte Tafel, Fg. 121.

am erwachsenen Thier ist die Cartilago arytaenoidea selbstständig geworden, indem sie sich von der Cartilago laryngea abgelöst hat.

Dieses aus schönem Hyalinknorpel bestehende Skelet des Kehlkopfes ist an sich nicht breiter als die Luftröhre selber, aber es erscheint der Kehlkopf als Ganzes um vieles dicker durch das Muskelpolster, welches sich um die Knorpelstücke legt.[1] Man unterscheidet einen äusseren Muskel, dessen Bündel nach der Länge verlaufen; durch ihn werden die Giesskannenknorpel von einander entfernt. Darunter liegt ein fast noch dickerer Quermuskel, durch dessen Thätigkeit die genannten Knorpel einander genähert werden.

Die Schleimhaut zwischen den Giesskannenknorpeln zeigt sich sehr reich an feinen elastischen Fasern; und auch das Band, welches gegen die Zunge geht, besteht fast nur aus eben solchen elastischen Elementen.

Eine eigentliche Epiglottis ist nicht vorhanden; aber betrachtet man erwachsene Thiere, ich that diess an *L. agilis*, so scheint doch eine Falte der Schleimhaut die Stelle eines Kehldeckels zu vertreten.

Die Blutgefässe, welche die Musculatur des Kehlkopfes versorgen, sind in ihrer Wand pigmentirt und zwar bei den Eidechsen mehr als bei der Blindschleiche, was auf die Farbe des ganzen Organes natürlich Einfluss hat.

Bezüglich der Luftröhre möchte ich erwähnen, dass ihre Knorpelringe sich gerne gabeln; dann dass der zweite, dritte und vierte Ring durch Ausläufer sich untereinander in Verbindung setzen.[2] Da ich dieses Verhalten bei mehreren Thieren immer in gleicher Weise gesehen habe, so kann es sich nicht wohl um eine individuelle Bildung handeln. Neben der Luftröhre liegt auf der einen Seite eine grosse Jugularvene, welche auch die Venen der anderen Seite aufnimmt. Eng an die beiden Seiten der Luftröhre angeheftet erscheinen die Nervi recurrentes, und am Kehlkopf angekommen dringen sie von hinten her in dessen Muskeln ein.

Die Lungen stellen bekanntlich ein paar längliche Säcke dar, welche beide ziemlich von gleicher Grösse sind. Ich habe früher[3] den histologischen Bau an *L. agilis* durch eine Zeichnung versinnlicht: die Innenfläche wimpert, die Wand ist mit Muskeln ausgestattet, namentlich bestehen die Septen bis zur Spitze der Lungen aus glatten Muskeln. Die Knorpelstreifen, welche bei anderen Reptilien (*Crocodilus*, *Monitor*, *Testudo*) als Ausläufer der Bronchialringe in die Lungensäcke verfolgbar sind und die Eingänge in das Maschennetz ausgespannt erhalten, sind bei *L. agilis* nur an

[1] Fg. 122.
[2] Vergl. Fg. 121.
[3] Histol. S. 375.

der Wurzel der Lunge noch vorhanden. Man sieht bei geeigneter Behandlung wie an dieser Stelle Streifen hyalinen Knorpels von einfacher oder ästiger Form in die Lungenbalken ausstrahlen und zuletzt als Knorpelinseln aufhören.

Die Schilddrüse (Glandula thyreoidea) fand ich bei genannter Eidechse von zweihörniger Gestalt. in der Mitte am dicksten. Ihre von zahlreichen Blutgefässen umsponnenen Blasen, an deren Innenfläche ein schönes Epithel liegt. schliessen entweder eine wasserklare Flüssigkeit ein oder auch Colloidmassen. [1]

IX. Harnwerkzeuge.

Eidechsen.

Die verhältnissmässig kurzen Nieren. wovon die linke etwas weiter nach vorne als die rechte geht, liegen in der Leibeshöhle stark nach hinten, tief im Becken; mit ihrem spitzen, zusammengeflossenen Ende erstrecken sie sich eigentlich über das Becken hinaus und in die Schwanzwurzel hinein. Mehrmals habe ich mir auch angemerkt, dass bei der männlichen *Lac. agilis* die Nieren grösser seien als beim Weibchen.

Jede Niere zerfällt durch scharfe Einschnitte in mehrere Lappen, welche jedoch von rechts und links sich nicht ganz entsprechen. Auf den frischen Nieren *(L. agilis)* bemerkt man mit der Lupe, zum Theil schon mit freiem Auge, eine schön blattartige [2] Zeichnung von gelblicher Farbe auf rothgrauem Grunde. Nähere Untersuchung belehrt. dass das Aschgraue sich auf die Masse der eigentlichen Harncanäle bezieht, während die gelblichen Figuren von den mit Harn gefüllten Sammelgängen herrühren. Das Ganze erscheint als Ausdruck einer bestimmten Gruppirung der Harncanälchen. wie Aehnliches auch von der Niere der Crocodile und Schildkröten bekannt ist. — Bei *Lacerta vivipara* findet sich ebenfalls die von *L. agilis* angeführte Ungleichheit der beiden Nieren. nicht minder neigen nach hinten beide gegeneinander und spitzen sich stark zu: doch sah ich nicht. dass sie am Ende eigentlich mit einander verwachsen.

Mit Rücksicht auf die Frage. woher die bleibenden Nieren stammen, habe ich einige Untersuchungen an Embryen von *L. agilis* und *L. vivipara* angestellt. Beim noch ganz unpigmentirten Foetus von *L. agilis* sieht man, wie am hinteren Ende des Ausführungsganges vom Wolff'schen Körper. nachdem die eigentlichen Quercanäle der Urnieren unter Zuspitzung des ganzen Drüsenkörpers aufgehört, neue Canälchen sprossen und damit die Anlage der bleibenden Nieren bilden. Letztere sind um diese Zeit noch winzig gegenüber von der

[1] a. a. O, S. 376.
[2] Zehnte Tafel, Fg. 124. a.

Masse der Urnieren, und die Canälchen verlaufen noch ziemlich gerade. Wie sich das ändert, kann die Figur 107. [1] welche Urnieren und bleibende Nieren von einem neugeborenen Thierchen der *L. vivipara* darstellt, lehren. Obschon der Wolff'sche Körper in fast noch völliger Ausdehnung zugegen sich zeigt. ist durch Wucherung der Canälchen ein Drüsenkörper aufgetreten. der ganz schon den Umriss und die Einschnitte der bleibenden Niere an sich hat.

Der Harnleiter, nachdem er aus den Sammelgängen entstanden, mündet beim männlichen Thier zusammen mit dem Samengang auf der Geschlechtspapille seiner Seite, innerhalb der Kloake. Beim Weibchen besteht ebenfalls diese paarige, gefässreiche und mit glatten Muskeln versehene Papille; nur ist sie, da sie jetzt lediglich zur Papille des Harnleiters geworden, viel kleiner als beim Männchen. Insofern die Mündung des Uterus einen ziemlichen Umfang hat, und die Papille gewissermassen innerhalb der Uterusmündung zu liegen kommt, so ergibt sich daraus auch beim Weibchen deren nahe Beziehung zum Geschlechtscanal.

Was hier mit kurzen Worten gesagt ist, kann aber nicht ebenso schnell gesehen werden, sondern bedarf mancherlei wiederholter Untersuchungen. Und wer die Schwierigkeiten, mit welchen man zu kämpfen hat, nicht aus eigener Erfahrung kennt, mag sich eine Vorstellung davon machen, wenn er eine Schrift des Zoologen SCHREIBER'S, welcher Jahre lang sich mit dem Studium der Reptilien beschäftigte, über diesen Punct nachlesen will. [2]

Den weissbreiigen Harn sah ich öfters in dem Mastdarm über der Kloake angesammelt, während in der Harnblase nichts davon vorhanden war. In anderen Fällen enthielt nur die Harnblase einen kreideweissen Harn, der mikroskopisch aus rundlichen, radiär streifigen Harnsteinchen des verschiedensten Umfanges, die kleinsten von Moleculargrösse, und daher von entsprechender Bewegung, besteht.

Die Harnblase ist länglichrund, zarthäutig, und entspringt mit einem ganz schmalen Stiel von der vorderen Wand der Kloake, gerade da, wo der Darm in die Kloake übergeht. In natürlicher Lage des lebenden Thieres scheint der Stiel der Harnblase gerade über den Ausmündungsstellen der Harnleiter zu stehen. — Die Harnblase ist nur an der gegen die Bauchhöhle gewendeten Seite vom Bauchfell überzogen.

Von EMMERT und HOCHSTETTER wurde zuerst im Jahre 1811 die Harnblase unserer Eidechsen nachgewiesen; entgegen CUVIER, MECKEL, BLUMENBACH u. A., welche sie diesen Thieren bestimmt abgesprochen hatten.

Blindschleiche.

Die Nieren [3] erinnern hier schon stark an diejenigen der Schlangen; nicht nur sind sie weit länger als bei den Eidechsen, sondern zeigen auch ein entschiedenes

---

[1] Auf der achten Tafel.
[2] In der Arbeit: Ueber den Harn der Eidechsen, GILBERT's Annalen der Physik, 43. Bd. (1813).
[3] Vergl. Neunte Tafel. Fg. 118.

Zerfallen in Lappen, etwa bis zu fünf Hauptlappen. Auch die Art und Weise wie die Sammelgänge aus den Lappen zum Harnleiter heran treten, — was man bei Betrachtung der unteren Seite der Nieren gut sieht — gemahnt an die Verhältnisse bei den Schlangen. Und ähnlich wie dort bemerkte ich an Thieren, welche längere Zeit in Gefangenschaft gehalten wurden, dass ganze Partien der Harncanälchen kreideweiss aussahen, zufolge der in ihnen angeschoppten Harnconcremente.

Was das Ende des Harnleiters in der Kloake betrifft, so verhalten sich wieder die beiden Geschlechter etwas verschieden. [1]) Beim Männchen neigen gegen die Kloake zu der Harnleiter — weit hinab von kleineren Partien der Nierencanälchen begleitet — und der Samenleiter zwar gegeneinander, aber es bleibt doch jeder Gang für sich. Zuletzt münden beide zusammen am grübchenförmigen Ende eines kleinen, für's freie Auge, besser für die Lupe unterscheidbaren Längenwulstes; aber immer noch so, dass ich im Grunde des Grübchens zwei Oeffnungen zu unterscheiden glaube.

Beim Weibchen bestehen die Mündungen der Eileiter in der Kloake, sowie diejenigen der Harnleiter, nicht blos für sich, sondern sind weiter aus einander gerückt. Die Eileiter öffnen sich stark nach vorne und aussen; die Harnleiter mehr nach hinten und gegen die Mitte der Kloake. Man unterscheidet dort zwei längliche, nahe zusammenliegende niedrige Wülste, wovon jeder am hinteren Ende die Oeffnung der Harnleiter zeigt. Den Hauptbestandtheil der Wülste bilden bei mikroskopischer Untersuchung glatte, in verschiedener Richtung verlaufende Muskeln, wozu sich Blutgefässe und zahlreiche Nerven gesellen.

Die Harnblase ist grösser als bei den Eidechsen, namentlich länger; das Bauchfell fasst sie nur seitlich, die Dorsalfläche umhüllend, während die ventrale Seite, von dieser Haut unbedeckt, den Bauchmuskeln sich zukehrt.

Das Organ ist sehr zarthäutig, aber bei näherer Prüfung doch mit glatten Muskeln von geflechtartiger Anordnung ausgestattet. Gleichwie die Harnblase an sich mehr das Aussehen einer Allantois beibehält, so sammelt sich auch der kreideweise Harn in der Kloake an; allerdings da, wo der Stiel der Harnblase abgeht.

---

[1]) Vergl. Neunte Tafel, Fg. 114, Weibchen, u. Fg. 118, Männchen.

X. Fortpflanzungswerkzeuge.

Eidechsen.

Eierstock.

Lage und Form dieses Organs sind bekannt genug, so dass ich darüber hinweggehen und andere Puncte erörtern will. An ausgewachsenen Thieren ist es schwierig, sich über den Bau des Eierstockes zu unterrichten, obschon man bald dazu kommt, einzusehen, dass die herkömmliche Angabe: der Eierstock sei ein Sack, unrichtig ist. Man findet, dass zwischen den Eifollikeln ein Balkenwerk von Bindegewebe sich hinspannt und in den Balken Blutgefässe verlaufen. Die Anwesenheit glatter Muskeln lässt sich in den Zügen des Bindegewebes bemerken. Man wird nach diesen Befunden annehmen: der Eierstock bestehe einfach aus dem spärlichen Keimlager oder Stroma und den grossen Follikeln, die aber wegen der geringen Mächtigkeit des Stroma's dem Eierstock ein traubiges Aussehen verleihen.

Eine überraschende Belehrung gewährt der Eierstock ganz junger Thiere, die noch nicht über das erste Lebensjahr hinaus sind. Wegen Kleinheit und Durchsichtigkeit kann man das ganze Organ, wie es ist, unter das Mikroskop bringen, und man sieht jetzt, dass es aus zwei wesentlich verschiedenen Partien zusammengesetzt ist: aus der Keimstätte der Eier, und zweitens aus einem, weite Lymphräume umschliessenden und Blutgefässe tragenden Theil.

Beginnen wir mit dem letzteren, welcher abwärts nach dem Darm gekehrt ist. Dass die grösseren und kleineren hellen Räume, welche man überblickt, Lymphräume sind, ergibt sich unwiderleglich nicht blos durch ihren wasserklaren, sie prall machenden Inhalt, sondern auch dadurch, dass ihre Wände — ein Blätter- und Balkenwerk von Bindegewebe — von einem hellen zarten Epithel überkleidet sich zeigen. Innerhalb der Balken des Gerüstes, welche nach aussen zur Hülle des Eierstockes zusammenfliessen, verlaufen Blutgefässe; auch sind glatte Muskeln dem Bindegewebe eingeflochten. Die Lymphräume stehen wohl in nächster Verbindung mit jenen Lymphräumen, welche zum Theil von besonderer Grösse auch in anderen Partien des Bauchfells vorhanden sind, und in denen, ganz ähnlich wie hier im Eierstock, zwischen den beiden aus einander weichenden Blättern des Bauchfells ein Balkenwerk sich ausspannt. — Hat man bei jüngeren Thieren diese Lymphräume erkannt, so findet man sich auch an ausgewachsenen zurecht, indem man inne wird, dass auch dort das Balkenwerk, in welchem die Blutgefässe verlaufen, die gleichen

Lymphräume umgrenzt; nicht minder lässt sich die epitheliale Ueberkleidung der Balken erkennen. Zwischen den Lymphräumen liegen die grösseren und die kleineren Follikel, welche aber alle ihren Ursprung an einer anderen Stelle genommen haben und erst zwischen die Lymphräume sich vor- und eingedrängt haben.

Dieser Theil ist die Keimstätte. Sie liegt nach innen und auswärts gegen den Wolff'schen Körper gekehrt und hat im Ganzen die Form eines nahezu spindelförmigen Doppelwulstes. Näher besehen zeigt ein solcher Wulst einen kleinzelligen Bau, in der Art, dass ein bindegewebiges, wenn auch noch zartes, Fachwerk zur Grundlage dient, dessen Räume mit Zellen angefüllt sind. Ueber die Oberfläche dieser Keimstätte der Eier geht das flachzellige Epithel des Bauchfells weg.

Es entsteht die Frage, von woher kommt diese Keimstätte der Eier? Ist sie vom Wolff'schen Körper abzuleiten und als eine umgewandelte Partie desselben anzusehen; oder nimmt sie ihren Ursprung auf andere Weise.

Ich gestehe, dass es mir anfänglich geschienen hat, als ob die Keimstätte ihren Ausgangspunct von einem Canalstück des Wolff'schen Körpers nähme. Ein Canal erweitere sich bauchig in der Mitte, während er sich nach den beiden Enden verjünge und abschnüre; die Epithelzellen vermehrten sich, vertheilten sich in Gruppen und erzeugten durch Abscheidung ein bindegewebiges Fachwerk um sich herum. Zu dieser Auffassung durfte man sich besonders bei Untersuchung frischer Präparate von neugeborenen Jungen der *Lacerta vivipara* hinneigen; die schon jetzt eintretende fettige Metamorphose eines Theils des Wolff'schen Körpers, zunächst um den kaum angelegten Eierstock herum, schien dazu bestimmt, die Trennung zwischen Eierstock und Wolff'schen Körper hervorzurufen.

Allein bei geänderter Methode der Untersuchung stellte sich heraus, dass um diese Zeit die Anlage des Eierstockes dem Wolff'schen Körper keineswegs mehr unmittelbar ansitzt, vielmehr schon ziemlich von ihm entfernt ist.

Alles von mir wiederholt an dergleichen jungen Thieren beobachtete Thatsächliche liess sich zuletzt nur unter folgenden Gesichtspunct bringen. Der Eierstock bildet sich aus zwei Theilen her, die, weil von verschiedenen Keimblättern abstammend, ursprünglich verschiedener Natur sind, aber unter einander zu einem Ganzen verwachsen. Die massigere, der Lage nach untere Partie — das Thier in natürlicher Stellung gedacht — ist eine oval-spindelförmige Anschwellung des bindegewebigen Stratums des Bauchfells; ihre Auftreibung geschieht durch das Wachsen der jetzt noch kleinen, zum Theil wie mit wasserklaren Zellen erfüllten Lymphräume. An dieser spindelförmigen Verdickung des Bauchfells lagern die beiden dichten zelligen Keimwülste. Letztere nun, somit auch die primitiven Eier vom Epithel abzu-

17 *

leiten, wie WALDEYER [1]) für andere Wirbelthiere jüngst aufgestellt hat, gelang mir
auf keine Weise, so sehr ich mich von vorneherein für die Darlegung des genannten
Beobachters angezogen fühlte. Das eigenartige Epithel des Bauchfells geht, um nur
diess noch einmal zu bemerken, von den dünnen Theilen der spindelförmigen Anschwellung über die Keimwülste weg. Das Keimlager ist sonach, wann es als Organ
sich gesondert hat, ein aus Zellen bestehender Wulst, dessen Elemente nicht vom
Epithel der Bauchhöhle herrühren können, sondern von einem anderen höher gelegenen Keimblatt abstammen müssen. Das bindegewebige Fachwerk zwischen den
Zellen ist wohl einerseits Abscheidung der letzteren, andererseits mögen manche der
Zellen geradezu sich zu Bindegewebskörpern gestalten. Es kann nicht ein Wachsen
der Keimzellen in die Räume des bindegewebigen Fachwerks stattfinden, sondern
dies Gerüste ist spätern Datums, und erst durch sein Auftreten geschieht die Zerlegung
der zelligen Uranlage in die Follikel.' Ein Follikel ist daher eine von Bindesubstanz
umzogene Gruppe ursprünglich gleicher Zellen, von denen eine der mittleren durch
stärkeres Wachsen und Umwandlung ihrer Substanz zum Dotter des Eies wird, während die andern das Epithel des Eifollikels liefern; ganz ähnlich den Verhältnissen
der Eibildung, wie sie noch jüngst von den Insecten bekannt geworden sind. [2]) Bei
der Weiterentwickelung des Ei's war für mich die Wahrnehmung befremdend, dass
eine Dotterhaut in dem Sinne einer Membran, welche von dem Protoplasma des
Eies selbst, durch Erhärtung der Rinde entsteht, nicht erkennbar ist. Vielmehr ist
hier die erste im Eierstock sich bildende Hülle der Zona pellucida an die Seite zu
stellen; sie hat die Beschaffenheit einer weichen Haut, wird vom Epithel des Follikels abgeschieden und erscheint bei einiger Dicke von feinen Streifen radiär durchsetzt.

Ich kann nicht umhin, gleich an dieser Stelle zu bemerken, dass, was ich an
ebenso jungen männlichen Eidechsen als die waren, welche zum Studium des Eierstockes dienten, bezüglich der Entwickelung des Hodens sah, in Uebereinstimmung
sich bringen lässt mit der Eifollikelbildung. Auch beim Hoden handelt es sich um
einen ursprünglich gleichmässig zelligen Körper; die Sonderung in die späteren Samencanäle geschieht durch Abscheidung von Bindesubstanz in der Art, dass der ursprünglich gleichmässige Zellenkörper in Cylinder zerfällt, die von Anfang einen ge-
schlängelten Verlauf haben. Dort beim Eierstock zerlegt das Bindegewebe den Zellenkörper in rundliche Ballen oder die spätern Follikel; hier in geschlängelte Cylinder oder
die späteren Samencanäle. Beides verläuft in der gleichen geheimnissvollen weiterer

[1]) Eierstock und Ei. Ein Beitrag zur Anatomie und Entwicklungsgeschichte der Sexualorgane. 1870.
[2]) Vergl. meine Abhandlung: Eierstock u. Samentasche der Insecten. Nov. Act. Acad. Leopold. Carol. 1867.

Forschung unzugänglichen Weise, wie die sämmtlichen organischen Sonderungsprocesse: von der Furchung an lösen sich alle Organe aus dem allgemeinen Zellenmaterial nicht anders, als wie die Hand eines Bildhauers in den Marmor ihre Linien zieht.

Bei weiblichen Thieren von *Lacerta agilis,* welche im Januar aus ihren Winterverstecken ausgegraben, im warmen Zimmer bald Nahrung zu sich nahmen, und gegen Ende Februar untersucht wurden, waren Eierstöcke und Eileiter noch in völliger Ruhe, ohne alle Anschwellung. Im April zeigten sich die über Erbsen gross gewordenen gelben und zum Austreten reifen Eier dicht von Blutgefässen umsponnen; doch so, dass eine rundliche Stelle frei von den Gefässen blieb, wie diess auch bereits LEREBOULLET [1] bemerkt hat und abbilden liess. An dieser gefässlosen Stelle wird wohl das Platzen des Follikels stattfinden.

Noch später, nachdem die reifen Eier vom Eierstock bereits ausgetreten sind und im Uterus verweilen, heben sich die geborstenen Follikel als „gelbe Körper" sehr schön durch ihre Farbe von den grauen, noch unreifen, Eiern ab. Die gelbe Substanz rührt her von einer fettigen Metamorphose, welcher das Epithel des Eierstockes verfällt. Die einzelnen Zellen, meist von cylindrischer oder fadig verlängerter Gestalt, zeigen sich dicht erfüllt mit Fettpuncten und Tropfen. — Das Gekröse des Eierstockes ist von einem reichen Geflecht glatter Muskeln durchzogen. Die Arterien erscheinen theilweise sehr klar von Lymphscheiden umgeben, wie denn bereits gesagt wurde, dass man die an jungen Thieren näher bezeichneten Lymphräume des Eierstockes auch bei ganz ausgewachsenen Thieren nachweisen könne.

Neben dem Eierstock zwischen ihm und dem Eileiter liegen noch — beim erwachsenen Thiere — zwei beachtenswerthe Reste vom Wolff'schen Körper. Der eine, von stark goldgelber Farbe und länglicher Form, ist das Gebilde, welches frühere Autoren Nebennieren nannten. Es besteht aus gewundenen, durcheinander geschlungenen Canälen, deren Zellen fettig umgebildet sind; der Theil entspricht, wie WALDEYER zuerst dargelegt hat, dem Parovarium (HIS) der Vögel. [2] Die Verödung dieser Stelle des Wolff'schen Körpers beginnt, wie ich oben zeigte, in sehr früher Zeit, zusammenfallend mit der ersten Anlage des Eierstocks. Der andere Rest [3] des Wolff'schen Körpers erscheint dem freien Auge von Farbe grau und ist weiter hinterwärts gelegen. Von mir zuerst aufgefunden, wurde er jüngst auch von WALDEYER

---

[1] Anatomie des organes genitaux des animaux vertebrés. Nov. Act. Acad. Leopold. Carol. 1851.
[2] Zehnte Tafel, Fg. 129, c.
[3] Fg. 129, d.

untersucht, der überdiess das Innere der Canälchen flimmern sah. Das Gebilde entspricht dem Nebenhoden des Männchens, ist also Nebeneierstock.

Beim einjährigen Thiere [1]) von *Lac. agilis*, der sog. *Lacerta argus*, ist dieser Theil des Wolff'schen Körpers noch in bedeutender Ausdehnung erhalten, denn er erstreckt sich, wie in Fg. 132 dargestellt ist, bis zur Niere herab. (In der Blindschleiche wie wir sehen werden, ist er selbst noch beim ausgewachsenen, geschlechtsreifen Thier, ein langer Streifen.)

Eiergang.

Obschon selbst neuere Autoren, wie MARTIN SAINT ANGE, [2]) den Eiergang von seinem Anfang bis zum Ende von gleicher Beschaffenheit sein lassen, so ist doch bei näherer Prüfung ganz deutlich, dass er sich in mehrere Abschnitte gliedert, die durchaus an die gleichen Theile der Vögel erinnern: nemlich in Trichter, Eileiter und Uterus. Auch dieses Verhalten hat LEREBOULLET zuerst erkannt und richtig hervorgehoben.

Der Trichter ist von heller dünner Beschaffenheit, hat eine sehr weite, äussere Oeffnung und in seinem Grunde befindet sich erst der verhältnissmässig enge Eingang zum Eileiter. Die geräumige Oeffnung des Trichters liegt nahe an den Rippen, da wo das Bauchfell aufhört schwarz zu sein und zeigt sich für's freie Auge wie einfach abgeschnitten. Unter dem Mikroskop [3]) aber erscheint *(L. vivipara, L. agilis)* ein gar zierlich gefalteter und umgekrempter Mündungsrand, gewissermassen die Enden der inneren Schleimhautfalten. Das Epithel ist ein flimmerndes; trotz der Dünne der Wand sind doch glatte Ring- und Längsmuskeln, unter sich in geflechtartiger Verbindung, zugegen; die zahlreichen Blutgefässe sind in charakteristischer Weise stark gewunden.

Vom Eileiter, der etwas dickwandig, doch noch immer hell und durchscheinend ist, setzt sich dann wieder sehr bestimmt der weisslichere, und viel dickwandigere Uterus ab, welcher überdiess den Eileiter nicht blos im Durchmesser, sondern auch in der Länge weit übertrifft. Die Mündung des Uterus in der Kloake liegt hinter der Einmündung des Darmes; die Oeffnungen beider Uteri sind nahe beisammen. — MARTIN SAINT ANGE lässt, nach Untersuchungen an *L. viridis*, die beiden Eileiter am Ende zusammenfliessen und bildet es auch so ab. [4]) Bei *agilis*

---

[1]) Neunte Tafel, Fg. 132, d.
[2]) L'appareil reproducteur dans les cinq classes d'animaux vertébrés. Mém. d. l'Inst. d. France. Savants étrangers. 1856.
[3]) Neunte Tafel, Fg. 116.
[4]) a. a. O. Pl. IX, Fg. 7.

und *vivipara* ist diess gewiss nicht der Fall. Oeffnen wir den Uterus nach der Länge, so erscheint die Innenfläche der Schleimhaut von sehr faltiger Art, wodurch eine Menge von Vertiefungen oder drüsenähnlicher Grübchen entstehen.

Dann aber überzeugte ich mich bei *L. agilis* u. a. von dem Vorkommen echter Drüsen an trächtigen Thieren, und auch schon an solchen, deren Eier reif waren, um aus dem Eierstock in den Uterus überzutreten. Die Schleimhaut des Uterus erhebt sich bei trächtigen Thieren in rosettenartige Falten, die zum Mittelpunct eine Drüse haben. Die Drüse selbst ist ein rundliches Säckchen mit enger Mündung; das Epithel der rosettenartigen Erhebungen ist dunkler als das der Zwischenräume, allwo es hell bleibt. Auch schon im unteren Theil des Eileiters treten Drüschen auf. Ausserhalb der Fortpflanzungszeit, nachdem der ganze eileitende Apparat zusammengefallen und von gelbweisser Farbe ist, haben die Epithelzellen einen stark fettigen Inhalt.

Dass nach aussen von der Schleimhaut Muskellagen kommen, braucht wohl kaum hervorgehoben zu werden, sowie es auch an Bekanntes anschliesst, wenn ich bemerke, dass am Uterus die Muskelwand dicker ist als am Eileiter. Hingegen ist besonders erwähnenswerth, dass die Fortsätze des Bauchfells, welche als Haltband des Eileiters und Uterus dienen, und nicht wie das Bauchfell schwarz gefärbt sind, reichliche, sich verflechtende Züge glatter Muskeln besitzen. Noch grenzt sich am freien Rand des Uterus ein feiner schnurartiger Theil ab, „cordon ligamenteux" bei LEREBOULLET, der mikroskopisch sich ebenfalls als ein Längsmuskel ausweist.

Zwischen den beiden Blättern des Bauchfells, welche das Gekröse des Uterus und Eileiters bilden, lässt sich beim Durchschneiden eine grössere Höhle wahrnehmen, welche wahrscheinlich die Bedeutung eines Lymphraumes hat.

In der Kloake auch des Weibchens, wie ich bereits längst angegeben,[1] finden sich Drüsen und was ich jetzt beizusetzen habe: von zweierlei Art. Beide Paare liegen in der Rückenwand der Kloake, hinter den Mündungen des Uterus. Jede der grösseren erscheint schon fürs freie Auge als eine rundlich dreieckige Masse von weissgrauer Farbe, und besteht aus Säckchen mit grösseren und kleineren einspringenden Scheidewänden. Ueber die einzelne Drüse wölbt sich die Schleimhaut der Kloake zu einer vorspringenden Falte, so dass jederseits eine Art kleiner Tasche am vorderen äusseren Eck der Drüsen entsteht. In der Substanz der Falte, welche die Tasche erzeugt, liegt nun die zweite Geschlechtsdrüse, mit welcher man erst durch nähere Untersuchung bekannt wird. Sie ist kleiner und nach Form ihrer länglichen

[1] Anat. hist. Untersuchungen über Fische und Reptilien S. 92.

Säckchen mehr von der Tracht der Talgdrüsen der Säugethiere, in so fern sie nämlich sich dem Aussehen von traubigen Drüsen nähert.

———————

Da *Lacerta vivipara*[1]) gegenüber von den andern einheimischen Arten lebendig
gebärend ist, so habe ich den eileitenden Apparat besonders untersucht; ohne aber
gerade auf wesentliche Unterschiede zu stossen. Des zierlichen Randsaumes vom
Trichter wurde bereits gedacht. Im Uterus erhebt sich bei trächtigen Thieren die
Schleimhaut ebenso in rosettenartige Platten,[2]) mit je einer Drüse in der Mitte, wie
es vorhin von *L. agilis* erwähnt wurde. Und das Epithel dieser zahlreichen Erhebungen, welche man in gewissem Sinne den Cotyledonen vergleichen könnte, ist
ebenfalls trüber als jenes der Zwischenräume. Wenn ich die rosettenförmigen Erhebungen der Schleimhaut den Cotyledonen verglich, so muss doch gesagt werden, dass
sie mir an Blutgefässen nicht reicher zu sein schienen als die übrige Schleimhaut es
ist. — Vom Ende des Uterus trennt sich deutlich eine Art Scheide ab. Biegt man
nemlich die „Eileiter" stark von den Nieren weg, so dass diese bis zu ihrem hinteren spitzen Ende frei liegen, so zeigt sich ein vom übrigen Uterus durch Farbe,
Dickung der Wand und Ringfurche scharf abgeschiedener Theil, mit welchem der
Uterus in die Kloake mündet. Dazu kommt noch, dass gerade an der Grenze zwischen Uterus und Vagina, ganz inselartig, ein schwarzer Pigmentfleck sich zeigt.
(Von diesem Fleck habe ich bei einer grossen weiblichen *L. agilis* mit zusammen-
gefallenem Eierstock und „Eileiter" nichts wahrgenommen. Ob er sich erst bei der
Thätigkeit der Organe entwickelt?)

Innerhalb der Scheide macht sich, entsprechend der äusseren Ringfurche, eine
Ringfalte, wie eine Art Muttermund bemerklich. — Hat man gerade ein trächtiges Thier
vor sich, so findet sich im geöffneten Uterus, dass jedes Ei wie abgekammert vom
anderen liegt, und je eine Kammer mit der andern durch eine verhältnissmässig nur
kleine Oeffnung im Zusammenhang steht. Die Wand des Eileiters ist hiebei merkwürdig dünn durch die Ausdehnung geworden; doch lassen sich, namentlich nach
Einwirkung von Weingeist, immer noch die Muskeln erkennen.[3])

Aussen zieht, wie bei *L. agilis*, nach der ganzen Länge des Uterus und Eileiters der musculöse Längsstreifen hin, der den Längsmuskeln am Dickdarm der
Säugethiere zu vergleichen ist. Am „Eileiter" ausserhalb der Zeit der Geschlechts-

———————

[1]) Vergl. Zehnte Tafel. Fig. 130.
[2]) Neunte Tafel, Fg. 117.
[3]) Im neuesten Hefte der Zeitschr. f. wiss. Zoologie (Bd. XXI, Heft 1) tritt in einer Abhandlung »über
die Schale des Ringelnattereies etc.« der Uterus als eine »Hüllhaut« des Eies, welche der »Schleimhülle« der Ba-
trachiereier entspreche, auf!

thätigkeit lässt sich wahrnehmen, dass der Streifen eigentlich der freie Rand des Gekröses ist, welches den eileitenden Apparat in der Lage erhält. — Von den Kloakendrüsen erscheinen die grösseren als zwei weisse Streifen von hackig gebogener Form.

Eischale.

Eine besondere Erwähnung verdienen die Hüllen, welche sich um das Ei auf seinem Wege durch den Eileiter und Uterus bilden.

Ich glaube mich an Weibchen von *Lacerta agilis*, deren Eierstock über Erbsengrosse, zum Austreten reife Eier enthielt, überzeugt zu haben, dass auch solche umfängliche Eier nur die bereits oben erwähnte vom Follikelepithel gelieferte Haut besitzen und sonst keine andere Hülle im Eierstock haben.

In den Leitungsröhren erwerben sie sich aber eine weissliche, derbe Haut oder Schale. Das Element derselben sind Fasern, welche ich bereits früher [1] elastischen Fasern verglich; was ich auch jetzt noch für richtig halte. Sie sind unverästelt, von der Tracht der geschwungenen Bindegewebszüge, haben aber gegen Reagentien die starke Widerstandskraft elastischer Fasern. Schon für das Messer lässt sich die Schalenhaut in mehrere Lagen spalten, am ehesten in drei, und unter dem Mikroskop gewahrt man ein so dichtes Verwebtsein der Fasern in den äusseren Lagen, dass die Schichten wie körnig aussehen können. Die mehr inneren Lagen sind lockerer gewebt, und der wellige oder lockige Verlauf der nach innen zu immer feiner werdenden Fasern tritt deutlicher hervor. Da und dort sehe ich das Ende einer Faser und zwar kolbig angeschwollen und hackig gekrümmt.

Nach der Weise wie diese Fasern entstehen mögen, hat zuerst WEINLAND [2] geforscht, dann LEREBOULLET. [3] Nach dem Ersteren sollen sie sich aus Zellen derart hervorbilden, dass eine Zelle nach einer Seite hin in eine sehr lange Faser sich fortsetzt. In soweit ich dem Gegenstande nachgegangen bin, kann von einer solchen Entstehungsweise nicht die Rede sein; was der genannte Beobachter als gelblichen ovalen Körper, oder als Zwiebeln der Fasern bezeichnet, und für „Bildungszellen" ansprechen' möchte, sind die vorhin erwähnten kolbigen Enden der Fasern. Aehnlich lässt LEREBOULLET das gedachte Gewebe aus „nucleoles primitifes" entstehen.

Nach dem, was ich sehe, gehören die Fasern in die Gruppe der Zellenabscheidungen. Das Epithel der Leitungsröhren sondert sie ab, und sie gehen von einem weicheren Zustand bald in den des harten oder chitinisirten über; wodurch sie die

[1] Histol. S. 515.
[2] Ueber d. Eizahn der Ringelnatter. Württemb. naturwiss. Jahreshefte. 1856.
[3] Rech. sur l'enveloppement du Lezard, Ann. d. sc. nat. 1862.

Leydig, Saurier. 18

scharfen Linien und ihre Widerstandskraft gegen Reagentien erhalten. Nähere Angaben über die Weise der Entstehung folgen unten bei der Blindschleiche.

Vorstehendes bezieht sich zunächst auf die Eischale der *Lacerta agilis.* Bei der lebendig gebärenden Eidechse *(L. vivipara)* finden sich die gleichen Faserlagen, nur sind nicht nur die Schichten dünner, sondern auch die Fasern feiner; man erhält auch Bilder, wie wenn die Faserzüge von gewissen Knotenpuncten ausgiengen. Zu innerst von den faserigen Lagen schliesst ein homogenes Häutchen ab, das sich gern in Falten legt, welche den Schein von Faserzügen bewirken können. Hat man daher den optischen Querschnitt der Uteruswand und des Randes des Eies vor sich, so folgt auf das Epithel des Uterus nach einwärts: zuerst ein Lager geschwungener, dunkelrandiger Fasern, dann die dünne homogene Haut, hierauf die ebenfalls homogene, die Dottersubstanz unmittelbar umschliessende Hülle.

Bei *Lacerta agilis* kommt zu dem faserigen Theil der Eischale noch ein kalkiger Ueberzug, dessen soviel ich finde, RATHKE zuerst gedenkt: „zu äusserst (an der Schalenhaut) befand sich eine dichte Schichte von Kalk, die ausserlich und innerlich eine sehr grosse Menge kleiner Höckerchen bemerken liess." Dann erwähnt des Kalkes LEREBOULLET: „.... la couche la plus extérieur se charge d'une certaine quantité de molécules calcaires; mais celles-ci ne sont jamais assez nombreuses pour donner à l'enveloppe la consistance d'une veritable coque." Letzteres möchte ich dahin verbessern, dass sich allerdings ein vollständiger kalkiger Ueberzug bildet; die Kalktäfelchen, aus denen er sich zusammensetzt, schliessen wie unregelmässige Pflastersteine an einander.

Betrachtet man ferner ein grösseres Stück der Kalkschichte von aussen, im unverletzten Zustande, so macht sich schon für die Lupe auf der Oberfläche eine ähnliche grubige und netzförmige Zeichnung von Höhen und Thälerzügen bemerklich, wie eine gleiche an der Innenfläche des Uterus besteht: und begreiflich ist dieses Ansehen der Schale der Abdruck der den Kalk absondernden Schleimhautfläche.

Hinsichtlich der *Lacerta vivipara* ist hervorzuheben, dass, wie ich bestimmt sehe, bei dieser Art die an sich schon dünnere Eischale auch des Kalküberzuges ermangelt.

Hoden und Samengang.

Die Hoden sind von länglich rundlicher Gestalt; der von rechts liegt etwas weiter nach vorne in der Bauchhöhle als jener der linken Seite. Das Organ besteht aus den vielfach gewundenen und sich theilenden Samencanälchen; es schien mir als ob, verglichen mit den Säugern, die schlangenförmigen Windungen sich weniger dicht folgten, so dass die Canäle öfters einen mehr gestreckten Verlauf annehmen;

sie sind verknüpft durch Bindegewebe, in welchem die Blutgefässe und Nerven ihren Weg gehen.

Ausserdem enthält aber dieses Bindegewebe, wie ich wenigstens an *Lacerta agilis* früher und jetzt wieder beobachte, eine zellenartige Masse, welche ich noch früher vom Hoden der Säugethiere [1] nachwies: reichliche Zellenhaufen nämlich breiten sich zwischen den Samencanälchen aus und führen einen aus scharf conturirten gelbbraunen Körnchen bestehenden Inhalt. [2] In Kalilauge entfärben sich die Kügelchen und sehen dann wie Fettpünctchen aus.

Die Tunica albuginea enthält nach EBERTH [3] eine stark entwickelte glatte Musculatur. — Im Frühjahr erscheinen die Hoden geschwollen und von einem Gefässnetz überspannen, das sich von der um diese Zeit lebhaft gelblichen Farbe des Hodens schön abhebt. — Von den Samenelementen der *Lacerta agilis* hat vielleicht R. WAGNER die erste Abbildung gegeben. [4] Ich habe die Zoospermien von derselben Art angesehen, wo sie einen cylindrischen, gekrümmten und verjüngt zulaufenden Körper zeigen, der in einen sehr langen Schwanzfaden ausläuft. Sie haben die meiste Verwandtschaft mit jenen der Vögel.

Auch beim Männchen erhalten sich Reste der ursprünglich beiden Geschlechtern gemeinsamen Anlage des Harn- und Geschlechtssystems.

Am äusseren Rand des Hoden, zwischen ihm und dem Nebenhoden, liegt derselbe längliche goldgelbe Körper, [5] der aus gewundenen, stark fetthaltigen Canälchen besteht; er ist die am frühesten verödete und der fettigen Metamorphose verfallene Partie des Wolff'schen Körpers.

Dann ist zweitens noch der Rest [6] eines weiblichen Theiles, des Müller'schen Ganges, vorhanden. Man bemerkt nemlich mit freiem Auge, wie von dem vorderen

---

[1] v. la VALLETTE ST. GEORGE in seiner Arbeit über den Hoden schreibt die erste Beobachtung dieser zelligen Masse um die Samencanälchen irrthümlich KÖLLIKER zu, was sich daraus erklärt, dass er nur meine Angaben in dem Lehrbuch der Histologie, 1857, berücksichtigt. Allein ich habe die Zellen in m. Aufsatze über d. männlichen Geschlechtsorg. d. Säugethiere, Zeitschr. f. wiss. Zool. Bd. II, 1850, zuerst besprochen. KÖLLIKER's Bemerkungen sind aus dem Jahre 1854.

[2] Histologie S. 405. Zeitschrift f. wiss. Zoologie, Bd. II.

[3] Zur Kenntniss der Verbreitung glatter Muskeln, Zeitschr. f. wiss. Zool. Bd. XII

[4] In den Fragmenten zur Physiologie d. Zeugung. Doch ist der Körper zu dick und der Schwanzfaden zu kurz gehalten. In dieser Abhandlung WAGNER's sind auch bereits, wie ich nachträglich finde, die eigenthümlichen Zellen des Hodens erwähnt, von welchen vorhin die Rede war. Es kamen, sagt er, einzelne, ganz goldgelbe, sehr dunkelkörnige Körper vor, die auch zuweilen haufenförmig verbunden seien und die man am ersten den gelben Fett- oder Oelbälgen in der Iris der Ohreulen vergleichen möchte. Ueber die eigentliche Lage dieser Zellen ist aber WAGNER im Irrthum, wenn er sie zwischen die Samen erzeugenden Zellen, also ins Innere der Hodencanälchen verlegt, während sie in Wirklichkeit zwischen den Hodencanälchen sich hinziehen.

[5] Zehnte Tafel, Fg. 124, e.

[6] Fg. 124, g.

18 *

spitzen Ende des Nebenhoden ein grauer Faden, ziemlich weit nach vorne geht und zwar am Rande des Gekröses hin. Mikroskopisch untersucht besteht er aus Bindegewebe, welches stellenweise ziemlich durchbrochen erscheint, Blutgefässe und etwas Pigment enthält; am eigentlichen Rande zieht ein Längsstrang glatter Muskeln hin. Das ganze wird selbstverständlich vom zarten Epithel der Bauchhöhle überdeckt. Am oberen Ende des Fadens liegt der fragliche Rest, genau dort, wo die Grenze des schwarzen Bauchfells ist. Fürs blosse Auge ein punctförmiger Körper erscheint er unter dem Mikroskop, nach Aufhellung des Bauchfells durch Essigsäure, entweder als Knäuel eines derbwandigen, von Epithel ausgekleideten Canales, oder, wie alle rudimentären Organe gerne individuelle Verschiedenheiten zeigen, es kann nur noch das blinde Ende eines unten spitz zulaufenden Canals zugegen sein. Selbst in einem und demselben Thier bietet dieser Rest von rechts und links Verschiedenheiten dar. Bei einer einjährigen *Lacerta agilis* sah ich den Canal sich noch eine ziemliche Strecke nach unten fortsetzen, ehe er verkümmernd mit spitzem Ende auslief.

Aus dem Hoden führen nahe der Mitte des etwas eingebogenen äusseren Randes, doch mehr dem oberen Ende zu, Quercanäle herüber zum Nebenhoden. Man zählt vier oder fünf, welche so nahe beisammen liegen, dass sie fürs freie Auge den Eindruck eines einzigen Streifen machen.

Der Nebenhoden hat Anfangs April eine graue Farbe, weil seine Canäle noch ohne Samen sind; später, wenn letztere damit gefüllt werden, erscheint er weiss und geschwollen. An seinen vielfach gewundenen Canälchen, welche schon fürs freie Auge sichtbar sind, habe ich vor langer Zeit flaschenartige Erweiterungen beobachtet;[1] ebenso sah ich die Epithelzellen der Canäle flimmern. Gleichwie der Wolff'sche Körper nach der Grösse der Lichtung zweierlei Canäle besitzt, so erhält sich diess auch im Nebenhoden erwachsener Thiere. Man kann sich hievon schön und sicher dadurch überzeugen, dass man an Thieren, die eben ihre Winterverstecke verlassen und daher noch leere Nebenhoden haben, die Theile in Weingeist erhärtet und Längsschnitte macht. Da zeigt sich, dass im oberen freien Ende oder Kopf des Nebenhoden, neben den weiten Canälen, namentlich gegen den Umfang zu, so enge Canäle sich schlängeln, dass ihr Durchmesser nur den dritten Theil der Lichtung der andern aufzeigt.[2] Uebrigens glaube ich bemerkt zu haben, sowohl am Wolff'schen Körper als am Nebenhoden, dass nicht sowohl wirklich zweierlei Canäle

---

[1] Anat. histol. Untersuchungen üb. d. Fische u. Reptil. S. 87, od. Hist. S. 195, Fg. 241.
[2] Zehnte Tafel, Fg. 128 *c*.

vorhanden sind, sondern die engen und weiten Gänge als verschiedene Abschnitte eines und desselben Canales zusammengehören. In der dicken Wand der Canäle des Nebenhoden sind bereits glatte Muskeln zugegen, welche sich dann über den Samengang fort erstrecken. Auch die Umhüllung des ganzen Nebenhoden besitzt die gleichen Elemente.

Die Fortsetzung des Nebenhoden oder der Samengang bildet bis an sein Ende kurze, dicht zusammengeschobene Windungen, und mündet zuletzt auf der paarigen Papille in die Kloake aus. Wie das letztere geschieht, erfährt man dadurch, dass wir den Samengang sammt Papille ausschneiden und etwa mit Kalilauge aufhellen. Man sieht alsdann, dass das Vas deferens, nachdem es sich mit dem Harnleiter verbunden, an seinem Ende innerhalb der Papille sich zu einer kleinen Blase erweitert, die bei frischen brünstigen Thieren wegen des Sameninhaltes sich lebhaft weiss abhebt. Die Oeffnung auf der Papille ist klein und rund.

Bereits MARTIN SAINT-ANGE [1]) hat richtig erkannt und es schön und rein dargestellt, dass Harn- und Samenleiter unten zusammenfliessen, und mit Einer Oeffnung auf der entsprechenden Papille münden. LEREBOULLET hingegen zeichnet auf der Papille zwei Oeffnungen, wie wenn Harn- und Samenleiter getrennt blieben und sagt sogar noch ausdrücklich, dass die unteren den Harnleitern, die oberen den Samenleitern angehören. [2])

Der Körper der Papille, obschon er in die Kloake vorragt, liegt doch eigentlich hinter der Wand der Kloake. Er besteht der Hauptmasse nach aus glatten Muskeln und Nerven; wie denn die ganze Stelle der Schleimhaut der Kloake, wo die Papillen sich erheben, nach Aufhellung sich äusserst reich mit Nerven versehen zeigt, wobei in die Endgeflechte auch Ganglienkugeln sich einlagern.

Hinter den Papillen folgt in der Kloake eine Drüse, welche man der Prostata vergleichen darf. Der einzelne Drüsenkörper erscheint beim Auseinanderlegen wie ein hornartig gekrümmter Wulst, und beide Drüsen sind mit dem convexen Rand gegen einander gekehrt. Die Farbe ist im frischen Zustande grau, später wird sie weisslich. Bei zurückgezogenem Penis umgreift jede der Drüsen durch ihre Krümmung eine Oeffnung, aus welcher die Ruthe sich hervorstülpt. Die Schleimhaut, welche die Drüsen deckt, hat zahlreiche und starke Nerven.

Es findet sich aber auch noch eine zweite Drüse. Während die erste nicht blos viel grösser ist, sondern auch der Rückenwand der Kloake angehört, ist diese

---

[1]) a. a. O. Pl. IX.
[2]) Auf den Figuren zeigt sich aber ein Schwanken. Denn auf Fg. 81 (Taf. 7) sind die Papillen mit je zwei Oeffnungen versehen, während auf Fg. 165 (Taf. 16) denselben Gebilden nur eine grössere Oeffnung gegeben ist.

zweite kleiner, von Gestalt schmal bandförmig und liegt, einen Bogen bildend, in der Bauchwand der Kloake, innerhalb des Saumes, welcher die Oeffnung der Kloake begrenzt. Von Farbe ist sie in frischem Zustande weiss.

Wie diese beiden Drüsen schon fürs freie Auge in Grösse, Gestalt und Farbe sich verschieden zeigen, so auch bei mikroskopischer Betrachtung. Die Drüsenschläuche der ersteren, obschon ebenfalls mit zahlreichen Scheidewänden im Innern, wodurch sie wie aus länglich gruppirten Follikeln zu bestehen scheinen, sehen doch geschlossener aus; auch ist der Inhalt der Epithelzellen ein mehr heller, und daher die graue Farbe im Ganzen. Die Drüsenelemente hingegen der zweiten sind wirklich mehr von traubiger Anordnung, auch durch Bindegewebe entschiedener von einander abgesetzt, gewissermassen selbstständiger; der Inhalt der Epithelzellen ist ein dem Dunkelkörnigen sich nähernder, wesswegen die Drüse weiss fürs freie Auge erscheint.

Man hat somit auch von dieser Seite her eine gewisse Berechtigung die grosse Drüse einer Prostata zu vergleichen und die kleinere einer Art Talgdrüse.

Dass beim Weibchen dieselben Drüsen in der Kloake vorkommen, nur weniger entwickelt, ergibt sich aus dem, was oben darüber gesagt wurde.

Die Gegenwart dieser Drüsen scheint MARTIN SAINT-ANGE gar nicht bemerkt zu haben, wenigstens finde ich keine hierauf bezügliche Angabe. LEREBOULLET kennt und beschreibt sie nach seiner Art, unter dem Namen Glandes vestibuliennes näher.

Ruthen.

Die Begattungsorgane sind bekanntlich doppelt und liegen ausserhalb der Thätigkeit zurückgerollt unter der Haut der Schwanzwurzel. Beim Männchen ist daher diese Gegend merklich anders geformt als beim Weibchen, und kann, was unten im systematischen Abschnitt geschieht, zur Erkennung und Bestimmung der Geschlechter wesentlich beitragen; wie dies von Anatomen schon hin und wieder hervorgehoben wurde, von den reinen Systematikern aber, wie es scheint, noch kaum benützt worden ist.

Diese Lagerung der Ruthen unter der Haut ist im Hinblick auf die Entwickelung der Organe ein späterer Zustand. Denn an frühen Embryen der Eidechsen sehe ich, wie RATHKE solches von der Ringelnatter gezeichnet hat, die beiden Ruthen als vorstehende rundliche Warzen mit eingeschnürter Basis.

Will man sich eine Kenntniss ihres Baues verschaffen, so empfiehlt sich, sie zunächst im ausgestülpten Zustande zu untersuchen, und später erst bei ihrem umgekehrten Verhalten. Beginnt man damit Querschnitte von den eingezogenen Theilen zu machen, so wird man viel länger brauchen sich zurecht zu finden, als wenn man die andere Präparationsweise hat vorausgehen lassen. MARTIN SAINT-ANGE sagt über den Bau der Ruthen kaum etwas; LEREBOULLET hingegen behandelt sie ausführlich, namentlich gibt er auch eine Uebersicht der verschiedenen, beim Ein- und Ausrollen des Organs, in Betracht kommenden Muskeln, welche ich nicht näher studirt habe. Andrerseits glaube ich, dass meine Mittheilungen eine genauere Vorstellung vom Bau dieser Organe zu gewähren vermögen, als diess bisher geschehen konnte.

Jede der ausgestülpten Ruthen[1]) stellt einen walzigen Körper dar, dessen freies Ende oder Eichel in zwei stumpfe Spitzen ausgeht; die Furche zwischen ihnen zieht an der inneren Seite der Ruthe eine Strecke weit abwärts bis zu einem länglich runden Wulst. An der nach aussen gewendeten Fläche verläuft ferner eine Rinne mit lippigen Rändern von der Wurzel der Ruthe im schrägen Bogen, wie spiralig herauf bis dahin, wo die Gabelung der Eichel beginnt; es ist bekanntlich der Weg zum Abfluss des Samens. Da wo diese Rinne beginnt, wird sie nur gegen den Penis hin gleich von einem Hautsaum oder Lippe begrenzt, während die gegenüberstehende Begrenzung anfänglich keine eigene Haut ist, sondern von dem Rande der Prostata gebildet wird, und erst wenn die Drüse mit gekrümmtem Ende aufhört, beginnt der andere Lippensaum.

Die hervorgerollten Begattungsorgane haben im frischen Zustande eine grauröthliche Farbe, besonders roth aber zeigen sich die Lippen der Samenrinne, und der erwähnte Wulst, welcher an der Wurzel des Penis, nach einwärts zu, sich abhebt.

Bei vielen Individuen, nicht bei allen, bemerkt man nach dem Auseinanderlegen der Lippenränder einen schwarzen Pigmentfleck am Anfang der Samenrinne, genauer an den beiden Enden der weissen accessorischen bogenförmigen oder Talgdrüse; an dieser Stelle quillt das Secret der Prostata hervor. Noch sieht man auch am frischen Copulationsorgan die Oberfläche von scharf hervortretenden Querlinien überzogen.

Hat Weingeist auf die erigirt gewesene Ruthe eingewirkt, so bekommt sie das Aussehen wie es in Fig. 126 dargestellt wurde. Man könnte jetzt an dem Organ einen kurzen Stiel und den eigentlichen Ruthenkörper unterscheiden; am freien Ende erzeugt die zurückgezogene Eichel eine eigene wulstförmige Figur, umgeben von den zwei zipfelartigen, wie Klappen sich herüberlegenden, Rändern der Samenrinne.

Wenden wir die Aufmerksamkeit auf den feineren Bau, so verdienen unsere Beachtung besonders das Epithel und die Schwellkörper.

Ich habe schon in meiner Histologie[2]) auf dieses merkwürdige Epithel, welches als abgezogenes Häutchen ein weissliches Aussehen hat, hingewiesen: es gehe jede Zelle an der freien Seite in eine abgesetzte knopfförmige Verdickung über,

[1]) Vergl. Zehnte Tafel, Fg. 125 u. Fg. 126.
[2]) S. 505, Fg. 246. Auch LEREBOULLET gedenkt bereits vor mir, wenn auch nicht nach den Einzelheiten, dieses »Epithelium hérissé d'épines«.

welche selbst wieder eine Anzahl kleiner Höckerchen habe; die Knöpfe seien schärfer conturirt als die Zellen und hielten sich in Kalilauge. Meine neueren Untersuchungen setzen mich in den Stand über die Form und das Vorkommen dieses Epithels — ich will es kurzweg stachliges nennen — noch einige Mittheilungen zu machen.

Die Stachelzellen überkleiden nur die Eichel, weiter nach abwärts verlieren sich nicht nur die Knöpfchen, sondern auch die Spitzen stumpfen sich ab, und es breitet sich ein gewöhnliches Epithel aus; auch auf dem oben erwähnten Wulst an der Wurzel des Organs bleibt es von dieser Art; ebenso ist das Epithel der Samenrinne nach ihrem ganzen Umfange ein gewöhnliches stachelloses. Meine Abbildung von früher stellt die Stachelzellen von *L. agilis* nach ihrer höchsten Entwicklung dar und zwar genommen von der Spitze der Eichel. Bei jüngeren Individuen und entfernter vom Ende der Eichel gehen die Zellen in nur einfache, kürzere oder längere, Stacheln aus, ohne dass sich die Spitze noch mit dem höckerigen Knopf krönt.

Was mir auch erwähnenswerth vorkommt, besonders in systematischer Hinsicht ist die Beobachtung, dass das freie Ende der Stacheln nach den Species bestimmte Verschiedenheiten darzubieten scheint. Der Form bei *L. agilis* wurde bereits gedacht; bei *L. vivipara*[1]) ist der Stachel mehrfach spitzig, wie gezähnt; dies jedoch wieder nur auf der Höhe der Ringfalten der Eichel; nach abwärts in die Thäler zwischen den Erhabenheiten verlieren sich zuerst die Endzähnchen, dann der Stachel selbst, und in der Tiefe der Falten sind diese Cuticularbildungen ganz geschwunden. Leider waren die Exemplare von *L. viridis* und *L. muralis*, welche ich mit Rücksicht auf diese Frage untersuchte, zufällig nicht geeignet klare Bilder zu geben, so dass ich einstweilen nicht sagen kann, ob auch hier die Speciesverschiedenheit am Epithel der Eichel sich ausprägt.

Gleichwie die Epidermis der übrigen Körperoberfläche bei der Häutung auf einmal im Zusammenhang abgeworfen wird, so geschieht dies in ähnlicher Weise mit dem Oberhäutchen der Ruthen. Man bemerkt, dass zu diesem Behuf das Thier ungefähr die Stellung annimmt wie zur Kotbentleerung, wobei die Ruthen etwas aus der Kloake hervortreten. Es setzt aber nicht den Kothballen ab, sondern zwei weissgraue, weiche Massen von etwa birnförmiger Gestalt; mikroskopisch untersucht erweisen sie sich als das so eigenartige Epithel der Ruthen.

Das cavernöse Gewebe konnte ich mir früher nicht recht zur Ansicht bringen, wie denn auch MARTIN SAINT-ANGE und LEREBOULLET übereinstimmend melden, dass von einem erectilen Gewebe eigentlich nichts da sei. Diese Ansicht ist irrig: das Gewebe ist nicht nur vorhanden, sondern ich bin jetzt auch im Stande, darüber nähere Auskunft zu geben.

[1]) Zehnte Tafel, Fg. 127².

Vor Allem sei bemerkt, dass das Schwellgewebe in seinem Bau grosse Aehnlichkeit mit dem Hahnenkamm, wie ich denselben früher beschrieben [1] aufzeigt. Man sieht nemlich zahlreiche Bluträume [2] als Lücken in der Substanz eines festen Bindegewebes; entweder als reine Lücken oder da und dort mit sicherer Umgrenzung, und man darf im Hinblick auf den Hahnenkamm annehmen, dass dies gerade solche Stellen sind, welche den zum Corpus cavernosum herantretenden Gefässstämmen zunächst liegen. Die scharfe Abgrenzung ist die Linie der auskleidenden Tunica intima. [3]

Die Bluträume können sich in gefülltem Zustande auch wohl als ein Capillarnetz von weitem Caliber darstellen, besonders wenn wir die Endzipfel der Samenrinne unter das Mikrosk bringen. Das Bild z. B. von *Lacerta agilis* ist so, dass unterhalb dem stachellosen Epithel das feste Bindegewebe folgt, am Saum mit etwas schwarzem Pigment versehen, und durchsetzt von engmaschigen Capillargängen.

Dazu kann aber noch eine beachtenswerthe Structur kommen. Gewisse Partien des Schwellkörpers — es wird nachher der Ort näher bezeichnet werden — sind in ihrem Bindegewebe nach der Länge durchzogen von walzigen, verschiedenen dicken Strängen, welche um vieles fester als das übrige Bindegewebe, ja hart sind, und auf dem Querschnitt rein homogen sich ausnehmen. [4] Diese Stränge oder Balken haben offenbar bei der Füllung der Bluträume als Stützapparat zu dienen.

Endlich gibt es noch ein System von Hohlräumen, von welchen mir nicht klar wurde, ob sie sich ebenfalls mit Blut füllen können, oder nur zur Aufnahme lymphatischer Flüssigkeiten bestimmt sind, was mir wahrscheinlicher ist, da ich niemals Blut in ihnen angetroffen. Die Hohlräume sind um vieles grösser als die Lacunen fürs Blut und erscheinen durchsetzt von weichen bindegewebigen Balken; auf Querschnitten erscheinen sie immer leer.

Ausser dem Epithel und dem Schwellkörper bildet einen mächtigen Bestandtheil der Copulationsorgane eine Anzahl quergestreifter Muskeln. Auch Nerven fehlen selbstverständlich nicht und ich sehe z. B. einen, welcher unterhalb der Samenrinne bis zur Eichel aufsteigt um dort zu enden. [5]

Nachdem wir uns diese Kenntniss über den Bau des Organes erworben haben, wird es gelingen Querschnitte der eigentlichen Ruthe zu deuten. Der nach Spaltung

---

[1] Histologie S. 81 u. S. 82.
[2] Zehnte Tafel, Fg. 128 1, a.
[3] Fg. 128 1, b.
[4] Fg. 128 1, c.
[5] Fg. 127 1, d.

der Haut herausgeschälte Penis hat *(L. vivipara)* eine spindelförmige Gestalt, indem er sowohl nach vorne als nach hinten sich stark verjüngt. Aeusserlich macht sich an der Verdickung eine Längsfurche bemerklich, welche wohl Bezug hat zur Gabelung der Eichel. Querschnitte belehren, dass das mehrere Linien lange verjüngte Ende lediglich aus quergestreifter Längsmusculatur besteht, mit bindegewebiger Abgrenzung nach aussen. Die Muskeln mögen besonders die Umstülpung des Organs besorgen, und erstrecken sich als schalige Umhüllung weiter nach vorne; auch nachdem der Dickendurchmesser der Ruthe sich vergrössert hat. Haben die Querschnitte die Stelle erreicht, wo äusserlich die Längsfurche beginnt, so ändert sich das Bild wesentlich. Ein guter Theil ist noch reine Muskelmasse in paariger Anordnung; in der anderen Hälfte des Schnittes aber ist ein paariger Hohlraum aufgetreten mit welligen Rändern. Die Wand des Hohlraumes geht gegen die Muskelmasse hin in ein Corpus cavernosum aus, mit zahlreichen Bluträumen und den hellen festen Stützbalken im Bindegewebe. Der Hohlraum bezeichnet die Gegend der eingestülpten Eichel; bei der gabeligen Form der Eichel in ausgestülptem Zustande können Querschnitte des eingestülpten Organs mitunter das Ansehen geben, als ob der Penis innerlich abermals in zwei Hälften zerfalle, wie im Ganzen die Ruthe paarig ist.

Die beste Uebersicht gewähren Schnitte, etwa aus der Mitte des Organes.[1] Hier sieht man zunächst eine äussere bindegewebige feste Umgrenzung; von ihr umschlossen ist die Längsmusculatur, welche auf vier, weit aus einander gerückte aber im Ebenmaass stehende, Bündel sich vertheilt hat. Es zeigt sich jetzt auch das Corpus cavernosum von grosser Ausdehnung und zwar so, dass ein zweihörniger Theil zwischen den zwei Lichtungen der Eichel steht, und ihm gegenüber ein anderer die Wand der Samenrinne bildender Abschnitt, welche letztere durch die jeweilige Verschiebung der Lippenränder in verschiedener Form gesehen werden kann. Wenn man die Vertheilung des Corpus cavernosum auf diesem und anderen Schnitten zusammenstellt, so lässt sich sagen, dass vergleichbar den Verhältnissen bei Säugern, ein Schwellkörper der Ruthe und der Samenrinne, dort Harnröhre, zugegen sei. In dem Bindegewebe zwischen den Schwellkörpern, den Hohlräumen der Eichel und den Muskeln sieht man noch die Durchschnitte von Nerven, Arterien und Venen.

Bei *Lacerta viridis* schien es mir, als ob die Schwellkörper der Samenrinne gewissermassen in mehrere Schichten zertheilt wären, welche durch ein lockeres Balkenwerk, dessen Räume ich nie mit Blut erfüllt sah, sich wieder verbanden. Gibt es etwa Vorrichtungen durch welche bei dem Organ, wenn es in Thätigkeit

---

[1] Zehnte Tafel, Fig. 128'.

tritt, auch diese vorhin als Lymphräume gedeuteten Höhlungen sich zu füllen vermögen?

Auch die weiblichen Eidechsen besitzen verkümmerte Copulationsorgane, an gleicher Stelle und ebenfalls paarig. Ich sah sie z. B. auf dem Durchschnitt der Schwanzwurzel einer weiblichen *L. viridis* sehr deutlich, ohne sie weiter zu untersuchen; nur muss die Eichel wie beim Männchen gegabelt sein, denn hier im Querschnitt und im eingestülpten Zustande nahm sich die einzelne Clitoris so aus, wie wenn sie aus zwei Röhren bestände.

Eine gewisse Beziehung zur Geschlechtsthätigkeit, sich durch Vor- und Zurückbildung äussernd, haben zwei Fettmassen, welche bei der Eröffnung der Leibeshöhle in der Gegend des Beckens zum Vorschein kommen. Aehnlich wie die Fische vor dem Eintritt der Laichzeit am fettesten sind und nachher abmagern, so sind diese Fettkörper der Eidechse im Frühling bei beiden Geschlechtern am grössten, von Farbe grauweiss oder gelb, und da sie eigentlich ausserhalb des Bauchfelles liegen, so werden sie nur nach einer Seite hin von dieser schwarzen Haut überzogen. Ende Juni sind sie zurückgegangen, aber eben desshalb jetzt leichter zu untersuchen. Fürs freie Auge dünne weiche grauröthliche Lappen darstellend, erscheinen sie mikroskopisch als ein sehr gefässreiches Bindegewebe von zelligem Charakter, welches Blutgefässen aufsitzt. Man unterscheidet deutlich eine Arterie, die ins Läppchen hinein, und eine grössere Vene welche herausführt; dazwischen liegt ein abgeschlossenes capillares Netz. Sind die Zellen des Bindegewebes mit Fett gefüllt, so sitzen sie, Fettträubchen vergleichbar und von Capillaren umsponnen, den Blutgefässen auf. Es unterliegt wohl keinem Zweifel, dass diese Fettmassen am Eingange des Beckens bei Eidechsen jenen band- oder fingerförmigen Fettlappen entsprechen, welche bei Salamandrinen, Fröschen und Kröten weiter vorne in der Leibeshöhle, zunächst den Hoden oder Ovarien, sitzen.

Nachdem die verschiedenen Organe, welche in die Kloake münden oder in ihr liegen, beschrieben wurden, soll nochmals dieser Bildung selber mit einigen Worten gedacht werden.

Schon oben (S. 120) wurde bemerkt, dass man die Kloake nicht eigentlich als Endabschnitt des Darmes deuten könne, sondern dass sie eine gewisse Selbstständigkeit habe. Vielleicht richtiger noch liesse sich mit MARTIN SAINT-ANGE sagen, dass die Kloake den Harn- und Geschlechtsorganen angehört. Auch kann man füglich,

19 *

wie diess ausser dem Genannten auch LEREBOULLET thut, einen vorderen und hinteren Abschnitt unterscheiden. Wie bereits erörtert wurde, so mündet am meisten nach oben und vorn der After ein: aber nicht mit vorspringender Papille, sondern diese ist umgekehrt in die Lichtung des Mastdarms einwärts gerichtet.[1] Dann folgen beim Männchen die Urogenitalpapillen; beim Weibchen die Mündungen des Uterus, zugleich mit den Harnpapillen, welche noch innerhalb der Oeffnungen des Uterus liegen. Gegenüber von den Harn-Geschlechtsöffnungen entspringt von der vorderen Wand der Kloake die langgestielte Harnblase. Zunächst der Mündung der Kloake finden sich die Drüsen, die grössere oder Prostata an der hinteren Wand, die kleinere oder Talgdrüse im vorderen Saum.

Die Gesammtöffnung der Kloake, von Ringmuskeln umgeben, ist bei eingezogenen Copulationsorganen rund, und es ist nicht ganz genau, wenn man in herkömmlicher Weise als Merkmal der Eidechsen aufführt: „After oder Kloake eine Querspalte." KOCH[2] scheint der einzige zu sein, der sich die Theile ebenfalls ansah und den Widerspruch fühlend, der zwischen der gebräuchlichen Angabe und der wirklichen Bildung herrscht, richtiger sich so fasst: „der After ist unter einem etwas breiten Querschild verborgen." Die rundliche Oeffnung der Kloake zieht sich auch wohl, was man an frischen eben getödteten Thieren leicht sehen kann, in eine länglich runde Spalte aus. Jedenfalls ist klar, dass die Anwesenheit der beiden Begattungsorgane, die zur Seite der Afteröffnung aus der Kloake sich hervorrollen, den grossen breiten Schild bedingen, ferner die Kloakenöffnung sehr ausweiten und in die Breite ziehen. Die Crocodile, welchen nicht zwei sondern nur eine Ruthe zukommt, haben bekanntlich auch keine Quer- sondern eine Längsspalte.

An der Kloake der *L. ocellata*, eines grossen männlichen Thieres aus Südfrankreich, stiess mir eine in histologischer Beziehung merkwürdige Thatsache auf, nemlich die Anwesenheit von verhorntem oder chitinisirtem Bindegewebe.

Die hintere Lippe der Kloake bot ein gewisses dunkles Aussehen dar, nicht etwa durch eingelagertes Pigment, sondern bedingt von einer hornig durchschimmernden Substanz. Die mikroskopische Untersuchung belehrte, dass um die hintere Lippe der Kloake herum eine Art von Cavernensystem zieht, dessen bindegewebiges Balkenwerk in seiner gegen die Epidermis gekehrten Partie, also in der Lederhaut, von besonderer Härte und hornbrauner Farbe sei. Wie mit dem freien Auge, so auch unter dem Mikroskop sieht man, dass die Verhornung oder Chitinisirung des Bindegewebes nur in bestimmter Ausdehnung sich verbreitet. Die stärksten und härtesten, daher tiefbraunen Bündel ziehen kreisförmig und dienen offenbar zur Gegenwirkung, wenn bei der geschlechtlichen Erregung die Theile sich ausdehnen. An der vorderen Kloakenlippe war das Bindegewebe nicht verhornt, sondern von gewöhnlicher grauer Farbe und herkömmlicher Consistenz. Noch mag bemerkt sein,

[1] Vergl. Zehnte Tafel, Fg. 124; Fg. 129.
[2] In STURM's Fauna Deutschlands 5. u. 6. Heft 1828. S. 6.

dass das Thier ohne Zweifel ausserhalb der Brunstzeit getödtet worden war; denn die Hoden waren äusserst klein und das Secret der Schenkelporen stand nicht kammförmig vor.

Dieser Fall von verhornter oder chitinisirter Bindesubstanz reiht sich an das an, was ich über die „Hornfäden" in den Flossen der Fische und ähnlich erhärteter Züge aus der Lederhaut der Pachydermen bekannt gemacht habe. [1])

Blindschleiche.

Weibliche Organe.

Nach der vorausgegangenen, die Fortpflanzungsorgane der Eidechsen im Einzelnen behandelnden Darlegung wird es genügen bei der Blindschleiche nur auf gewisse Puncte näheren Bezug zu nehmen.

Die Eierstöcke, abermals länger als bei den Eidechsen, stehen sich so wenig in gleicher Höhe gegenüber, dass, wenn mit reifen Eiern gefüllt, das untere Ende des einen, dem oberen Ende des anderen gegenüber liegt. Es liesse sich denken, dass auf solche Weise die Anschwellung der beiden Organe nach der Länge des Leibes vertheilt werden soll.

Im Bau des Eierstockes, welcher auch mehr oder weniger von Pigment umsponnen sein kann, herrschen dieselben Verhältnisse, wie bei *Lacerta*; insbesondere sind ebenfalls die weiten Lymphräume zugegen. Die Eier zeigen die einer Zona pellucida vergleichbare, dann noch weiche, von radiären Strichen durchsetzte Haut.

Recht bemerkenswerth ist mir geworden, dass hier noch stärkere Reste des Wolff'schen Körpers[2]) erhalten bleiben als bei der Eidechse. Zunächst ist der goldgelbe Streifen am Innenrande des Eierstocks bei manchen Individuen so lang, dass er über dieses Organ nach unten hinausgeht, und selbst noch weiter abwärts ein inselförmiges Stück entwickelt. Diese gelbe Partie lässt deutlich wieder eine Zusammensetzung aus gewundenen Canälen, mit fettigem Inhalte, erkennen. Dann ist aber zweitens auch das Homologon des Nebeneierstockes zugegen in Form eines langen graugelblichen Streifens, nach aussen von dem so eben erwähnten goldgelben Reste. Die mikroskopische Untersuchung ergab, dass man es mit einem Canal zu thun habe, an dem noch in der Gegend seines oberen Endes, welches so ziemlich auf gleicher Höhe mit dem oberen Ende des goldgelben Körpers stand,

---

[1]) Vom Bau des thierischen Körpers S. 48.
[2]) Neunte Tafel, Fg. 112 $\frac{1}{}$, Fg. 112 $\frac{2}{}$.

Reste von gewundenen Canälen sitzen, ja selbst noch mit deutlichen Malpighischen Gefässknäueln; sein oberstes Ende war zu einer runden Cyste erweitert. Das untere Ende des Ganges habe ich nicht gesehen, obschon ich ihn weit nach hinten verfolgen konnte; was nicht schwer ist, da er sich schon seiner epithelialen Ausskleidungen wegen von den Blutgefässen, Arterien und Venen dieser Gegend, bestimmt unterscheidet. Wahrscheinlich tritt das untere Ende, wenn es nicht verkümmert sein sollte, in den Harnleiter. Der Canal ist dem Gartner'schen Canal der Säuger zu vergleichen. Ich bemerke ausdrücklich, dass die Blindschleiche, nach welcher diese Beschreibung genommen ist, kein junges Thier war, sondern ein ganz ausgewachsenes, welches, schon längere Zeit in Gefangenschaft, im Spätsommer eine Anzahl Junge geboren hatte und im darauffolgenden März zergliedert wurde.

Die Eiergänge scheiden sich auch hier deutlich in Trichter, Eileiter und Fruchthälter. Der Trichter, auf halber Leibeshöhe an die Rückenseite der Bauchhöhle geheftet, öffnet sich mit einem sehr weit geschlitzten Spalt. [1]

Am trächtigen Uterus, in dessen mit glatten Muskelzügen versehenem Gekröse man zahlreiche quer und schräge herübergehende Arterien und Venen unterscheidet, besteht die Wand, ausser dem serösen Ueberzug, aus einer Muskelhaut, deren Elemente ringförmig verlaufen, und zweitens der Schleimhaut. Letztere erhebt sich in zarte Leisten zu Trägern einer capillaren Gefässentfaltung; die von den Leistchen, welche sich netzförmig verbinden, gebildeten Vertiefungen stellen kugelige Drüsensäckchen vor.

Das Gekröse für den Uterus lässt wie bei der Eidechse einen freien Rand über den Fruchthälter hinaus entstehen und ist hier musculös verdickt. Es dient wahrscheinlich dieser fleischige Randfaden dazu dem Organ mehr Richtung und Haltung zu geben.

Da die Blindschleiche gleich der *Lacerta vivipara* lebendig gebärend ist, so stimmt auch die Beschaffenheit der Eischale mit jener der genannten Eidechse überein. Für das freie Auge eine durchsichtige dünne Haut, entbehrt sie unter dem Mikroskop jeder Spur von Verkalkung; sie zeigt sich lediglich zusammengesetzt aus Fasern, welche der Tracht nach geschwungenen Bindegewebsfasern ähnlich sehen, gegen Reagentien aber sich wie elastische Fasern verhalten. Man unterscheidet feinere und breitere Züge, und da und dort bemerkt man wie die Enden der Fasern kolbige, hellere Anschwellungen, öfters noch von hackiger Krümmung erzeugen.

Alles was ich bisher über die Entstehung dieser Fasern beobachtet, spricht

---

[1] Fg. 113.

dafür, dass sie unter den Begriff der Cuticularabscheidungen gehören; sie sind zuerst weicher und heller als nachher und zwischen den Fasern liegen viele Fettpünctchen. Im Näheren scheint mir die Art und Weise der Entstehung die zu sein: zuerst entwickeln die Epithelzellen einen zusammenhängenden Cuticularsaum; dann bilden sich auf diesem die Fasern wie Verdickungen, man könnte sagen wie fadige Sculpturen, ähnlich dem Spiralfaden der Tracheen. [1] Dass die Schale ein Secret der Wand des Uterus sei, wird man auch beim Abziehen vom Uterus gewahr, indem die Schale der Wand recht innig anhaftet.

In der Kloake, nahe dem Ausgang, zeigt sich ein seitlicher Wulst, der nach Aufhellung mit Reagentien aus traubig gruppirten Drüsen besteht. Es scheint als ob hier bei der weiblichen Blindschleiche der Drüsenwulst die zweierlei, bei dem männlichen Thier und den Eidechsen getrennten, Formen der Prostata zugleich vorstelle. Theilweise nämlich erinnern die Drüsen an Talgdrüsen, nicht blos durch die Anordnung der Follikel, sondern auch durch weissliches Drüsensecret; ein andermal aber ist der Inhalt nicht eigentlich fettiger Natur, sondern ziemlich hell und für's freie Auge mit kaum gelblichem Anflug.

Die den männlichen Ruthen entsprechenden Theile sind deutlich vorhanden. Jede Clitoris hat etwa 8 Millimeter Länge und ein zweispitziges Ende der Eichel, woran sich nach hinten ein mehr als doppelt so langer Muskel, Musculus retractor, ansetzt. Aufgeschnitten erscheint die Clitoris faltig mit niedrigen Papillen und den Spuren der nachher zu erwähnenden Drüsen des Männchen.

Männliche Organe.

Beim Männchen liegen abermals die Hoden, welche länger und walziger sind als bei den Eidechsen, in ungleicher Höhe und ihr Ueberzug besitzt gerne vorn und hinten eine Pigmentirung, mit Freilassung einer hellen mittleren Zone. — Die Zoospermien sind von der Tracht jener der Eidechsen, nur etwas feiner; auch schien mir das Kopfende etwas mehr zugespitzt.

Auch beim männlichen Geschlecht fehlen nicht Reste [2] des Wolff'schen Körpers und des weiblichen Ganges. Zwischen dem Hoden und Nebenhoden liegt nemlich wieder als länglicher Streifen von stark gelber Farbe die fettig verödete Partie des Wolff'schen Körpers. Dann geht zweitens vom Kopf des Nebenhoden ein Faden aufwärts, der in so fern etwas schwierig zu untersuchen ist, als viel dunkles Pigment das Bauchfell überzieht; doch lässt sich wahrnehmen, dass in dem Faden Reste eines Canales stecken, die einige cystenartige Erweiterungen bilden

---

[1] Neunte Tafel. Fg. 115.
[2] Fg. 118.

können, und deren Epithel an frischen Thieren ich deutlich wimpern sah. Man hat offenbar rückgebildete Theile des Müller'schen Ganges vor sich. Wie bei der Eidechse sind an einem und demselben Individuum die Reste von rechts und links sich keineswegs gleich.

Der Nebenhoden, dessen Canäle deutlich wimpern, ist sehr entwickelt, in die Länge gezogen und geht nach hinten in den Samenleiter aus, der dann, wie schon erörtert, in der Kloake zugleich mit dem Harnleiter auf einem Längswulst mündet.

Die beiden Ruthen, gleich denen der Eidechsen in der Schwanzwurzel hinter der Kloake untergebracht, sind verhältnissmässig kleiner (wenigstens im Monat Juli) als bei den Eidechsen. In hervorgerolltem, ausgestülpten Zustande zeigt sich deutlich, wie von der Wurzel zur Eichel schräg die Samenrinne geht; ferner dass an dem doppelköpfigen Eichelende ein Schwellkörper als blutreiche Partie durchschimmert; nicht minder macht sich etwas schwarzes Pigment in der Grube der Eichel bemerklich. Endlich sieht man nach rückwärts von der Eichel quere Streifen, welche von weicheren, weisslichen Papillen und Ringwülsten herrühren.

Bei näherer Prüfung erblickt man in dem Schwellkörper der Eichel grosse Bluträume, welche von Bindegewebsbalken durchspannt sind; auch werden in dem Eichelende Nerven sichtbar, ohne dass über die Endigungsweise etwas zu beobachten gewesen wäre.

Eine merkwürdige Beschaffenheit bieten die erwähnten Papillen dar. Jede ist eine vorstehende Drüse von einfacher Flaschen- oder Sackform.[1] In der bindegewebigen Wand liegen zahlreiche längliche, wenn auch etwas zarte Kerne, die vielleicht auf die Anwesenheit glatter Muskeln zu deuten wären. Das Secret, wenn man es so nennen will, wird von den Zellen der gewöhnlichen Oberhaut der Eichel vorgestellt; doch sind sie nicht wie an den Schenkeldrüsen der Eidechsen von gelber, sondern von grauer Farbe. Denn den letztgenannten Organen der Eidechsen halte ich, wie schon oben bemerkt wurde, die hier gemeinten Bildungen für gleichwerthig.

Es haben diese Organe bereits früher meine Aufmerksamkeit erregt, und mich veranlasst eine Beschreibung und Abbildung davon zu veröffentlichen.[2] Legt man

[1] Fg. 120.
[2] Histologie, S. 504, Fg. 245. — Während des Druckes erhalte ich die Schrift: Ueber die Bursa Fabricii, von GALLÉS, Dorpat 1871, welche unter der Anleitung Prof. STIEDA's erschienen ist und offenbar das Organ genauer kennen lehrt, als es bisher geschehen war. Es wird gezeigt, dass die von mir zuerst nachgewiesene lymphdrüsenartige Substanz zwar der Wand der Follikel angehört, diese indessen der Hauptsache nach »kuglige oder ellipsoide Körperchen« bilden, »welche nur aus epithelialen Elementen bestehen«. Trotzdem aber dass der anatomische Bau nun festgestellt erscheint und obschon der Verfasser alle bisherigen Deutungen sammt

bei Thieren welche in Weingeist getödtet wurden, Querschnitte durch die Schwanz-wurzel, so heben sich die Ruthen im Ganzen nicht blos deutlich als weissliche Kör-per von der Musculatur ab, sondern es lassen sich schon die Drüsenpapillen mit der Lupe erkennen. Und näheres Zusehen findet auch schon jetzt, dass die Drüsen in Querreihen um den Penis stehen.

Die Prostatadrüse der Kloake ist kleiner als bei Eidechsen; doch im ein-gestülpten Zustande der Ruthe von ähnlich dreieckiger Gestalt. Die einzelnen Drüsen-follikel scheinen mir aber grösser zu sein als bei *Lacerta agilis;* sie haben lange Cylinderzellen und sind von glatten Muskelelementen umgeben und durchflochten.

Die etwas auffällige Lage der Ruthe unter der Haut der Schwanzwurzel kommt auch hier später zu Stande. Bei noch ungefärbten Embryen [1]) aus dem Monat Juli und mit noch grossem Dottersack, stehen die beiden Ruthen als kolbige oder pilz-förmige Bildungen frei hervor und die nähere Untersuchung lehrt, dass sie durch Wucherung von der Haut und der Musculatur des Stammes ihren Ursprung nehmen. Erst nachträglich werden sie durch die lebendig gewordene Thätigkeit der Muskeln eingestülpt.

Bei der Blindschleiche springt die After, richtiger Kloakenklappe weiter dach-artig vor als bei den Eidechsen.

Zum Schlusse dieses Capitels sei noch eine Uebersicht über die Homologien der Hauptabschnitte der Fortpflanzungswerkzeuge der beiden Geschlechter gegeben.

---

und sonders zurückweist, muss er sich doch dahin erklären, dass es noch eine offene Frage sei, welche physiolo-gische Bedeutung die Bursa Fabricii habe. Ich meine, dass durch die Thatsachen, welche ich über die drüsigen Papillen an der Ruthe der Blindschleiche dargelegt, eine Verknüpfung und damit der Anfang einer Erklärung sich ermöglicht. Denn es liegt auf der Hand, dass der von STIEDA und GALLÉN erkannte Bau der Follikel bis jetzt einzig und allein nur Dem verglichen werden kann, was oben über die Zusammensetzung der Penisdrüsen ausge-sagt wurde. Da aber die eigenartigen Drüsen bezeichneter Reptilien jedenfalls mit der Geschlechtsverrichtung in Beziehung stehen, so darf man schliessen, dass auch die Follikel der Bursa Fabricii in den Kreis dieser Organe zu bringen sind. Bedenkt man ferner, dass im Bereich der Begattungswerkzeuge der Saurier weite Lymphräume zu-gegen sind und dass bei diesen Thieren anstatt der letztern lymphdrüsenartiges Bindegewebe vorkommen kann, so verliert auch die lymphoide Substanz, welche die Follikel der Bursa umgibt, einen Theil des fremdartigen Wesens. Und ist es nicht auch sonst beachtenswerth, dass dieses »räthselhafte Organ« der Vögel bis jetzt nur einer Bildung verglichen werden kann, welche sich bei Reptilien, also den nächsten Verwandten der Vögel, vorfindet? Die Or-gane bei den Eidechsen an der Innenfläche der Oberschenkel gelagert, stehen bei der Blindschleiche an den Ruthen und bei den Vögeln sind sie in eine Aussackung der Kloake verlegt. Darnach ist auch die Natur der zelligen Innen-substanz abgeändert: in der Bursa weich, vom Charakter des Epithels der Schleimhäute, hingegen an der Ruthe härtlich und nahezu von den Eigenschaften der Epidermiszellen.

[1]) Neunte Tafel, Fg. 119.

Männchen.	Weibchen.
Hode,	Eierstock.
Epididymis (Nebenhodentheil des WOLFF'-schen Körpers),	Epoophoron (WALDEYER) Neben-eierstock, (Eidechse, Blindschleiche).
Paradidymis, GIRALDE'sches Organ, gelber Rest des WOLFF'schen Körpers,	Paroophoron (WALDEYER), Parova-rium (HIS).
Vas deferens (WOLFF'scher Gang),	GARTNER'scher Canal, (Blind-schleiche).
MÜLLER'scher Gang (Eidechse, Blind-schleiche).	Eileiter.

Die beiden mehrmals genannten französischen Beobachter, welche mit ihren Arbeiten eine von der Pariser Akademie 1845 gestellte, und auf die Erforschung der Reproductionsorgane der Wirbelthiere gerichtete Preisfrage zu lösen suchten, haben von den Umbildungen des Wolff'schen Körpers und seinen bleibenden Resten bei der Eidechse, welches Thier doch beide zergliederten, nichts gewusst, und daher sind ihre Deutungen, wenn sie sich auf dieses Gebiet begeben, ganz verfehlt. Was uns aber nicht abhalten darf anzuerkennen, dass ihre Schriften in den übrigen Einzelheiten viel Neues und Richtiges bieten. Die zahlreichen Abbildungen bei LEREBOULLET haben, trotzdem dass sie offenbar von sehr geschickten Zeichnern geliefert sind, meinen Beifall desshalb nicht ganz, weil sie häufig nur ein bestimmtes Präparat porträtiren, mit Ausführung von allem Nebensächlichen, so dass viele Figuren einen sehr unruhigen Charakter haben und erst wieder studirt sein wollen. Den Zeichnungen bei MARTIN SAINT-ANGE gebe ich wegen ihrer reinen scharfen Weise den Vorzug. [1]

[1] Von ganz dürftiger Art ist die Darstellung der weiblichen Fortpflanzungswerkzeuge einer Eidechse in dem Artikel Reptilia der Cyclopaedia of anatomy and physiology. 1852. Ob die Zeichnung entlehnt oder Original, ist mir unbekannt.

Zweiter Abschnitt.

Zur Kenntniss der Lebenserscheinungen.

I. Nervenleben.

Eidechsen.

Dem aufmerksamen Beobachter unserer Thiere kann es vor Allem nicht entgehen, dass sich in den seelischen Aeusserungen ganz ähnliche individuelle Verschiedenheiten zeigen, wie solches von höheren Wirbelthieren, so namentlich von unseren Hausthieren, eine allbekannte Sache ist, und eben wohl Hand in Hand gehen mag mit besonderen, uns unbekannten Abänderungen im Bau. Daher lässt sich das eine Thier in der Gefangenschaft bald dahin bringen, die dargebotene Nahrung anzunehmen, ein anderes versteht sich niemals hiezu; manche Thiere entledigen sich im Zwinger ihrer Excremente an einer bestimmten Stelle, während andere sich nicht um solche Kleinigkeiten bekümmern.

Jedes wohl ausgebildete thierische Wesen ist eigentlich intelligent innerhalb des Kreises, der seiner Natur gemäss ist. Es beurkundet ein angeborenes oder ererbtes Wissen — herkömmlich Instinct genannt — bezüglich der Nahrung, Wohnung, Fortpflanzung, Brutpflege, Schutz vor Feinden; und es gibt wohl keinen Naturforscher, welcher die Lebensweise irgend eines Thieres ins Auge fassend, nicht von einem Erstaunen ins andere über das ganz besondere Wissen, welches hiebei sich geltend macht, gerathen wäre.

Bei einem näheren Zusehen und Abwägen solcher Erscheinungen gelangen wir aber doch zu der Annahme, dass was jetzt als ein angeborenes Wissen und Können — als Instinct — sich darstellt, für die früheren Generationen des Thieres ein individuell erworbenes war und sich allmählig in den Abkömmlingen zu einem Naturtriebe festsetzte. Individuelle Zustände und Erfahrungen der Vorfahren, oftmals wiederkehrend, bewirkten leibliche Veränderungen und erscheinen in der Nachkommenschaft als vererbte Vorsicht, Neigung, Fertigkeiten, kurz als Naturanlage.

In dieser Weise sind auch viele Thätigkeitsäusserungen der Reptilien aufzu-

fassen und werden nur so verständlich. Oder wäre es sonst nicht höchst merkwürdig, dass die grosse grüne Eidechse auf den ersten Blick den Carabus auratus
von Cetonia aurata unterscheidet, den ersten, wenn auch wiederholt dargeboten, ver-
schmäht, den andern aber sofort ergreift; während doch beide Käfer als „Goldkäfer"
selbst von gebildeten Leuten nicht jedesmal sicher auseinander gehalten werden. [1]

Ebenso scheint das Benehmen der Eidechsen gegen die ihnen so feindliche glatte Natter (*Coronella
laevis*) von individuellen Erfahrungen der Voreltern herzurühren, welche jetzt zum bewusstlos wirkenden Instinct durch Vererbung geworden sind. Setzt man in einen Zwinger in welchem bisher eine Anzahl Eidechsen
ungestört hauste, genannte Schlange, so erfolgt sofort die grösste Aufregung der Bewohner. In Sprüngen,
welche sie in der Weise sonst nie ausführen, suchen sie dem Behälter zu entkommen, starren dann, da der
Fluchtversuch nicht gelingt, unter den lebhaftesten Athembewegungen die Natter an, wie in Erwartung da-
sitzend. Nach einer Stunde, als die Schlange, ohne einer Eidechse ein Leid zugefügt zu haben, sich unter
die Steine verkrochen, blieben die Eidechsen, welche sonst immer um die Zeit des Wegganges der Sonne sich
zurückzuziehen pflegten, oben auf den Steinen sitzen. Erst nach Tagen legte sich, da die Schlange sich harmlos
aufführte, die Unruhe; doch nahmen die Eidechsen ihre Stellung gerne so, dass sie die Feindin im Auge
hatten und fuhren heftig auseinander, wenn es der ersteren beliebte eine ihnen bedenklich scheinende Bewegung zu machen. — Dass wirklich von Seite der Eidechsen die glatte Natter als Feindin erkannt und ge-
fürchtet wurde, bestätigte sich mir auch dadurch, dass eine lebende Würfelnatter (*Coluber tessellatus*), welche
ich von jenseits der Alpen mitgebracht, und zu einer anderen Gesellschaft von Eidechsen gesetzt hatte, die
letztern nicht im mindesten erregte. Bekanntlich lebt aber auch die Würfelnatter nicht von Eidechsen, sondern ihre Nahrungsquelle sind die Fische!

Hat man ein altes, meist für sich einsam lebendes Männchen von *Lacerta viridis* mehrmals hintereinander aufgesucht, ohne seiner habhaft werden zu können, so lenkt das sich sonnende Thier immer früher
zu seinem Schlupfwinkel um, je öfter man in seine Nähe kommt. Und was dabei das Beachtenswerthe ist
und schon an „Intelligenz" streift: die Eidechse unterscheidet und beurtheilt gar wohl einen schwer belasteten
Landmann, den sie in geringer Entfernung an sich vorübergehen lässt, ohne die Lage zu ändern, während sie
sich bei Ansichtigwerden des ihm nachstellenden Städters schon aus weiter Ferne zurückzieht. — Wenn ein
Markstein an einem Platze steht, wo *Lacerta agilis* sich findet, so wird dieser mit Vorliebe zum Wohnplatz
erwählt. Das Thier sonnt sich auf demselben bei friedlicher Umgebung und scheint, indem es unter ihn sich
flüchtet, eine Ahnung zu haben, dass dieser Stein in seiner Lage zu den bleibenden gehört.

Wollen wir den Ausdruck Intelligenz auf das Vermögen beschränken, eine
gewisse Steigerung des ursprünglichen Denkens und Thuns durch Anpassung an neue
Zustände sich zu erwerben, so ist das Mass dieser Intelligenz bei unseren Thieren
gering und steht weit hinter dem von allen Vögeln zurück. Insoweit meine Beobachtungen gehen, erstreckt sich diese Fähigkeit nicht weiter, als dass sie in der
Gefangenschaft bei guter Pflege eine gewisse Zutraulichkeit annehmen und zu begreifen scheinen, dass man ihnen wohl will. Auch lässt sich bemerken, dass sie
den Pfleger kennen, so lange er in der ihnen gewohnten Kleidung erscheint. Nähert

---

[1] Dieses Unterscheidungsvermögen der grünen Eidechse wird freilich weit übertroffen von dem entomo-
logischen Scharfblick der Neuntödter unter den Vögeln. Nach J. Sturm (Deutschlands Käfer, erstes Bändchen,
1805) spiessen Lanius collurio und L. excubitor nur den Geotrupes vernalis an die Stacheln des Schlehendorns, niemals aber den an den nämlichen Orten gleich häufigen G. stercorarius!

man sich aber einmal etwa im Mantel, so stieben sie scharf auseinander; doch lässt sich dieses Benehmen nicht gerade zur Verkleinerung ihrer Intelligenz auslegen, da bekanntlich bis zu den gescheidesten Thieren, selbst bis zum Hund hinauf und aus leicht begreiflichen Gründen der gleiche Umstand immer einen Tumult in ihrem Denken erzeugt.

Die Eidechsen sind von sehr erregbarem Wesen und geben ihre Unruhe und Spannung, auch wenn sie sonst sich zu fassen wissen, durch Züngeln kund. Sie gerathen leicht in Zorn, besonders die Männchen und beissen nach Kräften zu, was bei den Männchen wegen stärkerer Kiefer und Muskeln ausgiebiger ist als bei den Weibchen. Wie es ein allgemeiner durch die Thierwelt ziehender Charakter ist, dass die Jungen und die Weibchen milderer Sinnesart sind, als die Männchen, so auch hier in auffälliger Weise. Die Jungen, noch ohne Erfahrung und noch nicht gewitzigt, sind wenig scheu und leicht zu fangen.[1]) Auch die Weibchen von *L. agilis* sowohl als von *viridis* lassen sich noch eher überlisten als die wachsameren und vorsichtigeren Männchen. Das Temperament zeigt übrigens nach den einzelnen Arten Abstufungen: während *L. viridis*[2]) unter den mir bekannten Arten die leidenschaftlichste ist, zeigt sich *L. vivipara*, nach ihrem ganzen Körperbau zarter als die andern, am sanftesten, so dass sie schon mehrmals geradezu als ein „gutmüthiges Thier" bezeichnet wurde.

Sollte nicht die grosse Erregbarkeit, sowie das geringe Widerstandvermögen gegen Gifte, endlich die Abhängigkeit der Kraft der Bewegungen von der Sonnenwärme auf einen gewissen veränderlichen und bestimmbaren Zustand des Organismus deuten, der uns die Mittheilungen über das „Bezaubertwerden" dieser Thiere nicht von verne herein ganz verwerfen lässt? Mehrere ernsthafte Naturforscher, z. B. EVERSMANN[3]) sagen aus, dass Prof. JAN in Mailand vor ihren Augen Eidechsen in magnetische Erstarrung zu bringen vermochte. Es nahm der Genannte aus dem Kasten, in welchem er lebende Eidechsen hielt, sehr grosse Exemplare von *Lacerta ocellata* und *viridis* heraus, hielt sie hinter dem Kopfe fest und sah sie einige Secunden starr an; alsbald wurde das Thier ruhig und lag ganz gelähmt auf der Hand; auch konnte man es auf den Rücken legen, es blieb liegen und rührte sich nicht, und wenn er mit dem Zeigefinger eine Secunde lang in einer Entfernung von einem Zoll zwei oder drei magnetische Striche machte, so schloss das Thier auch die Augen. — Soll man die Erscheinungen einfach von dem auf die Medulla oblongata ausgeübten Drucke ableiten? Mir scheint diese Erklärung nicht ganz zu genügen.

Schon die Alten behaupteten, dass die Eidechse die Nähe der Menschen

---

[1]) LAURENTI sagt daher von seinem *Seps argus*, welcher bekanntlich das Junge von *Lacerta agilis* ist: mansuetus, ut non mordeat, quomodocunque irritatus; licet agilissimus, manu tamen facillime se capi patitur.

[2]) Nach den Angaben Derer, welche die *L. ocellata* im Freien beobachten konnten, übertrifft diese noch wie an Körperstärke so auch an Muth die *L. viridis*. WALTL (Reise nach Südspanien, 1835) welcher mehrere dieser Thiere auf den Haiden Andalusiens einfing, theilt mit, dass die Männchen, wenn sie ausgewachsen oder in der Brunstzeit sind, sich mitten im Laufe umkehren und mit aufgesperrtem Rachen sich zur Wehre setzen. Aehnliches erfährt man auch bei DUGÈS.

[3]) Bulletin de la Société impériale des naturalistes de Moscou, 1858, 2. S. 276.

lieben; LATREILLE[1]) nennt die *L. muralis* (bei ihm heisst sie *Lézard gris, L. agilis*) geradezu „un animal presque domestique". Jedenfalls bemerkt man leicht beim achtsamen Herumwandern, wie ich solches z. B. in Italien that, dass die Zahl der *L. muralis* an Mauern und Felsen in der Nähe menschlicher Wohnungen, wenn die Oertlichkeit sonst günstig ist, ganz besonders zunimmt. Immerhin möchte ich die Erscheinung nur in Verhältnissen begründet sehen, welche auch gewisse Pflanzen, wie das Schöllkraut und den schwarzen Hollunder, vorzugsweise die Nähe menschlicher Wohnungen aufsuchen lassen.

Eidechsen sollen auch für Musik empfänglich sein; worüber ich selber keine Erfahrungen habe, um so lieber aber einen sehr zuverlässigen Beobachter reden lassen möchte. Es ist DE SELYS-LONGCHAMPS, welcher seiner Zeit mit dem Fange der Eidechsen in der Umgegend von Turin beschäftigt, aussagt: „elle se laisse approcher facilement lorsqu' on siffle un air, tandis que la notre (die belgische *L. muralis*) n'est nullement sensible à la musique".

Zu den erwähnenswerthen Eigenthümlichkeiten gehört auch, dass unsere Thiere nicht selten in ruhigem Dasitzen recht deutlich gähnen, wie wenn sie Langeweile hätten; was meines Wissens weder bei anderen Reptilien oder Amphibien, noch bei den Vögeln beobachtet wird. Auch eine weitere Eigenschaft erinnert an die höchsten Wirbelthiere: *L. viridis* aus Dalmatien niesst zuweilen — an kühlen Maitagen — ganz vernehmlich.

Junge Thiere halten sich, wie mir diess namentlich bei *L. viridis* auffiel, aber auch bei *L. agilis* und *L. vivipara* vorkommt, noch gesellschaftlich oder truppweise zusammen. Später leben sie vereinzelt und wie schon angedeutet, die älteren Männchen, namentlich von *viridis* gerne zurückgezogen; eine Erscheinung, die bekanntlich auch weit durch die Reihen der höheren Thiere sich erstreckt. Am ehesten liesse sich der *L. muralis* ein geselliger Sinn fürs ganze Leben zuschreiben, da sie passende Stellen in Menge bevölkert. Eine Sitte, welche die Eidechsen ebenfalls mit sehr vielen niederen und höheren Thieren gemein haben, ist ihr zähes Festhalten an dem Fleck Erde, wo sie zur Welt kamen. Man wird in Gegenden, die uns durch viele Streifereien genau bekannt sind, bemerken, dass sich die Eidechsen, Jahr aus Jahr ein, an gewisse Bezirke halten, ohne sich über andere Oertlichkeiten, die soviel sich beurtheilen lässt, gleich passend wären, auszubreiten. Das Wandern scheint eben auch hier erst dann und als Nothwendigkeit einzutreten, wenn der Platz überfüllt ist.

[1] Histoire natur. d. reptiles, 1826.

Wie· nicht leicht bei einem anderen Geschöpf macht sich der Einfluss der Wärme, namentlich der Sonnenwärme, auf die Entfaltung des Nerven- und Muskellebens so bemerklich, wie bei den Eidechsen. Welch' seltsamen Anblick gewähren Thiere, die man Frühjahrs, eben erst hervorgekrochen aus ihren Erdlöchern und im Zustande grosser Ungelenkigkeit, überrascht! Auch büssen sie im Zimmer gehalten, bei herabgehender Temperatur ihre Behendigkeit sofort ein und setzen bei den jetzt trägen, schleppenden Bewegungen ganz bedächtig einen Fuss vor den anderen; während im Sonnenschein, namentlich bei *L. muralis*, die Bewegungen eine federnde Leichtigkeit annehmen, wie ohne alle Körperschwere. Bei + 16° R. im Zimmer und ohne Sonne fühlen sich die südlichen grünen Eidechsen nicht blos ganz kalt an, sondern bekommen auch ein eingefallenes, mageres Aussehen; in den Strahlen der Sonne hebt sich der Herzschlag und die Athmung, und gerade durch den letzteren Umstand, durch Ausdehnung der Lungen und Füllung mit Luft, ändert sich ihr Aussehen wieder in's Vollere um.

Alle unsere Arten nehmen, während sie sich sonnen, eine ganz besondere Stellung an, um den Sonnenstrahlen eine grösstmögliche Fläche des Körpers entgegenzubringen. Durch Hebung der Rippen und Spannung der Haut verbreitern sie den Körper und platten sich ab, was man an Thieren in Gefangenschaft, so oft die Sonne den Käfig bescheint, sehen kann; und dabei führen sie nicht selten eigenthümlich zappelnde Bewegungen mit den Beinen aus. Schon die Griechen bezeichneten die grüne Eidechse als sonnenliebend: σαῦρα ἡλιακή, *Lacerta solaris*. Um die Wärme ihrer Umgebung ganz auszunützen und damit gar nichts verloren geht, schleifen meine im Zimmer gehaltenen grossen dalmatinischen Thiere mit Behagen ihren Bauch am sonnig durchwärmten Boden hin.

Aber trotz alle dem sind sie auch der Feuchtigkeit sehr bedürftig, was sich bei sämmtlichen Arten nicht blos daraus zu erkennen gibt, dass sie gerne und viel trinken, sondern *Lacerta viridis* lebt mit Vorliebe an Plätzen, wo sie nicht allein die Sonne geniessen kann, sondern welche auch Feuchtigkeit hinreichend darbieten; daher sie sich bei Meran z. B., was schon MILDE richtig bemerkt, gern neben den Wasserleitungen finden lässt. *Lacerta vivipara* trifft man sogar an wirklich nassen Orten an und FITZINGER nennt sie nicht ganz mit Unrecht: Sumpfeidechse; auch badet sie sich in Gefangenschaft gerne im Wasserbehälter des Kastens.

Dieses Bedürfniss nach einem gewissen Grad von Feuchtigkeit, welcher in der Gefangenschaft so schwer herzustellen ist, scheint mir auch der Grund zu sein, warum man die aus trockenen südlichen Gegenden mitgenommenen Eidechsen leichter und länger am Leben erhalten kann, als die unserigen. Mir hat sich wenigstens immer gezeigt, dass *L. muralis* und *L. viridis* aus solchen Orten härter sind und sich besser der Zimmerluft anbequemen als *L. agilis* und *L. vivipara*; wie man denn auch ähnliche Erfahrungen zwischen dem *Ablepharus* aus Ungarn und jenen von der Insel Syra gemacht hat: letzterer ist nach Erber ebenfalls von dauerhafterer Beschaffenheit als der erstere.

Die Tageszeit in welcher die Eidechsen — ich beobachtete es zunächst an *L. viridis*, *L. agilis* und *L. muralis* — dem Genuss der Wärme und des Sonnenscheins vorzugsweise sich hingeben, sind die Vormittagsstunden von 9—12 Uhr. Man wird einzelne zwar bei gutem Wetter so lange die Sonne am Himmel steht, antreffen; aber um genannte Zeit sind sie am zahlreichsten und lebendigsten. In der Gefangenschaft kommen sie selbst an trüben Tagen gerne gegen 11 Uhr zum Vorschein. Kündigt sich Südwind an, so sind sie schon alle in frühester Morgenstunde munter; wenn Regen droht, halten sie sich versteckt, während bekanntlich gerade diese Luftbeschaffenheit unsere Schlangen hervorlockt. Wirklich kalte Witterung scheint ihnen sehr nachtheilig werden zu können: so beobachtete schon PALLAS, dass im Chersones bei drei hintereinander folgenden nasskalten Sommern, die früher äusserst zahlreiche *Lacerta taurica* fast verschwunden war.[1] v. CHARPENTIER theilt mit, dass *Lacerta viridis* vor dem strengen Winter 1829 auf 1830 bei Bex häufig war, nachher aber auf einige Jahre hinaus selten; es mochte eine grosse Anzahl dieser Thiere in ihren Löchern, wenn sie nicht tief genug waren, erfroren sein.[2]

Die der Wärme so sehr bedürftigen Eidechsen ziehen sich vor der rauher werdenden Luft des Herbstes in Verstecke zurück, um dort in einer Art Erstarrung den Winter hinzubringen. Die Zeit dieses Rückzugs ist wohl nach den wärmeren oder kälteren Gegenden etwas verschieden; aber sie ist auch verschieden für die einzelnen Arten, selbst Altersstufen und wie es scheint auch bezüglich des Geschlechts. Hier bei Tübingen, wo es sich nur um *Lacerta agilis* und *L. vivipara* handelt, beobachtet man, dass in der Regel Anfangs October die alten Thiere verschwunden sind und nach meinen Aufzeichnungen ziehen sich die Männchen früher zurück als die Weibchen. Die ganz jungen Thiere *(Seps argus* LAUR.) treffe ich an sonniger Stelle noch zahlreich um Mitte October an, ja am 25. October bei + 11° R. Nachmittags im Schatten und Ostwind liessen sie sich in Menge an warmen Hängen noch sehen, während kein einziges erwachsenes Exemplar mehr aufzutreiben war. Dasselbe begegnete mir mit *Lacerta vivipara*. Im Wald von Bebenhausen, an Puncten, wo man im Sommer erwachsene Thiere fast sicher trifft, konnte ich im October kein altes Thier mehr, leicht aber eine Anzahl ganz junger, in der Nähe von Baumstumpen gewahr werden.

---

[1] .... Lacerta taurica in Chersoneso taurica olim frequentissima, post insecutos tres annos (1803—1805) admodum pluviosos et continua intemperie infauces ita nunc periit, ut vix unam vel alteram per plures annos hinc inde offendere daretur. Zoographia rossica.

[2] Tschudi. Schweizerische Echsen. 1837. S. 13. Anmerkg.

Auch von *Rana esculenta* sind die ganz jungen diessjährigen Fröschchen um eben dieselbe Zeit noch an den Rändern der Gewässer lebendig, während die Alten schon sich zur Ruhe begeben haben. Diess stimmt Alles gut überein mit dem, was an Säugethieren, welche dem Winterschlaf unterworfen sind, beobachtet wurde. Beim Igel und Ziesel sind es nach Barkow [1] die jüngeren Thiere, welche eines kürzeren Winterschlafes bedürfen, als die alten; ebenso verhält es sich bei der Haselmaus nach Berthold. Selbst bei niederen Thieren hat man Aehnliches beobachtet; ich finde wenigstens die Angabe, dass nach Schrenk die Jungen der Landschnecken (*Helix pomatia*, *H. hortensis* u. a.) den Winterschlaf später als die Erwachsenen antreten. [2] Soll man diese Erscheinung einfach mit der Unerfahrenheit der Jungen erklären wollen, die im Sommer ans Licht der Welt gekommen, noch nicht wissen, was der Winter ist? Der Grund mag doch wohl tiefer liegen.

Wann sich in deutschen Gegenden die *Lacerta viridis* zurückzieht, darüber kenne ich keine Angaben. Wohl aber hat Milde in seiner interessanten Abhandlung: Wissenschaftliche Ergebnisse meines Aufenthaltes bei Meran [3] sich aufgezeichnet: „3. November. Die letzte *Lacerta viridis* ist sichtbar."

Was die *Lacerta muralis* betrifft, so ist sicher, dass sie am längsten ausdauert und daher am spätesten verschwindet. Hier im Württembergischen, im Gebiet der Zaber tummelt sich die Eidechse, wie ich einer brieflichen Mittheilung [4] entnehme, noch Mitte Novembers an warmen Tagen in ganzen Gesellschaften herum. In Südtyrol bleibt sie noch einen Monat weiter wach; nicht blos Milde hat sich von Meran angemerkt: „15. Decbr. die letzte *Podarcis muralis* ist sichtbar", sondern es wurde mir von verschiedener Seite gesagt, dass sich noch um die Weihnachtszeit einzelne Thierchen durch den warmen Sonnenschein hervorlocken lassen. In Südeuropa selber hält das Thier gar keinen eigentlichen Winterschlaf mehr, sondern kommt den ganzen Winter hindurch an heiteren Tagen zum Vorschein, wie schon Cetti von der Insel Sardinien, dann Dugès von Südfrankreich melden und ich selbst bei Cagliari erfahren habe. [5]

Wenn die Eidechsen die Winterquartiere beziehen, so ist ihnen daran gelegen, sich in Gesellschaft, wenigstens zu zwei zusammenzuthun. In allen den mir zur Kenntniss gekommenen Fällen, wo man in hiesiger Gegend, gelegentlich von Erdarbeiten, auf Winterschlaf haltende Eidechsen stiess, waren sie immer, wohl der Erwärmung halber, zu mehreren beisammen. Selbst im Zwinger der in geheiztem Zimmer steht, legen sich 2 grüne Eidechsen, als im December die Temperatur draussen

---

[1] Der Winterschlaf nach seinen Erscheinungen im Thierreich. 1846.

[2] Siehe E. v. Martens Verbreitung d. europ. Land- u. Süsswassergasteropoden. 1855. — In dem mir eben zugehenden Decemberheft des »zoologischen Gartens«, 1869, finde ich eine gleichfalls hieher gehörige Bemerkung des Pfarrers Snell, dem zufolge unter den Wandervögeln die jungen Vögel es sind, welche zuletzt aufbrechen.

[3] Botanische Zeitung Nr. 50, 1862.

[4] Des Hrn. Forstassistenten Karrer.

[5] Molche der württemb. Fauna. Arch. f. Naturgesch. 1867. (Separatabdruck S. 6. Anmerkg.)

auf — 8" und 9° R. stand, hübsch dicht der Länge nach aneinander, während sie
sonst sich aus dem Wege gehen. — Thiere, welche im ungeheizten Raum in Winterschlaf fielen, lagen mit geschlossenen Augen da und ohne Athembewegungen, manche
aber mit geöffnetem Mund. Sie waren wie todt, aber nicht starr: in die Hand genommen zeigten sie bald einige Regung der Gliedmassen, öffneten die Augen und
die Athembewegungen stellten sich ein.

Wie im Abtreten vom Schauplatz, so auch im Wiedererscheinen beim beginnenden Frühling zeigen sich Abstufungen nach den Arten, dem Alter und selbst
dem Geschlecht. Den Anfang macht *Lacerta muralis:* MILDE sah bei Meran die erste
am 14. Febr. Wann sie diesseits der Alpen ihr Versteck verlässt, ist mir bis jetzt
nicht bekannt. Die *L. viridis* zeigte sich bei Meran nach dem mehrmals genannten
Beobachter etwa einen Monat später als die Mauereidechse, am 10. März; in Oesterreich nach FRITSCH am 8. April. Für *Lacerta agilis* ist wohl in Deutschland die
erste Woche des April die Zeit, wo sie wieder hervorkriecht. Ich sah es so im
Mainthal; nach früheren Aufzeichnungen glaubte ich für Tübingen, welches viel höher
liegt etwa 1200' w. F. üb. d. M. Mitte April annehmen zu müssen; allein sie ist auch hier
unterdessen schon in der ersten Aprilwoche gefangen worden. Natürlich wird die
Witterung die Zeit etwas vor oder zurückrücken. Im Vorarlbergischen sah BRUHIN[1])
im Jahr 1866, am 5. April die erste Eidechse, 1867 aber schon am 27. März. In
Kischinews, welches mit Vorarlberg so ziemlich unter gleichem Breitegrade liegt,
erscheint das Thier Mitte April.[2]) — Mit Sicherheit habe ich beobachtet, dass
die ganz jungen Thiere, nachdem die Temperatur Mittags auf 13—14° R. im Schatten
sich gehoben, zuerst aus ihren Löchern an die Sonne kommen. Dann folgen die
Männchen und zuletzt die Weibchen, welche etwa eine Woche später erscheinen,
was an bekannte Verhältnisse anderer Thiere, z. B. der Zugvögel, anschliesst. *L.
vivipara* scheint früher als *L. agilis* die Winterverstecke zu verlassen: es ist mir
nemlich bemerkenswerth geworden, dass ich bei meinen Excursionen in den Schönbuch hier bei Tübingen *L. vivipara,* Alt und Jung, schon antreffe, wenn sich von
L. agilis am gleichen Orte nur erst die ganz jungen *(L. argus)* zeigen und zwar an
Stellen, wo später auch die Alten in Menge springen. Es würde dies im Einklang

---

[1]) Zoologischer Garten, 1868, Märzheft.
[2]) Bull. d. l. soc. des natur. d. Moscou, 1859, I. S. 124. Wie sehr doch gewisse Umstände das frühere
oder spätere Hervorkommen bedingen, erfuhr in diesem Frühjahr (1870), wo ich bereits am 16. März hier bei
Tübingen die erste *L. agilis* zu Gesicht bekam. Nachts stand noch der Thermometer auf — 4° R. und Mittags blos
auf + 6° R.; aber die Stelle, wo das Thierchen sich bereits sonnte, lag ganz mittägig und durchaus geschützt
gegen den Nord- und Ostwind.

sein mit der weit nach Norden und in die Alpenhöhen gehenden Verbreitung dieser Art, wovon unten.

Uebrigens halten die Thiere die Zeitabschnitte des periodischen Erscheinens im Grossen und Ganzen ziemlich regelmässig ein, und lassen sich nicht durch etwaige Wärme im Februar hervorlocken. Es gab Jahre, wo wir hier im Februar Mittags im Schatten $+$ 12° R. eine ganze Woche lang hatten, so dass die Grillen als Puppen mit Flügelstummeln vor ihren Löchern sich sonnten, und selbst *Carabus auratus* über den Weg lief, aber trotzdem liess sich keine Eidechse an den Stellen, wo ich sie jährlich zuerst zu sehen gewohnt bin, erblicken. Wahrscheinlich wirkte doch noch nicht die Wärme tief genug durch den erkälteten Boden.

Auffallend könnte es scheinen, dass die eben hervorgekrochenen Thiere keineswegs ein abgezehrtes Aussehen haben, vielmehr ein wohlgenährtes, man könnte fast sagen, feistes. Doch wäre es irrig annehmen zu wollen, als ob sich erst während des Winterschlafes der Fettkörper in der Becken- und Hinterleibsgegend entwickelt habe. Es geschieht solches vor dem Winterschlaf, wie der Anblick und die Zergliederung von Thieren, die dieser Zeit entgegen gehen, beweist, und wie das ja auch in Uebereinstimmung mit der dicken und fetten Körperbeschaffenheit anderer Geschöpfe vor dem abzuhaltenden Winterschlaf steht.

Blindschleiche.

Anguis fragilis zeigt dem Beobachter ein in vielen Puncten anderes Temperament als dasjenige der Eidechsen ist. Vor Allem ist die Blindschleiche um vieles ruhiger und nachdenklicher in ihrem ganzen Wesen und es mag desshalb daran erinnert werden, dass die Lappen des grossen Gehirns bei unserem Thier, in Anbetracht des Mittelhirns, entschieden grösser sind als bei den Eidechsen.

Es war mir interessant zu sehen, dass drei andere europäische Scinke: der *Ablepharus pannonicus*, der *Gongylus ocellatus* und *Pseudopus Pallasii*, welche sämmtlich bei mir längere Zeit in Gefangenschaft lebten, im ganzen Behaben mehr an die Blindschleiche als an die Eidechsen erinnerten. *Ablepharus*, obschon um vieles lebhafter als unsere Blindschleiche, stimmte zum Beispiel doch darin ganz mit genanntem Thiere überein, dass er gewöhnlich lang andauernd, wie starr aufhorchte, ehe er sich zum Flüchten anschickte.[1] *Pseudopus Pallasii* in einem geräumigen Käfig zusammen mit grossen grünen Eidechsen aus Dalmatien gehalten zeigt sich, gegenüber dem ungestümen, gern kopflosen Benehmen der Mitgefangenen, geradezu verständig.

Auch die Blindschleichen sind, obschon sie sich gerne sonnen, doch der Feuchtigkeit recht bedürftig und die meisten der Exemplare, welche mir unter die Augen kamen, habe ich unter etwas feuchtliegenden Steinen angetroffen; auch mir beim Durchsuchen trockener Gegenden wiederholt bemerkt, dass in solchen *Anguis fragilis*

---

[1] Von diesem niedlichen Thier sind mir zwei farbige Abbildungen bekannt. Die eine findet sich in dem Prachtwerke von Bory de St. Vincent's Expedition scientifique de Morée, Zoologie, 1833, und die andere in Cocteau's Etudes sur les Scincoides, 1836, beide und namentlich die letztere in Zeichnung und Stich, sehr rein und richtig; aber das Colorit ist offenbar nicht nach lebenden, sondern nach Weingeistexemplaren angelegt. Mein *Ablepharus*, von der Insel Syra stammend, hatte nicht blos den Glanz, sondern auch das schöne Bronzebraun der Blindschleiche.

21 *

selten war. Selbst an Thieren in Gefangenschaft lässt sich beobachten, dass sie keineswegs wenn die Sonne ihren Behälter bescheint, hervorkommen, wie dies die Eidechsen thun, sondern sie bleiben verborgen; hingegen an Tagen, welche die Eidechsen zum Sichzurückziehen bestimmen, so z. B. wenn Regenwetter im Anzuge ist, kriechen die Blindschleichen aus dem Versteck an die Oberfläche. Wenn unsere Thiere schon in aller Frühe herumkriechen, deutet es entschieden auf eine Veränderung der Atmosphäre zum Regen.

Die Winterquartiere bezieht sie etwas später als die alten Thiere von *Lacerta agilis* und *Lacerta vivipara*. Noch Mitte Octobers fand ich Blindschleichen hier bei Tübingen theils frei, theils unter Steinen. Im Winter stossen die Feldleute öfters auf die wohlverwahrten Erdhöhlen, in welchen die Thiere die rauhe Jahreszeit hinbringen. In den mir bekannt gewordenen Fällen war die Lage dieser Winterquartiere immer eine sorgfältig gewählte in der Art, dass sie nicht blos genau gegen Süden sich richteten, sondern auch vor Nord- und Ostwind geschützt waren; dabei hatte sich immer eine grössere Gesellschaft von Thieren, Alt und Jung zusammengefunden, denen sich auch einmal eine *Coronella laevis* angeschlossen hatte. Die Höhlen oder „Stollen" wählen sie sich durch Bohrbewegungen ihrer stumpfen Schnauze aus, was FRIVALDSZKY zuerst beobachtet zu haben scheint.[1] TSCHUDI, welcher selbst einen solchen Stollen im Februar ausgrub, konnte nähere Angaben über die Länge, Form und Krümmungen des Winterquartiers mittheilen, auch genaueres über die Art und die Folge wie die Thiere — es waren 23 Individuen — darin liegen.

Im Frühling kommt die Blindschleiche etwas früher zum Vorschein als die gemeine und die lebendiggebärende Eidechse. Ich habe in hiesiger Gegend schon Mitte März, mitunter bei noch recht rauher Witterung, die ersten wachen Thiere unter Steinen gesehen und wäre geneigt dieses, gegenüber von den Eidechsen, wetterfeste Wesen mit den so dichten schützenden Kalkschuppen der Haut in Verbindung zu bringen. Nach LENZ, auf dessen Beobachtungen sich BARKOW[2] stützt, wäre die Blindschleiche „gegen Wind und Kälte am empfindlichsten". Ich habe immer das Gegentheil wahrgenommen.

Meine Ansicht dass die Beschaffenheit der Lederhaut hiebei von Einfluss sein möge, lässt sich auch durch das unterstützen, was ich am lebenden *Pseudopus Pallasii* zu beobachten Gelegenheit hatte. Diese Thiere zeigten deutlich, dass sie von der Kälte viel weniger ausstanden als die Eidechsen. Während *L. viridis*, bei dem Stand des Thermometers auf + 14° R. im Freien, vor Frost zitterte und ganz eingefallen war, liess *Pseudopus Pallasii* bei seiner dicken verkalkten Haut nichts von Unbehagen bemerken.

[1] Monographia serpentum Hungariae. Pestini 1823. . . . cavitates terrae quas ipse rostro fodicat petere solet.

[2] Der Winterschlaf nach seinen Erscheinungen im Thierreich, Berlin 1846.

II. Bewegung.

Die Bewegungen der von der Sonne durchwärmten Eidechsen sind zwar bekanntermassen bei allen Arten äusserst schnell, aber doch wieder in merklich verschiedenem Grade nach den Species. Oben an steht *Lacerta viridis*, deren Bewegungen schon DANTE naturgetreu bezeichnet: „folgore par, se la via attraversa"; und wer dieses noch nicht als etwas selbst Erprobtes kennt, mag sich von GERMAR [1]) aus seiner Dalmatinischen Reise erzählen lassen: „ich suchte ihrer (der grossen *Lacerta viridis*) auf verschiedene Art habhaft zu werden, um diese in mancher Hinsicht mir noch dunkle Art untersuchen zu können, aber vergebens, sie war mir zu schnell." — Beim Sprung schiessen sie, mit gestrecktem Schwanz, pfeilähnlich über ganze Flächen weg, in geradester Richtung und oft auch über ihr Ziel hinaus. Welche Wichtigkeit für diese Art Bewegung der lange Schwanz hat, kann uns klar werden, wenn wir zufällig Thieren begegnen, die am Schwanz verstümmelt sind. Solche, obgleich sich in die Flucht stürzend, können nicht die pfeilschnellen Bewegungen gewinnen, sondern suchen durch einfachen Lauf unter zahlreichen, raschen Schlängelungen des Leibes zu entkommen und werden desshalb leicht zur Beute. [2])

Auch die *Lacerta muralis* ist äusserst behend; doch lässt sie sich bei einiger Uebung an passenden Orten, z. B. an Planken viel besuchter Wege, leichter als *L. viridis* fangen. [3])

Unsere *Lacerta agilis* trägt ihren Namen, gegenüber von diesen südlichen Springern und Läufern, beinahe nicht mehr mit vollem Recht; und man begreift, wie die italienischen Zoologen früher so allgemein in den Fehler fallen konnten, die Linneische Bezeichnung *agilis* auf die Mauereidechse zu deuten.

Alle genannten Arten sind auch gute Kletterer. Man sieht nicht nur *L. viridis* gelegentlich Bäume ersteigen, sondern auch *L. agilis* lässt sich belauschen, wie sie Hecken und Buschwerk durchklettert; selbst *L. vivipara* sah ich öfters einige Fuss weit über dem Boden an Föhrenstämmen sich sonnen. Doch wahrhaft bewunderswerth geschickt klettert *L. muralis* an senkrechten Wänden empor, an Häusern mehrere Stockwerke hoch. Diese ganz besondere Fähigkeit im Emporklimmen hängt wohl

---

[1]) Reise nach Dalmatien 1817.

[2]) Eine verfolgte Katze oder ein springendes Eichhorn lassen deutlich bemerken, dass auch den Säugern die lange Schwanzwirbelsäule in gleicher Weise als Steuer dient.

[3]) Ich habe vielleicht ein halbes Hundert mit Händen gehascht; was desshalb hier stehen mag, weil ein gewiss nicht ungeübter Naturforscher, Hr. MAAS, erklärt, das Thier mit Händen zu fangen gelinge blos bisweilen und nur dann, wenn es an senkrechten Mauern hoch hinaufläufe.

mit einer Beschaffenheit der Zehen zusammen, welche bei dieser Art mehr als bei den andern ausgeprägt sich zeigt. Die Schuppen an der Unterseite der Zehen bilden nemlich scharf hervorspringende Querwülste, dicht hintereinander gestellt und von schwärzlicher Farbe. Dadurch wird die Sohlenseite der Zehen rauh und höckerig und kann leichter in die Unebenheiten der zu erkletternden Fläche eingreifen.

Im Gegensatz zur Neigung in die Höhe zu klimmen traf ich die ganz jungen Thierchen von *L. viridis* am öftesten auf ebener Erde und zwar im Grase an.

Bei ganzen Gruppen ausländischer Eidechsen ändert bekanntlich das lebende Thier in der Erregung seine Farbe. Auch bei unseren Arten lassen sich hievon wenigstens Spuren beobachten: ein und dasselbe Individuum kann nach Umständen etwas heller oder dunkler sein.

Am meisten fiel mir diese Erscheinung auf an der *L. muralis, var. campestris* BETTA, wovon ich mir eine Anzahl auf dem Lido von Venedig eingefangen hatte. Die Thiere boten im Freien auf dem heissen Sande ein sehr helles Aussehen dar; einige Wochen im Dunkel einer Schachtel gehalten waren sie beim Herausnehmen, obschon frisch und lebendig, doch merklich dunkler geworden; dem Tageslicht andauernd wieder ausgesetzt hellten sie sich zu dem früheren Farbenton auf. Geringer, aber an manchen Individuen für Den der darauf achten gelernt hat unverkennbar, ist die Veränderung des Grüns bei *L. agilis*. Wenn im Mai die Temperatur plötzlich rasch herabgeht, oder auch bei Regenwetter nimmt das schöne Grün der Seite an Thieren in Gefangenschaft einen etwas gelblichen Ton an.

Ich möchte aber hier noch auf eine Beobachtung von VALLISNIERI[1] aufmerksam machen, aus welcher hervorzugehen scheint, dass bei *Lacerta viridis* der Farbenwechsel durch starke Aufregung des Thieres in ungleich grellerer Weise erfolgen könne.

Der genannte Naturforscher von Padua, zuvor beschäftigt mit Studien am lebenden Chamäleon, traf im Mai zwei dieser Eidechsen, welche in einander verschlungen, und, wie er meinte, im Kampfe begriffen waren, an. Beide wurden erfasst und in ein Gefäss von Glas gesetzt. Die eine war grösser, von Farbe goldgrün, mit schwarzen Puncten besprengt; der Kopf dunkelgrün, mit gelben Flecken getüpfelt. Die kleinere sehr abweichend von der grösseren besass ganz wenig Grün, mit kaffeebraunen Längsstreifen. Diese Angaben aber die verschiedene Grösse und Farbe der beiden Thiere sowohl, als auch die weitere Mittheilung, dass beim Einfangen die grössere Eidechse sich rasch auf einen in der Nähe stehenden Baum zu retten suchte, während die kleinere sich leicht fassen liess, machen es mir höchst wahrscheinlich, um nicht zu sagen gewiss, dass VALLISNIERI in dem grösseren Thier das Männchen und in dem kleineren das Weibchen vor sich hatte und zwar im Begattungsacte, der nach den Berichten späterer Beobachter an einen Kampf erinnern mag, da das Männchen mit den Zähnen das Weibchen packt und festhält; auch der italienische Forscher noch aus-

[1] Opere diverse. Venezia, 1715. (Istoria del Camaleonte affricano e di vari animali d'Italia, pag. 163.) Ein Werk, auch bezüglich der Lacerten wichtig, das ich leider zu spät genauer kennen lernte.

drücklich beifügt, dass Blutflecken, welche an der kleineren Eidechse zu sehen waren, nicht aus Hautwunden kamen, sondern aus dem Munde der grösseren. Dies Alles glaubte ich noch auseinandersetzen zu müssen, um das folgende zu verstehen und einzureihen. VALLISNIERI erzählt nemlich weiter, dass Tags darauf das kleinere Thier seine Farbe in hohem Grade geändert hatte. Es war jetzt sehr schön grün geworden, besprengt mit regelmässig gestellten schwarzen Flecken: eine Reihe anderer, theils gelblicher Flecken zog an der Seite des Leibes hin und erstreckte sich fein auslaufend bis fast zur Schwanzspitze. Der Schwanz allein hatte noch in seiner Grundfarbe das frühere Kaffeebraun, das jedoch auch anfieng in Grün, besprenkelt mit Schwarz, sich umzusetzen. Die Farbe der Vorderbeine war in reines Smaragdgrün übergegangen, während die Hinterbeine zum Theil noch braun, zum Theil gelbgrün waren.

Wenn man nun bedenkt, dass die Verfärbung auch bei anderen Amphibien und Reptilien unter dem Einflusse des Nervensystems steht und von dessen Stimmung abhängt, wozu ich bereits Thatsachen an einem anderen Orte[1] vorbrachte, so wird sich obiger Fall dahin erklären, dass die verschiedenen Zustände des Nervensystems bei dem Begattungsact, der Unterbrechung desselben durch die Gefangennahme, und nachfolgender Ruhe in dem Glasgefäss, ihren Ausdruck in dem Spiel der beweglichen Farbzellen der äusseren Haut gefunden haben.

„Ecco — schliesst VALLISNIERI seine Mittheilung — ne' nostri lucertoloni, o ramarri un segnale molto considerabile simile a quello de' Camaleonti Affricani, cioè la mutazione de' colori, onde possiamo chiamargli i Camaleonti d'Italia, ornandosi anche i nostri l'estate del più vago loro colore ch' è il verde. Non lo cangiano cosi frequentemente, si perchè sono privi di quelle intralciatissime piegoline, o solchi che osservammo nella cute di quelli.‟

Nicht unter den Begriff des Farbenwechsels gehört die bekannte Erscheinung, dass unmittelbar nach dem Abwerfen der Epidermis bei der Häutung alle Farbentöne grosse Frische und Glanz zeigen. Wie sehr überhaupt die Oberhaut die Farben der Lederhaut abdämpft, macht sich auch dann sehr auffällig, wenn wir eine frische *Lacerta agilis* einige Tage in sehr verdünnte Salzsäure legen und dann die Epidermis abziehen. Alle Farben treten jetzt ungleich schärfer und satter zu Tage.

Die Bewegungen der Blindschleiche, obschon wegen Mangels der Gliedmassen im Allgemeinen schlangenförmig, weichen doch nicht wenig von jenen der Schlangen ab. Da nemlich die Haut der Blindschleiche durch wirkliche Kalktafeln gepanzert ist, so geschehen ihre Krümmungen nicht in kurzen Wellenlinien, wie solches bei den Schlangen in hohem Mass eintreten kann, sondern, unter gewöhnlichen Umständen auf ebenem Boden, in grösseren Curven. Nur wenn sie sich im Steingeröll und Pflanzengewirr durchzudrücken haben, vermögen sie auch engere

[1] Molche der Württemb. Fauna. Arch. f. Naturgesch. 1867.

Krümmungen anzunehmen, die jedoch wie alle sonstigen Bewegungen des Thieres, wegen der verkalkten Lederhaut, etwas starres an sich haben; recht im Gegensatz zu den höchst geschmeidigen Windungen der echten Schlangen, die durch keine Verkalkung der Lederhaut behindert sind.

Wie bereits bemerkt, habe ich zwei andere Scincoiden, den *Gongylus ocellatus* und den *Ablepharus pannonicus* längere Zeit im Zimmer gehalten und hier denselben Unterschied gegenüber von den Eidechsen, denen die beiden Gattungen durch Besitz von Gliedmassen näher stehen, beobachtet. Trotz aller Behendigkeit, die namentlich dem *Ablepharus* eigen ist, geht den Körperkrümmungen, offenbar wegen der knöchernen Hauttäfelchen, etwas der Geschmeidigkeit, wodurch sich die echten Eidechsen auszeichnen, ab. Noch auffälliger ist wegen Grösse des Körpers dieser Unterschied bei *Pseudopus Pallasii*; die Bewegungen sind ungefüge und weit entfernt von der Leichtigkeit der Weise, wie Schlangen sich winden und drehen.

Der auf lebendiger Zusammenziehung von Chromatophoren beruhende Farbenwechsel ist auch bei der Blindschleiche deutlich wahrzunehmen.

Ich hatte ein junges, wohl im zweiten Jahre stehendes Thier gefangen, dessen Rückenseite das schönste Kastanienbraun zeigte, in der Mitte mit schwarzem Längsstreif; des anderen Tages war das Kastanienbraun in ein ganz leichtes Gelbbraun übergegangen, auf dem sich jederseits neben dem schwarzen Längsstreif jetzt ein paar andere, wenn auch nur schwach bräunliche Längsbinden abhoben. Bald darauf kamen mir mehrere einjährige Thiere in die Hände, welche noch die bekannte weisse Rückenfärbung der Jungen hatten. Ueber Nacht waren auf dem vorher mit Ausnahme der dunkeln Rückenlinie ganz weissen Rücken zwei zarte Längsstreifen erschienen. Unten werde ich von einer schönen hellstreifigen Varietät zu berichten haben, welche ich hinter Schloss Planta bei Meran fieng und wegen ihrer ungewöhnlichen Färbung mit mir lebend nach Tübingen nahm. Als ich aber dort angekommen das Kästchen öffnete, war die Schönheit verschwunden, das Thier sah, indem es einen gleichmässig dunkeln Ton angenommen hatte, so ziemlich aus wie eine gewöhnliche Blindschleiche. Aber ins Terrarium gesetzt hellte sie sich, namentlich beim Eintritt sonniger warmer Tage, wieder auf und zeigte über den Rücken und die Seiten bis zur Mitte des Bauches, auf schönem grauweissen Grunde, dicht gestellte feine Längsstreifen; nur die Mitte des Bauches nahm eine etwas breitere Binde ein. — Ein Thier, welches ich an einem rauhen Apriltage gefangen, war schön braun in der Grundfarbe; im geheizten Zimmer hatte sich nach einigen Tagen das Braun in ein sehr helles Mäusegrau umgesetzt.

Die Beispiele mögen genügen, auch andere Beobachter auf einen Vorgang aufmerksam zu machen, der bisher an diesem Saurier noch nicht angezeigt wurde.

—

III. Nahrung.

Eidechsen.

Unsere Thiere sind was die Stoffe anbelangt, welche sie zu sich nehmen, bekanntlich Fleischfresser und zwar in ausgeprägtester Weise. Ich kann z. B. bestätigen, was schon wiederholt von Andern beobachtet wurde, dass frisch geborene zarte Jungen von den Alten verschlungen werden, obschon es keineswegs an Nahrung fehlte. Auch die Brut im Zwinger zur Welt gekommener Blindschleichen wurde mit Gier von den Eidechsen verspeist. Nach Dugés sollen sie auch die Eier der eigenen Art gerne auffressen, worüber ich keine Beobachtung habe.

Ihre gewöhnlichste Nahrung holen sie indessen aus dem Reich der Glieder-thiere,[1]) und zeigen sich im Freien viel weniger wählerisch als in der Gefangen-schaft. Draussen sind, wie die unmittelbare Beobachtung und anatomische Unter-suchungen lehren, die verschiedensten Käfer nach ihrem Geschmack; während sie im Zwinger z. B. Laufkäfer, Bockkäfer, Chrysomelinen nicht anrühren, eher noch Cetonien (C. aurata, Hoplia squamosa, Valgus hemipterus), auch wohl kleinere Me-lolonthiden, z. B. Arten von Rhizotrogus. Das Lieblingsfutter bilden Larven, Raupen, Heuschrecken, Grillen (*Lacerta viridis* frisst selbst Maulwurfsgrillen mit grossem Be-hagen), überhaupt weichere Insecten; dabei sind insbesondere Laubheuschrecken Leckerbissen; wenn *L. agilis* die Auswahl hat zwischen der zarten Phaneroptera falcata und dem Acridium coerulescens wird sie immer die ersteren vorziehen. Auch Regenwürmer nehmen sie, doch nicht mit sonderlicher Vorliebe. Nur *Lacerta vivi-para* verhielt sich hierin anders. Da diese Eidechse vorzugsweise im Feuchten lebt scheint sie mit Regenwürmern vertrauter zu sein, als die andern Arten es sind. Mit Ueberraschung sieht man, wie das kleine Thier sich auf ganz grosse Würmer stürzt und mit ihnen fertig zu werden weiss.

Grössere, weiche Insecten wie Heuschrecken und Grillen, werden von den Eidechsen gerne in der Quere gepackt; auch die Regenwürmer fassen sie auf diese Weise, und in Gesellschaft zerstücken sie leicht und rasch einen langen derartigen Anneliden. Im Frühling und Sommer ist der Eifer im Fressen so gross, dass sie sich gegenseitig den Bissen aus dem Maul reissen; wie aber die Temperatur herab-geht, verringert sich der Appetit. Vor dem Niederschlingen des Bissens machen sie, wenn er nicht von vorne herein ganz weicher Natur ist, mancherlei, zum Theil heftige Kaubewegungen; sie lassen übrigens den Bissen, sobald sie nur etwas ge-stört werden, leicht fallen. Nach gehaltener Mahlzeit schlecken sie oft lange mit vorgestreckter Zunge die Schnauze und Wangengegend ab. — Honigstückchen von Zeit zu Zeit in den Käfig gebracht, und mit etwas Wasser besprengt, werden mit

---

[1]) Nach Plinius (Lib. VIII) sollen die Eidechsen besonders den Schnecken nachstellen: lacerta inimicissimum genus cochleis, welche Ansicht jetzt noch im Süden Geltung zu haben scheint. Einigen Eidechsen, welche mir von der Insel Sardinien lebend zugeschickt wurden, war die dickschalige Helix candidissima, zu meiner Verwunderung, als Nahrung in grosser Anzahl beigegeben. (E. v. Martens in seinen Reisebemerkungen aus Italien. Malak. Bl. 1857, äussert sich über die Weichtheile dieser Schnecke sehr richtig dahin, dass sie eben so massiv seien, wie die Schale. Indem er sie näher beschreibt, sagt er auch, er habe die Weichtheile nicht von schwarzer Farbe gesehen, »wie man sie aus Sardinien beobachtet haben will«. Es mag desshalb erwähnt sein, dass alle meine Exemplare aus genannter Insel in der That ganz schwarz waren, wodurch das Thier zu seiner kreideweissen Schale einen selt-samen Gegensatz bildete.)

dem ausgesprochensten Behagen beleckt; auch sah ich,[1]) wie *Lacerta muralis* um reife abgefallene Feigen in Menge sich sammelte, um gierig an dem blossgelegten Inneren der Früchte zu lecken, und der Trupp immer wieder bald zu dem Schmausse zurückkehrte, wenn er davon verscheucht worden war.

Dass die einen Individuen sich leicht zur Annahme von Futter in der Gefangenschaft verstehen, die anderen gar nicht, endlich dass besondere Neigungen in der Auswahl der Nahrung vorkommen, wird Jeder, welcher sich mit dem Halten und der Pflege der Eidechsen abgibt, erfahren. Mir war z. B. auffallend, wie mehrere Individuen von *L. agilis*, und ebenso solche von *L. muralis var. campestris*, auf Regenwürmer lebhaft stiessen und sich darum rissen, während *L. muralis* (die Stammform), obschon ebenfalls durch den Eifer der anderen herbeigezogen, die Würmer immer verschmähte, hingegen sich sehr erpicht auf die grossen Fleischfliegen zeigte, und sie geschickt zu fangen wusste.

Wie nützlich sich die Eidechsen durch Wegfangen zahlreicher Insecten dem Landwirth machen können, geht schlagend aus den Erfahrungen ERBER'S in Wien hervor.

„Eine *Lacerta viridis* — diese Art scheint besonders gefrässig zu sein — verzehrte vom Februar bis November nicht weniger als 2040 Mehlwürmer, 112 grosse Heuschrecken, 58 Cetonia aurata, über 200 Regenwürmer und 408 grosse Fliegen, wozu noch zwei Separatmahlzeiten mit je 18—20 Stück Mantis religiosa ♀ und mehrere hundert kleinere Käfer zu rechnen sind, so dass dieses Thier, ein mittelgrosses Männchen, während dieser Zeit mehr als 3000 Stück Insecten sämmtlich grösserer Gattung verzehrte." Aber es ist wohl mit ERBER anzunehmen, dass das Thier im Freien noch ganz anders aufräumen mag, wo ihm nicht jeder Bissen vorgezählt wird und es seinen starken Appetit genügend befriedigen kann. Trotzdem wird nach wie vor der unverständige Mensch diese und andere nützliche Thiere verfolgen und tödten, so oft sich die Gelegenheit bietet.

Die Eidechsen sind auch des Wassers sehr bedürftig. Im Freien lecken sie den Thau; ein aufmerksamer Beobachter kann die Mauereidechsen, welche in den späteren Stunden des Vormittags auf Planken und Mauern sich sonnen, immer in der Frühe am Boden treffen, damit beschäftigt, den Thau von Gras und Kräutern einzusaugen. In der Gefangenschaft trinken sie gierig das Wasser, womit man das Moos und die Pflanzen des Terrariums besprengt, oder ihnen auch in einem Gefäss vorsetzt. Mangelt ihnen das Wasser, so legt sich ihre Haut bald in Falten, was sich zusehends wieder ändert, wenn sie nach Belieben dieses nothwendige Element aufnehmen können.

Das Trinken geschieht, was schon die alten Beobachter wissen, nach Art der Hunde; doch mit dem Unterschiede, dass nur die untere Fläche der hervorgestreckten und verbreiterten Zunge auf das Flüssige gebracht und dann zurückgezogen wird, ohne dass ein eigentliches Auflöffeln, durch Hohlmachen der Zunge, stattfindet. Die Art des Trinkens liess sich besonders gut an der grossen *L. viridis* aus Dalmatien beobachten, indem man ihr einen Kaffeelöffel voll Honigwasser darreichte, welcher innerhalb einer Minute völlig geleert wird. Hiebei schlägt zunächst das Thier die

[1]) Am Strande einer stillen, einsamen Bucht des Gardasees.

verlängerte, röthliche und an der Spitze etwas schwärzliche Zunge heraus, welchem Herausschlagen dann ein Eintunken in die Flüssigkeit folgt, mit einiger Ausbreitung der beiden Zungenspitzen. Ich denke mir, dass jetzt die Lücken zwischen den Papillen an der Zungenoberfläche sich mit Flüssigkeit füllen, worauf dann das so beladene Organ zurückgezogen wird, um den Vorgang von Neuem rasch zu wiederholen.

Hält man Eidechsen bei guter Nahrung in Gefangenschaft, so lässt sich beobachten, dass jeder Excrementballen aus zwei scharf geschiedenen Theilen besteht: aus einer grösseren länglichen, in frischem Zustande dunkelkaffeebraunen Masse, oder dem eigentlichen Kothballen, [1] welcher die nicht einverleibbaren Speisereste, namentlich das Chitinskelet von Insecten, enthält, und zweitens aus einer daran hängenden Partie vom Aussehen eines kreideweissen Kalkbreies; dieser stellt den Harn vor. Alle Arten unserer Eidechsen verhalten sich darin im Wesentlichen gleich, nur dass in der Form und Grösse der beiden Massen theilweise noch die Speciesverschiedenheit sich kund gibt. Bei *L. muralis* ist z. B. der Kothballen von einfach länglicher Gestalt und der Harn von halbkugeliger, Brodlaibartiger Form; bei *L. agilis* hingegen ziehen beide Theile mehr ins Längliche und sind gekrümmt; bei den ganz grossen dalmatinischen Thieren ist es ein zolllanger schwach birnförmiger Körper. Dieser Harnstein, wenn wir ihn so nennen wollen, ist nach hinten, da wo er an den Excrementballen anstösst, etwas gelblich gefärbt; während er im Uebrigen lebhaft weiss aussieht. Das Ganze ist dem gegenüber, was man bei Amphibien sieht, so auffällig, dass bereits vor vielen Jahren SCHREIBER'S [2] in Wien, welcher ebenfalls naturhistorischer Beobachtungen halber Eidechsen in Behältnissen pflegte, einen noch im Augenblick lesenswerthen Aufsatz darüber veröffentlichte. Es nähern sich bekanntlich auch in diesem Puncte die Reptilien den Vögeln, nur dass bei letzteren das Product, man könnte beinahe sagen, nicht die zierliche Ausprägung wie hier bei den Eidechsen hat.

In grösserer Anzahl und von derselben Art in einem Terrarium gehalten, setzen einzelne Thiere ziemlich regelmässig die Excremente an einen bestimmten einmal hiefür gewählten Ort ab. Bei der Entleerung nehmen sie durch Aufwärtskrümmen des Schwanzes und Niederdrücken des Hinterleibes eine Stellung an, wie manche Säugethiere bei gleicher Verrichtung; und wie schon nach dem Bau der

---

[1] Dieselben enthalten im frischen Zustande regelmässig dichte Massen von Vibrionen.
[2] GILBERTS Annalen der Physik 43. Bd. (1813). — Vergl. auch VALLISNIERI a. a. O. Seite 73.

Theile sich schliessen lässt, das Harnconcrement geht dem Kothballen immer voraus. — Die besondere Form und Verbindung der Harnconcremente mit dem Kothballen macht, dass man die Excremente der Eidechsen im Freien leicht erkennt und auf das zahlreiche Vorkommen, z. B. an Mauern, wo man etwa bei bedecktem Himmel kein einziges Thier sieht, schliessen kann. — Während die Eidechsen an sich keine unangenehme Ausdünstung haben, und nur im frischen Zustande zergliedert, einen eigenartigen, nach meiner Ansicht aus den drüsenähnlichen „Organen des sechsten Sinnes" stammenden Geruch [1]) verbreiten, so riechen ihre Ausleerungen etwas ähnlich wie bei Vögeln und sie können dadurch, bei guter Fütterung, im Zimmer ebenso lästig werden wie die Stubenvögel. Es will mir vorkommen, als ob L. muralis noch am ehesten eine besondere Ausdünstung habe. Wenigstens fällt auf, dass eine Anzahl beisammen in einer Schachtel oder Glas einen sehr starken unangenehmen Geruch entwickeln, der nicht allein von den Excrementen herzurühren scheint.

Bemerkung über Koprolithen. Ich habe den Harnklumpen von *Pseudopus Pallasii* auf der neunten Tafel, Fg. 123 unter der Lupe abgebildet, um vielleicht die Aufmerksamkeit der Paläontologen auf diesen Körper lenken zu können. Es ist mir nämlich sehr wahrscheinlich, um nicht zu sagen, gewiss geworden, dass manche der Bildungen, welche man herkömmlich als Koprolithen der Saurier anspricht, nicht eigentlich Excrementballen sind, sondern solche Harnconcremente. Wer die wirklichen Kothhaufen der Saurier und die Harnmassen in frischem Zustande ansieht, wird sich gestehen müssen, dass die letzteren bei ihrer von vorne herein steinigen Natur sich eher erhalten werden, als die weichen, leicht zerfallenden Excremente. Dazu kommt, dass beim Absetzen des Harncylinders ins Wasser, was im Zwinger gern geschieht, der Harnklumpen keineswegs zerfliesst, sondern seine Gestalt noch viel reiner behält, als im Trocknen. Ferner, und desshalb lege ich besonders eine getreue Abbildung vor, der Harnklumpen zeigt auf der Oberfläche zierliche Ringfurchen, von denen wieder feinere verästigte Seitenfurchen abgehen, alles offenbar Abdrücke von Falten der Schleimhaut der Kloake! Durch die Güte meines Collegen v. QUENSTEDT hatte ich Gelegenheit, diese meine Ansicht an Koprolithen der hiesigen paläontologischen Sammlung, sowie an solchen, welche Dr. ENDLICH [2]) in grösserer Menge aus dem von ihm näher studirten Bonebed bei Bebenhausen gesammelt, zu prüfen. Es ergab sich hiebei, dass allerdings die Koprolithen aus dem Bonebed eine ganz überraschende Aehnlichkeit mit den Harnmassen des *Pseudopus* darboten; insbesondere auch, was die Art der Furchenbildung auf der Oberfläche betrifft. Dann musste ich aber hinwieder meinem Collegen v. QUENSTEDT zustimmen, wenn er Koprolithen von Fischen der hiesigen Sammlung, z. B. von *Macropoma*, in hergebrachter Weise als wirkliche Excrementballen ansah und ihre, in der That durchaus spiralige Furchenbildung von der Spiralklappe des Darms nach wie vor ableitete. Es scheint somit, dass man bisher unter dem Namen Koprolithen verschiedene Bildungen zusammen geworfen hat und zwar

1) wirkliche Kothballen der Fische, mit Spiraltouren versehen und auch von einer Grösse, dass sie ganz wohl als Abdruck eines mit Spiralklappe ausgestatteten Darmes gelten können.

2) Harnklumpen oder Harnconcremente, welche lediglich den Sauriern angehören und auf der Oberfläche nicht eigentliche Spiralgänge, sondern nur Ringfurchen mit seitlichen Ausläufern zeigen.

---

[1]) Vergl. oben den anatomischen Theil (S. 101.)

[2]) FREDERIC MILLER-ENDLICH, das Bonebed Württembergs. Inauguraldissertation, Tübingen 1870.

Auf Grund der Beobachtung, wie sie im Voraustehenden dargelegt wurde, müssen auch Bedenken über die Anwesenheit einer bisher vorausgesetzten Spiralklappe im Darm der Ichthyosauren aufsteigen: jedenfalls möchte ich die Frage weiterer Forschung empfehlen.

Blindschleiche.

Die Nahrung unserer Blindschleiche besteht vorzüglich in Regenwürmern; es ist nichts allzuseltenes, dass man im Freien, beim Aufheben von Steinen, auf Thiere stösst, welche gerade einen Regenwurm im Mund halten. In der Gefangenschaft packen sie vor den Augen des Beobachters die Regenwürmer, und öfters bietet sich der Anblick dar, dass zwei Blindschleichen zugleich an einem und demselben Wurm zerren. Ich habe bis jetzt nicht gesehen, dass sie den Wurm jemals in der Quere, wie Eidechsen es thun, gefasst hätten, sondern immer packten sie ihn von vorne oder von hinten. Sieht man näher zu, so lässt sich gewahren, dass die Zähne der Blindschleichen wegen der feinen Spitze und Rückwärtskrümmung sich fester in die Beute einhacken, als solches bei den Eidechsen der Fall ist. Es soll damit den Blindschleichen wie' den Schlangen gewissermassen das ersetzt werden, was die Eidechsen durch den Besitz von Gliedmassen voraus haben. Mehrere Schriftsteller theilen mit, dass unsere Thiere in der Gefangenschaft niemals Nahrung zu sich nehmen, welche irrige Angabe darauf beruhen mag, dass die Thiere unter sehr unnatürlichen Verhältnissen zu leben hatten.

Gleich den Eidechsen trinken sie das in den Behälter gespritzte Wasser ebenso eifrig und wie diese schlappend, nach Art der Hunde. Die Zunge, weil kürzer, wird weniger weit dabei vorgestreckt als bei den Eidechsen.

An dieser 'Stelle möchte vielleicht mitzutheilen sein, wie lange überhaupt Eidechsen und Blindschleichen bei mir die Gefangenschaft ertrugen. Keines dieser Thiere, obschon mit Nahrung und Wasser immer versorgt und unter möglichst naturgemässe Verhältnisse gesetzt, konnte ich zwei volle Jahre am Leben erhalten. Die meisten, insbesondere *L. vivipara* giengen früher ein; diejenigen, welche am längsten ausdauerten, starben gegen Ende des zweiten Winters.

IV. Athmung; Stimme.

Im Hinblick auf die Athmungsbewegungen nehmen die Eidechsen eine Mittelstellung zwischen den Batrachiern und den Vögeln ein. Mit den ersteren

haben sie noch bei Mangel eines eigentlichen Zwerchfells gemein, dass unter Mit-
hülfe des sich zusammenziehenden Schlundkopfes die Luft in die Lungen gelangt,
welche Bewegungen aussen an der Kehle deutlich sichtbar sind. Andererseits, im
Besitz eigentlicher Rippen, athmen sie wie die Vögel durch Erweiterung und Ver-
engerung des Brustkorbes. Das scheinbar feiste Aussehen, welches die Thiere oft
wie plötzlich, namentlich in der Sonnenwärme annehmen können, rührt, wie schon
oben erwähnt, von der starken Füllung der Lungen mit Luft her.

Die Blindschleiche steht, wie in so vielem Anderen den Schlangen näher;
es fehlen die Bewegungen der Kehle und die Athmung geschieht lediglich durch
Heben und Senken der Rippen. Dasselbe sieht man am *Pseudopus.*

Keine unserer einheimischen Eidechsen verräth auch nur die Spur einer Stimme;
sie sind so gut wie die Blindschleichen völlig stimmlos. Die den Küsten des Mittelmeeres eigenthümliche kleine *Lacerta Edwardsii* gibt nach DUGÈS unter Umständen
einen Laut von sich, der an das Knarren der Bockkäfer erinnere; und die grosse
südliche *L. ocellata* blase im Zorne die Luft so heftig von sich, dass eine Art Stimme
dadurch erzeugt werde.

V. Fortpflanzung.

Eidechsen.

Der Geschlechtstrieb scheint bei diesen Thieren, wie bei allen Amphibien und
Reptilien „trotz des kalten Blutes" sehr heftig zu sein. GESSNER[1]), nachdem er das,
was ARISTOTELES und PLINIUS über die Begattungsweise der Eidechsen sagen, mitgetheilt, bemerkt: Audio eas vere circa exitum Martii (passt, weil zu frühe, nicht
auf die deutschen Eidechsen) inter se complicatas coire, non supervenientes, sed in-
cumbentes lateribus et ventribus junctis se amplectentes, caudis et reliquo corpore
intortis." OTTH[2]) hat *Lacerta ocellata,* und GLÜCKSELIG[3]) *Lacerta viridis* bei der Begattung überrascht. Das Männchen der ersteren Art hielt das Weibchen ungefähr
während einer Stunde mit den Hinterfüssen fest umklammert, wie diess die Kröten
und Frösche mit den Vorderfüssen zu thun pflegen.[4]) Die Stellung war, wie OTTH

[1]) De quadrup. ovip. p. 31.
[2]) Zeitschr. f. Physiologie, 1831.
[3]) Zool. bot. Verein in Wien. 1863.
[4]) Daraus begreift sich, warum bei allen Eidechsen die Männchen dickere Hinterbeine haben, als die
Weibchen; welchen Punct ich unter die sehr brauchbaren Kennzeichen der Geschlechter aufgenommen habe. OTTH
sucht auch die physiologische Bedeutung der Schenkelwarzen aus dem Beobachteten festzustellen. Schon MEISSNER

sagt, höchst sonderbar und gezwungen: beide Thiere sassen nebeneinander, mit den Zähnen hielt das Männchen das Weibchen am Vorderleib fest, den After hatte es unter den des Weibchens gedreht und beide Schenkel waren fest um die Weichen desselben geschlungen, so dass von den Genitalien nichts sichtbar war. Als sie sich endlich losliessen, lagen sie noch einige Minuten mit aufgesperrtem Rachen nebeneinander und verkrochen sich dann, wie plötzlich aus ihrem Taumel erwachend, eilig unter die Steine! Weiter ins Einzelne hat GLÜCKSELIG seine Beobachtungen ausdehnen können; er beschreibt eigenthümliche Bewegungen von Seite des Männchen und Weibchen bei der Annäherung, dann den Vollzug der Begattung und dass dieselbe mehrmals des Tages erfolge.

Das Wenige, was ich bisher an *Lacerta agilis* beobachten konnte, stimmt mit den Angaben des letzt Genannten überein; ich sah, wie das Männchen mit eigenthümlich gekrümmtem, seitlich zusammengedrückten, daher kantigem Rücken (Katzenbuckel) und bogig gehobenem Schwanz sich dem Weibchen näherte, um es zart am Kopfe mit den Zähnen zu fassen. Das Weibchen gibt seine Geneigtheit namentlich durch zitternde, wellige Bewegungen des Hinterleibes und der Schwanzwurzel zu erkennen. Auch pflegt wohl das Weibchen, während der Hinterleib einladende Bewegungen ausführt, den Mund weit gegen das Männchen aufzusperren, wie wenn es diesem etwas zu sagen hätte, was ihm aber offenbar in der Kehle stecken bleibt.

Die Entwickelung und Reife der Samenelemente geht bei *L. agilis* gleichen Schritt mit der Ausbildung der Farbe des Hochzeitskleides. Thiere, welche schon mit dem „freudig Grün" geschmückt sind, zeigen den Nebenhoden und den Samengang prall erfüllt mit lebhaft sich bewegenden Zoospermien. Männchen hingegen aus der ersten Hälfte des Mai, deren Seiten erst einen grünlichen Ton angenommen haben, bieten auch innerlich noch jüngere Zustände dar. Im Hoden hat zwar die Samenbildung begonnen, aber die Masse der Zoospermien liegt noch zusammengekrümmt in den Zellen und wenn frei geworden, ist sie ohne Bewegung. Einzelne Zoospermien sind bereits in den Nebenhoden gelangt und diese bewegen sich. Die Canäle des Nebenhoden sind um die angegebene Zeit mit einer Masse erfüllt, welche

---

hatte bereits vermuthet, dass die Warzen eine ähnliche Bestimmung haben, wie die Daumenschwiele des männlichen Frosches: sie mögen zum Festhalten des Weibchens dienen. OTTH hält diese Ansicht für erwiesen. Ich selber bin hiervon nicht so ganz überzeugt, ohne darauf Werth legen zu wollen, dass die Papillen der Daumendrüse des Frosches und die Schenkelwarzen der Eidechse von vorne herein morphologisch ganz verschiedene Dinge sind; denn man kennt mehr als ein Beispiel, dass morphologisch einander ungleiche Theile doch ähnliche Leistungen ausführen können. Aber eines mag nicht unerwähnt bleiben. Man kann auf Querschnitten der Ruthenkörper, in der Lichtung des eingestülpten Organes auf gelbliche Massen stossen, welche in der Farbe und Zusammensetzung mit der Substanz der Schenkelwarzen übereinstimmen, so dass man eher an Secrete, die abgeschieden werden sollen, denken möchte, als an Haltapparate. — Vgl. üb. die Schenkeldrüsen auch VALLISNIERI (a. a. O. pag. 107).

sich, als Secret der Epithelwand, wahrscheinlich dem Samen beizumischen hat. Sie besteht aus Körnchen, welche nahezu die Beschattung von Fett haben, aber doch wohl aus Eiweiss bestehen. Die Epithelzellen, bei Thieren aus noch früherer Zeit ziemlich niedrig, haben sich jetzt zu hohen Cylinderzellen entwickelt, welche im hinteren Theil hell, im vorderen trüb körnig sind. Dieser Abschnitt der Zelle verwandelt sich in das erwähnte Secret.

Alle unsere Eidechsenarten, mit Ausnahme der darnach benannten *Lacerta vivipara*, legen Eier und es ist ganz irrig, wenn hin und wieder gesagt wird, z. B. von GLOGER, dass auch *Lacerta muralis* lebendige Junge gebäre. Die Weibchen der *L. viridis* legen nach der Beobachtung GLÜCKSELIG'S genau vier Wochen nach der ersten Begattung sechs bis acht Eier, von gelber Farbe und der Grösse einer kleinen Bohne. Mauereidechsen, welche Ende Mai eingefangen wurden, setzten in der Nacht des 4. Juni in die Erde und das Moos meines Terrariums eine Anzahl Eier. Auch *L. agilis* scheint die Nacht zu wählen zum Ablegen der Eier; wenigstens war es so bei allen Thieren die ich im Zimmer hielt.

Gegen Ende Mai ist die Haut des trächtigen Weibchens unserer *L. agilis* so gespannt, dass man die Umrisse der einzelnen im Eileiter befindlichen Eier durch die Hautbedeckung deutlich sehen kann; wovon alsdann die natürliche Folge ist, dass nach dem Leggeschäfte die Bauchhaut sehr faltig und runzelig erscheint.

Bekanntlich leuchten die Eier der *Lacerta agilis*, wenn auch nur vorübergehend, mit hellweiss grünlichem Licht, wie die Johanniskäfer. Der Entdecker dieser merkwürdigen Erscheinung, welche weiter verfolgt zu werden verdient, ist GRUNDLER in Halle gewesen, Maler und Kupferstecher seinem Beruf nach.[1] SCHRANK[2] wollte dieses phosphorische Leuchten einfach von der Fäulniss, in welche die Eier übergegangen sein sollten, herleiten, was gewiss unstatthaft ist. Denn mir brachte Dr. MEINERT aus Kopenhagen während seines Aufenthaltes hier in Tübingen einmal frisch gefundene Eier der *L. agilis*, mit der Nachricht, dass sie im Dunkeln geleuchtet haben; diese Eier, etwas feucht aufbewahrt, entwickelten im Zimmer ihre Embryonen weiter, waren also keineswegs abgestorben.

Ich selber finde mich in der fraglichen Angelegenheit übrigens in gleicher Lage, wie EMMERT und HOCHSTETTER[3] bei ihren Studien über die Entwicklung der Eidechsen. „Phosphoresciren sahen wir weder die Eier der Eidechsen, noch die der *Coluber natrix*, ob wir sie gleich in dieser Absicht mehreremale im Dunkeln betrachteten: indessen will Hr. L. Aufseher am Naturaliencabinet in Bern bemerkt haben, dass La-

[1] Der Naturforscher, Stück 3, 1774.
[2] Ebendaselbst, Stück 23, 1788.
[3] Archiv f. Physiologie, 1811.

certeneier an dem Abend, wo er sie unter Sand fand, leuchteten, aber nicht mehr an den folgenden." Diess letztere stimmt genau nicht nur mit dem, was Grundler angibt, sondern auch die mir übergebenen Eier hatten nach Angabe Meinert's nur an dem Abend des Tages, an dem sie gefunden wurden, geleuchtet; später, obschon ich sie Wochen hindurch unter den Augen hatte, nicht mehr. Es scheint beinahe, dass die Bewegung durch's Heimtragen mitbedingend gewirkt habe, da Grundler zwei Eier, welche nicht leuchtend, zwischen drei phosphorescirenden auf seinem Tisch lagen, durch Schütteln zu einem solchen Grad des Leuchtens bringen konnte, dass er in der dunkeln Kammer seine Hand deutlich zu erkennen vermochte. — Treviranus [1]) scheint das Leuchten der Eidechseneier überhaupt anzweifeln zu wollen, was nach Voranstehendem ungerechtfertigt wäre.

. .   — —

Der reife Embryo der lebendig gebärenden Eidechse, wenn er zur Welt kommt, wird noch von der Eihaut umgeben, sowie das bei allen lebendig gebärenden Amphibien und Reptilien der Fall zu sein scheint. [2]) Reichenbach [3]) hat wohl zuerst gesehen, dass die Jungen der *Lacerta vivipara* noch innerhalb ihrer Eihaut geboren werden, oder wie unser Autor sich ausdrückt, dass ein kurzer Zustand vom Eileben dem Lebendiggeborenwerden vorausgeht. [4])

Den Vorgang des Gebärens, welcher immer, sowie das Eierlegen der anderen Arten, zur Nachtzeit stattzufinden scheint, haben unterdessen wohl verschiedene Beobachter gesehen. Am genauesten und mit meinen Erfahrungen durchaus zusammenstimmend hat A. Mejakoff das Benehmen des trächtigen Thieres vor der Geburt, während und nach derselben, sowie auch die Jungen beschrieben. [5])

In trächtigen Thieren hiesiger Gegend waren Mitte Juni die Jungen schon wohl ausgebildet; doch mit Ausnahme der Augen und des oben erwähnten räthselhaften schwarzen Stirnfleckes, noch ganz hell und farblos; die weissen Kalksäckchen heben sich am Hinterhaupt aus der gallertartig grauen Umgebung scharf ab. Im Zwinger gehaltene Thiere gebaren gegen Ende Juli, immer Nachts. Die Jungen hatten keine Spur eines äusseren Dottersacks mehr; aber am Bauch eine deutliche kleine Längsspalte der Haut, welche etwa der Länge von drei Querreihen der Bauchplatten entsprach; aus dem Grunde der Spalte schimmert das Grau der Bauchmuskeln; die Spalte blieb einige Tage offen. Ich ernährte die allerliebsten, äusserst

---

[1]) Erscheinungen und Gesetze des organischen Lebens, 1831, S. 437.

[2]) Man vergleiche hiezu z. B. Rusconi's Werk über den Landsalamander.

[3]) Isis von Oken, 1837, S. 511.

[4]) Diese Mittheilung wird leider durch eine andere beigeschlossene Angabe entstellt, da sie entschieden falsch ist. Reichenbach erklärt sich nemlich bei dieser Gelegenheit dahin, dass *Lacerta crocea* in allen ihren Ständen gänzlich verschieden sei von *Lacerta vivipara*, Jacq. oder *Lacerta montana*, Mick. Vergl. hierüber unten den Abschnitt über die einzelnen Arten.

[5]) Quelques observations sur les Reptiles du Gouvernement de Wologda. Société des naturalistes de Moscou. Bulletin, 1857. II.

behenden Thierchen, deren Kopf noch etwas embryonal gross war, einige Zeit mit Blattläusen, welche sie eifrig verspeisten.

Die Eihaut kann aber schon innerhalb des Uterus gesprengt und abgestreift werden; ich habe mehrmals gesehen, dass sie neben den reifen Früchten in Form eines horngelblichen, zerknitterten Häutchens lag. In diesem Falle stellt sich natürlich ein reines Lebendiggeborenwerden ein.

Die Zahl der Embryen wechselt. Die geringste Zahl, welche ich beobachtete, war acht und zwar zu gleicher Hälfte auf die beiden Fruchthälter vertheilt; die höchste Zahl zehen. Sieht man die aus der Mutter herausgenommenen Jungen beisammen, so begreift man kaum, wie eine solche Anzahl wohl entwickelter Eidechsen in dem zarten kleinen Weibchen Platz finden konnte.

In welchem Verhältniss die Zahlen der beiden Geschlechter bei den verschiedenen Arten der Eidechsen zu einander stehen, ist mir noch unbekannt. Von *L. viridis* sah ich im Herbst mehr Weibchen als Männchen, aber von *L. agilis* begegnete ich im ersten Frühjahr entschieden mehr Männchen als Weibchen. Auf diese Beziehung der Geschlechter zu einander komme ich hier desshalb, weil das Nachforschen nach dem Zahlenverhältniss, in welchem die Männchen zu den Weibchen bei den verschiedenen Arten stehen, uns vielleicht einen Fingerzeig zur Beantwortung der Frage geben könnte, was die Differencirung des Geschlechts bedingen mag!

Wenn bei unserer *Lacerta agilis* die Fortpflanzungszeit vorüber ist, so scheinen sich die Thiere in Verstecke zurückzuziehen, oder zu vergraben, um vielleicht in ähnlicher Weise, wie es bei Wassermolchen vorkommt, eine Art Sommerschlaf zu halten. Es ist eine Thatsache, die Jeder leicht bemerken wird, dass im Frühjahr an einem bestimmten Orte die Eidechsen sehr häufig sein können und später, etwa gegen Ende Juli hin, geradezu selten geworden sind, namentlich wenn starke Hitze sich eingestellt hat. Dugés hat dies auch längst wahrgenommen und ebenfalls dahin ausgelegt, dass die Thiere entweder in eine Art Erstarrung, Sommerschlaf, verfallen oder sich in kühle, feuchte Verstecke zurückziehen. [1]

Hiebei will ich nicht unterlassen zu gestehen, dass ich einige Zeit die Vermuthung hegte, als handle es sich um ein normales Erlöschen des Lebens, nachdem das Fortpflanzungsgeschäft vorüber sei. Es war mir immer merkwürdig gewesen, dass ich bei keiner weiblichen Eidechse, welche ich in den Monaten Mai

[1] »Au printemps Lacerta muralis est le premier à paraître; mais, dès que l'été commence à brûler les campagnes, on ne le voit presque plus, soit qu'il tombe alors dans un engourdissement comparable à celui que la chaleur fait éprouver à certains animaux, soit qu'il se retire volontairement dans des lieux ombragés et humides ou il puisse aisement réparer par absorption les pertes que la transpiration lui fait faire.«

und Juni zergliederte, Spuren früherer gelber Körper, das heisst, im vorigen Jahr geborstener Eifollikel antraf. Immer waren es die frischen diesjährigen Follikel und gerade so viele als Eier im Uterus sich befanden. Allein spätere Untersuchungen an einer Blindschleiche lassen annehmen, dass die gelben Körper des Vorjahres sich völlig auflösen, und im Mai und Juni des nächsten Jahres keine Spur mehr von ihnen übrig geblieben ist. Eine Blindschleiche nämlich, welche während des Sommers im Zwinger Junge zur Welt gebracht, zeigte, als sie im darauf folgenden Monat März getödtet und untersucht wurde, um diese Zeit im Eierstock deutliche Spuren der gelben Körper und es begriff sich, dass sie, jetzt schon sehr klein, bis zu der angegebenen Zeit völlig geschwunden sein konnten.

Noch einer andern Beobachtung, die in dem vermeintlichen Sinn gedeutet werden konnte, sei gedacht. Ich hielt in einem wohl eingerichteten Behälter eine ganze Anzahl von *Lacerta agilis*, welche sich bei reichlicher Fütterung und immer vorhandenem Wasser gut hielten und namentlich die Weibchen verzehrten vor meinen Augen erstaunlich viele Regenwürmer und Insecten. Nachdem aber die Eier abgesetzt waren — es geschah im Juni — änderte sich die Scene in auffälliger Weise. Am Leib der Weibchen erhoben sich die schon erwähnten zwei hohen Längsfalten als Folge der vorher durch die Eier bedingt gewesenen Ausdehnung der Haut; der Appetit verfiel gänzlich; die Thiere verkrochen sich und starben in Kurzem alle weg. Dasselbe Schicksal erfuhren viele der gleichalterigen Männchen. Jüngere Männchen und Weibchen hingegen, noch nicht geschlechtsreif, blieben am Leben, munter und frisch! Musste man hiebei nicht unwillkürlich die Fälle sich ins Gedächtniss rufen, dass unter gleichen Umständen viele niedere Thiere, und auch einzelne Wirbelthiere, z. B. Neunaugen, nach Beendigung des Laichgeschäftes hinsiechen? Allein es ist doch wohl richtiger, die Erscheinung so zu erklären, dass die Thiere das Bedürfniss empfanden, sich dauernd in passende kühle Verstecke zurück zu ziehen, welche der Behälter ihnen nicht, wenigstens nicht in dem nothwendigen Maasse, gewähren konnte. Auch begegnete ich mehrmals Ende August, wenn nach längerer nasskalter Witterung wieder ein milder sonniger Tag erschien, an den gewohnten Plätzen, erwachsenen Thieren in grösserer Zahl, die ich als solche ansehen möchte, welche sich erholt hatten. Auch was *L. muralis* anbetrifft, so tummelt sich im Herbste eine Menge zweifellos alter Thiere, zum Theil schon mit lebhaft braunrothem Bauch geschmückt, an Mauern und Felsen herum, obschon allerdings die Hauptmasse der oft in ungemeiner Zahl einen Fleck besetzt haltenden Thiere um diese Zeit aus ganz jungen und halberwachsenen besteht.

Blindschleiche.

Die Art und Weise der Begattung konnte ich bis jetzt nicht wahrnehmen. Nach TSCHUDI geschieht sie im Mai und Juni an sonnigen Stellen, unter inniger Umschlingung, wie bei den Nattern, und dauert einige Stunden. — Bekanntlich gehört die Blindschleiche zu den lebendig gebärenden Thieren,[1] und die Reife der Jungen fällt gegen Ende August oder in den Anfang des September.

Hochträchtige Weibchen unter Wasser geöffnet, gewähren einen merkwürdigen Anblick: der Uterus ist so dünnwandig, dass das schön gefärbte Junge und sein Dottersack vollkommen durchschimmert; der Embryo ist um den Dottersack spiralig gerollt und zwar so, dass bei allen Embryen der Dottersack nach unten, d. h. gegen

[1] Manche Autoren, selbst solche, welche viel mit der freien Natur verkehrten, wie z. B. GISTL (Isis 1829) lassen unsere Blindschleiche Eier legen. Noch im Jahre 1862 wird von STAUCK (Arch. d. Vereins d. Freunde d. Naturgesch. in Mecklenburg) dasselbe wiederholt.

die Bauchseite der Mutter steht. Das Ei, anfänglich von mehr walzenförmiger Gestalt, wird später beim Schwinden des Dottersacks scheibenförmig.

Die Zahl der Eier im Fruchthälter wechselt auch hier, und scheint auf beiden
Seiten immer verschieden zu sein, z. B. neun Embryen rechts und elf links, oder
sieben auf der einen, neun auf der anderen Seite. Und gleich den übrigen paarigen
Organen der Leibeshöhle, welche wie Nieren, Hoden, Ovarien nicht die gleiche Höhe
in ihrer Lage einhalten, so erstrecken sich auch die Leibesfrüchte auf der einen
Seite höher hinauf, als auf der anderen und hören nach unten auch ebenso verschieden tief auf.

Die einzelnen Arten.

Ordnung der Echsen, *Sauria*.

Kaltblütige Wirbelthiere ohne Metamorphose; Embryo mit Amnion und Allantois; Eierlegend mit Uebergang zum Lebendiggebären. Leib gestreckt und mit langem Schwanz, meist mit vier verhältnissmässig kurzen aber wohl ausgebildeten Füssen, deren ungleichlange Zehen scharfe Krallen haben: dann im Allgemeinen von der Gestalt der Crocodile; manchmal mit Stummelfüssen; in anderen Fällen ohne äussere Gliedmassen: dann von Schlangenform. Kiefern bezahnt, selten Zähne am Gaumen. Kiefer-Gaumengerüst nicht verschiebbar. Meist mit beweglichen Augenlidern.

Unterordnung der Schuppenechsen, *Squamata*.

Die Haut meist mit schuppenartigen Abgrenzungen. Das Paukenfell frei oder unter der Haut. Zunge verschieden gestaltet, aber immer vorstreckbar. Zwei Ruthen. After eine Querspalte.

Familie der eigentlichen Eidechsen, *Lacertina*.

Körper walzig gestreckt, Kopf wohl abgesetzt vom Halse, Schwanz sehr lang und dünn auslaufend; vier fünfzehige Füsse; Zehen an den Hinterfüssen sehr ungleich lang. Haut, mit Ausnahme der Schenkelporen, drüsenlos; Oberhaut zu Schuppen und Schildern verhornt. Lederhaut ohne Kalktafeln. Zähne in einer Rinne der Ober- und Unterkinnlade und deren innerer Seite angewachsen (seitenzähnig); mit oder ohne Gaumenzähne; Form des Zahnes kegelförmig, gerade, am freien Ende etwas gebogen, ohne eigentliche Wurzel, zweispitzig, eine zweite Reihe kleinerer oder Ersatzzähne am Grunde der Hauptzähne. Oberer Rand der Augenhöhle mit Knochenplatten; freie Augenlider; Ohr (Paukenfell) äusserlich sichtbar. Zunge lang, platt, vorn tief gespalten, sehr ausstreckbar, am Grunde ohne Scheide.

Gattung. *Lacerta*, LINN. CUV.

Kopf und Bauch mit Schildern; Rücken schuppig, Schuppen um den Rumpf in Ringen gestellt, was am Schwanze zum rein Quirlförmigen wird; ein Halskragen von grösseren Schuppen. Krallen seitlich zusammengedrückt, sichelförmig, unten mit Rinne.

1. Art. *Lacerta viridis.* GESSN. Grosse oder grüne Eidechse.

Seps viridis. LAURENTI, Synopsis reptilium, 1768.

Grüne Eidechse. SCHRANK, Fauna boica, 1798.

Grüne Eidechse. BECHSTEIN, Uebers. von de la Cepede's Naturgesch. der Amphibien, 1800.

Lacerta viridis. WOLF in Sturm's Deutschlands Fauna, 1805.

Lacerta viridis. FITZINGER Fauna des Erzherzogthums Oesterreich, in der Landeskunde von Oesterreich unter der Ens, 1832.

Lacerta viridis. WALTL, Beschreibung d. eisenhaltigen Mineralquelle und Badeanstalt Kellberg nächst Passau. 1839.

Lacerta viridis. HEINRICH, Mährens und k. k. Schlesiens Fische, Reptilien und Vögel 1856.

Lacerta viridis. FAHRER. Thierwelt von Niederbayern: Bavaria, Landes- und Volkeskunde von Bayern, 1863.

Lacerta viridis. KIRSCHBAUM, Reptilien und Fische des Herzogthums Nassau 1865.

Lacerta viridis. MEDICUS, die Thierwelt der Rheinpfalz. Bavaria, Landes- und Volkeskunde von Bayern 1867.

Kennzeichen.[1]

Länge bis 15 Zoll. Kopf kräftig, dick, doch im Verhältniss zur folgenden und nächst verwandten Art etwas gestreckter und weniger stumpfschnauzig. Schwanz, wenn vollständig, am längsten unter den einheimischen Arten, zweimal so lang als der übrige Körper. Zähne am Gaumen. Von den vier Zügelschildern die zwei vorderen gerade übereinander. Occipitalschild dreieckig und sehr klein. Schläfengegend mit unregelmässigen Schildern und Schuppen. Unterschied zwischen den Schuppen des Rückens und der Seiten gering. Von den Schuppenringen des Rumpfes gehen zwei auf eine Reihe der Bauchschilder. Letztere in acht Längsreihen, die am Rande jederseits sehr schmal sind. Krallen der Vorderfüsse bis viermal länger als breit;

[1] Vergl. Erste Tafel, Fg. 3, Fg. 8, Fg. 12.

Krallen der Hinterfüsse bis dreimal länger als breit. Grundfarbe der Rückenseite ein Grün oder Braun, ohne oder mit Flecken und Streifenbildung. Die hintere Hälfte des Schwanzes grau oder braun. Bauchseite immer gelblich (gelbgrün oder gelbweiss) und ohne Flecken. Schenkelporen 16—20.

M ä n n c h e n. Kopf länger, höher und gedrungener; Schwanzwurzel an der Unterseite (wegen der Lage der Begattungsorgane) gewölbter; Extremitäten überhaupt, besonders aber die Hinterbeine kräftiger. Inguinalwarzen stärker. Farbe des Rückens ein lebhaftes Grün, in verschiedenen Abstufungen von Smaragdgrün und Bläulichgrün, meist mit perlweissen Puncten besprenkelt, welche sich am Kopf in grössere Perlflecken umsetzen. Kehle und Seiten des Kopfes zur Begattungszeit schön blau angelaufen.

W e i b c h e n. Kopf kürzer, niedriger und feiner; Schwanzwurzel weniger gewölbt, dünner; Hinterbeine schwächer, Inguinalwarzen schwächer. Farbe des Rückens entweder dem des Männchens sich nähernd, d. h. schön grün mit dunkeleren Flecken oder das Grün setzt sich in's Bräunliche und ganz Braune um mit Längsstreifenbildung, welche aus weisslichen, schwarz gesäumten Flecken bestehen können.

Bemerkungen.

I. Farbe.

Nach der Analogie mit *Lacerta agilis*, wo man seit Langem sich überzeugt hat, dass die Graubraunen die Weibchen seien und jene mit den grünen Seiten die Männchen, sprach ich auch sofort, als ich die *L. viridis* näher ins Auge fasste, die vom noch ziemlich Grünen ins Bräunliche bis Braune ziehenden Thiere, welche zudem meist mit zwei Reihen weisslicher, schwarz gesäumter Flecken geziert waren, als die Weibchen an. Und da bei der Zergliederung die Exemplare von letzterer Färbung ohne Ausnahme den Eierstock besassen, so stand ich längere Zeit in der Meinung, die Farbe reiche, wie bei *L. agilis*, allein hin, Männchen und Weibchen zu erkennen. Da hatte ich aber Gelegenheit[1]) ein lebendiges Thier, das nach seiner schön hellgrünen Farbe von gleichmässigem Ton, sich als Männchen darstellte, zu sehen, bezüglich dessen ich hören musste, dass es Eier gelegt; ebenso ward mir

---

[1]) Bei Hrn. Prof. Gredler in Bozen.

eine grüne Eidechse, selbst mit Tupfen auf dem Kopf, gezeigt[1] die geöffnet ebenfalls als Weibchen sich ausweist. Zufolge dieser Erfahrungen schien es geboten in die Leibeshöhle aller theils von mir selbst gesammelter Thiere, theils solcher, welche aus Frankreich, Italien, Dalmatien, Griechenland, Ungarn und Deutschland stammend, in hiesiger Sammlung aufbewahrt werden, einen Blick zu werfen; was bei einiger Sorgfalt und einem sehr scharfen Messer ohne Schaden ausführbar ist.

Hiebei fand sich denn, dass allerdings das Weibchen auch grün sein kann wie ein Männchen, ähnlich wie auch bei den Wassermolchen[2] das Weibchen äusserlich gewisse Merkmale des Männchen annehmen kann; aber die typische Grundfarbe der weiblichen *Lacerta viridis* ist eben doch das grünlich Braun oder ein reines Braun. Ich fing weibliche Thiere, die abgesehen von den weisslichen Fleckenreihen der Seite, so braun waren wie eine weibliche *Lacerta agilis*. Uebrigens wäre auch noch zu bemerken, dass das Grün solcher Weibchen, welche man nach der Farbe für Männchen halten möchte, doch bei weiterem Vergleich von dem Grün der Männchen abweicht: insofern es nämlich lichter erscheint, dabei zwar von dunkleren Flecken unterbrochen sein kann, aber doch nicht in der dichten Weise mit Schwarz und Weiss besprenkelt, wie man solches bei den Männchen sieht.[3] Dann habe ich bis jetzt kein reifes Männchen in Händen gehabt, bei welchem sich die Längsstreifenbildung gezeigt hätte.

Somit lässt sich die Farbe immerhin zur Unterscheidung des Geschlechtes benützen, besonders wenn man das, was ich oben über Kopf, Schwanzwurzel und Hinterbeine sagte, zugleich mit berücksichtigt. Hat man zwei grüne und zwar gleich grosse Exemplare vor sich liegen, von denen das eine männlichen, das andere weiblichen Geschlechtes ist, so wird man nicht einen Augenblick zweifelhaft sein können, beide von einander weg zu kennen.[4]

Ob die Männchen allerorts während der Geschlechtsthätigkeit als Hochzeitskleid eine blaue Kehle bekommen, scheint zweifelhaft. In Südtyrol wird wie man

[1] In der reichen Amphibiensammlung des Hrn. de Betta in Verona.
[2] Vergl. m. Abhandlg: die Molche der Württemb. Fauna. Archiv f. Naturgesch. 1867.
[3] Bei einem lebend eingefangenen mittelgrossen Männchen der Meraner Gegend war die Besprenkelung mit Schwarz und Weiss so über das Grün herrschend geworden, dass man ebenso gut sagen konnte, das Thier sei auf schwärzlicher Grundfarbe mit Weiss und Grün gesprenkelt.
[4] Uebrigens scheint mir dieses Hinüberspielen der Farbe des einen Geschlechts in die des anderen noch von allgemeinerer Bedeutung zu sein. Es bezeichnet eine nicht durchgreifende Sonderung des Geschlechts nach aussen, wozu auch einzelne Arten niederer Thiere Beispiele liefern. Man denke z. B. an die gefurchten Flügeldecken bei Arten von *Dyticus*, wo sie eigentlich nur dem Weibchen angehören, hin und wieder aber und zwar nicht sehr selten auch beim Männchen vorkommen. Meiner hieher gehörigen Beobachtungen an Tritonen habe ich bereits gedacht. Aber auch bei noch höheren Thieren, obschon zugleich seltener, wiederholt sich Aehnliches: es sind z. B. Eier legende Hennen vom Gefieder des Hahns schon mehr als einmal beobachtet worden.

mir sagte, die Kehle und ein guter Theil des Kopfes im·Frühjahr blau. Nach ERBER[1]) und GLÜCKSELIG[2]) „kommen bei Wien und Mehadia Männchen mit blauen Kehlen vor". Auch der böhmischen grünen Eidechse legt der letztere ein „mentum et collare collumque laete coerulea" bei; die Männchen, welche JEITTELES in Ober-ungarn erhielt, hatten „eine tiefblaue Kehle"; hingegen will ERBER an Thieren aus Dalmatien dies nie bemerkt haben. Exemplare der Tübinger Sammlung aus Italien und Frankreich besitzen diesen Schmuck, während die Exemplare aus Griechenland allerdings eine einfach weissliche Kehle zeigen. Nach Allem ist es eben wahrschein-lich, dass nur das erwachsene brünstige Männchen in gewissen Gegenden diese Aus-zeichnung erwirbt. Man hat auch wohl eine besondere Abart daraus gemacht: BONAPARTE stellt sie als *Lacerta viridis mento-coerulea* auf, GLÜCKSELIG als *L. cyanolaema*.

Das Blauwerden der Kehlgegend reiht sich an die mancherlei Auszeichnungen, welche die Hals- und Kehlgegend während der Geschlechtsthätigkeit selbst bei noch höheren Wirbelthieren erhält: nicht blos in der Farbe, sondern auch durch Entwickelung von Federn und Haaren, oder durch Anschwellung des Theiles. Und dass vorzugsweise die männlichen Thiere es sind, welchen solches zukommt, lehrt unter den Amphibien auch der Laubfrosch und die Kreuzkröte.

Man wird begreiflich finden, dass in früherer Zeit die typische Färbung des Weibchens Grund zur Aufstellung einer besonderen Art wurde, so bei DAUDIN, wel-cher daraus eine *L. bilineata* machte; bei SCHINZ wird das Weibchen als *L. bistriata* aufgeführt. DUGES, welcher bereits in der DAUDIN'schen *L. bilineata* nur Abände-rungen der *L. viridis* erblickte, hat auch das Verdienst zuerst bemerkt zu haben, dass die streifige Färbung nur bei Weibchen vorkomme.

Andere Systematiker haben die alten Männchen, dann die jüngeren Männchen, nicht mehr zu reden von den Weibchen, zu besonderen Species erhoben.[3])

Es wäre zu wünschen, dass ein Beobachter in Gegenden, wo *L. viridis* häufig ist, die Umänderungen der Farbe vom jüngsten, eben ausgeschlüpften Thierchen bis

---

[1]) Die Amphibien d. österreichischen Monarchie. Verhandlgu d. zool. bot. Vereins in Wien, 1864.

[2]) Ueb. d. Leben d. Eidechsen, ebendas. 1863. — Synopsis rept. et amphib. Bohemiae. 1832.

[3]) Ich habe wiederholt die Erfahrung gemacht, dass Naturfreunde, auf welche die grüne Eidechse eine besondere Anziehungskraft ausübt, die gestreifte Form hartnäckig für eine selbstständige Art erklären wollen, und zwar aus folgenden Gründen. Einmal solle sich die grüne Eidechse und die streifige nie beisammenfinden, sondern immer an verschiedener Oertlichkeit. Wenn dieses auch wahr wäre, obschon es meinen Erfahrungen durchaus widerspricht, so ist die Bemerkung ohne Gewicht; wie bei manchen anderen Thieren nämlich leben die alten Männ-chen gerne etwas für sich und streifen während der Begattungszeit herum. Dann sei ferner doch die Kopfbildung eine ganz andere; dies ist wahr, beruht aber einzig auf der Geschlechtsverschiedenheit. Endlich und das wurde namentlich betont, das Betragen der beiderlei Thiere sei in vielen Stücken ein anderes: die grünen seien viel scheuer, zorniger und bissiger, auch vorsichtiger und schwerer zu fangen, die streifigen viel weniger scheu, leichter zu ha-schen und zähmbarer. Alles dies stimmt mit meinen Beobachtungen überein; aber auch diese Unterschiede ver-theilen sich, wie bei vielen anderen Thieren in ähnlicher Weise, auf das verschiedene Geschlecht.

zum Hochzeitskleide in beiden Geschlechtern verfolgen würde. Ehe dies geschehen ist, mögen meine Beobachtungen hier eine Stelle finden.

Ich habe zu Ende August eine Anzahl ganz junger Thiere gefangen, die nach ihrer Kleinheit, dem verhältnissmässig grossen dicken Kopf und den grossen, einen beinahe treuherzigen Blick ausdrückenden Augen, erst vor Kurzem aus dem Ei geschlüpft sein konnten. Bei allen war die Farbe des Rückens, des Kopfes, des Schwanzes, auch die Beine einbegriffen, ein gleichmässiges, lichtes Lederbraun; Bauchseite weisslich, an der Kehle und Wangengegend etwas ins Grünliche ziehend. An wenig grösseren Exemplaren zeigten sich auf dem Lederbraun des Rückens Andeutungen seitlicher Flecken. Thiere, welche doppelt so gross als die vorhergehenden waren, hatten immer noch einen lichtbraunen Rücken; aber die zwei Reihen heller kleiner Flecken hoben sich jetzt deutlich ab; Bauch schwach gelbgrün, der Rand der Kinnladen und der unteren Ohrgegend mit stärkerem Gelbgrün. Haben die Thiere jene Grösse erreicht, welche die unserer *L. agilis* etwas übertrifft, so setzt sich beim Männchen das Braun in das Dunkelgrün der Rückenfläche um, das nach dem Kopf hin durch ein Uebergewicht dunkler Flecken zu einem unreinen Schwarz werden kann; die Rückenseite der hinteren Extremitäten bleibt ein unreines Braun. Eine dichte weissliche Besprenkelung namentlich an der Hals- und Kopfgegend gesellt sich hinzu. An der Wurzel des Schwanzes, Rückenseite, ordnen sich die weisslichen Flecken eine Strecke weit zu zwei Seitenlinien, was an die Färbung des Weibchens erinnert. Die Bauchseite ist grünlich weiss, in der Kiefergegend mit Anflug von Blaugrün.

Gleichwie bei *Lacerta vivipara* ganz schwarze Individuen vorkommen, und die Varietät *L. atra* bilden, so scheinen auch, obschon gewiss sehr selten, bei *L. viridis* schwarze Thiere aufzutreten. Ich schliesse dies wenigstens aus dem Titel eines Aufsatzes, den ich mir nicht zugänglich machen kann: GACHET, Variété noir du Lézard vert, in den Actes de la soc. Lin. de Bordeaux, 1833. Weder Prinz BONAPARTE, noch de BETTA, welchen Beiden eine grosse Erfahrung zu Gebot stand, gedenken eines ganz schwarzen Thieres; wohl aber stellt der letztgenannte Beobachter eine Varietas cinereo-nigrescens auf, die vielleicht mit ihrer Farbe eine schwache Neigung zeigt, der Variété noir GACHET's ähnlich zu werden.

2. Schilder und Schuppen.

Unter die Kennzeichen habe ich oben aufgenommen: „Occipitalschild klein". Es passt dies zwar auf sehr viele Thiere, aber keineswegs auf alle, vielmehr zeigt sich mancher Wechsel. So habe ich ein Männchen aus Italien vor mir, bei welchem das Occipitalschild gross ist; sehr gross sogar ist es bei zwei 20 Zoll langen Exemplaren aus Griechenland. Andererseits sieht man wieder das reine Gegentheil hievon: es kann das fragliche Schild auch ganz fehlen. Das Interparietale fand ich öfters durch eine Querfurche getheilt. Ueber das Internasale zieht nicht selten eine schwache, über das Frontale eine tiefe Längsfurche weg; doch wechselt das abermals nach den Individuen. — Auf die Beschilderung des Unterkiefers bin ich weder bei dieser noch den andern Arten eingegangen, da sie mir in den Verschiedenheiten viel zu schwankend erscheint, als dass man sie unter die Kennzeichen aufnehmen sollte.

Die Schuppen auf dem Rücken und an den Seiten zeigen sich wenig von einander unterschieden; die Rückenschuppen sind etwas schmäler und länglich, stumpfgekielt, die Seitenschuppen mehr rundlich, die Spur des schrägen Kiels ist mit der Lupe und guter Beleuchtung fast bis dorthin sichtbar, wo die Bauchschilder anstossen. (Die Schuppen der Seiten sind im Ganzen etwas kleiner als bei der nächstfolgenden *L. agilis*.)

Die Schilder des Bauches, deren Längsreihen oben zu acht gezählt sind, werden von LATREILLE, [1] später noch von GLÜCKSELIG [2] nur als in sechs Reihen vorhanden angegeben, wobei jedoch die zwei äussersten Reihen wenigstens von LATREILLE besonders erwähnt werden.

3. Schädel [3]) und Zähne.

Der Schädel der *Lacerta viridis* und jener von *L. agilis* zeigen sich nahe verwandt, sind aber doch auf den ersten Blick von einander zu unterscheiden: nicht blos durch die bedeutendere Grösse und die etwas gestrecktere Schnauze, sondern bei Betrachtung des Schädels von der Seite durch eine Anzahl von Knochentafeln hinter dem Augenjochbogen. Während bei *L. agilis* zwischen dem Os tympanicum und dem Augenjochbogen Alles frei und unbedeckt ist, daher die Columella und was weiter einwärts folgt, sichtbar bleibt, decken bei *L. viridis* mehrere Hautknochen, vom Augenbogen und dem oberen Rand des Schädels her, diese Stelle zu; so dass die Columella in der Seitenansicht nur eine Strecke weit, von unten auf. gesehen wird.

Was man sonst vielleicht als specifische Unterschiede geltend machen wollte, wie z. B. die Länge und Breite des Stachels am vorderen Rande des Keilbeins oder die sehr deutliche dreilappige Beschaffenheit des Gelenkkopfes des Hinterhauptbeines,

---

[1] Hist. nat. des Salamandres de France, 1800.
[2] Synopsis reptilium et amphibiorum Bohemiae, 1832: »Pectus et abdomen teguntur sex scutellorum scriebus.«
[3] Vergl. Erste Tafel. Fg. 19, Fg. 20; Zweite Tafel, Fg. 23.

oder die starke Gefässrinne auf dem Stirnbein, so bemerkt man beim Vergleichen zahlreicherer Schädel, dass in solchen Dingen viele individuelle Verschiedenheiten, Vor- und Zurückbildungen, herrschen. Ebenso sind bei *L. agilis* gleichwie bei *L. viridis* die Superciliarknochen in doppelter Reihe vorhanden, wovon die untere aus sehr schmalen Knochen besteht.

Was die Zähne anbetrifft, so zähle ich

im Zwischenkiefer 9—10,

im Unterkiefer, eine Seite, 23—24,

im Oberkiefer, eine Seite, 19—20,

am Gaumen, eine Seite, 8 grössere und einige kleinere, alle nach rückwärts und einwärts gekehrt.

Vorkommen.

Die grüne Eidechse gehört den Ländern der Mittelmeerküste an, und erstreckt sich von da nordwärts ziemlich weit nach Mittel- und Osteuropa, sowie nach Westasien hinein.

Was die Länder am südlichen Rande des Mittelmeeres betrifft, so ist es beinahe zweifelhaft geworden, ob sich die Art in Algier vorfindet. STRAUCH[1] wenigstens sah daselbst nicht Ein Individuum und bemerkt hierzu, dass SCHLEGEL die Angaben französischer Zoologen, zufolge derer das Thier dort vorkomme, auf eine Verwechslung mit der grünen Varietät der *L. ocellata* beziehe.

Dass sich *L. viridis* in Portugal finde, erwähnt z. B. BARBOSA de BOCAGE in seinem Verzeichniss der Reptilien dieses Landes.[2] In Südfrankreich scheint sie sich

---

[1] Essai d'une Erpetologie de l'Algérie. Mém. de l'acad. imp. d. sc. de St. Petersbourg. 1862. Nebenbei sei erinnert, dass STRAUCH die *L. ocellata* durch das ganze südliche Europa verbreitet sein lässt (»repandue dans toute l'Europe meridionale«), ein Irrthum, den der Petersburger Zoolog unterdessen wohl selbst bemerkt haben wird. Nur in Portugal, Spanien, Südfrankreich bis in die Gegend von Nizza wurde bisher diese Art beobachtet; keineswegs aber weiter ostwärts, nicht in Italien, nicht in Griechenland und seinen Inseln. Vergleiche hierüber besonders de BETTA, Rettili ed anfibi del regno della Graecia. Venezia, 1868. Wenn es bei ERBER in seinem Aufsatze: die Amphibien der österreich. Monarchie (Zool. bot. Verein in Wien 1864) heisst, es käme die Varietät ocellata in Dalmatien vor, so liegt wie ich vermuthe ein Schreibfehler zu Grunde, nicht sowohl weil *L. ocellata* eine gute Species ist, als weil einige Seiten vorher bei Aufzählung der Synonyma und der Varietäten die Bezeichnung ocellata, wie billig, fehlt. DRUNK in dem Verzeichniss der Reptilien, welche RABENHORST im Jahr 1847 in Italien gefunden (Allgem. deutsche naturhist. Zeitung II), spricht sich zwar auch dahin aus, dass *L. ocellata* schon in Oberitalien ziemlich häufig sei: allein der Genannte hat so geringe Proben seines Unterscheidungsvermögens gegeben — er hat z. B. den allbekannten *Pelobates fuscus* als neue Gattung und Art aufgestellt, lässt die Sandotter, *V. ammodytes*, schon bei Nürnberg vorkommen, und Anderes — dass man seinen Angaben kaum eine Bedeutung beilegen darf.

[2] Revue de Zoologie, 1863.

von der Provence und Languedoc weit über das Land nordwärts zu verbreiten; sie
ist noch häufig bei Lyon, wird aber bei Paris selten nach DUGÉS; schon LATREILLE
gedenkt ihrer auch aus der Umgebung von Paris. Andere erwähnen sie aus Gegenden der Loire, unsere Sammlung besitzt ein mässig grosses, aber schön blaugrün
gefärbtes Exemplar aus der Bretagne. (Unterseite des Bauches, sowie die Hand-
fläche und Fusssohlen auffallend hell und weiss.) Ob sie sich auch über das nord-
westliche Frankreich ausdehnt, ist mir nicht bekannt geworden. Jedenfalls mangelt
sie nach SELYS-LONGCHAMPS[1]) in dem anstossenden Belgien. Im Gebirgsstock des
Montblanc, an dessen südlichen Lagen sie ebenfalls sich findet, steigt sie nach
VENANCE PAYOT[2]) selten über 600 Mètres.

Von Frankreich geht der Zug des Thieres in die Westschweiz, wo es sich im
Canton Wallis und Waadt vorfindet. In der übrigen Schweiz, nördlich vom Gotthardt, ist sie nach TSCHUDI noch nicht angetroffen worden; südlich vom Gotthardt,
im Canton Tessin ist sie vorhanden, wie eben wohl am ganzen Südabhang der Alpen.
Nach genanntem Beobachter erhebt sie sich bis zu einer Höhe von 4000 Fuss an
den Bergen hinauf.

In Italien ist *L. viridis* sehr zahlreich und hat von jeher[3]) durch die Schönheit der Färbung, ebenso wie durch die pfeilschnellen, reissenden Bewegungen die
Aufmerksamkeit auf sich gelenkt; und auch jetzt erinnert sich wohl mancher Naturforscher, besonders aus nördlicheren Gegenden, gerne an den Anblick, welchen eine
grosse grüne Eidechse etwa auf einem beleuchteten Baumstamm behaglich ausge-
streckt, dem Beschauer gewährt. Schon der Däne JACOBÄUS z. B. kann in seinem
Werke über die Frösche und Eidechsen nicht umhin, dieses Reiseeindrucks zu gedenken.[4]) Sie scheint sich durch ganz Italien und seine Inseln zu erstrecken; um
so auffallender ist, dass sie nach GENÈ der Insel Sardinien fehlt.[5]) Nordwärts steigt
sie in die Thäler der südlichen Schweiz, des südlichen Tyrols und der venetianischen
Alpen. In Südtyrol ist sie z. B. sehr häufig bei Meran, bei Bozen schien sie mir
etwas weniger verbreitet; ich traf sie namentlich thalwärts vom Schloss Kühbach
an; recht häufig und gross kam sie mir wieder am Kalterner See vor die Augen,

---

[1]) Faune Belge, 1842. Bei dieser Gelegenheit möchte ich nachtragen, dass der Verfasser dieses sorgfältig
gearbeiteten Werkes, welches ich mir jetzt erst beschaffen konnte, zu den wenigen Autoren gehört, welche den
Triton palmatus und *Triton taeniatus* richtig unterscheiden. Er bildet beide ab und im Text steht unter Anderem:
».... il est impossible de les confondre.«

[2]) Erpétologie etc. des environs du Mont Blanc. Ann. d. sc. phys. et natur. de Lyon. 1864.

[3]) Nunc virides etiam occultant spineta lacertos. Virgil.

[4]) De ranis et lacertis observationes. Hafniae, 1686: »Longitudine autem et elegantia coloris, viridis Bo-
noniensis qualem saepius in Italia conspexi, caeteris praecellit.«

[5]) Synopsis reptilium Sardiniae indigenorum, 1838: »praeclara haec insula caret Lacerta viridi.«

und es scheint, dass die Feuchtigkeit des See's, welche an den Felsen des Mittel-
gebirges einen ungemein üppigen Pflanzenwuchs hervorruft, auch die Entwicklung
dieser Eidechse befördert. Unser Thier hat in Südtyrol den Namen „Groanzen“,
die bereits oben gedachte grauschwärzliche Abänderung wird nach GREDLER[1]) bei
Bozen als „Holzgroanzen“ unterschieden.

Es sind mir keine Mittheilungen darüber bekannt, wie weit sich die Art
nordwärts in die Thäler hinein ausdehnt; bei Brixen habe ich sie noch gefangen,
mündlichen Angaben zu Folge kommt sie auch noch im Pusterthal vor.

Von lange her ist die grüne Eidechse aus ganz Dalmatien bekannt, ferner
aus Griechenland, vom Festlande sowohl wie von den Inseln. In beiden Ländern
erreicht das Thier hin und wieder eine erstaunliche Grösse, wie schon BIBRON und
DUMÉRIL hervorheben. DE BETTA gedenkt ebenfalls solcher Riesenexemplare aus
Griechenland. (Rettili ed anfibi della Graecia, 1868.) Ich halte in diesem Sommer
(1869) zwei lebende Thiere aus Dalmatien,[2]) wovon das eine Exemplar reichlich
zwei Fuss Länge hat. Beide sind am Rücken, mit Ausnahme des Endtheils vom
Schwanz, über und über grün; die Kehle hat keine Spur von Blau, sondern ist, wie
die Bauchseite überhaupt, von schönem reinem Gelb. Die hiesige Sammlung besitzt
ebenfalls schon seit langem zwei Exemplare aus Griechenland, welche das Mass der
Lacerta ocellata übertreffen, so dass man bei flüchtigem Ansehen sie für letztere zu
halten geneigt wäre; doch weisen sie sich durch die Farbe und ganze Tracht, sowie
durch die Einzelheiten (Form des Occipitalschildes, Zahl der Längsreihen der Bauch-

---

[1]) In de BETTA's Erpetologia delle provincie venete etc. 1857. Bei einem Besuche im Herbst 1869 war
Prof. GREDLER so freundlich mir ein Exemplar dieser »Holzgroanzen« aus seiner Sammlung sehen zu lassen. Ich
musste das Thier, soweit meine Erfahrung geht, für ein Weibchen halten, an dem die schwarzen Tupfen — vielleicht durch die Wirkung des Weingeistes — sich stark hervorhoben.

[2]) Mit Rücksicht auf die Grösse, welche *L. viridis* (oder vielleicht *L. ocellata*) erreichen kann, bleibt immer
eine Angabe bei PLINIUS (Lib. VI. Cap. 37) beachtenswerth, wornach eine der canarischen Inseln, nach v. BUCH
wahrscheinlich das heutige Ferro, durch das Vorkommen grosser Eidechsen ausgezeichnet sei, (»lacertis grandibus
referta«). Gegenwärtig weiss man freilich davon nichts mehr und der letzte Besucher der canarischen Inseln K.
v. FRITZSCH, in Petermanns Mittheilungen 1868, sagt ausdrücklich, dass die gewöhnliche grüne Eidechse dort nur
80 Centim. Länge habe. Allein man erwäge, dass es sich bei PLINIUS in seiner kurzen Beschreibung der glück-
seligen Inseln um unmittelbare Berichte handelt; ferner ist es wie v. BUCH (Physikalische Beschreibung der canarischen Inseln, Berlin 1825) bemerkt, doch auffallend, dass BOUTIER, der Beichtvater des ersten Eroberers dieser
Insel, bei dem keine Spur zu finden ist, dass er die Beschreibung des PLINIUS gekannt, am wenigsten sie in seinen
Berichten vor Augen gehabt hat, wenn er von Ferro redet, wo er sich selbst befand, sagt, dass man dort finde
»des lézards gros comme des chats et laen hideux à regarder.« Sonach möchte es sich immerhin empfehlen,
diesen Thieren weiter nachzuforschen. — In der mit Humor geschriebenen Reise WALTL's nach Südspanien (Passau,
1835) erfährt man, dass auch *L. ocellata*, welche sich dort besonders gern unter den steifen Blattstengeln und
stachlichten Blättern der Zwergpalme (Chamaerops humilis) aufhält, drei Fuss lang wird; ihr Kopf erreiche die
Grösse eines Marderkopfes.

[3]) Von Hrn. EMMER mir überlassen.

schilder) als *L. viridis* aus: Trotzdem möchte ich nicht ganz unerwähnt lassen, dass diese grosse grüne Eidechse aus Osteuropa nicht blos in der Stärke ihres Körpers von den Thieren z. B. aus Tyrol abweicht, sondern auch noch in andern Puncten, so z. B. durch den grossen stark gestreckten Kopf; dann auch durch die Krallen: während nämlich bei den Thieren aus Tyrol alle Krallen schlank und sichelförmig sind, haben sie bei diesen eine grössere Höhe an der Wurzel. Auch weichen die Thiere durch lebhaft braun gefärbte Schenkelwarzen, welche weit hervorstehen, von der gewöhnlichen *viridis* ab. Auf den Cykladen hat ERHARD[1]) die grüne Eidechse nur auf Mykenos und Syra gefunden. ERBER[2]) traf sie auf der Insel Tinos; bei einer neuen Reise[3]) fieng der Genannte das Thier auch auf der Insel Rhodus.

In Ungarn scheint unsere Eidechse ebenfalls weit verbreitet zu sein, wenn auch nicht überall vorzukommen. JEITTELES[4]) beobachtete sie in Oberungarn „aus den kalkigen Bergen von Torna", während sie bei Kaschau ganz fehlt. Im südlichen Ungarn, bei Mehadia, dann auch bei Orsova fand sie ERBER „sehr häufig", doch nie so gross als in Dalmatien. Auch in Galizien und in der Bukowina ist sie nach ZAWADZKI[5]) nicht selten. In Siebenbürgen, in den östlichen Theilen Slavoniens, in der Nähe der Theissmündungen, und nächst den Mündungen der Donau, bei Tuldscha wurde sie gesammelt von FERRARI und ZELEBOR.[6]) Sie geht dann um das schwarze Meer herum weiter östlich; so erwähnen sie PALLAS und RATHKE[7]) aus der Krym, EICHWALD[8]) aus dem Kaukasus und Chersones; sie erstreckt sich weiter ins südliche asiatische Russland nach PALLAS, doch nur da, wo Gebirge sich erheben. In den Steppen östlich vom caspischen Meer kommt sie nach EVERSMANN nicht mehr vor.[9]) Südlich vom schwarzen Meer, in Kleinasien, ist das Thier noch zu Hause: STEINDACHNER erwähnt es von Brussa.

Kann man nach dem Voranstehenden sagen, dass das südliche, sowie südöstliche Europa,[10]) dann das westliche Asien, Wohnplatz der *L. viridis* sei, so hat es für uns ein besonderes Interesse die Ausläufer dieser Verbreitung auf deutschem Boden zu verfolgen, was offenbar von zwei Seiten her geschieht.

---

[1]) Fauna der Cykladen, 1858.
[2]) Bemerkungen zu m. Reise nach d. griech. Inseln. Zool. bot. Verein in Wien, 1867.
[3]) Bericht üb. eine Reise nach Rhodus (ebendas. 1868).
[4]) Prodromus faunae vertebratorum Hungariae superioris (ebendas. 1862).
[5]) Fauna d. galizisch-bukowinischen Wirbelthiere, 1840.
[6]) Vergl. STEINDACHNER, Verzeichniss von gesammelten Fischen u. Reptilien, Zool. bot. Verein in Wien, 1863.
[7]) Fauna der Krym. (Mir nicht weiter bekannt.)
[8]) Fauna caspio-caucasica.
[9]) Reise von Orenburg nach Buchara, 1823.
[10]) MERREM im Tentamen systematis amphibiorum, 1820 sagt noch blos »habitat in Europa meridionali«.

Einmal aus dem westlichen Frankreich und der Westschweiz ins Rheinthal. Wenn es wahr ist, was man mir sagt, dass am Isteiner Klotz unsere Eidechse vorkomme, so wäre diess als die erste Station zu bezeichnen; die zweite bildet weiter abwärts die Rheinpfalz, wo sie unzweifelhaft lebt, wenn auch nach MEDICUS[1]) als die „seltenste" unter den dort einheimischen Arten. Auch für das Vorkommen im Rheingau haben wir bestimmte Nachweise: FRESENIUS fand sie auf dem Niederwald bei Rüdesheim, LEX bei Caub. [2]) Wie weit sie rheinabwärts geht, ist unbekannt. Dass sie der holländischen Ebene mangelt, lässt die Schrift SCHLEGEL'S[3]) errathen, welche für die Niederlande nur *L. agilis*, *L. vivipara* und *L. muralis* aufführt.

Dann geschah zweitens die Einwanderung von Südeuropa her die Donau aufwärts und in die Gegend von Wien. Für die Umgebung Wiens führt sie zuerst LAURENTI, dann FITZINGER als „ziemlich selten" auf: von der Türkenschanze, sowie vom Kahlenberge, in der Brühl, bei Baden, vormals auch im Wiener Stadtgraben; ERBER bezeichnet sie jüngst aus dieser Gegend als nicht selten, was auch dadurch bekräftigt zu werden scheint, weil das Thier einen volksthümlichen Namen hat. Schon LAURENTI sagt: „Kranthuhn Viennensibus". Wie weit sie sich im eigentlichen Oesterreich verbreitet, ist mir unbekannt, denn leider nennt FITZINGER von der Donau aufwärts nur noch ausdrücklich die Gegend bei Krems; doch erstreckt sie sich nordwestlich bis zur bairischen Grenze, bis in die Gegend von Passau. Es sagt wenigstens der verstorbene Botaniker SENDTNER:[4]) „die dem südlichen Europa angehörige grüne Eidechse sonnt sich auf den warmen Felsen um Passau ebenso behaglich, wie an den heimathlichen Gartenmauern um Botzen;" welche Angabe eine nähere Begrenzung erhält durch WALTL und FAHRER, denen zu Folge das Thier „am linken Donauufer etwas unterhalb der genannten Stadt, bis nach Oberzell hin" vorkommt.[5]) Wahrscheinlich meint auch SCHRANK[6]) die Passauergegend, wenn er die *Lacerta viridis* als Glied der bairischen Fauna aufführt. (Dass er wirklich *L. viridis* im Auge hat, geht deutlich aus seinen Worten hervor: „Sie unterscheidet sich von der grünen Spielart der kleinäugigen Eidechse, *L. agilis*, leicht durch ihre ansehnliche Grösse und die durchaus grüne Farbe.") Von Oesterreich geht *L. viridis* nordwärts nach Böhmen: „Lacerta viridis habitat ... per totam Bohemiam" sagt GLÜCKSELIG,[7])

---

[1]) Thiere der Rheinpfalz. In der Bavaria, 1867.
[2]) Vergl. KIRSCHBAUM, Reptilien und Fische d. Herzogthums Nassau, 1865.
[3]) De Dieren van Nederland. Kruipende Dieren. 1862.
[4]) Bavaria. Landes- u. Volkeskunde von Bayern, II. 1. 1863. S. 80.
[5]) Ebendaselbst S. 122.
[6]) Fauna boica. Bd. I, 1798. SCHRANK hatte, wie aus anderen seiner Schriften hervorgeht, die Passauergegend auf Thiere und Pflanzen näher untersucht.
[7]) Synopsis reptilium Bohemiae, 1832.

und von da aus müssen wir den Weg suchen, der das Thier weiter nordwärts in die Mark und in die Gegend „der Kalkberge bei Odersberg zwischen Berlin und Frankfurt und in die Rüdersdorfer Kalkberge bei Berlin" geführt hat. Die Wanderung gieng wohl durch Mähren und Schlesien. Nach HEINRICH findet sie sich im Flach- und Hügellande von Mähren häufig;[1]) GLOGER „vermuthet" sie für die Ebenen Schlesiens.[2] Eine nicht viel festere Angabe liest man in einem Verzeichniss der Wirbelthiere der Oberlausitz,[3] wo es heisst: „*Lacerta viridis* DAUD. soll nach dem Verzeichnisse von FECHNER im Steingerölle bei Königsheyn beobachtet worden sein."

Unzweifelhaft wurde unser Thier im Anfange dieses Jahrhunderts von BECHSTEIN „in den brandenburgischen Kieferwaldungen" aufgefunden. Hier weiss man bestimmt, dass nicht eine Verwechslung untergelaufen ist; denn der Genannte kennt Männchen und Weibchen der *L. agilis*, welche er in Thüringen beobachtete, genau; auch hebt er überdies von der grünen Art hervor: die bedeutende Grösse, die grössere Anzahl der Schenkelwarzen und den ebenfalls grünen Rücken. In den Kalkbergen bei Rüdersdorf der Berliner Gegend ist das Thier wiederholt gefangen worden und auch die hiesige Sammlung besitzt von daher[4]) ein schönes, nicht sehr grosses Männchen mit blauer Kehle.

Es scheint beinahe, als ob noch an anderen Puncten in Norddeutschland die grüne Eidechse auftrete; so gibt STRUCK[5]) im Verzeichniss der Reptilien bei Dargun in Mecklenburg an: „die grüne Varietät der *Lacerta agilis* kommt bei Finkenthal auf kalkhaltigem Boden vor." Nach der Fassung dieser Angabe sollte man auf *L. viridis* schliessen dürfen; auch der Herausgeber der unten erwähnten Zeitschrift glaubt das Thier bei Neubrandenburg gesehen zu haben.[6] Selbst bezüglich Ostpreussen's könnte sich die Vermuthung regen, ob nicht dort noch die echte grüne Eidechse zu Hause sei. Es ist nemlich auffallend, dass WULFF,[7]) mit LINNÉ zu *Lacerta viridis* den Namen ALDROVANDI setzt, was auf die echte *viridis* hindeutet; andererseits fällt aber freilich wieder die Vermuthung zusammen durch die Berufung auf die Fauna suecica LINNÉ'S. Denn in Schweden kommt, wie mir Dr. COLLIN in Copenhagen gütigst mittheilte, die *L. viridis* so wenig als in Dänemark vor. RATHKE'S mir leider unzugängliche Arbeit: die in Ost- und Westpreussen vorkommenden

---

[1]) Mährens u. k. k. Schlesiens Fische, Reptilien u. Vögel. 1856.
[2]) Schlesiens Wirbelthier-Fauna, 1833.
[3]) Abhandlungen d. naturf. Gesellsch. in Görlitz, 1862.
[4]) Durch Hrn. Dr. GÜNTHER.
[5]) Archiv d. Vereins d. Freunde d. Naturgesch. in Mecklenburg, 1862.
[6]) Jahrg. 1864, S. 188.
[7]) Ichthyologia cum amphibiis Regni borussici. Regiomonti, 1765.

Wirbelthiere[1]) mag wohl über die WULFF'sche *L. viridis* Aufschluss geben. Einstweilen ist mir wahrscheinlich, um nicht zu sagen gewiss, dass seine drei aufgeführten Landeidechsen sämmtlich zu *agilis* gehören. — Das inselartige Vorkommen der grünen Eidechse in Norddeutschland verdiente wohl nach allen Einzelnheiten genauer bekannt zu werden. [2])

Geschichtliches und Kritisches.

Ich habe nicht wie es gewöhnlich geschieht, DAUDIN als Autornamen hinter die Species gesetzt, sondern mit Absicht GESSNER, [3]) da dieser Naturforscher vor mehr als drei Jahrhunderten unsere Eidechse richtig gekannt und von den verwandten Arten unterschieden hat. Wer sich die Mühe nimmt die Folioseiten des Züricher Zoologen zu durchlesen, wird, vorausgesetzt dass man selbst mit der Sache vertraut ist, die Ueberzeugung schöpfen, dass derselbe von drei Arten mitteleuropäischer Eidechsen weiss: von der jetzigen *L. agilis, L. viridis* und *L. ocellata;* die beiden ersten aus eigener Anschauung, die letztere vom Hörensagen kennt. Erstere heisst bei ihm *Lacerta communis* und er erklärt[4]) sich ausdrücklich dagegen, wenn man diess im Deutschen mit „grün Adex" geben wolle: denn obschon die gemeine auch grün sein könne, so sei doch die eigentlich grüne eine andere Art und grösser. Nach fremden und eigenen Beobachtungen beschreibt er dann die *Lacerta communis s. parva,* und stellt sie auf Seite 29 bildlich dar, worauf ich nachher, wenn von der *L. agilis* die Rede ist, zurückkommen werde. Die echte grüne Eidechse ist ihm *Lacerta major el viridis* oder grüner Heydox, welche ihm sowohl aus der Westschweiz als auch aus Italien bekannt sein mochte; er handelt eigens von ihr und lässt sie auf Seite 36 abbilden. Die Figur ist nach der Grösse nur auf ein jüngeres Thier zu beziehen; in der Stellung, als ob es ruhe und sich vielleicht sonne, nicht übel aufgefasst, aber im Einzelnen ungenau. Der Kopf ist nicht der Kopf einer Eidechse, sondern nach Wölbung und Umriss der eines Säugethiers (Nager), die Handwurzel erscheint so lang wie der Vorderarm, die Linien des Schuppenkleides sind unberücksichtigt geblieben und dergl.

Auf die *Lacerta ocellata* beziehen sich offenbar einige Mittheilungen in dem Abschnitt de lacertis diversis. Er spricht dort von ungeheuer dicken Eidechsen, welche in der Provence vorkämen: von der Dicke des menschlichen Unterschenkels, wie man ihm sagte, doch dabei nicht sehr lang.[5]) Der Ort des Vorkommens, die wenn auch übertriebene Dicke bei mässig langem Schwanz passt Alles nur auf die in der Provence, sowie im Süden von Spanien lebende *L. ocellata.* Wenn man überdiess sich erinnert, dass GESSNER in Montpellier die Doctorhut nahm, so mag er wohl an Ort und Stelle über diese jedenfalls dickste der in Europa verbreiteten Eidechsen unterrichtet worden sein.

Dass der in Italien lebende ALDROVANDI[6]) die echte grüne Eidechse gut kennt ist begreiflich. Er

---

[1]) Preuss. Provincialblätter. 1846.

[2]) Auf den Titel der Fauna marchica von J. H. SCHULZ, Berlin 1845, aufmerksam geworden, glaubte ich in dieser Schrift Andeutungen in dem oben gewünschten Sinne finden zu können; allein die Kenntnisse des Autors gehen nicht über die Rüdersdorfer Kalkberge, welche als alleiniger Fundort angegeben werden, hinaus.

[3]) Liber de quadrupedibus oviparis. Tiguri. 1554.

[4]) a. a. O. p. 29: »Non probo illum, qui lacertam germanice interpretatur grüne Adex, id est viridem lacertam. Quanquam enim communis etiam lacerta, de qua hic scribo, viridis aliquando reperiatur, sed raro, proprie tamen alterum genus majus et semper viride, de quo infra agetur, sic appellari solet . . . .«

[5]) »Quidam ex amicis nostris fide dignis, narravit mihi visas sibi in Provincia (regione Galline) et Hispania aliquando Lacertas ea crassitudine, qua crus humanum sub genu est, non admodum longas . . . . .«

[6]) Quadrup. digit. ovip. 1637, p. 683.

bezeichnet sie als *Lacerta viridis Liguoro Bononiensibus*. Da für ALDROVANDI die *Lacerta vulgaris* nur durch die jetzige *L. muralis* vorgestellt wird — denn es fehlt ja in Italien die *L. agilis* — so verfällt er in den, eben desshalb leicht entschuldbaren Irrthum, dass er die Angabe GESSNER's, in Deutschland seien die grünen Eidechsen selten, auf die echte *viridis* deutet, während GESSNER dabei nur die *L. communis s. parva*, das heisst unsere jetzige *agilis* dabei im Auge hatte. Die Abbildungen der »*Lacertae viridis per excellentiam*«, wie sich die Alten auch wohl ausdrückten, sind bei ALDROVANDI rohe Holzschnitte, deren Zeichnung wenig auf die Massverhältnisse und sonstigen Einzelnheiten Bezug nimmt.

Eine ältere Schrift von dem englischen Naturforscher PETIVER,[1] in der vielleicht ebenfalls schon die *Lacerta viridis* neben der *L. ocellata* unterschieden wird, kann ich nicht einsehen.

In späterer Zeit ist oftmals, und es geschieht eigentlich bis zur Stunde noch hin und wieder, das grüne Männchen der *L. agilis* für *L. viridis* gehalten worden. Oder wenn nicht das, so hat man *viridis* wenigstens als Varietät zu *agilis* gestellt; selbst bei dem gründlichen PALLAS[2] bilden *L. viridis*, *agilis* und *muralis* nur Varietäten seiner *Lacerta europaea*. — In ähnlicher Weise steht bei LATREILLE das Männchen sowohl wie das Weibchen der jetzigen *L. agilis* als Var. c. (♀) und Var. e (♂) unter *L. viridis*, worauf ich später zurückkommen werde.

LAURENTI[3] in Wien lebend, allwo sich neben *L. viridis* auch *L. agilis* und *L. muralis* findet, hat die Geschlechtsverschiedenheiten und Altersstufen unsrer Art als besondere Species ausgegeben. So ist sein *Seps viridis* ein fast rein grünes Männchen mit blauer Kehle, wohl im Hochzeitskleid und daher „in sole omnibus smaragdis, chrysolitis et beryllis elegantior". Unser Herpetolog citirt zu seinem *Seps viridis* die Figur 4 auf Tab. CIII, Tom. II der Icones bei SEBA. Doch scheint mir diese Figur nicht recht passen zu wollen; man könnte eher noch an *L. ocellata* denken. WAGLER in seiner Deutung der SEBA'schen Tafeln (in der Isis 1833) erklärt die fraglichen Abbildungen für „durchaus unbestimmbare Figuren". Der *Seps varius* bei LAURENTI ist ebenfalls ein Männchen der *L. viridis*, dessen Grün durch Beimischung dunkler Puncte unrein geworden. BIBRON und DUMÉRIL rechnen den *S. varius* zu *L. agilis* (*stirpium*) was gewiss irrig ist. Dass das Thier zu *viridis* gehört, ergibt sich schon abgesehen von allem anderen aus der Angabe; „abdomen flavum absque punctis", und dass es ein Männchen sei wird bekräftigt durch die Abbildung (Tab. III, Fig. 2); der dicke Kopf, die fleischigen Beine sprechen es laut aus. Obendrein steht auf der Tafel gleich über dem *Seps varius* der *Seps terrestris*, der ebenso unzweifelhaft zu *L. viridis* gehört, aber das Weibchen vorstellt: „Corpore fusco, utrinque serie macularum obsoletarum; Caput teretius, oblongius etc." Auf der Figur sind die Unterschiede in der Kopfbildung und den Beinen zwischen diesem *Seps terrestris* und dem *Seps varius* so deutlich ausgedrückt, als habe der Zeichner absichtlich damit die Selbstständigkeit der beiden Arten darthun wollen. Bezüglich des „*Seps sericeus*" hingegen bin ich nicht ganz sicher, ob er ebenfalls zu *L. viridis* gehört. Ohne Zweifel ist es ein junges Thier, entweder von der letztgenannten Art, oder — und diess ist das wahrscheinlichere — von *L. muralis*. Dafür spricht in der Zeichnung der fein geschuppte oder gekörnelte Rücken, was auch im Text ausdrücklich bestätigt wird: cute subsquamulata; dann das Caput ovale, da junge *virides* von dieser Grösse einen sehr dicklichen, abgestumpften Kopf haben. Auch de BETTA, ohne seine Gründe anzugeben, schliesst den *S. sericeus* LAUR. von *L. viridis* aus und rechnete ihn zu *L. muralis*.

Zu den früheren und zwar besseren Abbildungen der *L. viridis* gehören die Figuren bei DAUDIN. Das Weibchen, Lézard verd à deux raies ist besonders gut ausgefallen, sowohl was die Stellung im Ganzen betrifft, als auch hinsichtlich der Einzelnheiten. Dem Schwanz ist die gehörige Länge gegeben. Beim Männchen hingegen sind die Massverhältnisse zwischen Leib und Schwanz ganz verfehlt: ersterer ist zu lang,

---

[1] Gazophylacii naturae et artis decades, 1702.

[2] Zoographia rosso-asiatica. Gedruckt 1811, herausgegeben 1831.

[3] Synopsis reptilium, 1768. Sehr überraschend und neu ist mir eine Mittheilung FITZINGER's in der »Ausarbeitung einer Fauna des Erzherzogthums Oesterreich« in den Beiträgen zur Landeskunde Oesterreichs unter der Ens, 1832, welches Werk ich erst jetzt kennen lernte, der zufolge LAURENTI seine Dissertation nicht selbst geschrieben hat, sondern der eigentliche Verfasser sei »der bekannte Chemiker Professor WINTERL zu Pesth« gewesen.

letzterer viel zu kurz gehalten. Der Unterschied in der Dicke der Hinterschenkel erscheint auf beiden gut veranschaulicht; nur ist beim Männchen die Einpflanzung des Schenkels zu hoch an das Rückgrath hinaufgerückt.

Eine das Thier recht kenntlich vorstellende Abbildung ist jene in STURM'S Fauna. WOLF, welcher hierzu den Text lieferte, hatte früher ebenfalls den Fehler begangen, die *L. viridis* für einerlei mit *L. agilis* zu halten. Er wurde aber sofort anderer Meinung als er ein Weingeistexemplar aus der Schweiz zugeschickt erhielt. Auch an die STURM'sche Figur darf man nicht den Anspruch machen, dass sie die feineren Einzelnheiten, z. B. die Beschilderung des Kopfes, wiedergeben soll. Eine geradezu falsche, obschon sehr hervortretende, Abtheilungslinie am linken Hinterfusse stört den Beschauer. In das Colorit hat sich der Fehler eingeschlichen, dass offenbar zu Folge eines Missverständnisses des Lichtfleckes, welchen der Ansatz des Hammerknorpels bedingt, dem Trommelfell in seinem mittleren Theil ebenfalls das Grün des Leibes zuertheilt wurde.

Unter den mir bekannt gewordenen Abbildungen stehen ohne Widerrede oben an die Figuren in dem Werke des Prinzen BONAPARTE,[1] allwo der *L. viridis* zwei Tafeln gewidmet sind. Der Zeichner ist PETER QUATTROCCHI, zu dessen Lieblingen die Lacerten müssen gehört haben. Wer selber diesen Thieren im Freien einige Aufmerksamkeit geschenkt hat und ihre Stellungen kennt, sowohl im Lauern auf Beute als wenn sie anfangen in Erregung zu kommen, wird die QUATTROCCHI'schen Eidechsen, nicht ohne das lebhafteste Vergnügen betrachten. Auch das Colorit ist recht gut. Einen wahren Glanzpunct des Werkes bildet das zornig vorschreitende Männchen mit blauer Kehle und Wangen, als *L. viridis* Var. *mento-coerulea* aus Sicilien bezeichnet. Das andere Thier auf derselben Tafel Fg. 3, *L. viridis* Var. *maculata* könnte ebenfalls ein Männchen sein, ausser der Begattungszeit. Hingegen Fg. 1 und Fg. 3 der vorhergehenden Tafel (ohne Nummer) stellen Weibchen dar, die eine *(bilineata)* ist schon nach der Farbe, die andere (adulta) nach der Bildung des Kopfes, der Hinterbeine und der Schwanzwurzel zu bestimmen. Man werfe einen vergleichenden Blick auf alle diese Theile bei dem Männchen *(mento-coerulea)* und man wird nicht im Zweifel über diese Deutung sein können.

Bevor der Band der Fauna italica, welcher die Reptilien enthält, erschien, musste die Figur in dem Prachtwerke: Expédition scientifique de Morée, Tom. III, Zoologie 1836, als die beste gelten, welche die Wissenschaft über die *L. viridis* bis dahin besass. Auch erklärt BORY de ST. VINCENT, der geistreiche und vielseitige Chef der Gelehrtencommission, welche den Peloponnes zu durchforschen hatte, dass es besondere Absicht sei, eine Abbildung des Thieres zu liefern, „qui ne laisse rien à desirer". Die Figur von OUDART gemalt, steht aber schon insofern der QUATTROCCHI'schen nach, als sie nach einem todten Exemplar gefertigt wurde, wie das geschlossene Auge und die schlaff heraushängende, wohl etwas zu blau colorirte Zunge darthun. Auch wäre der Winkel, den die Kopflinie über dem Auge bildet, wegzuwünschen; sowie gewisse Schuppenpartien an den Gliedmassen nicht naturgetreu sind. Von solchen Kleinigkeiten aber abgesehen, erscheint die Abbildung des Werkes würdig, zu dessen Schmuck sie beitragen soll.

Ein besonderes Interesse darf vielleicht auch die fünffach gestreifte *L. strigata*, welche EICHWALD[2] aufstellt, beanspruchen, welche wie bisher alle Herpetologen annehmen, zu *L. viridis* gehören soll. Die so ausgeprägte streifige Färbung möchte ich mit dem Aufenthaltsorte des Thieres in Beziehung bringen, nach der Analogie der *L. muralis, var. campestris*, BETTA. Letztere, wovon unten, lebt am sandigen Strande des Meeres bei Venedig, hat dort ihre Schlupfwinkel zwischen dem Wurzelwerk der Strandpflanzen und zeichnet sich ebenfalls in auffälliger Weise durch ihre streifige Färbung aus. Von der *L. strigata* sagt nun EICHWALD ausdrücklich: habitat in orientali et australi ora caspia, in insula Oretas, telo velocior ideoque captu difficillima, latebras ut plurimum in soluta arena arundinetorum patens. — Ich wäre geneigt in dieser *L. strigata* EICHWALD'S eine grosse und nach dem Wohnorte abgeänderte Form der *L. muralis* zu erblicken.

---

[1] Fauna italica, 1836. In der Güte des Colorits weichen, was ich nachträglich zu bemerken finde, die einzelnen Exemplare des Werkes sehr von einander ab.

[2] Fauna caspio-caucasica, 1841, Tab. X, Fgg. 4, 5. 6.

2. Art. *Lacerta agilis*, (LINN.) WOLF. Gemeine Eidechse.

Seps coerulescens, S. argus. LAURENTI, Synopsis reptilium, 1768.

Kleinaugige Eidechse. SCHRANK, Fauna boica, 1798.

Lacerta agilis. WOLF bei Sturm, Deutschlands Fauna, 1799.

Graue Eidechse. BECHSTEIN, Uebersetzung von de la Cepede's Naturgesch. d. Amphibien, 1800.

Lacerta agilis. RÖMER-BÜCHNER, Verzeichniss der Steine und Thiere, welche in dem Gebiete der freien Stadt Frankfurt gefunden worden. 1827.

Lacerta agilis. SCHÜBLER, Thierreich in Memminger's Beschreibung von Württemberg, 1829.

Lacerta agilis. HAHN (und REIDER), Fauna boica, 1832.

Lacerta agilis. GLÜCKSELIG, Synopsis reptilium et amphibiorum Bohemiae, 1832.

Lacerta agilis. GLOGER, Schlesiens Wirbelthierfauna, 1833.

Lacerta stirpium. MARTENS, Thierreich in Memmingers Beschreibung von Württemberg, 1840.

Lacerta stirpium. PLIENINGER, Verzeichniss d. Reptilien Württembergs in den Jahresheften für vaterländische Naturkunde, 1847.

Lacerta agilis. HEINRICH, Mährens u. k. k. Schlesiens Fische, Reptilien u. Vögel, 1856.

Lacerta agilis. FAHRER, Thierwelt von Ober- und Niederbayern, Bavaria, Landes- u. Volkeskunde von Bayern, 1860.

Lacerta stirpium. KIRSCHBAUM, Reptilien u. Fische des Herzogthums Nassau, 1865.

Lacerta agilis. MEDICUS, Thierwelt der Rheinpfalz, Bavaria, Landes u. Volkeskunde von Bayern, 1867.

Lacerta agilis. LEYDIG, Thierreich in der Beschreibung des Oberamts Tübingen, herausgegeben vom statistisch topogr. Bureau, 1867.

Varietät. *Seps ruber,* LAURENTI a. a. O.

Seps stellatus, (SCHRANK) KOCH, STURM'S Fauna, 1828.

Lacerta erythronotus, FITZINGER a. a. O.

Lacerta stellata, GLÜCKSELIG a. a. O.

Kennzeichen. [1]

Länge bis 8 Zoll; gewöhnlich nur 5—6 Zoll. Kopf von besonders dicklichem, gedrungenem, stumpfschnauzigem Wesen. Schwanz, wenn vollständig, ein und ein

[1] Vergl. Erste Tafel, Fg. 4, Fg. 5, Fg. 14, Fg. 9.

halb so lang als der übrige Körper. Zähne am Gaumen. Von den vier Zügel-
schildern die drei vorderen im Dreieck stehend. Occipitalschild klein, trapezförmig.
Schläfengegend mit unregelmässigen Schildern; mitunter ein grösseres in der Mitte.
Unterschied zwischen den Schuppen des Rückens und der Seiten gross. Von den
Schuppengürteln des Rumpfes gehen zwei auf eine Reihe der Bauchschilder; letztere
in acht Längsreihen. Krallen der Vorderfüsse dreimal länger als breit an der Wurzel;
Krallen der Hinterfüsse etwas über zweimal so lang als breit. Grundfarbe der
Rückenseite ein Graubraun oder ein Grün. Der Scheitel, ein Streifen mitten auf
dem Rücken, der Schwanz immer braun. Mit gewöhnlichen oder Augenflecken
(weiss mit dunkelm bis schwarzem Saum); Flecken gern in Längszügen, bis nahe
an die Schwanzspitze. Bauchseite gelblich oder grünlich mit kleinen schwarzen
Flecken oder Puncten. Schenkelporen 11 bis 14.

Männchen. Tracht gedrängter, kürzer, Kopf dicklicher, Kehle aufgetriebener,
Wurzel des Schwanzes verdickt. Schenkelporen sehr hervortretend. An den
Seiten des Kopfes und des Leibes herrscht das Grün vor, das in ein „schönes
blühendes" Grün übergehen kann. Kehle und Bauch grünlich, dicht mit kleinen
Flecken besprenkelt.

Weibchen. Feiner gebaut, wenn auch (im Frühling) dickbauchiger. Schwanzwurzel nicht verdickt. Schenkelporen weniger hervortretend. Auch an den Seiten
herrscht das Braun vor; die Augenflecken der Seite, beiläufig in zwei Reihen
stehend, kommen durch grosse deutliche weissliche Mitte mit schwarzem Rand
zu besonderer Ausbildung; die der oberen Reihe sind mehr rundlich, die der
zweiten länglich. Bauch gelblich oder weisslich, die kleinen dunkeln Flecken
darauf bald zahlreich bald weniger dicht.

Bemerkungen.

I. Farbe.

Von allen Beobachtern wird angeführt, dass unser Thier in Zeichnung und
Färbung die „manchfaltigsten Varietäten" darbiete, ein Ausspruch, welchem ich
nicht ganz zustimmen möchte. Wenn man nemlich im Auge behält, dass die beiden
Geschlechter verschiedene Farbenkleider annehmen und ablegen, und dass ferner die
Altersstufen ihre Besonderheiten haben, so ist eigentlich doch die Mannigfaltigkeit
der Färbung nicht grösser als solches bei vielen anderen Thieren nach Alter, Geschlecht und Jahreszeit, sowie der Gegend ihres Vorkommens, der Fall ist.

Das ganz junge Thier, „pulchra haec bestiola", hat bekanntlich LAURENTI als *Seps argus* aufgeführt, doch nur fragweise: „statura omnium minima, si adulta?" Den Namen gab er wegen der vielen zierlichen, etwa in vier Reihen auf gelbbraunem Grunde stehenden Augenflecken. Die reine Argusform besteht, was ich aus wiederholter Beobachtung kenne, eigentlich nur für den Sommer und Herbst des Jahres, in welchem die Thiere aus dem Ei gekrochen. Schon im nächsten Frühling hat sich die Grundfarbe nicht nur mehr ins Braune umgesetzt, sondern sich auch in einen etwas dunkeln Rückenstreifen und zwei Seitenstreifen geschieden; darüber weg vertheilen sich die verhältnissmässig kleiner gewordenen Augenflecken.

Die weitere Sonderung in der Grundfarbe besteht alsdann darin, dass das dunklere Rückenfeld von den Seitenfeldern sich durch eine schmalere lichtere Zone jederseits absetzt; was sich, wenn auch um vieles schwächer, noch einmal gegen den unteren Rand der Seitenfelder wiederholt. An der vorderen Hälfte des Schwanzes, wo wegen Schmalheit dieses Körpertheiles Rücken- wie Seitenfelder nebst ihren lichten Grenzen alle den Charakter von Streifen erhalten, heben sich daher, wenn die Farbentöne schärfer sind, ein dunklerer mittlerer Rückenstreif, dann jederseits zwei weissliche Streifen und zwischen ihnen wieder ein dunkler Streifen, gewissermassen wie ins Enge gefasste Fortsetzungen der Farben des Rumpfes, ab. Am Rücken und auf den Seiten des Leibes stehen Augenflecken in einer oder zwei Reihen, entweder so, dass das Weiss wirklich ins Innere vom Schwarz zu liegen kommt, oder das Weiss ist nicht umsäumt vom Schwarz, sondern steht am Rande der schwarzen Flecken. Nicht selten, namentlich am Rücken, ist das Weiss des Augenfleckes kein Punct, sondern ein Strich. Die Bauchseite bleibt durchweg gelblich oder grünlich mit dunkeln Sprenkeln.

Es kommt vor, dass alle und jede Bildung von einfachen und Augenflecken ausbleibt, am Rücken wie am Bauche; doch scheint diess seltener zu sein. In der hiesigen Sammlung wird ein solches Exemplar, nach der Ueberschrift aus der Tübinger Gegend stammend, aufbewahrt; es ist ein Männchen. Ich hielt einen Sommer lang ein weibliches Thier im Zwinger, welches ich bei Weinheim an der Bergstrasse gefangen und das sich ebenso gefärbt zeigt. Der Rücken ist von schönem lichtbraunen Ton, ohne alle Fleckenbildung; die Abstufung des Braun zwischen dem Rücken und den Seiten des Leibes durch lichtere Zonen fehlt nicht.

Wenn die Geschlechtsverschiedenheit anfängt sich in der Färbung kund zu geben, so geht die früher braune Grundfarbe der Seiten beim Männchen in Grün über. Es geschieht das schon zeitig; soviel ich ermitteln konnte im zweiten Jahr. Denn man trifft noch recht kleine ganz geschlechtsunreife Männchen, welche bereits

schön grün sind. Zur Zeit der Fortpflanzung — als Hochzeitskleid — erreicht das
Grün den höchsten Grad der Sättigung. Auch das Braun hebt sich um diese Zeit,
bei guter Nahrung und sonstiger Pflege, in ein angenehmes Graubraun. Bei geschlechtsreifen Männchen kann sich das Grün der Flanken weit ausbreiten und dadurch die braune Grundfarbe verdrängen. Nicht blos die Vorderbeine überziehen
sich mit Grün, sondern auch die Seiten des Kopfes, die Kehle und der Bauch; ja
selbst der für unsere Art so charakteristische Rückenstreifen kann theilweise, vielleicht ganz übergrünt werden. Ich habe lebende Thiere vor mir, wo der sonst weissliche Grenzstreifen zwischen dem Rücken und den Seitenfeldern bereits gelbgrün geworden ist und auch das Braun des Rückenstreifens selber durch Aufnahme von
einem gelblichen Ton abgeschwächt ist. Ferner kam mir in einer grösseren Anzahl
von Thieren, welche behufs zootomischer Uebungen eingesammelt waren, ein Männchen zu Gesicht, bei dem der Rücken so grün war, wie die Seiten; erst über der
Schwanzwurzel begann und zwar schwach der braune Rückenstreifen. Schon GISTL [1]
erzählt, dass er „in einem Wassergraben in der Gegend um Freising eine ganz grüne
L. agilis gefangen habe.“ Sollten für diesen Fall die Worte: „ganz grün“ buch-
stäblich zu nehmen sein oder in der Einschränkung, wie ich sie eben bezeichnet?
Auch die hinteren Gliedmassen behielten immer, wenigstens an der Rückenfläche,
das Braun.

Ich habe bis jetzt niemals ein lebendes oder frisches Männchen gesehen, welches ausser dem Grün auch noch Blau in Flecken oder Streifen gehabt hätte; denn
selbstverständlich gehört nicht hieher, dass im Weingeist das Grün in Blau sich
gerne umändert. Mir ist desshalb von jeher die Figur bei RÖSEL [2] merkwürdig gewesen, welche blaue Flecken und Längsstreifen zeigt. Es scheint beinahe, als ob
der Colorist zu SCHLEGEL'S „Dieren van Nederland“ angewiesen worden wäre, RÖSEL
sich zum Vorbild zu nehmen. Denn auch dort [3] erblicken wir die *Lacerta agilis* mit
stark blauem Strich über den Rücken und eben solchen seitlichen Flecken.

Ganz besonders verdient hervorgehoben zu werden, dass die Männchen nicht
mit dem grünen Kleid die Winterquartiere verlassen, sondern diesen Farbenschmuck
erst allmählig unter wiederholten Häutungen erhalten. Ich habe mich hievon bestimmt überzeugt. Im Mainthal bei Wertheim an dem sonnigen Kaffelstein erwartete
ich im Frühjahre das Hervorkriechen unsers Thieres, was am 5. April bei + 14° R.
geschah. An diesem Tage zeigte sich eine ganze Anzahl auf einmal und alle waren

[1] Zeitschrift Isis, 1829.
[2] Hist. nat. ranarum nostr. Titelkupfer.
[3] Pl. I, Fg. 1.

Männchen; aber keines derselben grün, sondern ohne Ausnahme an den Seiten von gelblich schwärzlicher Farbe. In der Gefangenschaft gehalten waren ihre Flanken Ende April noch nicht rein grün geworden, sondern blos schmutzig grün, welche Verzögerung aber gewiss ihren Grund in dem Aufenthalt im Zwinger hatte. Denn die im Freien lebenden Thiere, welche ich um diese Zeit gut ins Auge fasste, waren schon am 23. April prächtig grün, und mochten es wohl schon früher geworden sein.

Das Vorgebrachte schliesst an Verhältnisse an, wie man sie von Vögeln, Molchen und anderen Thieren kennt: aber es scheint bisher nur ein einziger Zoolog etwas davon gewusst zu haben. Es ist SCHRANK, welcher in der Fauna boica von unserer Art sagt: „im Sommer verwandelt sich die erdgraue Grundfarbe die das Thier im Frühling hat in ein schön blühendes Grün, aber alles übrige bleibt." Der Termin ist hier offenbar zu spät gesetzt, auch hat SCHRANK noch nicht die beiden Geschlechter unterschieden. — Nach der Begattungszeit, etwa um Mitte Juni, verliert das Grün von seinem Glanze, ist nicht mehr „laete viridis", sondern nimmt einen Ton ins Dunkelgrüne, ein andermal ins Gelbgrüne an und verliert sich nach und nach völlig. Die Männchen wenigstens, welche ich im Spätsommer, Ende August, noch antraf, hatten bereits wieder das dunkle Kleid angelegt, mit welchem sie im Frühjahr aus ihren Löchern kommen.

Dass die Gegend des Vorkommens die Färbung zu beeinflussen vermag, wird nicht auffallen können. Hiebei handelt es sich besonders um die helleren oder dunkleren Tinten der Grundfarben und um die Ausbreitung der Fleckenbildung, was mit der Bodenbeschaffenheit zum Theil zusammenzuhängen scheint. Als ich z. B. im August 1866 von dem durch seine fossile Fauna und Flora berühmten Steinbruch bei Öhningen nach Stein am Rhein ging, fiel mir an den warmen sandigen Abhängen nicht blos die Menge der Eidechsen auf, sondern auch bei allen die ich haschen konnte, waren beide Geschlechter in der Grundfarbe, gleichsam in Anpassung an den hellen Boden der Molassenhügel, äusserst licht. Bei den Weibchen war die Grundfarbe hellbraun, bei den Männchen grüngelb. Dadurch hoben sich die Augenflecken mit rein weisser Mitte auf's schärfste ab. Selbst auf der Rückenfläche des Kopfes trat die Fleckenbildung deutlich hervor. Und dass es sich wirklich um eine Anpassung an die Färbung des Molassensandsteins handle, bestätigte sich mir, als ich im Jahr darauf, Mitte Septembers, an der Südseite des Gebhardsberges bei Bregenz die *Lacerta agilis* von der gleichen lichtgrauen Färbung traf. Von demselben Gesichtspuncte war mir eine Anzahl männlicher Thiere merkwürdig, welche ich im April 1869 an den sonnigen Bergen bei Weinheim an der Bergstrasse gefangen hatte. Hier steigerte sich das Grün während des Monates Mai zu einem wahrhaft leuchtenden Grün;

es zog sich selbst von den Seiten des Kopfes in das Braun der Kopfschilder. Die Mitte der Augenflecken, sonst weisslich, war selbstverständlich auch grün. Dazu kam, dass die dunkeln Flecken grösser waren als gewöhnlich, von buchtiger Form und indem sie von Stelle zu Stelle zusammenflossen in hübscher Vertheilung das Grün durchzogen.

Zu den grössten und schönsten Exemplaren, die mir je vorkamen, gehört ein Männchen, welches ich im Juni hier bei Tübingen im Ammerthal fieng. Das Grün der Seite, obschon mit einem Stich ins Gelbliche, war doch sehr lebhaft und fast ganz rein, indem von einer schwarzen Besprenkelung nur winzige Spuren eingemischt waren. Die weissliche Mitte der Augenflecken, von Form eines Striches, stiess zu Streifen zusammen und bildete so in der Mittellinie des braunen Rückenfeldes sowohl, als auch zu dessen Seiten je eine weissliche Längslinie.

Ferner habe ich mir von Thieren aus dem Mainthal bei Wertheim angemerkt, dass bei manchen Männchen die schwarze Besprenkelung des Bauches äusserst dicht sein kann, wodurch stellenweis, wie z. B. in der Gegend der Afterspalte und Wurzel des Schwanzes das Grün ganz zurückgetreten ist. Es entsprechen solche Thiere ungefähr der Abänderung *nigriventris* bei *L. muralis*.

Noch kann ein Farbenton auftreten, welcher unser Thier so auszeichnet, dass schon von dem ersten Beobachter diese Abänderung als besondere Art aufgestellt und auch von Manchem als solche festgehalten wurde. Es ist die rothrückige Eidechse. Sie wurde zuerst durch LAURENTI bekannt als *Seps ruber*, eine Bezeichnung, für welche später FITZINGER *L. erythronotus* setzte. Die Thiere, welche ich in Händen hatte, waren alle, sowie LAURENTI schon bezeichnet, grösser und kräftiger als sonst *L. agilis* zu sein pflegt; eine Bemerkung, die auch bei KOCH vorkommt. [1] Der Rücken vom Kopf bis zur Schwanzspitze ist von braunrother (kupferrother) Färbung, ohne Flecken. Die Seiten sind grünlich oder bräunlich mit weisslichen, schwarz eingefassten Flecken; Bauchseite hellgrün, mit schwarzen Puncten besprengt.

Eine von mir noch nie gesehene schöne Varietät hat TSCHUDI [2] beobachtet. Ueber den Rücken läuft ein tiefschwarzes Band, das von zwei weisslich grauen Streifen eingeschlossen wird. Seiten schwarz, am Bauche ins Tiefgrüne übergehend, darauf weisse Puncte und Ringe. Kehle und Bauch schmutzig weiss.

---

[1] a. a. O. »Ich fand sie wenigstens grösser als *Seps agilis*.«
[2] Monographie der schweizerischen Echsen.

2. Schilder und Schuppen.

Die Schilder des Kopfes können abermals nicht für sich allein zur Abgrenzung der Species gebraucht werden, indem sie, wenn man viele Individuen prüft, da und dort Abweichungen darbieten. So z. B. kann die Zahl der kleinen zunächst der Nasenöffnung im Dreieck stehenden Zügelschilder, auf welche man doch zuerst zu blicken pflegt, vermehrt und vermindert sein. Ich habe Thiere vor mir, wo auf der einen Seite des Kopfes die regelrechte Zahl sich findet, auf der anderen Seite aber ist das oberste durch eine Querfurche in zwei zerfallen, so dass man vier hat. Umgekehrt zeigt ein anderes Thier nur zwei Zügelschilder, die aber, da sie den gleichen Raum zu überdecken haben, grösser sind. Aehnliches wiederholt sich bezüglich des Occipitalschildchens. Regel ist, dass es deutlich vorhanden ist und Trapezform hat. Aber es kann auch ganz fehlen, oder es ist, wozu mir ebenfalls ein Beispiel vorliegt, gewissermassen unter die Rückenschuppen gerathen. Die Parietalschilder, hinten zusammenstossend, schliessen die Grenzlinien des Kopfes ab und dahinter liegt in der ersten Reihe der kleinen Rückenschuppen das Occipitalschildchen. Dergleichen Abänderungen — Zusammenschmelzen der Schilder, dann wieder Theilungen, Auftreten von Nebenschildern — sind keineswegs allzuselten: unter zwölf Exemplaren befanden sich z. B. drei mit Abweichungen. Am meisten scheint die Hinterhauptsgegend zu Störungen geneigt zu sein und wenn es auch nicht immer zur Abgrenzung neuer Schilder kommt, so zeigen sich doch oft Eindrücke und Furchen, die bei anderen Individuen zu Theilungen führen. Tschudi besass gar ein Männchen, bei welchem der ganze hintere Theil des Kopfes statt mit Schildern mit Schuppen bedeckt war.

Der Unterschied zwischen den Schuppen des Rückens und der Seiten ist gross. Denn die Rückenschuppen sind schmal, länglich, nicht eigentlich eckig oder polygonal, mit deutlichem Kiel; hingegen die Seitenschuppen, indem sie länger und breiter werden, verlieren den Kiel und verflachen sich; doch erhält sich bei vielen eine gewisse Buckelbildung, unter schräg auffallendem Licht gut sichtbar. Dass zwischen den Schuppen der Seite noch kleinere Höcker (oder Schüppchen) zugegen sind, wird besonders deutlich bei abgehobener Epidermis und bei Spannung des Bauches.

Die Schilder am Bauche bilden, wenn man nur die grossen im Auge hat, sechs Längsreihen; jederseits nach aussen schliesst noch eine Reihe kleinerer an, die mitunter sich wenig durch ihren Umfang von den anstossenden Schuppen der Seite abheben, an anderen Individuen aber, namentlich älteren Männchen, allerdings merklich grösser sind als die nächst anschliessenden Schuppen der Seite. Solche

26 *

Verschiedenheiten sind Veranlassung, dass die einen Zoologen sechs, die anderen acht Reihen von Bauchschildern dem Thier zuertheilen.

3. Schädel und Zähne.

Die erste Abbildung des Schädels sammt übrigem Skelet gab der Nürnberger Miniaturmaler MEYER[1]) und dieselbe ist für den Stand der osteologischen Kenntniss von dazumal als eine sehr gelungene zu bezeichnen.

In der Zeit wie man anfieng sich um die Deutung der Kopfknochen zu bemühen, gab BOJANUS[2]) Zeichnungen von dem doppelt vergrösserten Schädel der *Lacerta agilis*, wie er sagt, weil ihm dieses „einheimische Diminutiv-Crocodil" bei Mangel eines wirklichen Crocodilschädels zur Nachweisung und Verständigung dienen muss. Dass ich übrigens seinen Deutungen nicht durchweg zustimmen kann, geht aus dem oben Dargelegten hervor, wie denn auch schon CUVIER mancherlei daran auszusetzen wusste.[3])

Inwiefern sich der Schädel[4]) von *agilis* von dem der nächstverwandten *viridis* unterscheidet, wurde bei der letzteren Art erörtert.

Die Zahl der Zähne beträgt

im Zwischenkiefer 9;

im Oberkiefer, eine Seite, 16;

im Unterkiefer, eine Seite, bis 20;

am Gaumen, eine Seite, die kleinen mit inbegriffen 12.

Alle sind rückwärts und einwärts gerichtet. Die Gaumenzähne sind weder auf den Abbildungen MEYER'S zu bemerken, noch scheint sie BOJANUS beobachtet zu haben. BRANDT[5]) gibt ihre Zahl zu gering an, wenn er sagt, es seien nur fünf.

Vorkommen.

Man war früher der Meinung, dass *Lacerta agilis* nicht nur über ganz Europa verbreitet sei, sondern auch noch weit darüber hinausgehe und in „beiden Indien, sowie auf den Inseln der Südsee" lebe. Wenn ein so streng sichtender Zoolog, als MERREM[6]) war, sagt: der Aufenthalt ist Europa, Levante, nördliches Afrika; so wird

---

[1]) Angenehmer und nützlicher Zeitvertreib in Betrachtung allerhand Thiere. 1748. Tab. LVI.

[2]) Isis, 1821, S. 1102, Taf. 8, Fgg. 6, 7, 8, 9.

[3]) Rech. s. les ossemens foss. 1825.

[4]) Vergl. Zweite Tafel, Fg. 23, Fg. 24.

[5]) Medicinische Zoologie.

[6]) System der Amphibien.

begreiflich, wie weniger genaue und zuverlässige Schriftsteller [1]) kurzweg vortragen konnten: „ihr Vaterland ist die ganze bewohnte Erde."

Das Ergebniss einer sorgfältigeren Prüfung lautet aber anders; denn wir erfahren dadurch, dass *L. agilis* eine beschränktere Verbreitung habe, als die Arten *L. viridis, vivipara* und *L. muralis.*

Beginnen wir mit dem nördlichen Afrika. Dass *L. agilis* dort einheimisch sei, stützt sich auf die Angabe POIRET'S, [2]) welcher an der Hand LINNÉ'S, dessen Kennzeichnung unserer Eidechse bekanntlich, weil auf mehrere Arten gleich gut passend, unbrauchbar ist, das Thier zu erkennen glaubte. Die späteren Erforscher dieser Gegenden fanden die Art dort nirgends, worüber man z. B. die neueste Arbeit von STRAUCH [3]) vergleichen möge, welcher der Ansicht ist, dass POIRET'S *L. agilis* zu *L. ocellata* gehört.

Unter den vielen Reisenden, welche Syrien und Palästina besuchen, gibt es nur wenige, welche auch der Thierwelt des Landes ihre Aufmerksamkeit zuwenden. Ein solcher war der kenntnissreiche, scharf beobachtende SEETZEN, welcher im Anfang dieses Jahrhunderts die bezeichneten Länder durchforschend, auch ganz besonders auf die Eidechsen Acht hat und eine nicht geringe Anzahl so genau beschreibt, dass LICHTENSTEIN und WIEGMANN, welche die zoologischen Fragmente durchgingen, sie noch bestimmen konnten. [4]) Es ist aber keine Art darunter, welche unserer *L. agilis* entspricht. Und damit steht in Uebereinstimmung, wenn einige Jahrzehnte später EHRENBERG erklärte, dass er auf seiner ostafrikanischen Reise nur der *L. muralis* verwandte Formen gefunden habe.

Da es selbst noch in dem grossen Werke BIBRON'S und DUMÉRIL'S heisst: „cette espèce se trouve dans toute l'Europe, excepté tout à fait au nord," so lohnt es sich die verschiedenen Länder hierauf etwas näher zu besehen.

In dem neuesten Verzeichniss über die Reptilien Portugal's von BARBOSA de BOCAGE [5]) ist *L. agilis* nicht aufgeführt, sondern lediglich *ocellata, viridis* und *muralis.*

Dass die Art in Frankreich zu Hause sei, ist aus den Mittheilungen der dortigen Zoologen bekannt; aber sowohl LATREILLE, dessen Lézard vert var. c. und e. unsere *L. agilis* ist, sowie DAUDIN geben als Wohnort nur die Umgebung von Paris

[1]) Z. B. der Verfasser einer Naturgesch. der Schlesisch-Lausitz'schen Amphibien. Görlitz 1831.
[2]) Voyage en Barbarie etc., avec un essai sur l'histoire naturelle de ce pays, Paris 1789.
[3]) Essai d'une Erpétologie de l'Algerie, Mém. d. l'acad. d. St. Petersbourg, 1862.
[4]) ULRICH JASPER SEETZEN's Reisen durch Syrien, Palästina etc., herausgegeben von FR. KRUSE. 1859.
[5]) Revue de Zoologie, 1863. (Mir leider nur bekannt aus TROSCHEL's Jahresbericht für 1864.)

an; ob die Art, was besonders interessant wäre, auch im warmen Südfrankreich vorkomme, finde ich nicht erwähnt.

In Belgien ist sie nach SELYS-LONGCHAMPS [1] „assez rare", und wurde von Genanntem nur in der Umgebung von Arlon beobachtet.

In Italien fehlt *L. agilis*. Von der Insel Sardinien hob schon GENÉ hervor: „caret Lacerta agili"; bei BONAPARTE heisst es: „è raramente in Italia, ove sembra esser confinata ad alcuni distretti superiori." Als mir Zweifel aufgestiegen waren über das Vorkommen der gegenwärtigen Species in Italien habe ich auf mehreren Ferienreisen, so im Herbst 1867, 1868 und 1869 schärfer als früher auf diesen Punct geachtet; wobei es sich zeigte, dass diesseits des Brenners, z. B. in der Gegend von Kufstein, sowie bei Insbruck noch die *L. agilis* zugegen sei, jenseits des Brenners aber kam mir trotz aller Aufmerksamkeit die Art nicht mehr zu Gesicht. Um so lieber schenkte ich daher in Verona dem trefflichen Kenner der Reptilien seiner Heimath Herrn de BETTA Glauben, als ich von ihm hörte, dass diese Art nicht als Glied der italienischen Fauna zu betrachten sei, wie er denn auch bereits bezüglich Südtyrols und der venetianischen Provinzen diess in seiner „Erpetologia" angegeben. [2] Aussagen verschiedener italienischer Faunisten über das Vorkommen von *L. agilis* in Italien beziehen sich, wie Prinz BONAPARTE und de BETTA gezeigt, nicht auf diese Art, sondern auf *L. muralis*. Wenn für die Ligurische Küste von SASSI [3] neben *Podarcis muralis* WAGL. auch *Lacerta agilis* DAUD. aufgeführt wird, so liegt hierin ein offenbarer Fehler vor, denn DAUDIN'S *L. agilis* ist bekanntlich *L. muralis*. Und da der Genueser Zoolog hingegen nichts von der *L. viridis* sagt, so wird diese wohl, da doch die beiden Eidechsenarten durch volksthümliche Bezeichnungen (Grigna und Lagheu) unterschieden werden, unter der einen oder der andern zu vermuthen sein. — Ueber Sicilien, welche Insel die *Lacerta agilis* besitzen soll, wird man neuere Aufklärungen abwarten müssen. Man darf argwöhnen, dass der Angabe abermals eine Verwechslung zu Grunde liegt.

L. agilis fehlt ferner bestimmt noch andern wärmeren Ländern von Europa. Schon GERMAR [4] bemerkt von Dalmatien, dass obschon die Eidechsen in Menge vorhanden seien, so bei Triest, [5] Fiume, Zara, er doch unsere eigentliche *Lacerta agilis*

---

[1] Faune Belge, 1842.
[2] » . . . . non venne mai fino ad ora incontrata nelle nostre provincie.«
[3] Saggio sopra i pesci rettili e mammiferi della Liguria, Genova 1856.
[4] Reise nach Dalmatien, 1817.
[5] Bezüglich der Gegend von Triest könnte man nach dem Buche GRUBE's: Ein Ausflug nach Triest und dem Quarnero 1861, wieder irre werden, da dort gesagt wird, dass in dem Boschetto bei Triest »*Lacerta agilis* zahlreich unter den Gebüschen hervorschlüpft.« Allein mir scheint diese Angabe nur anzudeuten, dass unser Beobachter die Reptilien nicht gleich gut kennt wie die Anneliden.

nicht gefunden habe. Ebenso gibt ERBER,[1] welcher mit dem Sammeln von Reptilien sich ganz eigens befasst, ausdrücklich an: „in Dalmatien fand ich sie nicht". Nach demselben Beobachter kommt sie im südlichen Ungarn, bei Orsowa, „nur selten" vor; doch sammelte sie noch Graf FERRARI in der Sandwüste bei Basiasch; sie mangelt aber, wie aus BORY de ST. VINCENT'S bereits angeführtem Prachtwerk, sowie aus der neuesten Schrift de BETTA'S[2] hervorgeht, in Griechenland, auf dem Festland so gut wie auf den Inseln. — Die Länder, für welche das Vorkommen unserer Art festgestellt ist, sind ausser dem schon genannten Frankreich folgende.

Die Schweiz, wo sie nach TSCHUDI in dem nördlichen, mittleren und selbst südlichen (!) Theil die Ebenen und das Hügelland bewohnt. In Appenzell ist sie nach SCHLÄPFER (Versuch einer naturhist. Beschreibung von Appenzell. Trogen 1829) nicht häufig. Dann zieht sie sich durch ganz Deutschland, wo sie z. B. LAURENTI und FITZINGER für Oesterreich, GLÜCKSELIG für Böhmen, SCHRANK für Altbaiern, EHRHARDT (Physisch-medicinische Topographie von Memmingen) für bairisch Schwaben, WOLF für die fränkischen Gegenden, BECHSTEIN für Thüringen, KALUZA und GLOGER für Schlesien, HEINRICH für Mähren, KIRSCHBAUM für das Nassauische etc. angezeigt haben. Da die Art gerne in Erdlöchern lebt, so kann ihr nicht jede Gegend gleich lieb sein und man wird sie auf weite Strecken hin, namentlich wo harter Boden ist, vermissen. Nach meiner Erfahrung ist sie z. B. bei Bamberg häufiger als bei Würzburg; im eigentlichen Taubergrund bei Rothenburg, auf Kalk, ist sie geradezu selten und nur in den Hecken um die Stadt hin und wieder zu treffen; an der unteren Tauber aber, auf buntem Sandstein, sehr häufig. Bei Tübingen[3] in soweit Kenperboden sich ausdehnt, ist sie noch recht zahlreich, während man auf dem Gebiet des Muschelkalkes stundenweit gehen kann, ohne auch an den sonnigsten Stellen des Thieres ansichtig zu werden. Ebenso verhält es sich mit unserer Alb: ich habe neben der dort häufigen *L. vivipara* zwar auch *L. agilis* beobachtet, aber verhältnissmässig doch sehr vereinzelt. Am liebsten hält sie sich an sonnigen Rainen, am Grunde von Weinbergsmauern, an Berghalden auf. Doch kommt sie auch im Walde vor; hier bei Tübingen ist sie z. B. im Bebenhauser Thale, was

[1] Amphibien der österreichischen Monarchie.
[2] Rettili ed anfibi del regno della Grecia, 1868.
[3] In hiesiger Gegend sah ich sonst nur *L. vivipara* von der Zecke (Ixodes lacertae) geplagt. Aber im Mai 1868 erhielt ich drei Exemplare von *L. agilis* auf denen dieser Parasit ebenfalls zahlreich schmarotzte und zwar in allen Altersstufen. An dem einen Thier sassen 5, beim anderen 8 und beim dritten sogar 17, meist hinter dem Vorderfuss, einige auch weiter nach vorne, selbst auf dem Trommelfell. Ebenso waren Exemplare von *L. agilis*, welche ich im Frühjahr 1869 bei Wertheim und Weinheim fieng mit Ixodes besetzt. Am häufigsten scheint *L. muralis* von diesem Parasiten geplagt zu werden; ich hatte ganz junge Thierchen in Händen, welche bereits damit besetzt waren.

doch einen entschiedenen Waldcharakter hat, geradezu häufig; selbst im dichten
Laubwald habe ich sie da und dort in Händen gehabt und mich so überzeugt, dass
es nicht die gemeinhin als Waldeidechse bezeichnete *L. vivipara* sei.

Die schöne rothrückige Eidechse (*L. erythronotus* FITZ., *ruber* LAUR.) wird nur hin und wieder
gesehen. BECHSTEIN (1800) meldet, dass sie in Thüringen nicht selten sei; DAUDIN fieng sie „une seul fois
au Bois de Bologne“; KOCH, welcher sie unter dem Namen *S. stellatus* SCHRANK, genau beschreibt und abbildet, fand sie (1828) in der Oberpfalz etwas selten; GISTL bei München (1829) ebenfalls „seltener“; TSCHUDI,
der doch den Eidechsen der Schweiz sehr eifrig nachging, sah, nach einer Anmerkung zu schliessen, nur ein
Sammlungsexemplar in Neuchatel. Ich selber fing das Thier im Laufe vieler Jahre wie ich schon anderwärts
mittheilte erst dreimal: bei München, dann im bairischen Hochland, endlich noch im Herbst 1865 in der
Ramsau, Gebirg von Berchtesgaden; dieses letzte Exemplar, von besonderer Grösse und Schönheit hatte ich
längere Zeit am Leben erhalten. Ostwärts wird aber vielleicht die rothrückige Eidechse häufiger. So ist
mir bemerkenswerth, dass GLÜCKSELIG kurzweg sagt: Habitat (in Bohemia) in stratis lapidosis prope aquam;
auch muss er zu Folge seiner Angaben über die Abschattungen der Farbe zahlreiche Exemplare vor Augen
gehabt haben. Endlich für Oberungarn heisst es bei JEITTELES: „die rothrückige Varietät (der *L. agilis*)
ist bei Kaschau nicht selten.“ Nach MENGE findet sich unser Thier auch bei Königsberg, doch habe ich nach
dem, was er über die Farbe sagt, einige Zweifel, ob er die wirklich rothrückige Eidechse vor sich hatte.

Dass *Lacerta agilis* in der gewöhnlichen Färbung im Norden von Deutschland,
sowie in Dänemark nicht mangelt, darüber liegen bereits aus alter Zeit [1] sichere
Angaben vor, zuletzt noch von BOJE (Isis 1841); bezüglich der Niederlande kann
SCHLEGEL als Gewährsmann genannt werden; sie findet sich in England nach dem
Zeugniss älterer und neuerer Naturforscher. (THOMAS BELL, British Reptiles, 1849.)
Dass unser Thier in Schweden vorkommt, geht aus NILSON's Skandinavisk Fauna
(1842) hervor; ob es aber wie BRANDT meldet, nördlich hinauf bis zu beiden Seiten
des Bothnischen Meerbusens sich erstreckt, ist mir zweifelhaft geworden. Denn der
letzt Genannte hat die *L. vivipara*, welche, wie wir sehen werden, am nördlichsten
geht, und auch am höchsten vertical sich erhebt, noch mit *L. agilis* fälschlicher-
weise zusammengeworfen.

Hingegen verbreitet sie sich noch weiter ostwärts, z. B. nach Ostpreussen,
was WULFF, MENGE u. A. bezeugen; nach Oberungarn (Kaschau), wie wir durch JEIT-
TELES wissen. Aus Russland kennt man sie z. B. durch PALLAS, nach dessen Angabe sie selbst über das ganze asiatische Russland sich erstreckt; im Gebiet des
Kaukasus fand sie EICHWALD; von seiner Reise nach Buchara brachte EVERSMANN
Exemplare von besonderer Grösse und Färbung aus der Gegend des Aralsee's zurück,
in der Nähe der russischen Grenze. „Manche darunter waren fast ganz grün, die
man aber dennoch nie mit der *L. viridis* verwechseln kann, andere bei denen nur
der Rücken bis zum Schwanz von dieser tief grünen Farbe ist, noch andere bei

---

[1] Schon JACOBÄUS sagt im Jahre 1696: »Lacertus communis, coloris varii in patria nostra oberrat, fre-
quentiús tamen aut viridis aut grisei coloris conspicitur.«

denen die Seitenstreifen des Rückens höchst regelmässige braune und schwarze Quer-
binden haben u. s. w."

Ich habe diese Stelle ausgezogen, weil mir aus der Gegend von Sarepta[1]) an
der untern Wolga eine ganze Anzahl von Lacerten vorliegt, welche höchst merkwürdig
sind. Die kleineren Exemplare, von der Mittelgrösse der deutschen *L. agilis*, scheinen
jüngere Thiere zu sein; bei ihnen ist die Fleckenbildung schärfer und die dunkeln
Flecken des Rückenfeldes sind umfänglicher als bei den unsrigen; sonst aber weichen
sie nicht sonderlich von letztern ab. Anders verhält es sich mit den grossen geschlechtsreifen Thieren: sie haben eine Länge bis zu zehn und einem halben Zoll,
dadurch, sowie durch die Farbe, welche bei den Männchen auch über den Rücken
weg grün ist und zwar so satt, dass die dunkeln Flecken nur noch schwach hervortreten können, erinnern sie lebhaft an *L. viridis* und bei flüchtiger Besichtigung
würde man sie auch dafür erklären.[2]) Allein die nähere Untersuchung lässt nicht
den mindesten Zweifel übrig, dass man es nach der Tracht und den Einzelheiten
mit der echten *L. agilis* zu thun habe, und zwar mit jener Form, welche EVERSMANN
zuerst gefunden.

Schon Prinz BONAPARTE sprach die Ansicht aus, dass *L. agilis* eine nördliche
Art sei; aus den Angaben wie sie im Vorangehenden zusammengestellt sind, wird
im Näheren ersichtlich, dass sie sich über Mitteleuropa und Osteuropa verbreitet;
wie weit sie nach Asien vordringt, bleibt noch zu erforschen.

Was ihre verticale Verbreitung betrifft, so soll sie nach der gewöhnlichen
Angabe nur die Ebenen und die Hügelregion bewohnen; „jamais les montagnes"
sagen BIBRON und DUMÉRIL. Doch fand ich sie im Hochgebirge immerhin bis etwa
2000 Fuss Höhe, so an sonnigen Stellen der Salzburger Alpen, wo sie allerdings
auch schon in der ersten Hälfte des September da und dort erstarrt unter den
Steinen lag. In ähnlicher Höhe traf ich sie auch auf dem Wege zum „wilden
Kaiser" bei Kufstein. Es stimmt das ziemlich mit den Mittheilungen, welche VE-
NANCE PAYOT über das Vorkommen der Reptilien im Stock des Mont-Blanc veröffentlicht hat; dort sind 800 bis 900 Metres Höhenverbreitung angegeben.[3])

---

[1]) Durch die Güte des Herrn CONSTANTIN GLITSCH, Verfassers der »Beiträge zur Naturgeschichte der An-
tilope saiga PALL., Moskau 1865, »sowie mehrerer Aufsätze über Vögel der Umgegend von Sarepta in der Nau-
mannia, 1853.

[2]) In der That sprach Herr Staatsrath EICHWALD bei einem Besuch der hiesigen Sammlung dieselben für
seine *L. strigata*, welche nach Andern gleich *L. viridis* wäre, an.

[3]) Leider werden in der Abhandlung des Genannten die Arten der Eidechsen in bedenklicher Weise durch
einander gewürfelt: *L. agilis* und *stirpium* sind dort etwas Verschiedenes, *argus* und *ruber* gehören bei dem Verf.
zu *viridis*, etc.

Geschichtliches und Kritisches.

Obschon GESSNER unsere Art kennt, und die Farbe der grünen und braunen richtig angibt, [1] auch sein Zeichner ein gar nicht schlechtes Bild von ihr liefert, [2] so habe ich doch die Bezeichnung „Lacerta communis", unter welcher er sie bespricht nicht aufgenommen, weil mir aus einer Stelle seiner Mittheilungen hervorzugehen scheint, dass mit Lacerta communis nicht ausschliesslich L. agilis gemeint sei, sondern auch L. muralis darunter stecke. „Amat Lacertus vetera aedificia, muros et moenia, fuscus praesertim lacertus; virides vero (in quoque parvi, nec nisi colore differentes, non enim de majoribus viridibus loquitur) in campis potius sunt." In diesem Satz unterscheidet GESSNER die grosse oder echte viridis; dann die kleine, unsere agilis, welche das freie Feld liebt; endlich eine dritte kleine braune, welche alte Gebäude und Mauern vorzieht, — und diess passt nur auf L. muralis.

Nach dem zu schliessen, was SEBA [3] über seine „Lacertulae indigenae virides" sagt, ist ihm der Unterschied der Geschlechter nach der Farbe schon bekannt gewesen. Die Abbildungen sind in einer rauhen, steifen, dabei flüchtigen Art gehalten; der Figur, welche das Männchen vorstellen soll, hat der Zeichner eine Ringelung des Schwanzes gegeben, wie die alte Kunst sie wohl herkömmlich dem Lindwurm zuertheilt, wie sie aber nicht bei unseren Eidechsen beobachtet wird.

Die erste wirklich gute Abbildung und zwar eine colorirte, gab der Nürnberger Miniaturmaler MEYER (1748); das Thier, ein Weibchen, ist von unten und oben dargestellt; daneben das Ei, sowie das Skelet, wahrscheinlich von dem bekannten Arzt und Anatomen TREU angefertigt, ebenfalls in zwei Ansichten. — Gering ist hingegen die gleichfalls colorirte Abbildung, welche von dem englischen Maler EDWARDS unter dem Namen Lacerta ex insula Sarnia herrührt und mir aus der SELIGMANN'schen Nachbildung (Nürnberg, 1770) bekannt ist. Das Thier ist, wie auch der Text besagt, ein Männchen; wer an dem wie trächtig angeschwollenem Bauch bei dieser Deutung Anstoss nimmt, kann sich durch Vergleichung der andern Eidechse auf Taf. 11, welche ich für L. vivipara halte, sowie des Wassermolches auf Taf. XXXXIX überzeugen, dass es Eigenthümlichkeit des Malers war, die Bogenlinie des Bauches in übertriebener Weise zu wölben.

Am bekanntesten ist die RÖSEL'sche Figur auf dem Titelkupfer des Werkes über die Frösche (1758) und legt abermals von dem Talente des Meisters Zeugniss ab, obschon sie die Kopfschilder im Einzelnen nicht getreu darstellt und auch den Fehler hat, dass die Rückenseite des Schwanzes wie eine Hohlkehle gezeichnet ist: Mängel, welche wohl auf Rechnung des gleichen Umstandes kommen, dessen ich schon anderwärts [4] gedachte. Die Copie in den Supplementen zu OKEN's Naturgesch. Taf. 21 ist in Hinsicht des Schwanzes verbessert, sowie auch die blauen Flecken des Colorites richtiger hier weggelassen sind. Nicht der Natur entsprechend ist auch die in der Zeichnung dem Thiere beigelegte Fähigkeit mit dem Schwanz einen Baumast spiralig zu umziehen, eine Willkür, welche auch bereits DUMÈS gerügt hat. Die Originalblätter des RÖSEL'schen Werkes, in Wasserfarben gemalt und zwar mit bewundernswerther Sorgfalt, finden sich in der Hof- und Staatsbibliothek zu München. Durch die grosse Güte des Herrn Directors HALM wurde mir jüngst die Gelegenheit zu Theil, dieselben zu durchsehen und mit dem Stich vergleichen zu können. Das Titelblatt, welches uns hier wegen der darauf angebrachten L. agilis allein berührt, hat der Künstler offenbar mehrmals abgeändert, denn das uns im Kupferstich vorliegende weicht in vielen Puncten von jenem Aquarellblatt ab, welches in München die Handzeichnungen eröffnet. Die Grundzüge des ersten Entwurfes hatte der Künstler zwar auch beim Blatte für den Stich beibehalten, aber das Münchner Bild zeigt sich nicht nur in der Anordnung und Ausführung der zum Schmuck verwendeten Pflanzen mannichfach verschieden von der

---

[1] a. a. O. p. 30.
[2] a. a. O. p. 29.
[3] Thesaurus, Tom. 11, Tab. 4. Fg. 4, Fg. 5.
[4] Molche der württ. Fauna, 1867. Anmerkgn zu Salamandra maculata.

Kupferplatte, sondern an den Thieren ist nicht minder vielfach geändert worden. So ist zwar auch auf dem Aquarell der Laubfrosch, der Grasfrosch, der Wasserfrosch, die gemeine Kröte, der Landsalamander und die Eidechse zugegen; aber an allen hat die Hand des Künstlers, wenn man von dem Aquarell hinweg auf die Kupferplatte blickt, zu bessern gewusst, so namentlich, was die Stellung, oder die Weise wie die Beine angezogen werden, betrifft u. dergl. Insbesondere die Eidechse hat er ganz umgearbeitet. Sie erscheint auf dem Aquarellblatt einfacher, sie züngelt zwar auch, aber der Schmetterling nach dem es geschieht, fehlt; ihre Gesammthaltung ist noch weniger lebendig, als auf der Kupferplatte. Das Colorit ist kaum naturgetreu zu nennen, fast gänzlich grün, und ohne das spätere Blau; dem Schwanz erscheint noch nicht die Hohlkehle aufgesetzt. Auf dem Aquarellblatt befindet sich auch unten rechts ein Thier, welches RÖSEL später ganz wegliess, ein Wassermolch nemlich und zwar das Männchen von *Triton taeniatus*, mit hohem gezacktem Kamm. Dieser Molch ist nicht sonderlich ausgefallen und da er aus dem Wasser kriechend eben ans Land kommt, so war es geradezu falsch, den Kamm hoch entfaltet zu zeichnen, denn dazu gehört, dass das Thier unter Wasser ist. Diess und anderes mag der treffliche Künstler wohl selbst erwogen und ihn zu dem Entschlusse gebracht haben, die Figur einfach zu streichen. Im Allgemeinen hat das Titelblatt, wie es uns im Stiche vorliegt, durch die Veränderung gewonnen, was z. B. bei der Vergleichung des Laubfrosches in die Augen springt; doch erscheint wieder Manches, wenigstens nach meinem Geschmack, in der Originalzeichnung gefälliger als auf dem Stich. Dem Aquarell dieses Titelblattes sieht man im Ganzen auch an, dass es weniger rein und sorgfältig gemalt ist, als die folgenden, welche die eigentliche Darstellung der Frösche und Kröten enthalten.

Gegen das Ende des vorigen und Anfang dieses Jahrhunderts hatte sich die Kenntniss von dem Unterschied der Geschlechter verloren und beide erscheinen daher als besondere Varietäten oder Arten; so hat selbst LATREILLE (1800), was uns an diesem scharfen Diagnostiker immer auffallen muss, das Weibchen als Var. c seiner *Lezard vert* unverkennbar beschrieben, und das Männchen ebenso treffend als Var. e. Sein Landsmann DAUDIN (1803) beschrieb das Männchen als *L. stirpium*, das Weibchen als *L. arenicola*. Die Figuren von beiden Thieren gehören zu den besseren Abbildungen des Werkes.

Zum erstenmale wird unsere Eidechse nach den Geschlechtern scharf und sicher unterschieden von WOLF (in STURM's Fauna, 1799). Er erzählt, dass er im Jahr zuvor alle Eidechsen, die ihm „im Nürnbergischen" unter die Hände kamen, untersucht habe, wobei sich fand: „Alle Eidechsen hatten entweder grüne Seiten und einen braunen Scheitel, Rücken und Schwanz, und diess waren allemal, wenn ich sie zergliederte, Männchen; oder sie waren röthlichgraubraun mit einem graugelben Unterleibe, diese enthielten allemal den Eierstock und waren also Weibchen." Da er nun noch weiter ausführlich beide Geschlechter beschreibt und die Art *agilis* nennt, so hat man hier nebenbei zum erstenmale für diese Bezeichnung eine sichere Grundlage. Die Abbildungen sind gut, verlieren aber etwas durch die Verkleinerung, welche das einmal gewählte Format des Werkes den Figuren aufnöthigte.

Wohl gleichzeitig hat BECHSTEIN die beiden Geschlechter nach ihrer Farbe unterschieden. Da übrigens der Genannte lediglich die Eidechsen des Thüringer Landes und von Brandenburg aus eigener Anschauung kennt, so fällt er in den Irrthum, dass er bei Uebersetzung des LACÉPEDE'schen Buches den *Lezard gris* für die Eidechse hält, welche er in Thüringen täglich vor Augen habe, während der LACÉPEDE'sche *Lezard gris* die *L. muralis* ist.

Unter den späteren Arbeiten verdient eine besondere Auszeichnung der monographische, auch die Anatomie berücksichtigende Artikel von BRANDT und RATZEBURG in der medicinischen Zoologie 1829; nur thut es etwas Eintrag, dass die Verfasser unter *Lacerta agilis* auch die sehr davon verschiedene *L. vivipara* begriffen haben, was man im Gedächtniss behalten muss, wenn gar Manches auf *L. agilis* nicht passen will. Der Abbildung, ein Männchen vorstellend, sieht man wohl an, dass ein aufmerksamer und geschickter Künstler sie gefertigt hat. Nur die Zehen der Hinterbeine sind etwas steif gehalten, namentlich sind sie alle zu gleichmässig nach vorne gerichtet, während in Wirklichkeit das lebende Thier sie gerne, wenigstens die äusserste Zehe, abgerückt hält, ein Punct, den z. B. die Zeichner der Eidechsen im Werke BONAPARTE'S nicht ausser

27 *

Acht gelassen haben. Die Fauna italica (1836) enthält ausser der Abbildung der gewöhnlichen *L. agilis* — von OKEN in den Atlas seiner Naturgeschichte aufgenommen — auch eine sehr gelungene von der roth-rückigen Varietät.

Was in der englischen Ausgabe des Thierreichs von CUVIER [1] als *„Green Lézard, Lacerta agilis"* abgebildet wird, ist ein grösseres Exemplar von *L. muralis*. Hingegen zeigt sich THOMAS BELL als ein guter Kenner der auf englischem Boden beimischen Eidechsen, in einer Schrift, die nicht früher schon ein-gesehen zu haben ich sehr bedaure. [2] Dabei sind die Abbildungen der *L. agilis*, Holzschnitte, in Zeichnung und Ausführung vortrefflich und das ganze Buch in seiner schönen Ausstattung, geschmückt mit heiteren Vignetten, erinnert an manches naturhistorische Werk der zweiten Hälfte des vorigen Jahrhunderts.

Auf eine Sichtung der Synonymie in dem Werke BIBRON und DUMÉRIL'S im Einzelnen einzugeben halte ich nicht für angezeigt, obschon arge Verstösse vorkommen. Die unverkennbar abgebildete und be-schriebene *L. agilis* bei BECHSTEIN bringen genannte Autoren unter *L. ocellata* DAUDIN! Doch wird sich Jeder, welcher das treffliche Werk der französischen Herpetologen benützt, geneigt fühlen, dergleichen Fehler zu entschuldigen. Bei der Masse des zu verarbeitenden Materials war es den Verfassern unmöglich, jeder einzelnen Art, auch in literarischer Beziehung, die wünschenswerthe Sorgfalt zu widmen.

---

3. Art. *Lacerta vivipara* JACQ. Berg- oder Waldeidechse.

Lacerta vivipara. JACQUIN, Nov. act. Helvet. Vol. I, 1787.

Lacerta crocea. WOLF in STURM'S Deutschlands Fauna, 1805.

Lacerta pyrrhogaster. MERREM, System der Amphibien, 1820.

Lacerta pyrrhogaster. RÖMER-BÜCHNER, Verzeichniss der Steine und Thiere, welche in dem Gebiete der freien Stadt Frankfurt gefunden worden, 1827.

Lacerta crocea. GISTL, Bemerkungen über einige Lurche, Isis, 1829.

Lacerta crocea. HAHN (u. REIDER) Fauna boica, 1832.

Lacerta crocea. GLOGER. Schlesiens Wirbelthierfauna, 1832.

Lacerta vivipara. PLIENINGER, Verzeichniss der Reptilien Württembergs. Jahreshefte d. naturwiss. Vereins, 1847.

Lacerta vivipara. HEINRICH, Mährens und Schlesiens Fische, Reptilien und Vögel, 1856.

Lacerta crocea. FAHRER, Thierwelt von Ober- und Niederbayern. Bavaria, Landes-und Volkeskunde von Bayern, 1860; dann auch „Oberpfalz" 1863.

Lacerta vivipara. KIRSCHBAUM, Reptilien und Fische des Herzogthums Nassau 1865.

Lacerta crocea. MEDICUS, Thierwelt d. Rheinpfalz. Bavaria, Landes- u. Volkeskunde von Bayern, 1867.

Lacerta vivipara. LEYDIG, Thierreich in der Beschreibung des Oberamts Tübingen, herausgegeben vom statistisch-topogr. Bureau, 1867.

---

[1] The animal kingdom by Cuvier with additional descriptions by Edward GRIFFITH, 1831.

[2] A history of British Reptiles. Second edition, 1849. Hier ist nämlich auch der *Triton helveticus* RAZ. als *Lissotriton palmipes* gut abgehandelt, nachdem der Autor, wie er offen eingesteht, in der ersten Ausgabe des Buches diesen *palmatus* nur für eine Form des *T. punctatus* gehalten hatte. Er sah aber seinen Irrthum rasch ein, als er den wirklichen »palmipes« vor die Augen bekam.

Varietät. a. *Lacerta nigra.* WOLF in STURM'S Deutschlands Fauna, 1805. Das Inhaltsverzeichniss führt sie als *L. atra* auf.

— b. *Lacerta montana.* MIKAN, ebendaselbst, 1805.

Kennzeichen. [1]

Länge bis 6 Zoll. Steht in der Tracht zwischen *L. agilis* und *L. muralis.* In der Bildung des Kopfes, des Leibes, der Zehen feiner und zarter als *L. agilis.* Schwanz meist wenig länger als Kopf und Rumpf und dabei in seiner ganzen ersten Hälfte von ziemlich gleicher Dicke (nicht wie bei den anderen Arten gleich von der Wurzel im Querdurchmesser stetig verringert). Meistens ohne Zähne am Gaumen. Zügelschilder, in der Zahl drei, stehen einfach hintereinander. Occipitalschild klein, länglich, trapezförmig. Schläfengegend mit unregelmässigen Schildern, aus deren Mitte nicht selten ein grösseres sich abhebt. Unterschied zwischen den Schuppen des Rückens und der Seiten gering. Von den Schuppengürteln des Rumpfes gehen immer noch zwei auf eine Reihe der Bauchschilder. Letztere in acht Längsreihen, aber die zwei äusseren ganz wenig von den anstossenden Seitenschuppen verschieden. Zahl der Schenkelporen neun bis zwölf. Krallen der Vorderfüsse über einmal länger als breit an der Wurzel; Krallen der Hinterfüsse nahezu zweimal so lang als breit an der Basis. Grundfarbe der Rückenseite ein Holzbraun oder Nussbraun, so abgestuft, dass eine Rücken- und zwei Seitenzonen entstehen; darin entweder einfach dunkle Flecken oder auch Augenflecken, ein andermal weissliche oder gelbliche Flecken oder kurze Streifen in Längsreihe. Nicht selten zieht ein scharfer dunkler Streifen in der Mittellinie des Rückens herab, oder es fliessen auch die schwarzen Fleckenreihen der Seite zu einem oberen oder unteren, von lichtem Saum begrenzten Längsband zusammen, das hinter oder schon vor dem Auge beginnend sich bis über die Schwanzwurzel erstreckt und von da sich wieder in Flecken auflöst.

Männchen. Von schlankerer Tracht, dünnbauchiger, Kopf abgeflachter, Schwanzwurzel geschwollen. Färbung gern von lebhafterer Zeichnung. Bauchseite safrangelb und schwarz gesprenkelt.

Weibchen. Kopf etwas dicklicher, Bauch gewölbter, Schwanzwurzel nicht verdickt. Färbung häufig matter, Bauch weisslich, nicht gesprenkelt.

[1] Vergl. erste Tafel, Fg. 1, Fg. 6, Fg. 10.

Bemerkungen.

I. Grösse und Farbe.

Die meisten Exemplare sind merklich kleiner als *L. agilis*, doch habe ich auch Thiere verglichen, welche in der Körperlänge hinter der genannten Art nicht zurückstanden; dabei bleiben sie aber durchaus schmäler, zarter, und namentlich der Kopf erscheint gegenüber von *L. agilis* klein. [1]

In der Färbung kommen mancherlei Abänderungen vor. Auf dem Grünten im Allgäu sammelte ich eine ganze Anzahl von Thieren, welche alle eine tief dunkelbraune Grundfarbe des Rückens darboten, ohne dass aber die Reihen gelblichweisser Flecken der Seiten gefehlt hätten. Dann traf ich hinwieder an feuchten, aber doch durchwärmten Waldgräben bergiger Gegenden in Franken nur Exemplare, auf deren schön entwickeltem Nussbraun sehr wenige Flecken sich zeigten. Ein andermal ist die Fleckenbildung äusserst lebhaft, so namentlich bei Thieren aus dem Hochgebirg: die Grundfarbe zieht dabei mehr ins Helle, und die Flecken und Striche können sich schärfer abheben. Bei Reutte in Nordtyrol, dann auf der Insel Herrenwörth im Chiemsee habe ich die schönsten Thiere dieser Art beobachtet. Während eines längeren Aufenthaltes in Ratzes (Südtyrol) erhielt ich [2] eine *L. vivipara*, welche an *L. muralis* stark erinnerte. Das Rückenfeld besass auf lichtem Grunde drei Reihen grösserer dunkler Flecken, dann kam ein breites dunkles Seitenband, welchem sich, abermals auf hellem Grund dunkle und weisse Flecken anschlossen und sich von da über die Extremitäten und den Schwanz verbreiteten.

Das Safrangelb der Männchen kann sich auch in Ledergelb aufhellen, und bei Thieren des nördlichen Russlands scheint das Safrangelb sich sogar selten zu entwickeln. Es ist wenigstens sehr auffallend, dass MEJAKOFF unter einer sehr grossen Anzahl von Individuen aus dem Gouvernement Wologda nur zwei „à ventre jaune-orangé" gefunden zu haben angibt. [3]

Bei den Weibchen, welche ich in den südtyrolischen Bergen fieng, war auch die Bauchseite — bei den unserigen ist sie einfach weisslich — mit einem röthlichen Anflug geziert, der aber nicht ins safranfarbige, sondern ins carmoisinrothe gieng.

Im Weingeist aufbewahrt, nimmt die Rückenseite unserer Eidechse gern eine bläuliche Färbung an

---

[1] Dass *L. vivipara* die zärteste unserer Eidechsen sei, ergibt sich auch beim Maceriren des Thieres. Mit *L. agilis* und *L. muralis* unter gleichen Umständen und gleich lang dieser Behandlung ausgesetzt, fällt bei *L. vivipara* schon Alles auseinander, während die übrigen noch in ihren Knochen zusammenhalten.

[2] Durch Hrn. Dr. MEINERT aus Kopenhagen.

[3] Bulletin, Sociét. d. naturalistes de Moscou 1857, II. 584.

und das Orangeroth des Bauches, weil aus einer Art Fett bestehend, blasst in Grauweiss ab. Streift man die bräunliche Oberhaut ganz ab, so erscheint die Lederhaut äusserst lebhaft gefärbt: bei Männchen ein Blaugrau oder Weissgrau mit den hellen und dunkeln Flecken. Noch prächtiger ist die Farbe, wenn man ein frisches Männchen einige Tage in sehr verdünnte Salpetersäure gelegt und darauf die Epidermis abgehoben hat. Auf der weisslichen Grundfarbe des Rückens zeigen sich Spuren von Grün und Blau, die Seiten sind bläulich mit Augenflecken, das Safran des Bauches ist ganz satt und die Besprenkelung darauf sehr scharf. Es ist beinahe Schade, dass man die Thiere in dieser Art nicht in den Sammlungen aufbewahren kann.

Blos auf Farbenabänderung beruhen die oben angeführten zwei Varietäten *L. nigra* und *L. montana*.

L. nigra ist, was die Tracht des Körpers im Allgemeinen betrifft, sowie auch ferner bezüglich der Form des Kopfes, der zarten Finger, der Zügelschilder, der Beschuppung am Rücken, Seiten und am Bauch eine echte *L. vivipara*. An einem zuletzt von mir näher untersuchten Exemplar war der Schwanz nicht länger als Kopf und Leib zusammen, aber etwas dicklich; worin das Thier von der Abbildung bei STURM sowohl, wie bei TSCHUDI abwich. Die Farbe ist durchweg schwarz; im Weingeist und bei noch vorhandener Epidermis erhalten sich längs der Mittellinie des Rückens und an den Seiten Spuren von Flecken; auch mildert überhaupt die Gegenwart der Epidermis das Schwarz der Lederhaut. Ist aber die Oberhaut entfernt worden, so zeigt sich die Eidechse auch im Weingeist schwarz wie Ebenholz; nur die Bauchseite bleibt etwas heller. Eine *L. nigra* geöffnet gab sich als Weibchen zu erkennen und was noch bemerkt zu werden verdient: die Eingeweide waren keineswegs in höherem Grad pigmentirt als bei *L. vivipara* von der gewöhnlichen Färbung.

Auch bei der letztern sind bekanntlich die eben aus dem Ei gekrochenen Jungen immer schwarz; JACQUIN schon, der erste Beobachter, theilt ja mit, dass sie „atro colore" seien. GISTL nennt die Jungen kohlschwarz; die bei REICHENBACH über Nacht ausgeschlüpften Lacertchen waren schwarz mit ockergelben Punctreihen für die beiden späteren Rückenstreifen. Die Thierchen, welche in meinem Terrarium zur Welt kamen, waren am Kopf und Vorderrücken dunkel erzfarben mit schönem Bronzeschiller bei günstigem Licht; der Schwanz, die hinteren Extremitäten, der Hinterrücken schwarz; Bauch nur schwärzlich, nach vorne lichter. Bei greller Beleuchtung war schon die Spur eines Rückenstreifens zu sehen, und ebenso zwei Reihen kleiner lichterer Pünctchen mit etwas Dunkel eingefasst; man wurde so trotz aller Verschiedenheit doch durch die Zeichnung einigermassen an das ausgekrochene Junge der *L. agilis* erinnert.

Bei zahlreichen Individuen, doppelt so gross als das neugeborene Thierchen, welche ich hier und anderwärts sammelte, war meist schon die spätere Färbung fast am ganzen Körper, wenn auch nur schwach angelegt, selbst der Bauch schon etwas safrangelb oder bloss hell, je nach dem Geschlecht; nur der Schwanz war zur Hälfte noch schwarz.

Darnach liesse sich vielleicht sagen, die ausgewachsene *L. nigra* habe einfach ihr Jugendkleid beibehalten, und sich nicht etwa erst aus dem Bunten ins einfach Schwarze verfärbt. Doch könnte man auch die andere Ansicht vertheidigen, dass die schwarze Eidechse eine melanotische Rückbildung sei, etwa so, wie Stubenvögel, der Gimpel z. B., gleichmässig schwarz werden können.

Ich muss auf Grund verschiedener Beobachtungen annehmen, dass die schwarze Färbung in näherem Zusammenhang mit der Feuchtigkeit der Plätze steht, an welchen *L. nigra* gefunden zu werden pflegt, wozu einige Belege nachher folgen sollen. Ich werde in dieser Annahme bestärkt, seitdem ich sah, dass mehrere Exemplare von *L. agilis*, die als sie gefangen wurden, von der gewöhnlichen braunen Farbe waren, stark dunkelten, nachdem sie längere Zeit in einem zu feuchten Zwinger zu leben hatten. Namentlich das Braun des Rückens und Schwanzes hatte sich allmälig in eine Art Schwarz umgeändert. Auch sind mir von *L. vivipara*, der helleren Form, mehrmals Thiere vorgekommen, deren Braun sehr stark ins Dunkle gieng und immer hatte ich solche Thiere an recht feuchten Oertlichkeiten, unter Steinen, angetroffen.[1]

Das Gegenstück der *L. nigra* bildet, was die Farbe betrifft, *L. montana*, MIKAN; ihre Färbung zieht durchaus ins Lichte: die Exemplare, welche ich frisch erbeutet hatte, besassen auf der Rückenseite einen grünlichbraunen Grundton, darauf ausser schwarzen Tupfen eine Menge weisslicher Flecken. Die Unterseite war perlfarb bläulich, selbst, wie die anatomische Untersuchung auswies, bei Männchen.

2. Beschuppung.

Im Allgemeinen verhalten sich die Schuppen wie bei *L. agilis;* nur die Rückenschuppen, schwach gekielt, sind nicht so stark verschieden von den Seitenschuppen; auf letzteren verliert sich der Kiel sehr bald. In der Schläfengegend hebt sich ein grösseres Schild ab; doch fehlt es auch häufig, oder es sind zugleich mit ihm noch einige ebenso grosse Schilder seitwärts zugegen; wieder in anderen Fällen sind alle von so ziemlich gleicher Grösse. Sogar an einem und demselben Individuum können die Schilder von rechts und links verschieden sein.

An den Längsreihen der Bauchschilder sind öfters die äussersten so klein, dass es ganz gezwungen wäre, von acht Reihen zu sprechen, wesshalb auch viele

[1] Ich möchte, da ich einen Zusammenhang zwischen feuchtem Aufenthalt und schwarzer Hautfärbung anzunehmen geneigt bin, auch aufmerksam machen, dass bei jeder *L. agilis* in Folge des Macerirens im Wasser, nach Abzug der Epidermis, die Lederhaut ihr Pigment gleichmässig ins Schwarze umgesetzt hat.

Autoren nur sechs gelten lassen. An manchen Thieren aber, bei Weibchen namentlich und wohl wegen des umfänglicheren Bauches, lässt es sich rechtfertigen acht Reihen anzunehmen.

3. Schädel[1]) und Zähne.

Da die Haut über dem Schädeldach hier nicht verkalkt ist, so lässt sie sich durch Maceriren abheben; der Schädel zeigt sich alsdann ohne die runzelige Sculptur, welche durch die Hautknochen sonst hervorgerufen wird. Das Loch im Scheitel ist verhältnissmässig sehr gross, insbesondere bei jüngeren Thieren von einem Wulst umgeben und nach der Schädelhöhle hin geschlossen durch die schwarze Hirnhaut. Eine tiefe Gefässrinne, nach vorne gegabelt, bedingt eine scheinbare Zerfällung des Stirnbeins. Die Zahl der Superciliarknochen kann wechseln, indem bald eine grössere Platte in mehrere sich zerlegt zeigt, bald umgekehrt eine Verschmelzung eingetreten ist. Es bilden die Superciliarknochen nur Eine Reihe, doch springt der freie Rand dergestalt vor, dass es nicht viel bedarf, um denselben als eine zweite, abgegliederte Reihe anzusehen. Der Gelenkkopf des Hinterhauptbeins ist bei jüngeren Thieren sehr deutlich dreilappig. An der Basis des Schädels glaubt man, gegenüber von den vorausgegangenen Arten, mancherlei kleine Unterschiede zu bemerken, z. B. wie wenn der Körper des hinteren Keilbeins breiter wäre als sonst, der vordere oder der Stachel hingegen länger; allein beim Vergleichen mehrerer Schädel wird klar, dass all dieses, sowie mancherlei kleine Eintiefungen und Vorsprünge nur individuelle Bildungen sind.

Obschon somit keine eigentlich wesentlichen Unterschiede sich kund geben, wird man doch, Alles zusammenfassend, ohne Schwierigkeit den Schädel gegenwärtiger Art zu erkennen vermögen.

Die Zahl der Zähne ist:

im Zwischenkiefer 7;

im Oberkiefer, eine Seite, 16;

im Unterkiefer, eine Seite, 16—21.

Alle Zähne, auch diejenigen des Zwischenkiefers, welche nach WAGLER nur einspitzig sein sollen, sind zweispitzig, was allerdings etwas schwieriger zu sehen ist. Am Gaumen mangeln meist die Zähne. Ich habe eigentlich unter vielen Exemplaren nur einmal ein Thier getroffen, an dessen skeletirtem Schädel jederseits am Gaumen ein paar Zähne sassen und Lücken andeuteten, dass noch einige früher zu-

---

[1]) Vergl. Erste Tafel Fg. 15, Fg. 16.

gegen waren. In manchen Landstrichen scheint die Art immer mit Gaumenzähnen versehen zu sein. Denn MENGE,[1] welcher die Species gegenüber von *L. agilis* gut kennt, theilt ihr ganz einfach vier Gaumenzähne jederseits zu; seine Angabe darf um so weniger in Zweifel gezogen werden, als er sich über die Form der Zähne näher ausspricht.

Vorkommen.

Lacerta vivipara ist uns hinsichtlich der Verbreitung dadurch interessant, dass sie nicht blos horizontal sich weiter erstreckt als *L. agilis*, insbesondere am weitesten nach Norden geht, sondern auch unter allen Arten die höchste verticale Verbreitung hat.

Zunächst fehlt sie nicht, wie es mit *L. agilis* der Fall ist, dem südlichen Europa. Man findet wenigstens ihren Namen in Catalogen, welche Thiere aus dem nördlichen Spanien, vielleicht aus den spanischen Pyrenäen, ausbieten.[2] In Frankreich ist sie aus verschiedenen Gegenden, namentlich gebirgigen, durch BIBRON und DUMÉRIL bekannt. Ganz besonders verdient erwähnt zu werden, dass sie nach den Beobachtungen NÖRDLINGER'S in ziemlicher Menge noch ganz nahe am Meer, z. B. auf den Sanddünen der Umgebung von Boulogne vorkommt.[3] Die gleiche Erscheinung wiederholt sich für Belgien nach SELYS - LONGCHAMPS: auch dort ist sie zunächst Bewohnerin waldiger, bergiger Gegenden, besonders der Ardennen; aber das Thierchen findet sich auch auf den Sanddünen bei Ostende unter Büschen von Hippophae.[4]

BONAPARTE besass die Art aus den Bergen von Piemont. In der Schweiz ist nach TSCHUDI der eigentliche Verbreitungsbezirk dieser Eidechse die montane Region, daher sie im Herzen der Schweiz, in den Cantonen Unterwalden, Schwyz, einem Theil von Uri, ziemlich häufig vorkommt.

Im bairischen Hochland, sowie in den tyroler Bergen findet man sie nicht selten. So gedenkt derselben schon vor Jahren GISTL aus den Gebirgen bei Tegernsee

---

[1] Ueber *Lacerta agilis* und *crocea*. Neueste Schriften d. naturf. Gesellschaft in Danzig. 4. Bd. 1850.

[2] Aus den Abruzzen wird von DENSK (a. a. O.) eine *Lacerta porphyrea* erwähnt, welche in »allen körperlichen Verhältnissen am meisten mit *L. crocea* übereinkomme, nur reichlich noch einmal so gross sei.« Wer mit der Reptilienfauna dieser Gebirgsgegend bekannt ist, wird uns vielleicht angeben können, ob wirklich *L. vivipara* darunter zu verstehen sei.

[3] Württemb. naturwiss. Jahreshefte. 1851. S. 128.

[4] Faune Belge, 1842.

und bei Schäftlarn. Ich selbst fieng das Thier auf der Insel Herrenwörth im Chiemsee, ferner bei Reutte; aber auch auf der Südseite der Alpen, so z. B. bei Ratzes, wo sie zuerst von GREDLER[1]) als *Lac. montana* angezeigt wurde. Auch MILDE[2]) führt sie von genanntem Orte unter diesem Namen auf, mit der beigeschlossenen Bezeichnung *zootoca*. Aus andern Bergen Südtyrols — z. B. Val di Non, Trient — hat de BETTA das Thier nachgewiesen. Was aber merkwürdig ist und unerwartet kommt gegenüber der Thatsache, dass *L. vivipara* vorzugsweise die Berge liebt: genannter Beobachter fand unsere Eidechse in den tiefen und feuchten Ebenen bei Verona auf den Dämmen der Reisgräben. [3])

Die lombardische Ebene ist bis jetzt der südlichste Punkt ihrer Verbreitung. Diesseits der Alpen geht sie durch ganz Deutschland, wo sie wieder vorzugsweise in waldigen Berggegenden zu Hause ist. Hier bei Tübingen lebt die Eidechse im Schönbuch, dann in den Waldungen über Derendingen; doch hat sie SCHÜBLER in seiner Aufzählung der Thiere von Württemberg[4]) aus dem Jahr 1820 noch nicht gekannt. Selbst zwanzig Jahre später weiss G. v. MARTENS noch nichts vom Vorkommen der *L. vivipara* in Württemberg. [5]) Bald darauf aber lernte man die Art unterscheiden und zwar scheint dem Prof. NÖRDLINGER[6]) das Verdienst hievon zuzukommen, welcher sie häufig auf der ganzen Alb, von Tuttlingen bis Crailsheim, ebenso im Hohenheimer Revier, endlich im Schönbuch, auf grasigen Lichtungen im Walde fand. — Sehr lange schon, seit dem Jahre 1805, ist sie durch WOLF und STURM aus den grösseren Nadelwaldungen der Gegend von Nürnberg bekannt. [7]) Ich kenne sie ebenfalls aus verschiedenen Strichen Frankens; so ist sie z. B. geradezu häufig in dem waldigen Höhenzug, welcher die Wasserscheide zwischen der Tauber, Wörnitz und Altmühl bildet; auch in dem rauhen und wenig wirthlichen Rhöngebirge habe ich sie angetroffen.

---

[1]) Vierzehn Tage im Bad Ratzes. Eine naturgeschichtliche Localskizze, mit näherer Berücksichtigung der Fauna. Bozen, 1863.

[2]) Ein Sommer in Südtyrol. Beil. z. botanisch. Zeitung 1864. Beide Naturforscher haben dabei offenbar den Namen *L. montana* für ganz gleichbedeutend mit *vivipara* genommen. Wenn man aber die Charakteristik, wie sie MIKAN für die von ihm aufgestellte *montana* gibt, im Auge behält, so habe ich bei Ratzes nicht die Form oder Varietät *montana* gesehen, sondern immer nur an ganz gleicher Stelle — den hölzernen Wasserleitungen und dem aufgeschichteten Holz hinter dem Badhause — die Stammform *vivipara* oder nach der Farbe: *L. crocea* (*pyrrhogaster*).

[3]) Materiali per una Fauna Veronese. 1863, und früher schon in der Erpetologia delle provincie Venete. 1867.

[4]) In der Beschreibung Württembergs von MEMMINGER, 1820.

[5]) Dasselbe Werk, 3. Auflage, 1841.

[6]) Vergl. PLIENINGER, Verzeichniss der Reptilien Württembergs. Naturwiss. Jahreshefte, 1847. und ebendaselbst 1850.

[7]) Vergl. auch HAHN, Fauna boica. 1832.

28 *

Die Varietät *L. montana* wurde von mir in schönen Exemplaren im Schwarzwald, in der Gegend von Rippoldsau gefangen, ganz von der Farbe, wie sie MIKAN beschrieben und STURM abgebildet hat. [1] Die Varietät *L. nigra* habe ich bis jetzt viermal lebend in Händen gehabt. Das erste Individuum fieng ich vor vielen Jahren im botanischen Garten zu München, wohin es wohl durch Erde, Holz oder Laub verschleppt worden sein mag, ein anderes im Rhöngebirg, ein drittes auf dem fränkischen Bergrücken („Frankenhöhe"), und ein viertes hier bei Tübingen im Bebenhäuser Thal; die drei letzteren unter so gleichen Umständen, dass ich, wovon schon die Rede war, die schwarze Färbung mit der Fundstelle in Verbindung bringen möchte. Die *L. nigra* der Rhön nämlich hatte ihren Schlupfwinkel — ich beobachtete sie mehrere Tage lang, ehe ich ihrer habhaft wurde — unter den, über eine sumpfige Wiese auf dem Wege zum Dreistelz gelegten Schrittsteinen; die Exemplare vom Bebenhäuser Thal und der Frankenhöhe hatten ebenfalls ihre Wohnstätte unmittelbar am Wasser, unter einem Wurzelstumpen, aufgeschlagen, also sämmtlich an sehr durchfeuchteten Plätzen. Noch jüngst erhielt ich [2] ein schönes Exemplar in Weingeist, welches im August 1867 am Achensee, im Bletzachthal, ebenfalls am Rande eines Baches, in der Nähe einer Alphütte erbeutet worden war: wie denn auch das WOLF-STURM'sche Exemplar als „auf der Wengeralp im Canton Bern" gefunden bezeichnet wird.

JÄCKEL sah die schwarze Abart einmal am Dorfe Weissenkirchberg in der Brunst bei Leutershausen. [3] Unter einer Anzahl von *Lacerta vivipara* aus Dänemark [4] befand sich auch eine *L. nigra* von besonderer Grösse. Im Weingeist und noch mit der Epidermis bedeckt heben sich fleckige Zeichnungen ab; ausserhalb der Flüssigkeit und gar bei abgelöster Epidermis ist das Thier rein schwarz am Rücken, etwas lichter am Bauch. Wie man schon nach den Schenkeln und der Schwanzwurzel schliessen konnte, war es ein Männchen, was sich denn auch durch die Anwesenheit des Hodens beim Hineinblicken in die Leibeshöhle bestätigte.

Um die Aufzählung der Fundorte der *L. vivipara* von gewöhnlicher Färbung zu vervollständigen, so bezeichnet sie GLOGER für die schlesischen Gegenden, z. B. Schneeberg der Grafschaft Glatz; für die Gebirgswaldungen Mährens führt sie HEINRICH auf. Im Fichtelgebirge würde sie, nach dem Werke [5] von GOLDFUSS und BISCHOF zu schliessen, fehlen; denn es wird dort nur *L. agilis* namhaft gemacht; allein mir ist wahrscheinlich, dass der Bearbeiter der Fauna die Art noch so wenig zu unterscheiden wusste, als viele andere Zoologen jener Zeit. Auch in der Mark Brandenburg würde die Art, wenn man sich auf den Verfasser der Fauna marchica, SCHULZ,

---

[1] An diese Beiden hat man sich auch immer bei Bestimmung der *L. montana* zu halten und nicht an spätere Autoren, wie z. B. an BONAPARTE, was gegenüber der Methode einiger Faunisten in Erinnerung zu bringen, nicht unpassend sein dürfte.

[2] Durch Hrn. Studiosus HERM. KRAUSS.

[3] Doch kennt dieser Autor offenbar die Eidechsen nicht genauer, denn er zieht sie zur »gemeinen Eidechse« und nicht zur »safranbauchigen«. (Thierwelt von Franken. Bavaria, Landes- u. Volkskunde von Bayern 1864.) Ein Jahr zuvor (1863) hatte auch FAHRER in der Aufzählung der Thiere der Oberpfalz und Niederbayern's den Fehler begangen die *L. nigra* zu *L. agilis* zu rechnen. Derselbe Irrthum findet sich in HEINRICH's Reptilien Mährens, und noch bei Andern. Da ich vor Kurzem auch auf eine Mittheilung MILDE's in den Verhandlungen d. zool.-bot. Vereins in Wien, 1868, stiess, der zufolge er zwei kohlschwarze *L. agilis* angetroffen habe, so erlaubte ich mir bei diesem sorgfältigen Beobachter brieflich anzufragen, ob wirklich *L. agilis* es gewesen sei; denn der Fundort, »feuchte Wiesen«, liessen mich abermals *L. vivipara* vermuthen. Hr. Prof. MILDE schrieb mir zurück, dass die schwarzen Eidechsen in der That nicht zu *agilis*, sondern zu *vivipara* gehörten, wie er dieses bereits selbst in den »Nachträgen und Berichtigungen« zu dem 46. Jahresbericht der Schlesischen Gesellschaft, Breslau, 1869, verbessert habe.

[4] Ich verdanke dieselben der Güte des Hrn. Dr. COLLIN in Kopenhagen.

[5] Physikalisch-statistische Beschreibung des Fichtelgebirges, Nürnberg, 1817.

ohne weiteres verlassen wollte, nicht zugegen sein; aber die nähere Durchsicht dessen, was er über *L. agilis* sagt, zu der auch *L. crocea* als synonym gezogen wird, zeigt, dass der Autor über die Eidechsen nicht recht im Klaren sich befindet. Im Rheingau kommt sie ebenfalls vor, scheint aber nach den Mittheilungen Kirschbaum's dort selten zu sein; aus waldigen und steinigen Gegenden des Taunus hat sie übrigens Römer-Büchner schon vor langen Jahren (1827) angezeigt. Sie erstreckt sich nach Holland hinein, wenigstens führt sie Schlegel[1]) unter den niederländischen Reptilien auf, mit der näheren Angabe, dass sie bei Nimwegen, Arnheim und Leiden wahrgenommen worden sei. In Dänemark erkannte sie zuerst Boje;[2]) in Ostpreussen wiesen sie v. Baer und Menge nach; in England ist sie die gewöhnlichste Eidechse; sie findet sich endlich auch in Schweden.

Ostwärts ist sie beobachtet worden im nördlichen Böhmen durch Glückselig, in Oberungarn an der Seite des Tatragebirges von Horvath; in Bergen nordwestlich von Kaschau hat sie Jeitteles in ziemlich grosser Anzahl gesammelt.

Bei Thieren der letztern Gegend scheint sich das Gelbroth (Orange) der Bauchseite des Männchens auch nicht über das Strohgelb zu steigern. Jeitteles sagt wenigstens ausdrücklich: der Bauch sei entweder strohgelb mit einzelnen schwarzen Punkten, oder röthlich gelb (weinröthlich), oder grünlich. Nur die letzteren spricht er als Weibchen an; aber nach meiner Erfahrung an den südtyrolischen möchte ich die mit weinröthlichem Bauch ebenfalls für Weibchen halten und nur die strohgelben mit den schwarzen Punkten für die Männchen.

Die kleine Eidechse, welche der Ornitholog Seidensacher[3]) auf seinen Streifereien durch die Wälder Croatiens hie und da in ein bergendes Versteck eilen sah und *L. agilis* nennt, war wohl ebenfalls *L. vivipara*.

In der näheren Umgebung Wiens scheint die Art nicht vorzukommen, wenigstens steht sie nicht unter den Eidechsen, welche Laurenti aufführt. Schreibers schickte sie vor Jahren von Wien nach Paris und Milne Edwards machte daraus die *L. Schreibersiana;* wahrscheinlich stammte das Thier aus den sich gegen Wien erstreckenden Ausläufern der Alpen. Denn Fitzinger bezeichnet ausdrücklich nur die Voralpen des Schneeberges als Ort des Vorkommens; eben dort hatte ja auch Jacquin das Thierchen entdeckt.

Ueber ihre weite Verbreitung nach Osten liegen noch fernere bestimmte Angaben vor. Kessler verzeichnet sie unter den Sauriern des Gouvernements Kiew; sie ist die einzige Eidechse im Gouvernement Wologda nach den Mittheilungen von

[1]) De Dieren van Nederland, 1862.
[2]) Isis. 1841. S. 693.
[3]) Zool. bot. Verein in Wien, 1863.

A. MEJAKOFF;[1] ebenso begegnet man ihr in dem Gouvernement von Nowgorod und Viatka, sie ist gemein in denen von Archangel und Olonetz, sie findet sich in der Umgebung vom Ural, und genannter Gewährsmann äussert sich: „il n'est pas impossible qu'il ne s'etende jusqu' à la mer blanche". Die kleine Eidechse, welche schon PALLAS[2] aus dem nördlichen Russland und Sibirien erwähnt, ist zweifelsohne *L. vivipara*. EVERSMANN und EICHWALD beschrieben sie aus dem Chersones, aus Gegenden der Wolga, aus Wäldern vom Ural und Kaukasus[3] und anderen russischen Landstrichen. Endlich hat, was mir aber nur aus zweiter Hand[4] bekannt ist, MAAK auf einer Reise nach dem Amur unsere Eidechse dort noch gefunden, sowie später auch im Thale des Flusses Usnra. (*L. agilis* findet sich nicht unter den aus diesen Gegenden aufgezählten Reptilien!)

Entsprechend der Verbreitung weit nach Norden, steigt *L. vivipara* auch hoch im Gebirge hinauf. Wenn ich mit meiner eigenen Erfahrung beginnen darf, so sammelte ich das Thierchen am Rande der Schlernklamm, etwa 4000' hoch, unter der Rinde von Baumstumpen, zugleich noch mit *Scorpio germanus*: ebenso habe ich sie auf der Seiser Alp in Gesellschaft des *Gryllus sibiricus* angetroffen; ferner beobachtete ich die Eidechse bei einer Excursion auf den Grünten, an sonnigen Stellen bis nahe zum Gipfel (5364'). GREDLER fand die „gutmüthige Bergeidechse" um den grossen Teich von Lavace auf Joch Grim wohl ungefähr 6000' hoch.[5] Durch TSCHUDI erfahren wir, dass unsere Eidechse in dem Schweizer Hochgebirg bis zu einer Höhe von 7 bis 8000 Fuss aufsteigt; ja er erzählt, dass Prof. HEER oberhalb Spada longa, in der Nähe des Umbrells in einer Höhe von 9134 Fuss ü. M. eine *L. vivipara* gefangen habe. „Wenn wir bedenken, dass bei 9000 Fuss Höhe mehr als neun Monate tiefer Schnee liegt, und dass sich Mücken, Fliegen und Coleopteren, die ihre Nahrung ausmachen, nur selten hier herauf verirren, so ist es nicht leicht zu begreifen, wie diese Thiere ihr kümmerliches Dasein fristen können."

Geschichtliches und Kritisches.

Man bezeichnet herkömmlich ein mir unzugängliches Werk: MERRETT's Pinax als dasjenige, welches zuerst unserer Eidechse gedenke, mit den Worten: Lacertus vulgaris ventre nigromaculato. Diese Diagnose

[1] Quelques observations sur les reptiles du Gouvernement de Wologda, Bull. de Moscou, 1857, 2.
[2] »Similem vulgo europaeae et plerumque rufescentem, fusco-maculatum in boreoliore Rossia et citeriore Sibiria copiosum minusculam«, Zoographia rosso-asiatica.
[3] Fauna caspio-caucasica, 1841.
[4] TSCHUDI, Jahresb. üb. d. Leistungen in d. Herpetologie während des Jahres 1862.
[5] Eine Excursion auf Joch Grim. Topograph-faunistische Skizze. Innsbruck 1867.

kehrt darauf wieder bei RAY. [1]) Da *L. vivipara* in England häufig ist, so wird wohl unter den von RAY aufgezählten drei *Lacertos terrestres* auch die jetzige *vivipara* stecken; aber ich kann keinen Anhaltspunkt finden gerade für die mit dem „ventre nigro maculato" ausgestattete; denn *L. agilis* besitzt bekanntlich auch einen mit Schwarz besprenkelten Bauch.

Hingegen hat ein Landsmann von RAY, der englische Maler EDWARDS, wohl zuerst die *L. vivipara* abgebildet in seinem bekannten Werke über die Vögel. [2]) Er nennt sie „die kleine braune Eidechse", und bezüglich des Wohnplatzes ist sehr bezeichnend die Angabe: „sie halten sich an den Wurzeln von alten Bäumen auf und sitzen auf der Rinde . . . . ." Das abgebildete Thier mag ein Weibchen vorstellen, daher der Bauch „keine Flecken" hatte; die übrige braune Farbe des Rückens „mit dunkeln Flecken besetzt" passt ebenfalls gut, nur nicht das „bläulicht", wenn nicht beim Coloriren ein im Weingeist aufbewahrtes Exemplar gebraucht wurde, wo das Bläulichwerden sich gern einstellt.

Als der eigentliche Entdecker unserer Eidechse und zugleich der Eigenschaft, dass sie lebendig gebärend sei, wird aber immer Jos. FRANZ v. JACQUIN zu gelten haben. Er machte als Knabe von elf Jahren im Jahre 1778 mit seinem Vater von Wien aus eine botanische Excursion auf den Schneeberg, fieng da eine trächtige Eidechse, welche in die Kapsel gesperrt bei Wiedereröffnung nach zwei Tagen, von sechs jungen, schwarzen Eidechsen umgeben war. Da keine Spur von Eischaalen sich zuzegen zeigte, so musste angenommen werden, dass die Mutter sie lebend zur Welt gebracht habe, wie diess Alles mit einigen näheren Umständen in gewähltem Latein durch die Basler Denkschriften veröffentlicht wurde. [3]) Auch die beigegebene Figur ist sauber gestochen: gibt nicht blos den Habitus gut wieder, sondern auch die Abstufungen der Farbe und der Fleckenbildung, in so weit diess durch den Kupferstich ausgedrückt werden kann: nur die Zehen sind missrathen und das Relief der Haut ist am ganzen Körper so ziemlich unberücksichtigt gelassen.

Es gibt aber noch einen anderen Schriftsteller aus dem Ende des vorigen Jahrhunderts, welcher bereits wusste, dass sich bei uns eine lebendig gebärende Eidechse findet. Es ist GRASSO, dessen Namen und Beobachtung man in der bisherigen Literatur wenig begegnet.

Aus der Inauguralabhandlung des Genannten [4]) und den hiebei vorgebrachten zoologischen Erörterungen ersehen wir in unzweifelhafter Weise, dass die bei Helmstädt („nostris regionibus") vorkommende *Lacerta agilis* auch die *L. vivipara* mitbegreift; obschon der Autor nicht dazu gelangt, sie bestimmt von einander zu trennen. Zu *L. agilis* gehören die: „majores, non adeo frequentes, longitudine a capite ad caudae finem sex ad septem digitorum, dimidii latitudine, pondere ad unciam semis et ultra aequantes, erant per dorsum griseae, duabus lineis albidis maculis nigris punctisque ad latus griseum raro viridem habebant colorem, qui si aderat, interdum et per intervalla ad dorsum excurrebat; praeterea oculi iride aurantii coloris erant praediti." Auf die jetzige *L. vivipara* hingegen bezieht sich: „Aliae minores, longitudine quatuor digitorum, latitudine trium ad quatuor linearum, pondere sesquidrachmae ad duas aequantes, iride albida, colore sordide luteo vel griseo, lineis punctisque obsolete plerumque erant notatae." Ja unser Verfasser hat bereits richtig herausgefunden, dass unter den kleineren diejenigen mit safranfarbigem, schwarz gesprenkelten Leib der Männchen seien: „Nonnullas harum (i. e. Lacertarum minorum) a collare ad principium caudae flavas punctisque nigris adspersas vidi, quas dissectas praecipue ob testiculos satis adparentes masculas inveni." In den Eiern aus dem Leibe eines Weibchens genommen fand er schon ziemlich grosse Foetus und er wirft sich die Frage auf, ob sie nicht gar lebendig gebärend sein könnten. Dann kommt (Seite 6, An-

---

[1]) Synopsis methodica animalium quadrupedum et serpentium generis. 1693.

[2]) Ich kenne nur die deutsche Ausgabe von SELIGMANN, Nürnberg 1770, Siebenter Theil, Taf. II. — Weder TH. BELL, noch HANSON und DUMÉRIL citiren diese Figur zu *vivipara*; MERREM und TSCHUDI beziehen sie irrig auf *L. muralis*, die gar nicht in England vorkommt.

[3]) Lacerta vivipara, Observatio Jos. FRANCISCI de JACQUIN, Nic. Jos. filius. Nov. Acta Helvetica. Volum. I, Basileae 1787.

[4]) Dissert. inaug. medica de Lacerta agili LINN. Helmstadii 1788. Unter dem als Polyhistor und merkwürdige Persönlichkeit bekannten Hofrath BEIREIS erschienen und ihm gewidmet.

merkung) die uns am meisten interessirende Stelle: „Hisce jam scriptis, lacertam aliam etiam minorem revera lacertulas vivas partu edentem vidi, quod quantum scio, de hac specie nondum notatum est.“

Gerade die Farbe der Männchen ist eine so auffällige, dass sich unsere Eidechse auch ferner bereits unter den Varietäten, in welche LATREILLE im Jahr 1800 seine *L. viridis* zertheilt hat, befindet; es ist die aus der Umgegend von Paris beobachtete Varietät g. „D'un gris cendré en dessus. Dos plus foncé, avec des petits taches blanches, environnées de noir. Trois lignes de taches semblable de chaque côté du corps. Dessous du „ventre d'un jaune souvent orangé. Douze à treize tubercules calleux sur chaque cuisse postérieur.“ Von der Fortpflanzung war dem französischen Zoologen wohl nichts bekannt, so wenig als dem Nürnbergischen Naturforscher WOLF, welcher 1805 das Thier als neu beschrieb, unter dem Namen *L. crocea* oder gelbe Eidechse. Ihre vivipare Eigenschaft wurde dann später oftmals beobachtet und wiederholt für etwas Neues ausgegeben; doch scheint es, dass Manche immer noch nicht besagte Art mit Sicherheit von *L. agilis* zu unterscheiden vermochten, denn nur so erkläre ich mir die ganz unrichtige Angabe, dass unter Umständen, z. B. in Gefangenschaft, auch *L. agilis* lebendig gebärend sein könne.

Unverständlich ist mir der Irrthum TSCHUDI's, welcher sich doch rühmt gegen hundert Exemplare genau untersucht zu haben, dass die Thiere mit dem satt gefärbten Bauch die Weibchen wären, was er mehr als einmal bemerkt und ihm auch von BIBRON und DUMÉRIL nachgesprochen wird. Hingegen lässt sich leichter begreifen, wie TSCHUDI dazu kommen konnte, die Varietät *montana* MIKAN für eine besondere Art zu halten. So lange man unter dem ersten Eindruck steht, den das lebende Thier auf den Beobachter macht, kann man den Fehler begehen.

Unter den mir bekannten Abbildungen möchte ich den Holzschnitt in dem Werke von THOMAS BELL. [1] allwo Männchen, Weibchen und drei Junge zu einem Bilde gruppirt sind, obenanstellen; namentlich ist hier beim Weibchen das Feinere und Zartere in der Kopfbildung und den Extremitäten, bei sonstiger Grösse des Thieres, sehr gut getroffen.

Von der Varietät *L. nigra* sah ich nur zwei Abbildungen, jene erste von STURM und eine andere bei TSCHUDI. Da der ebengenannte Schriftsteller über die STURM'sche Figur streng zu Gericht sitzt — er nennt sie ein Phantasiegemälde nach einer gegebenen Beschreibung — so möchte ich mir die Bemerkung erlauben, dass zwar die von TSCHUDI veranlasste Figur die Tracht des Thieres weit besser versinnlicht als diess STURM gelungen; aber ein genau auf die TSCHUDI'sche Abbildung blickendes Auge kann doch trotz der Versicherung, dass hier zum erstenmal das Thierchen treu abgebildet wird, etwas sehr störendes und unrichtiges finden. Die Zehen der hinteren Extremitäten sind [2] scharf am unteren Rande gekämmt, so wie es etwa der Gattung *Acanthodactylus* zukommt. Nach meiner Meinung ist die Figur der *L. nigra* bei STURM nicht besser und nicht schlechter als alle seine Lacerten, die fast durchweg bezüglich der Zehen etwas zu dicklich gerathen sind und eine gewisse steife Haltung haben.

KOCH [3] fieng die schwarze Eidechse in der Oberpfalz bei dem Städtchen Reding unweit Cham auf einer ziemlich hoch gelegenen Heide, und war, was sehr auffallend ist, im Stande das Thier ein ganzes Jahr am Leben zu erhalten; es nahm selbst während des Winters Mehlwürmer zu sich.

Bei GLÜCKSELIG'S böhmischen Reptilien hat sich *L. nigra* unter das Genus *Podarcis* verirrt!

Ich habe oben in Uebereinstimmung mit Andern unsere Art „Waldeidechse“ genannt. Es mag an diesem Orte bemerkt sein, dass SCHRANK'S „Waldeidechse“ in der Fauna boica, I, S. 285, gar keine Lacerte ist, sondern unzweifelhaft das schon so manchfach verkannte Weibchen des *Triton taeniatus* und zwar in der Tracht des Landaufenthaltes.

In der Hof- und Staatsbibliothek in München, als ich die RÖSEL'schen Handzeichnungen ansehen durfte, fand ich auch ein Paquet mit der Aufschrift: OPPEL'S Aquarellzeichnungen von Reptilien. 1815; ich

[1] British Reptiles, second Edit. 1849.
[2] Schweizerische Echsen, Fg. 3.
[3] STURM's Fauna. S. 7.

verdanke es der Güte des Herrn Director HALM die Blätter nach Tübingen geschickt erhalten zu haben. Es sind 392 einzelne grossentheils Quartbogen, auf denen Schildkröten. Saurier, Schlangen und Batrachier abgebildet sind. Von den Batrachiern sind die meisten blosse Bleistiftzeichnungen; die Schlangen als Aquarelle sind fast alle nur in den Grundfarben angelegt, und vom Kopf, mitunter auch vom Schwanz her, wurden eine Strecke weit die Einzelheiten aufgesetzt; die Saurier erscheinen am meisten ausgeführt. Die Bilder stammen wie manchmal von OPPEL's Hand beigeschrieben ist, schon aus den Jahren 1807 und 1808. Der frühe Tod des Verfassers — er starb 1813 in München — und vielleicht auch die damaligen Kriegsläufte mochten die Herausgabe eines so kostspieligen Werkes verhindern; was sehr zu bedauern ist. Man kommt beim Durchsehen dieser Aquarelle nicht aus dem Staunen heraus und weiss nicht, soll man mehr die Richtigkeit in der Zeichnung oder die ausserordentliche Feinheit der Ausführung bewundern. Es ist, selbst bei den kleineren Arten, jedes Schüppchen und Körnchen über die ganze Körperfläche weg mit genauester Sorgfalt gemalt und bei der Kleinheit der Gegenstände muss oftmals der Pinsel unter der Lupe geführt worden sein. Hätte das Werk auch in die Oeffentlichkeit gelangen können, es wäre nicht möglich gewesen, im Stich und Colorit die Feinheit und Genauigkeit der Originale wieder zu geben. Man kann sich eines wehmüthigen Gefühls kaum erwehren bei dem Gedanken, dass die Leistungen eines solchen Talentes, die zwar einem CUVIER und ALEXANDER HUMBOLDT [1]) bekannt waren, doch nur, gleich einem Manuscript, im Dunkel der Bibliothek ruhen. Warum ich nun gerade an dieser Stelle der OPPEL'schen Aquarelle gedenke, ist der Umstand, dass von den einheimischen Eidechsen *L. vivipara* auf Blatt 115 gemalt sich zeigt; die andern Arten *muralis, agilis, viridis* waren noch nicht an die Reihe gekommen, wohl aber *L. ocellata* auf Blatt 122.

---

4. Art. *Lacerta muralis*, LAUR. Mauereidechse.

Seps muralis. LAURENTI, Synopsis reptilium, 1768.

Seps muralis. KOCH, in STURM'S Deutschlands Fauna, 1828.

Podarcis muralis. FITZINGER, Fauna des Erzherzogthums Oesterreich, 1832.

Podarcis muralis. PLIENINGER, Verzeichniss der Reptilien Württembergs, in den Jahresheften für vaterländische Naturkunde, 1847.

Lacerta muralis. KIRSCHBAUM, Reptilien und Fische des Herzogthums Nassau, 1865.

Lacerta muralis. MEDICUS, Thierwelt der Rheinpfalz. Bavaria, Landes- und Volkskunde von Bayern, 1867.

Kennzeichen. [2])

Länge bis 7 Zoll. Tracht im Allgemeinen schlank und zierlich, Kopf von niedergedrückter Form, spitz-schnauziger als bei den andern Arten.. Schwanz länger als Kopf und Rumpf, sehr zugespitzt. Meist ohne Zähne am Gaumen. Drei Zügel-

---

[1]) OPPEL rühmt in seiner Schrift: die Ordnungen. Familien u. Gattungen der Reptilien, als Prodrom einer Naturgeschichte derselben, München, 1811, die »Vatersorge«, welche HUMBOLDT für ihn hatte.

[2]) Vergl. Erste Tafel, Fg. 2. Fg. 7, Fg. 11.

schilder in einer Reihe. Aus der Mitte der Schläfengegend hebt sich ein grösseres
Schild hier am schärfsten ab; die Schuppen des Rückens und der Seite weichen stark
ab von jenen der vorausgegangenen Arten: sind klein, rundlich, daher Rücken und
Seiten wie gekörnelt. Es gehen drei bis vier Reihen der Seitenschuppen auf einen
Quergürtel der Bauchschilder. Letztere in sechs Reihen, das einzelne Schild mehr
viereckig. Zahl der Schenkelporen bis zwanzig. Krallen der Vorderfüsse etwas über
einmal länger als breit an der Basis; Krallen der Hinterfüsse nahezu zweimal so
lang als breit an der Basis. Grundfarbe der Rückenseite ein Braun oder Grau, bei
guter Beleuchtung, namentlich im Sonnenlicht, mit entschiedenem bronzegrünem
Schiller; darauf ein dunklerer, schon vom Kopf beginnender Seitenstreifen, ausserdem
mit fleckiger oder wolkiger Zeichnung. Am Uebergang von den Seitenflächen zum
Bauch eine Längsreihe blauer Flecken. Bauch hell und weisslich oder mit gelblichen bis rothbraunen Tönen und Flecken.

Männchen. Kopf grösser (gestreckter, platter); Hinterbeine kräftiger,
Schenkelporen stark kammartig sich abhebend; Schwanzwurzel verdickt. Rücken
gern mit deutlichen dunkeln Flecken überzogen, und auch das Seitenband oftmals in Flecken aufgelöst. Die blauen Flecken an der Seite grösser und lebhafter. Der Bauch häufig mit satteren Färbungen vom Citronengelben ins Roth-
gelbe; darauf zahlreiche braunrothe oder selbst schwärzliche Flecken.

Weibchen. Kopf kleiner (kürzer, schmäler, doch weniger niedergedrückt);
Hinterbeine dünner. Schenkelporen sehr wenig sichtbar. Schwanzwurzel nicht
verdickt. Die dunkeln Flecken der Rückenfarbe weniger zahlreich, auch kleiner;
das Seitenband nicht selten ein zusammenhängender Streifen; die blauen Flecken
klein und weniger lebhaft. Bauch hell, weisslich, nur an der Kehle öfters etwas
fleckig.

Bemerkungen.

I. Farbe und Varietäten.

Wie oftmals bei vielen anderen Thieren hat auch hier der Wohnort, nament-
lich das Vorkommen an Plätzen, welche den Sonnenstrahlen ausgesetzt sind, grossen
Einfluss auf die Sättigung der Hautfarben. So habe ich z. B. an recht sonnigen
Felsen auf der Höhe des Küchelberges und auch sonst an sehr trockenen warmen
Orten bei Meran, sowie bei Kaltern und Eppan Mauereidechsen beobachtet, die nicht
blos länger und stärker von Körper waren als die gewöhnlichen, sondern wo auch

der grüne Schiller der Grundfarbe sehr in die Augen sprang und die Fleckenbildung äusserst scharf sich abhob; während andererseits die Exemplare an der Winterseite des Etschthals, sowie überhaupt an feuchten, höher gelegenen Stellen sich den Formen aus dem Württembergerlande mehr näherten.

An den Thieren, welche ich an Uferstellen des Gardasee's fing, schillert bei Sonnenlicht die braune Grundfarbe entschieden in Grau oder Graubläulich; überhaupt waren alle Thiere, die mir aus der Umgebung des genannten See's zu Gesichte kamen, heller als die Thiere von Meran oder von Bozen. [1]) Auf solche örtliche Veränderungen beziehen sich wohl zum Theil die mancherlei Formen, welche nach der Farbe schon öfters ausführlich und mit Genauigkeit verzeichnet worden sind, so von BIBRON und DUMÉRIL, von Prinz BONAPARTE, sowie von de BETTA.

Aber bei keinem dieser Autoren finde ich angegeben, dass sich denn doch gewisse Hauptzüge in der Färbung auch nach der Verschiedenheit des Geschlechts richten. Nur ein deutscher Beobachter, KOCH, [2]) hat bemerkt, dass Männchen und Weibchen ihr besonderes Farbenkleid haben, verwechselt aber beide mit einander. Was er von dem Weibchen sagt, ist das Männchen und umgekehrt. Ich habe eine ganze Anzahl theils frischer theils im Weingeist aufbewahrter Exemplare auf die Anwesenheit von Hoden oder Eierstock geprüft und das Ergebniss erhalten, wie ich es oben unter den „Kennzeichen" aufstellte. Die lebhafter gefärbten Thiere sind die Männchen, und wie bei anderen Arten erreicht die Färbung den höchsten Grad der Sättigung und der Schärfe der Zeichnung, bei alten Männchen, wo namentlich die blauen Flecken der Seite, die gelben und braunen Tinten und Flecken des Bauches gar schön hervortreten.

Die Angabe, dass die Männchen nach und nach, gegen die Geschlechtsreife hin, den rothbraunen Bauch bekommen, stützt sich meinerseits auf besonders dahinzielende Beobachtungen. Ich fing mir zur Herbstzeit in Südtyrol junge Thiere, mit noch ganz hellem Bauch oder höchstens mit Spuren von Rothbraun am Rande. In der Gefangenschaft gut gepflegt färbte sich im darauf kommenden Frühjahr bei den Männchen der Bauch über und über prächtig rothbraun, welche Farbe sich dann nicht nur auf die Bauchseite der Gliedmassen ausdehnte, sondern auch eine weite Strecke am Schwanz fort. Die Bauchfarbe der Weibchen erhob sich höchstens zu

---

[1]) POLLINI in der Schrift: Viaggio al lago di Garda e al monte Baldo, Verona 1816, gibt zwar bezüglich der Thierwelt jener Gegenden Interessantes und Neues, namentlich über die Fische und Krebse des See's, aber von den Eidechsen spricht er nicht. Ich bemerke diess für Diejenigen, welche gleich mir sich abmühen sollten, in den Besitz des bei uns seltenen Buches zu kommen.

[2]) In STRUM's Fauna.

einem Anhauch von Schwefelgelb. Bei beiden Geschlechtern tritt von den satten Tinten der Bauchseite die Marmorirung der Kehlgegend zuerst auf.

Immerhin ist bezüglich der *L. muralis* ebenso richtig wie für *L. viridis*, dass man nach der Farbe allein nicht mit Sicherheit das Geschlecht bestimmen kann. Aber unter den vielen untersuchten Thieren war z. B. kein einziges Thier mit stark rothem Bauch, woraus Prinz BONAPARTE die Varietät *L. rubriventris* gemacht hat, weiblichen Geschlechts, sondern alle Männchen; ebenso wies sich ein schönes Exemplar der Varietät *nigriventris* der Fauna italica, welches ich der Güte de BETTA'S verdankte, als ein Männchen aus. Bei letzterem sowohl, wie überhaupt bei allen erwachsenen Männchen verriethen schon, ehe man in die Bauchhöhle blicken konnte, Kopfbildung, Hinterbeine, Schenkelporen und Schwanzwurzel das Geschlecht.

In STURM'S Fauna wird eine „artige Abart" aus „südlichen Gegenden" abgebildet, an der hauptsächlich ein gewisser heller Grundton der Färbung auffällt. Ich habe bei Allgund im Etschthal, unter den prächtigen Castanienbäumen wie sie dort stehen, ein Thier beobachtet, aber nicht erbeuten können, welches mir beim ersten Blicke die angezogene Abbildung sofort ins Gedächtniss rief.

Während nun aber diese „Varietäten" als solche nicht fortbestehen können, so verhält es sich anders mit der Varietät *campestris* BETTA, welche sich von der Stammform nicht blos durch die Farbe, sondern auch durch die Lebensart sehr entfernt hat. Synonym mit ihr ist wohl *L. albiventris* BONAPARTE. Das Thierchen lebt nicht an Mauern, Felsen oder Steinen, sondern lediglich unter dem Gebüsch des freien Feldes und wie es scheint gerne gegen den Saum sandiger Flussufer und gegen den ebenso beschaffenen Meeresstrand zu.

Ich wurde auf diese Eidechse aufmerksam gemacht durch das lehrreiche Buch G. v. MARTEN's: Reise von Ulm nach Venedig, 1824,[1] wo erzählt wird, dass sich auf dem Lido, unmittelbar am Ufer des Meeres eine niedliche Eidechse besonderer Art aufhalte. Wegen des Wohnortes wäre v. MARTENS geneigt gewesen sie als *L. arenicola* DAUDIN zu bezeichnen; allein da er bereits durch seinen Freund ROSER davon unterrichtet war, dass *L. arenicola* DAUDIN als Weibchen zu *L. stirpium (agilis)* gehört und er selber aussagen muss, dass er letztere Art um Venedig nicht gesehen habe, so bezieht er sie auf *L. velox* PALLAS, die allerdings in Grösse und theilweise in der Färbung Aehnlichkeit zu haben scheint, aber doch ein anderes Thier ist. Im Herbst 1868 fing ich mir selber eine Anzahl des hübschen Thieres auf dem Ufer[2] bei Venedig,

[1] Auch in dem Werke desselben Verfassers, Italien, 3 Bde. 1844—46, welches ich nicht selbst einsehen kann, soll Bd. II. S. 315 u. 316 von dieser Eidechse die Rede sein.

[2] Man gestatte, dieser Streiferei auf dem Lido, welche mir eine angenehme Erinnerung bleibt, mit einigen Worten zu gedenken. Noch steht dort in Menge, wie zu GOTHE's Zeit, der den 8. Oct. 1786 den Strand besuchte, das Eryngium maritimum; aber auch die schöne Golddistel (Scolymus hispanicus, L.) blühte, und war so wie die anderen durch v. MARTENS näher bezeichneten Strandpflanzen über und über bedeckt von der Helix pisana MÜLL.

wo es nahe am Meeresstrande in Menge herumsprang, sich aber nicht unter dem Auswurf des Meeres verbarg, sondern unter den Pflanzen und Sträuchern, namentlich gern im Wurzelwerk der Grasbüsche.

In der Gesammtfärbung, welche man als eine vielfach gestreifte bezeichnen könnte, hatte das rasch dahineilende Thier etwas helles, man möchte sagen, dem Sande auf dem es lebt, Aehnliches. Im Näheren angesehen, sind die Farben schön und lebhaft. Ueber die Mittellinie des Rückens zieht ein brauner Streifen mit dunkleren Flecken; zu beiden Seiten schliesst daran ein heller Streifen, der ins Grüne spielt;[1]) dann kommt wieder ein brauner Streifen mit deutlichen Randflecken; hierauf folgen zwei helle Längsbinden, zum Theil in Flecken aufgelöst und zackig verlaufend. Diese Binde entspricht dem Augenstreifen und seiner Fortsetzung bei den anderen Reptilien. Jetzt kommt noch einmal, gegen den Bauch zu, eine braune Zone, an welche das Weiss des Bauches, am Rande mit kleinen schwarzen Flecken besetzt, selber anstösst. An den Kieferrändern und der Wangengegend tritt bei einigen ein zartes lichtes Grün auf.

Das Verdienst diese Eidechse als eine wohlbegründete Varietät abgeschieden zu haben, gebührt de BETTA.[2]) Im Hinblick auf die so prächtig gerathene Figur der *L. muralis var. albiventris* in BONAPARTE'S Werk über die Thiere Italiens muss ich bemerken, dass keines der von mir am Lido bei Venedig erhaschten Thiere eine solche Grösse besass; auch die zwei grünen Rückenstreifen waren nie so satt, sondern alle Tinten neigten in die lichte Sandfarbe. Trotzdem möchte doch *L. albiventris* mit *L. campestris* einerlei sein und es ist nur zu bedauern, dass uns der Text obigen Werkes nichts über den Fundort sagt. Uebrigens sah ich in der Sammlung de BETTA'S in Verona neben der gewöhnlichen kleinen und zarten Form der *L. campestris* auch Individuen, die jedenfalls ebenso gross, wenn nicht stärker sind, als die angezogene Abbildung zeigt. Sie stammten aus den Maremmen von Pisa.

An den erwachsenen Exemplaren der von mir eingefangenen Thiere liess sich

---

Und damit gar nichts in dem schönen Bilde fehle, welches uns der ebengenannte Naturforscher gezeichnet hat, so kroch auch der Ateuchus semipunctatus FAB. auf dem Sande herum. Ein Scarites laevigatus FABR. den wohl zuerst MEGERLE, (»Eutomologus acutissimus Viennensis, qui hunc in Lido Venetiis detexit«) hier fand, liess sich überraschen, als er gerade in den feuchten Boden sich einbohren wollte. — Der bekannte Entomologe TOUSSAINT VON CHARPENTIER spricht in seinen Bemerkungen auf einer Reise durch Italien, im Jahre 1818, von den muntern Eidechsen die ihn auf dem Steindamm, Murazzi, bei Palestrina belustigten. Es möchte sich dem nächsten Beobachter empfehlen, nachzusehen, ob es sich hiebei um die Stammform *muralis* oder ebenfalls um die Var. *campestris* handelt.

[1]) Bei jüngeren Thieren sind diese grünen Streifen noch graubraun. Es scheint, dass v. MARTENS nur solche jüngere Exemplare erbeutete, weil er die Streifen nirgends als grün bezeichnet. — Auch SELYS-LONGCHAMPS bespricht, wie ich nachträglich in seiner Faune belge 1842, S. 174 sehe, die uns hier beschäftigende Eidechse; er fand sie zugleich mit der gewöhnlichen *L. muralis* in der Umgegend von Turin und hebt ausdrücklich hervor, dass sie ein anderes Thier sei als die bekannte *L. muralis*.

[2]) Erpetologia delle Provincie Venete e del Tirolo meridionale, 1857, und Materiali per una Fauna Veronese, 1863.

das Geschlecht nach den oben mehrmals wiederholten Merkmalen der Körperbildung schon äusserlich unterscheiden; was sich dann durch die innere Untersuchung bestätigte. In der Farbe bestand zwischen den beiden Geschlechtern kein erheblicher Unterschied; nur die Flecken der Rückenseite waren beim Männchen zahlreicher und umfänglicher. Die Bauchseite bleibt bei beiden Geschlechtern weiss.

Die ganz jungen Thierchen der gewöhnlichen *L. muralis*, wie man sie von der zweiten Hälfte des August an in Menge sieht, haben schon die spitzige Schnauze und einen ungemein langen Schwanz, der im Verhältniss zum Körper jetzt noch länger als später ist, denn er ist gut zweimal so lang als Kopf und Leib zusammen. Die Farbe hat schon im Wesentlichen die Tinten und Flecken der Alten so weit angenommen, dass man die Art nach ihr allein zu erkennen vermöchte. Der Kopf zeichnet sich oben durch schwach metallischen Glanz aus. Noch erscheint mir bemerkenswerth, dass die kaum ausgekrochenen Thierchen, bei allem sonstigen grossen Unterschied zwischen ihnen und der Argusform der *L. agilis*, doch durch die Farbe insofern an die letztere erinnern können, als die Seiten wie hellgetüpfelt sind. An Feinheit der Körperformen und Zierlichkeit der Bewegungen haben übrigens diese kleinen Geschöpfe nicht ihres Gleichen!

Die *L. strigata* EICHWALD wäre ich, wie oben bereits bemerkt, geneigt hieher zu *L. muralis* zu stellen; anstatt wie es gewöhnlich geschieht, zu *L. viridis*. Die gestreckte niedergedrückte Form des Kopfes an der, allem Anschein nach sehr genauen Abbildung, der Aufenthalt und manches andere würde hiefür sprechen.

Von der *Lacerta tiliguerta* der Insel Sardinien wird weiter unten die Rede sein.

2. Schilder, Schuppen.

Die Schilder des Kopfes können abermals manchfache kleinere oder grössere Abänderungen zeigen, wodurch wir immer wieder daran erinnert werden, dass diese Theile zwar im Zusammenhalt mit anderen Formverhältnissen, gute Anhaltspuncte zur Bestimmung liefern können, aber für sich allein, weil nicht beständig, keinen allzuhohen Werth haben. So habe ich mir eine Anzahl von Fällen bezeichnet, wo das mittlere Hinterhauptschild bald in zwei, bald in drei Täfelchen zerfiel; ein andermal war durch eine Querfurche das Stirnschild in ein vorderes grösseres und hinteres kleineres aufgelöst und was dergleichen mehr ist.

Da die Beschuppung des Rückens von jener der anderen Arten so abweicht, dass man der *L. muralis* einen „körnigen" Rücken beilegen konnte, darf man sich einigermassen wundern, warum Autoren, welche das Thier sonst ausführlich und gut beschreiben, z. B. KOCH, dieses Merkmals mit keiner Silbe gedenken. Doch ist das bei dem Genannten wohl nur eine zufällige Auslassung, denn auf den Abbildungen hat STURM den Unterschied richtig und scharf hervorgehoben.

3. Zähne; Schädel. [1]

Die Zahl der Zähne beträgt:
>   im Zwischenkiefer 6 bis 7;
>   im Oberkiefer, eine Seite, 17 bis 18;
>   im Unterkiefer, eine Seite, 20 bis 23.

Wollte ich bezüglich der Gaumenzähne nur nach meiner Erfahrung die Kennzeichen aufstellen, so hätte ich oben sagen müssen: „Keine Gaumenzähne". Denn ich habe eine ziemliche Zahl von Schädeln durchmustert und nie etwas von Zähnen an dieser Stelle wahrnehmen können. Ausser WAGLER möchte ich von jenen Zoologen welche in dieser Sache selber nachsuchten, noch DUGÉS und de BETTA sprechen lassen; wovon der erstere sagt: „il m'a été impossible de trouver les dents palatines ou mieux ptérygoidiennes chez le lézard des murailles." Und de BETTA: ..... non che quelle ch'io stesso istituii su cinquanta e più individui della Podarcis muralis, in nessuno dei quali ebbi a trovare denti a palato." Allein WIEGMANN [2] bemerkt ausdrücklich: „déntes palatini parvi, obtuso-conici erectiusculi", und auch BIBRON und DUMÉRIL erklären, dass manche Individuen wirklich Gaumenzähne besitzen.

Die Zweifel, welche ich früher an der Richtigkeit dieser Angaben hegte, musste ich aufgeben, durch das, was ich oben von Gaumenzähnen der *L. vivipara* mitzutheilen hatte. Es scheint eben, dass bei beiden Arten hin und wieder, in manchen Gegenden vielleicht häufiger, Gaumenzähne auftreten können; etwa sowie auch Fälle vom Vorkommen der Eckzähne bei solchen Arten von Wiederkäuern, welchen sie gewöhnlich fehlen, bekannt geworden sind, z. B. beim Reh.

Die Zähne sind immer nur, gleichwie bei den übrigen Arten, zweispitzig und wenn der Anschein von drei Spitzen an den grösseren entsteht, so beruht er, wie anderwärts, auf der Drehung der Hauptspitze nach innen. Uebrigens scheinen mir die Zähne hier sehr glatt und wegen des Mangels der Streifen glänzender zu sein, als bei den andern Arten. Auch will es mir vorkommen als ob die Hauptspitze

---

[1] Vergl. Zweite Tafel, Fg. 21, Fg. 22.
[2] Herpetologia mexicana p. 9.

nicht nur länger und schärfer wäre als sonst, sondern auch der Zahn im Ganzen stärker nach einwärts gekrümmt.

Obschon bei den einheimischen Eidechsen durchweg die Unterschiede in der Schädelbildung nicht so weit vorgeschritten sind, als z. B. bei den Wassermolchen, so wird man doch immer im Stande sein den Schädel der *L. muralis*, ohne dass er besonders auffallende Kennzeichen darbietet, zu erkennen. Mit den Schädeln der *L. viridis* und *L. agilis* würde Niemand eine Verwechslung begehen können; nur *L. vivipara* wäre mit in Frage zu bringen. Doch ist der Schädel der *L. muralis*, wenn auch im Mangel der Gaumenzähne, in Bildung der Brauenplatte mit *L. vivipara* übereinstimmend, doch von gestreckterer Form. An jüngeren Thieren, wo sich die Haut vom Kopf leichter abziehen lässt, ist desshalb das Schädeldach glatter als später.

- - - - - - -

Vorkommen.

Die Mauereidechse ist als eine südliche Art anzusprechen, welche ihre eigentliche Heimath in den Ländern um das Mittelmeerbecken hat und von da in grösserer Ausdehnung oder nur in Strichen nordwärts vordrang.

Für Nordafrika wurde sie z. B. durch EHRENBERG, MORITZ WAGNER [1]) und jüngst durch STRAUCH [2]) nachgewiesen; nach letzterem ist ihr Vorkommen in Algerien ein ebenso häufiges wie in Südeuropa. Wie weit sie in Afrika südwärts geht, ist unbekannt. [3]) STRAUCH fand sie noch bei Tlemcen.

Auf der Insel Madeira scheint *L. muralis* in die Form *L. Dugesii* MILN. EDW. übergegangen zu sein.

Dass sich *L. muralis* über Portugal, Spanien, Frankreich, Italien nicht blos ausbreitet, sondern stellenweise geradezu in erstaunlicher Menge vorhanden sich zeigt, ist allbekannt. Und wegen ihrer grossen Zahl musste sie sich von Alters her dem Blicke aufdrängen; man sah sie gern nach dem Winter erscheinen als Boten der wiederauflebenden Natur. ALDROVANDI sagt: „lacertae a solo exeuntes verni temporis nunciae esse feruntur", und lässt uns auch italienische Poeten über die gleiche Sache vernehmen. Den vom Norden Kommenden, welcher sonst zu Hause nur hin

---

[1]) Reisen in der Regentschaft Algier.

[2]) Erpétologie d'Algerie.

[3]) Doch mögen sich hierüber Angaben in mir nicht zugänglichen Schriften finden, so in DUVEYRIER. Exploration du Sahara: les Tonareg du Nord, 1864, und in Aufsätzen von BARBOZA de BOCAGE über Reptilien des portugiesischen Afrika's. 1866.

und wieder eine Eidechse erblickt, muss, sobald er die Mittagseite der Alpen erreicht hat, die Menge der Eidechsen an Mauern, Felsen und Wegen als etwas Neues anmuthen. [1]) Selbst auf Lavablöcken, welche noch nicht so weit zersetzt sind, um ein rechtes Pflanzen- und Thierleben gedeihen zu lassen, hat *L. muralis* schon Platz genommen. Besucher des Vesuv's, [2]) welche auch für solche Dinge ein Auge haben, berichten ausdrücklich, dass nahe dem Krater „noch einige Insecten schwirren und Eidechsen über Lava und Schwefel hinwegschlüpfen." Auf den Liparischen Inseln traf SPALLANZANI einzig und allein unsere Eidechse an — die er nach dem Gebrauch früherer italienischer Zoologen *agilis* nennt —, kein anderes Reptil. [3]) Auch mitten in den Städten, z. B. im Amphitheater Verona's ist das Thierchen häufig, selbst in Venedig, wo wenig Platz für Landthiere ist, sicht man da und dort *L. muralis* sich flüchten.

Bei dieser so allgemeinen Verbreitung des Thieres in Südeuropa durfte sich dann CETTI [4]) allerdings über den vermeintlichen Mangel auf der Insel Sardinien wundern: „Mi pare un spezie di fenomeno, che in Sardegna non si trovi la vera e propiamente detta Lucertula". Unser Autor beschreibt dann die einzige Eidechse der Insel unter ihrem Volksnamen Caliscertula oder Tiliguerta, und sie wurde später

---

[1]) »Ueber Mauern wirft sich der Attig lebhaft herüber: Epheu wächst in starken Stämmen die Felsen hinauf und verbreitet sich weit über sie; die Eidechse schlüpft durch die Zwischenräume« sind Eindrücke bei GÖTHE als er im September 1786, von Botzen auf Tricut zufuhr. Ergötzlich spricht sich auch das Erstaunen des wackeren KEYSSLER's welcher im Jahre 1730 in Italien war, in seiner »Reise durch Deutschland, Italien etc.« aus. Nachdem er von dem vielfältigen Schaden, den der Vesuvius in seiner Nachbarschaft verursacht, und der Noth durch Erdbeben gesprochen, lässt es sich folgendermassen vernehmen: »Eine andere Ungelegenheit, welche aber dieses Land (Neapolis) mit andern italienischen Gegenden gemein hat, verursacht die Menge der Eydoxen. davon eine grüne Art in grosser Menge allenthalben anzutreffen ist. Im Frühling findet man dieselben hundertweis auf den platten Dächern liegen, um sich daselbst an der Sonne zu wärmen. Sie kriechen die Mauern auf und ab, daher kein Zimmer, dessen Fenster oder Thüren offen stehen, vor ihnen sicher ist. Es ist mir selbst widerfahren, dass als ich in dem dritten Stockwerke eines steinernen Hauses einmals meine durch Regen nass gewordenen Handschuhe an das Fenster und in die Sonne gelegt hatte, wenige Minuten hernach ein solcher Gast schon in den einen gekrochen war, welchen ich nicht eher vermerkte, als bis ich die Hand in den Handschuh gesteckt hatte. Jetzt gedachte grüne Art Eidechsen läuft sehr geschwind, hat eine schöne glänzende Farbe, lebhafte Augen und thut keinen Schaden.« Diese Angaben sind auch desshalb von Interesse, weil sie zeigen, dass *Lacerta muralis* — denn nur auf diese Art passt das Erzählte — bei Neapel in der Grundfarbe stark grün sein muss.

[2]) z. B. der hohe und unglückliche Verfasser des Buchs: Aus meinem Leben. Bd. I. Reiseskizzen, Leipzig, Dunker u. Humblot. S. 58.

[3]) Viaggi alle due Sicilie, Pavia 1792.

[4]) Anfibi e pesci di Sardegna, Sassari, 1777. Das ganze Werk, die Säugethiere und Vögel mit behandelnd, ist von hohem Werth und gewinnt den Leser auch durch die gefällige Form der Darstellung. Der Verfasser, ein Geistlicher aus Como in Oberitalien, lebte zehn Jahre auf der Insel und benützte diese lange Zeit zu naturhistorischen Studien. Auch das Aeussere des Buches, den Druck, die eingeschalteten Vignetten wird der Bücherfreund nicht ohne Interesse betrachten und es ist der Ordnung finden, dass della MARMORA in seinem Itineraire de l'île de Sardaigne, Turin, 1860, zweimal (T. I, p. 73. u. T. II, p. 350) der Druckerei des GIUSEPPE PIATTOLI gedenkt mit Hinweis auf die typographische Ausstattung des CETTI'schen Buches.

Leydig, Saurier.

von den Zoologen des Festlandes, ohne dass sie das Thier selber gesehen hatten, bald für eine besondere Art ausgegeben, bald auch nur für eine Varietät der *L. ocellata* oder *L. viridis* erklärt. Es blieb GENÉ, welcher als Nachfolger BONELLI'S in der Turiner zoologischen Sammlung über hundert Exemplare in Weingeist antraf, vorbehalten nachzuweisen, dass die CETTI'sche Eidechse nichts anderes sei, als *Lacerta muralis;*[1] später hatte er bei seinen Reisen auf der Insel Gelegenheit, das Thier „ubique, sed praesertim in apricis atque ad parietes antiquas, frequentissima", im Leben zu beobachten.[2]

Da in jüngster Zeit de BETTA[3] die Ansicht ausgesprochen hatte, dass *L. muralis, var. campestris,* und die sardinische *L. muralis* zusammengehören möchten, wofür der Umstand zu sprechen scheine, dass der Bauch auch bei der Tiliguerta nie rothgefärbt (nunquam rubriventris) und die Grundfarbe des Rückens grün sei, so suchte ich mir das lebende Thier zu verschaffen, was mir gelang,[4] so dass ich geraume Zeit in einem und demselben Behälter die *Var. campestris* und die sardinische Tiliguerta lebend beisammen hatte. Es geht für mich aus dem Vergleich beider hervor, dass Tiliguerta der gewöhnlichen *L. muralis,* wenn wir wollen der Stammform, näher steht, als der *Var. campestris.* Die ausgewachsene sardinische Eidechse ist merklich grösser als *L. muralis* von gewöhnlichen Massverhältnissen; nur hin und wieder bin ich auf eine Mauereidechse gestossen, welche in der Grösse der Tiliguerta gleichkommt. Die Grundfarbe des Rückens ist ein sattes Dunkelgrün, welches nach den Seiten sich abschwächt, gegen die Schwanzwurzel ganz aufhört und in Graubraun übergeht, von welcher Farbe auch die Rückenseite der hinteren Extremitäten ist, während die vordere ins Grünliche zieht. Auf der grünen Grundfarbe des Rückens verbreiten sich schwarze Flecken, derart, dass sie wie zu einem grobmaschigen Netz zusammenstossen. Die blauen Flecken der Seite sind nur spurweise zugegen und mehr perlmutterfarbig.[5]

Die sardinische Tiliguerta stellt somit eine *L. muralis* von besonderer Grösse und besonders langem Schwanze vor, deren Grundfarbe am Rücken stark ins Grüne geht, deren Bauch nie die rothe Tinte erhält, und deren blaue Seitenflecken

---

[1] Osservazioni intorno alla tiliguerta di Cetti. Mem. della accademia delle scienze di Torino. 1832.

[2] Synopsis reptilium Sardiniae indigenorum, ibid. 1838.

[3] Erpetologia delle provincie venete, 1857.

[4] Durch die Güte des Herrn CAV. CARA in Cagliari und des Herrn Dr. EUTING, welcher phönicischer Inschriften halber die Insel besucht hatte.

[5] Unter meinen lebenden Tiliguerten war ein ganz junges, wohl erst nur einige Monate altes Thierchen, dessen Grundfarbe am Rücken ein angenehmes Braungrau war. Im darauf folgenden Frühling setzte sich das Braun, mit dem Wachsen des Thieres, in das Dunkelgrün der Alten um.

fast völlig verschwunden sind. Zu all diesen Eigenthümlichkeiten lassen sich aber bei der gewöhnlichen Mauereidechse, z. B. von Südtyrol, Uebergänge finden. Die Geschlechtsverschiedenheit scheint, was schon CETTI bemerkt, in der Farbe dadurch ausgedrückt zu sein, dass beim Weibchen die Grundfarbe anstatt grün, braun ist, und das Schwarz Längsstreifen bildet.

Wie sehr *L. muralis* auf den Inseln des Mittelmeeres in der Farbe abändern kann, zeigt ferner die schöne Tafel, welche in der Fauna italica der *Podarcis muralis siculus* gewidmet ist; das Thier besitzt dort ein wahrhaft prächtiges Farbenkleid.

Das dürre, sonnige Dalmatien wimmelt nach GERMAR [1]) von gegenwärtiger Art, die er übrigens *L. velox* PALL. nennt. Und ein neuerer Reisender, welcher viel in Dalmatien gesammelt hat, ERBER [2]), hebt hervor, dass die Mauereidechse in endlosen Abänderungen dort vorkomme, fast in jeder Localität sei sie anders gezeichnet. Nicht minder ist Griechenland reich an diesen Thieren nach BORY de ST. VINCENT, [3]) ERHARD, de BETTA u. A.

Blicken wir jetzt von Südeuropa auf ihre Verbreitung in Mittel- und Nordeuropa, so wird sich zeigen, dass die Behauptung [4]) erfahrener Herpetologen: *Lac. muralis* komme in ganz Europa vor, keineswegs richtig ist.

Die Mauereidechse noch so häufig auf dem warmen Boden Südtyrols, geht zwar weit in die Thäler hinauf, und selbst auf die Berge, aber sie überschreitet nicht die Alpen. Was ihre senkrechte Verbreitung in Südtyrol anbelangt, so hat schon GREDLER [5]) beobachtet, dass das Thier aus der Tiefe des Eisackthales am Frombach hinan „beinahe die Ebene der Seiseralp" erreicht. Ohne diese Mittheilung im Gedächtnisse zu haben, war ich selber nicht wenig überrascht, im August 1868, unmittelbar am Rande der Seiseralpe, bei etwa 5000 Fuss Meereshöhe, ein prächtiges Männchen mit lebhaft braunrothem Bauch unter einem Stein — es war trüber Himmel — zu fangen. Bei einer zweiten Excursion, begünstigt von heiterem Wetter, zeigte sich *L. muralis* an allen mittägigen Stellen des Anstieges an Steinhaufen häufig. Ferner hat auch der Botaniker MILDE [6]) bereits von gleichem Orte dieses

---

[1]) Reise nach Dalmatien, 1817.

[2]) Amphibien der österreich. Monarchie, 1864.

[3]) Expedition scientifique de la Morée. Die colorirten Abbildungen der *L. muralis* in diesem Werk sind mit Rücksicht auf die obige Tiliguerta Sardiniens auch desshalb interessant, als ihre Grundfarbe ein deutliches Dunkelgrün zeigt.

[4]) »Le lézard des murailles est répandu dans toute l'Europe«, BIBRON u. DUMÉRIL; »La Podarcis muralis, è sparsa in tutta l'Europa, in cui può dirsi non essere angolo di terra che non la possieda«, de BETTA.

[5]) Vierzehn Tage im Bad Ratzes, 1863.

[6]) Ein Sommer in Südtyrol, 1864.

unerwartet hohe Vorkommen der Mauereidechse angezeigt. [1] Ebenso bemerkte ich wie unser Thier und zum Theil in recht grossen Exemplaren am Kollernerberg an allen sonnigen Anstiegen und Wegen des Waldes herauf bis Obernkollern, und wahrscheinlich noch höher vorkommt; dessgleichen sah ich lebhaft gefärbte Thiere häufig bis zu den Dorfmauern von Oberbotzen (3995') und Lengmoos (3796'). Bei Besteigung der Mendel war das Thier bis nahe zur Passhöhe (4787') zu verfolgen, doch auf der Spitze blickte ich mich vergebens darnach um. Nichts ungewöhnliches bietet es daher, wenn ich weiter anführe, dass ich *L. muralis* bei Völs (2145') noch weit hinein in den Wald, am Wege der gegen Ratzes führt, gefangen habe; ebenso auch an den Mauern hinter Castelruth (3349'), gegen St. Michele zu, und zwar in Menge, während sie an sonnigen Mauern bei Seis (2960') nur vereinzelt sich blicken liess.

In Deutschland kommt in Rede stehende Art nur an zwei Strichen vor, im Gebiet des Rheins und im Donauthal bei Wien.

Ins Rheinthal gelangte sie von der Schweiz her und Frankreich aus, wohin ihr (zugleich mit *Lacerta viridis*) durch die Gebirgslücke zwischen Jura und Vogesen, der Weg offen stand; denn wie schon TSCHUDI über die „merkwürdige" geographische horizontale Verbreitung dieser Eidechse berichtet: sie findet sich, abgesehen von dem nicht mehr in Betracht kommenden Tessin, nur in der westlichen und nördlichen Schweiz; der Jura besitze sie in Menge und sie fehle hingegen im Osten und in der ganzen mittleren Schweiz.

Wer sie im Rheinthal zuerst beobachtet und unterschieden hat, ist mir bis jetzt unbekannt geblieben; vielleicht war es KOCH, der sie im Jahre 1828 in STURM'S Fauna beschrieb und sagt: „Ihr Vaterland [2] ist die bayrische Rheinprovinz, wo sie häufiger als jede andere Eidechse vorkommt". Besonders verdient aber hervorgehoben zu werden, dass schon mehrere Jahre zuvor die Mauereidechse im Schwarzwaldgebiet bei Neuenbürg durch den bekannten württembergischen Entomologen ROSER entdeckt wurde. [3] Doch scheint man anfangs diesem Fund wenig Theilnahme

---

[1] Auch die ausserordentliche Höhenverbreitung des *Scorpio germanus*, welche GREDLER zuerst, dann MILDE aus dieser Gegend bekannt machten, kann ich, wie schon S. 222 angedeutet wurde, bestätigen. Ich fieng zahlreiche Exemplare bis zum Rande der Seiseralp, sowie am Rande der Schlernklamm weit hinauf.

[2] MEDICUS, welcher sie (in der Bavaria 1867) ebenfalls für die Rheinpfalz erwähnt, meint der Verfasser der Fauna von Oberbayern in demselben Werke habe die Mauereidechse wohl für Südbayern, deshalb nicht aufgeführt, weil er sie für identisch mit der gemeinen Eidechse halte. Das ist aber wohl schwerlich der Fall gewesen; sondern die Art konnte für Südbayern deshalb nicht genannt werden, da sie in der That nirgends dort vorkommt. — Nach dem Verzeichniss RÖMER-BÜCHNER's zu urtheilen, welches ich mir erst spät verschaffen konnte, und wenn die Bestimmung richtig ist, hat dieser Beobachter vor KOCH, im Jahre 1827, die Mauereidechse bereits aus dem Rheingebiete angezeigt, und zwar aus der Gegend von Darmstadt.

[3] Siehe MEMMINGER, Beschreibung von Württemberg, 1820. Hier wird blos angegeben, dass »vor Kurzem

geschenkt zu haben, denn mehr als zwanzig Jahre später (1847) berichtet erst wieder NÖRDLINGER, dass *L. muralis* bei Lauffen am Neckar von ihm beobachtet worden sei. Unterdessen aber hatte der damalige Finanzassessor PAULUS dem Thierchen und seiner Verbreitung in Württemberg grosse Aufmerksamkeit zugewendet. Er theilte[1]) dem Verein für vaterländische Naturkunde eine Karte mit, auf welcher das Vorkommen farbig eingetragen war, woraus sich ergab, dass sich das Thier vom Rheinthal nur in die unmittelbar in dasselbe gehenden Thäler gezogen hat, während es, mit Ausnahme der Gegenden um Freudenstadt und Neuenbürg, auf dem Plateau bis jetzt nicht beobachtet wurde. Ueberdiess beschränke es sich auf die Gebirgsformationen von dem Urgebirge aufwärts bis zum Muschelkalk, während es den Keuper und die über demselben lagernden Formationen nicht zu bewohnen scheine.

Nach PAULUS verbreitet sich *L. muralis* aus dem ganzen Rheinthal durch das Neckargebiet bis oberhalb Hoheneck, längs dessen Zuflüssen aus dem Odenwald, längs der Elsenz bis Sinsheim, der Jagst bis Möckmühl, des Kochers bis Neuenstadt, ferner längs der Enz bis zum Enzklösterle, der Glems bis nahe an Leonberg, der Würm bis über Döffingen hinaus, der Nagold bis nahe an Wildberg, längs einer kurzen Strecke an der Eyach und der kleinen Enz bis Faustberg, wo sie sich auch auf dem Plateau bis nach Neuenbürg ausbreitet, während sie an den bezeichneten Flüssen nur dem engeren Flussthal folgt. Von den übrigen in den Rhein sich ergiessenden Flüssen des badischen Schwarzwaldes folgt sie dem Schwetzinger Bach bis in die Nähe von Sinsheim, der Kraich, der Salza bis Bretten, der Pfinz, der Alb bis Herrenalb, der Murg mit deren Zuflüssen bis Freudenstadt und Umgebung, der Rench bis Oppenau, der Kinzig bis nahe an Lossburg, der Gutach bis Triberg und der Wutach und deren Zuflüsse bis über Waldhut hinaus.

Im Juni 1867 erhielt ich[2]) sechs lebende Exemplare aus dem Gebiete der Zaber von der Nordseite des Michelberges. Im Herbst fieng ich am Wartberge bei Heilbronn selber vier Stück unserer Eidechse. Alle diese württembergischen Exemplare stimmten mit den südtyrolischen in den Grundzügen der Färbung wohl überein; namentlich mit solchen, wie sie dort an weniger der Sonne ausgesetzten Orten vorkommen. Die braune Grundfarbe des Rückens und namentlich der Seiten hatte bei guter Beleuchtung einen grünlichen Ton. Der dunkle Seitenstrich war bei den einen sehr markirt, mit einer lichten Zone oben und unten; bei andern erschien er aufgelöst in Flecken. Die Mittellinie des Rückens zeigte entweder einen Längsstreifen unterbrochener Flecken, oder bei andern zog über den ganzen Rücken eine verwischte oder schärfere Marmorirung. Bei keinem dieser Thiere war der Bauch roth oder gefleckt, sondern durchweg weisslich oder hellgelblich, und die Reihe blauer Flecken an der Seite des Leibes zum Theil nur in schwachen Spuren vorhanden, selbst wenn sie deutlich da waren, zeigten sie sich klein auf einem etwas leicht röthlichen Grunde, nach unten schloss sich daran ein schwarzer Strich.

Unser Thier erstreckt sich übrigens nicht gleichmässig durch das ganze Gebiet des Oberrheins; es gibt Stellen, wo es fehlt. Ich habe sie z. B. vergeblich in der Umgegend von Weinheim an der Bergstrasse gesucht; bei Freiburg soll sie, mündlicher Mittheilung zufolge, ebenfalls sehr selten sein.

---

die Mauereidechse bei Neuenbürg aufgefunden worden sei.« Dass diess von ROSER geschah, erfahren wir durch G. v. MARTENS im Correspondenzblatt d. landwirthschaftl. Vereins, 1830.

[1]) Württemb. naturwiss. Jahreshefte, 1857.

[2]) Durch die Güte des Herrn KARRER, Forstreferendärs in Kleebronn.

Ueber ihr Vorkommen rheinabwärts und in die Seitenthäler liegen noch Angaben vor von Kirschbaum, wornach sie an der unteren Lahn bei Hohenrhein und bei Ems gefunden wurde; ferner von Noll,[1] der das Thierchen bis Coblenz an Weinbergsmauern und Strassengeländern antraf, ebenso zwischen Coblenz und Winningen an der Mosel.

Sogar noch weiter nordwärts nach Holland, scheint sie vorzudringen; aus der Schrift Schlegel's über die Reptilien der Niederlande erfährt man, dass die Eidechse in der Provinz Gröningen, dann bei Nimwegen gefunden wurde; ja wollte man dem Colorit der Abbildung Werth beilegen, was mir aber gewagt scheint, so wären die holländischen Thiere mit lebhaft gelbrothem Bauch gefärbt. — In Belgien, wo *Lacerta agilis* selten vorkommt, ist *Lacerta muralis* die gemeinste Eidechse des Landes, mit Ausnahme einiger ebenen Strecken und der Ardennen, wie wir von Selys-Long-champs hören.[2]

Wie wenig leicht übrigens die Linien der Verbreitungsbezirke frei lebender Thiere sich durch Hinzuthun des Menschen verrücken lassen, lehrt der Fall, dass *L. muralis* von Heidelberg zweimal in grösserer Menge nach Giessen an passende Stellen von Welker[3] verpflanzt, wieder eingieng; eine Erfahrung, welche an bekannte und ähnliche misslungene Versuche mit Verpflanzung von Schnecken erinnert.

Haben wir im Vorausgegangenen die Verbreitung im Westrande Deutschlands verfolgt, so ist jetzt noch des Vorkommens an der Ostgrenze zu gedenken. Die Art scheint in Niederösterreich allgemein heimisch zu sein; „in tota Austria, praesertim Viennae," sagt Laurenti und ist nebenbei der Ansicht: „cum maxima habeatur quantitate, ut multis panperibus nutriendis per totam aestatem sufficiat; caro caeterum nitida ac pura sit, posset nunc ab illis conquiri (quod esset facile cum in morsu nullum sit periculum) et detracta cute instar pisciculis frixari, vel coqui: forte futurus olim magnatum cibus."

Es wäre wohl eine dankeswerthe Aufgabe nachzuweisen, wie weit die Donau herauf, gegen Bayern zu, das Thier sich erstreckt. Nordwärts scheint es vom eigentlichen Oesterreich nicht weiter vorzudringen, denn die Synopsis reptilium Bohemiae von Glückselig enthält sie nicht, so wenig als die genaueren Verzeichnisse über die Wirbelthiere Schlesiens. Auch nach Heinrich (a. a. O.) kommt sie im k. k. Schlesien gar nicht vor, wohl aber im „südlichen Mähren," an den Grenzen von Ungarn und Oesterreich", und hier „nur selten". Um so mehr mag erwähnt sein, dass nach einer neueren Zusammenstellung der Wirbelthiere der Oberlausitz,[4] aller-

[1]) Zoologischer Garten, 1866, S. 313.
[2]) Faune Belge, 1842.
[3]) Zoologischer Garten, 1866, S. 210.
[4]) Mittheilungen d. naturforsch. Ges. in Görlitz, 1862.

dings in fraglicher Weise, vom Vorkommen der *L. muralis* bei Görlitz die Rede ist und gesagt wird dass LICHTENSTEIN sie in der Mark und in Schlesien gefunden habe. Auch dieser Punct möchte sich doch einer weiteren Nachforschung empfehlen.

In den Gegenden Württembergs, welche oben nicht namhaft gemacht wurden, dann im ganzen diesseitigen Bayern, sowie in Mittel-Deutschland und von da hinab zur norddeutschen Niederung bis zur Nordsee und Ostsee, wie im skandinavischen Norden fehlt die Mauereidechse. [1]

Da wo die Mittelmeerfauna sich östlich ausdehnt, treffen wir auch besagte Art, so in Südungarn, (Mehadia z. B.); in Oberungarn scheint sie seltener zu werden, JEITTELES wenigstens berichtet, dass er in Kaschau während eines dreijährigen Aufenthaltes blos in einem Sommer drei Exemplare erhalten habe. Nächst den Donaumündungen bei Tuldscha wurde sie beobachtet von Graf FERRARI und ZELEBOR; sie gehört ferner der pontischen Fauna an; kommt auch noch im Gouvernement Kiew vor (KESSLER). Wie weit sie in Russland nordwärts geht, ist mir nicht bekannt geworden.

Nach Osten scheint sie sich ziemlich weit zu erstrecken, denn der verstorbene Turiner Zoolog de FILIPPI fand sie auf seiner Reise nach Persien noch daselbst, aber selten; schon für die Länder des Kaukasus wird sie von EICHWALD als „rarior" bezeichnet, so dass es nicht gerade auffallen darf, wenn sie in dem Verzeichnisse der von MANN bei Brussa gesammelten Reptilien nicht aufgeführt wird. Auch fehlt sie unter den Eidechsen, welche EVERSMANN auf seiner Reise nach Bochara der Berliner Sammlung eingesendet hat.

Geschichtliches und Kritisches.

Es wurde oben die LAURENTI'sche Bezeichnung *muralis* als Speciesname beibehalten; wollte man aber strenger verfahren, so müsste der ALDROVANDI'sche Name *Lacerta vulgaris* hergestellt werden; denn es ist ausser Zweifel, dass der italienische Zoolog nur die jetzige *muralis* damit im Auge gehabt hat; ohne etwaige Beimischung der jetzigen *agilis*, da diese ja in Italien gar nicht vorkommt. Auch der von ihm gelieferte Holzschnitt trifft, trotz aller sonstigen Mängel, doch den Charakter des Thieres.

Schon berührt wurde der Umstand, dass der Ausdruck *Lacerta communis* und *L. vulgaris* oder gemeine Eidechse, je nachdem der Beobachter im südlichen oder im mittleren und nördlichen Europa lebte, auf verschiedene Arten gieng und dadurch manche Verwirrung verursacht hat. Dem Italiener ist die gemeine Eidechse die *Lacerta muralis*, dem Deutschen aber die *Lacerta agilis*. In den anatomischen und physiologischen Schriften der Italiener bezieht sich *Lucertola* auf *L. muralis*, und *Ramarro* ist *L. viridis*.

---

[1] Ueber Scandinavien vergl. NILSSON's Scandinavisk Fauna, 1842. Nach dem, was mir, der ich das Buch nicht selber lesen kann, mein trefflicher College HUGO v. MOHL daraus übersetzt hat, ist *L. muralis* nirgends in Schweden oder Norwegen beobachtet worden.

Unter den älteren Figuren verdient eine besondere Erwähnung die dreigeschwänzte Eidechse bei REDI. [1] Sie ist in eigenthümlich schattenhafter Weise gehalten; in einer Art des Kupferstiches, wie er in Deutschland, wenigstens in naturhistorischen Werken, kaum je in Uebung war, in Italien aber, wenn auch in verbesserter Weise, sich lange erhalten hat. In der Zeichnung ist das Thierchen in vielen Stücken, z. B. was die Länge, Zartheit und Stellung der Zehen anbetrifft, besser als manche Figur aus späterer Zeit. Sehr unbedeutend sind z. B. die Abbildungen in dem Werke SONNINI'S und LATREILLE'S: Hist. nat. d. reptiles, Paris 1826. (Was dort. T. I, pl. 11. unterhalb des „Lezard gris" als „L. vert" dargestellt erscheint, ist wohl L. ocellata.)

Unter allen mir bekannt gewordenen Abbildungen behalten die Figuren unserer Eidechse in der Fauna italica des Prinzen BONAPARTE den ersten Rang. Sie würden aber in die zweite Linie gerückt worden sein, wenn das oben (S. 224) erwähnte Werk OPPEL'S ans Licht gekommen wäre; denn die Aquarellblätter, welche die Gattung Lacerta umfassen, sind ausnehmend schön. Das Blatt, auf welchem die „Lacerta tiliguerta L.", nach Haltung und Ausführung im Einzelnen vortrefflich, dargestellt ist, scheint die wirkliche sardinische Podarcis muralis zu sein; es spricht hiefür nicht bloss die Grösse, sondern auch das dunkle Grün der Grundfarbe. Nach der Fleckenbildung gehört sie zur gestreiften Form; die Dicke der Schenkel und der Schwanzwurzel lassen annehmen, dass ein männliches Thier vorgelegen.

Anhang.

Die gegenseitige Verwandtschaft der einheimischen Eidechsen.

Unter dem Einfluss der Ideen über einen engeren Zusammenhang alles Lebendigen, wie sie gegenwärtig bei vielen Naturforschern Anklang finden, wird auch ein Zoologe, nachdem er eine Thiergruppe der Jetztwelt näher ins Auge gefasst hat, selten mehr es unterlassen, sich wenigstens versuchsweise die Formen unter dem Bilde eines Stammbaumes aufzureihen.

Wenn wir nun von diesem Gesichtspunct aus vor Allem fragen, 'in welcher Zeit die Lacerten zuerst „aufgetreten" sein mögen, so berichten die Paläontologen, dass dieses in der Tertiärzeit geschehen sei und machen dabei auf die merkwürdige Thatsache aufmerksam, dass die Sauriergeschlechter der vorhergehenden Weltalter oder der Primär- und Secundärzeit: die Teleosaurier, Mosasaurier, Megalosaurier, Ichthyosaurier u. s. w., damals so mächtig entwickelt, mit dem Ende der Kreidezeit erloschen sind und nur die Crocodile sich gleichsam als Repräsentanten der grossen Eidechsen der Vorwelt durch die Tertiärzeit bis zur Gegenwart erstrecken.

Das Klima der Tertiärepoche war in Mitteleuropa, wie besonders die fossilen Pflanzen der Miocenzeit lehren, auch in unseren Gegenden ein wärmeres, nahezu subtropisches; dabei von erhöhter Feuchtigkeit, da von ostwärts breite Meeresarme in das Herz Europa's eindrangen. Dieses überlegend, werden wir uns denken dürfen, dass Lacerta viridis unter den lebenden Arten einen älteren Charakter haben möge,

---

[1] Intorno agli animali viventi che si trovano negli animali viventi. Firenze, 1684.

da sie neben grosser Wärme entschieden auch die Feuchtigkeit liebt. Eine solche Vorstellung wird denn auch begünstigt dadurch, dass von den spärlichen Resten, welche man bisher von *Lacerta* in Südfrankreich fand, LARTET eine Art in die Nähe der *Lacerta viridis* stellt, es ist *Lacerta sansaniensis;* eine andere Art, *Lacerta ponsontiana* war grösser als *L. viridis;* eine dritte Art wird auf *L. ocellata* bezogen. [1])

Vielleicht gleichzeitig oder etwas später, als sich in dem noch vorherrschend wasserreichen Land auch ganz sonnige, dürre Gegenden gebildet hatten, mag sich eine der *Lacerta muralis* entsprechende Form abgezweigt haben; und da Trockenheit verkleinernd auf die Organismen wirkt, so liesse sich der Unterschied in der Grösse, gegenüber von den der *Lacerta viridis* entsprechenden Formen, in der angedeuteten Weise begründet denken. Ob man hiebei die *Lacerta pulla*, welche v. MEYER [2]) aus der Braunkohle des Siebengebirges beschrieben hat, in einen näheren Zusammenhang mit *L. muralis* bringen darf, ist bei dem Dunkel, welches solche Fragen umgibt, weder zu bejahen noch zu verneinen; ebenso wenig bezüglich des auf eine kleine Eidechse hinweisenden Kiefers, den Dr. DE LA HARPE in den Ligniten der Schweiz entdeckte und HEER [3]) erwähnt.

Als nach der Tertiärzeit die Temperatur bedeutend sank und die Gletscherzeit folgte, mochte sich in den kalt gewordenen Gegenden die *L. viridis* zu *L. agilis* umwandeln und die *L. muralis* zu *L. vivipara.* Diese vier Arten stehen sich auch sonst, wenn wir gar nichts von derartigen Beziehungen wissen wollen, nach äusserem und innerem Bau in der angeführten Weise verwandtschaftlich näher.

Es wäre dann weiter in Betracht des auf wenige Puncte beschränkten Vorkommens von *viridis* und *muralis* in Deutschland anzunehmen, dass die beiden Arten, in wärmer gebliebenen Strichen erhalten, später bei uns einwanderten. Bei ihrer zärtlichen Körperbeschaffenheit konnte diess nicht durch Uebersteigen der Alpen geschehen, sondern es erfolgte ost- und westwärts durch das Rhein- und Donauthal. [4]) Was oben über die horizontale und verticale Verbreitung, namentlich der *vivipara*

---

[1]) Vergl. PAUL GERVAIS, Zoologie et palaeontologie françaises 1848—1852. Ich bedaure dieses Werk nicht schon dazumal als ich über die Württembergischen Molche eine Abhandlung veröffentlichte, besser gekannt zu haben; denn es enthält eine Tafel mit sehr guten Abbildungen über die Schädel der Gattung *Triton*, darunter auch den des *Triton palmipes (Tr. helveticus*, RAZ.).

[2]) Palaeontographica, Bd. 7. 2. Lief. 1860.

[3]) Urwelt der Schweiz. S. 405.

[4]) Es mag diess der Weg gewesen sein, auf dem manch anderes Thier und Pflanze vom Süden nach Norden gewandert ist; durch das Rheinthal herab z. B. die Geburtshelferkröte, *Alytes obstetricans,* die Aesculapschlange, *Col. flavescens,* die Würfelnatter, *Trop. tessellatus,* der *Triton helveticus;* von Schnecken: *Helix carthusiana, Bulimus quadridens;* von Arthropoden: *Mantis religiosa, Oecanthus pellucens, Cermatia araneoides* etc.

dargelegt wurde, möchte der Auffassung von einer Umwandlung der beiden Arten, wie sie eben bezeichnet wurde, zu einer gewissen Unterlage dienen.

Die Linien eines Schema's muthmasslicher Verwandtschaft liessen sich demnach so ziehen:

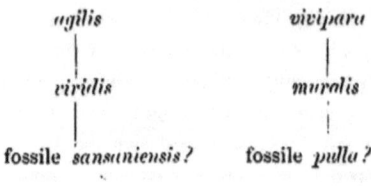

Spec.?

Familie der Scinke.

Körper walzig gestreckt, Kopf kaum abgesetzt vom Rumpfe; Schwanz (in vollkommenem Zustande) so lang als der Körper, selbst noch länger, am Ende mit stumpfer Spitze. Ohne äussere Gliedmassen. Haut drüsenlos; Oberhaut zu Schuppen und Schildern verhornt; Lederhaut mit Kalktafeln. Zähne in der Ober- und Unterkinnlade, nicht am Gaumen; der inneren Seite, doch nahe am Rande angewachsen; Form des Zahns hackenförmig, von der Wurzel an stark rückwärts gekrümmt, Ende einspitzig; hinter der Hauptreihe noch eine Reihe kleinerer oder Ersatzzähne. Freie Augenlider; Ohr (Paukenfell) äusserlich nicht sichtbar. Zunge ansehnlich, platt, an der stumpfen Spitze wenig ausgerandet, ausstreckbar, am Grunde ohne Scheide.

Gattung: *Anguis*, LINN.

Kopf mit einigen Schildern; Beschuppung des Leibes gleichförmig, oben wie unten in Querringen, glänzend.

Art: *Anguis fragilis*. LINN. Blindschleiche.

Anguis fragilis. lineata. LAURENTI, Synopsis reptilium, 1768.

Gemeine Blindschleiche. SCHRANK, Fauna boica, 1798.

Anguis fragilis. SCHNEIDER, Hist. natur. Amphibiorum, 1799.

Anguis fragilis, lineatus. WOLF bei Sturm, Deutschlands Fauna, 1802.

Gemeine Blindschleiche. BECHSTEIN, Uebersetzung von DE LA CEPÉDE'S Naturgesch. d. Amphibien, 1802.

Anguis fragilis. Römer-Büchner, Verzeichniss der Steine und Thiere, welche in dem Gebiete der freien Stadt Frankfurt gefunden werden. 1827.

Anguis fragilis. Gistl, Bemerkungen über einige Lurche, Isis, 1829.

Anguis fragilis. Schübler, Thierreich in Memminger's Beschreibung von Württemberg, 1829.

Anguis fragilis. Lenz. Schlangenkunde, 1832.

Anguis fragilis. Reider und Hahn, Fauna boica, 1832.

Anguis fragilis. Glückselig, Synopsis reptilium Bohemiae, 1832.

Anguis fragilis. Gloger, Schlesiens-Wirbelthierfauna, 1833.

Anguis fragilis. Martens, Thierreich in Memminger's Beschreibung von Württemberg, 1840.

Anguis fragilis. Plieninger, Verzeichniss der Reptilien Württembergs in den Jahresheften für vaterländische Naturkunde, 1847.

Anguis fragilis. Heinrich, Mährens u. k. k. Schlesiens Fische, Reptilien u. Vögel, 1856.

Anguis fragilis. Fahrer, Thierwelt von Ober- und Niederbayern. Bavaria, Landes- und Volkeskunde von Bayern, 1860.

Anguis fragilis. Kirschbaum, Reptilien und Fische des Herzogthums Nassau, 1865.

Anguis fragilis. Medicus, Thierwelt der Rheinpfalz. Bavaria, Landes- und Volkeskunde von Bayern, 1867.

Anguis fragilis. Leydig, Thierreich in der Beschreibung des Oberamtes Tübingen, herausgegeben vom statist. topogr. Bureau, 1867.

Kennzeichen.

Länge bis 1½ Fuss. Kopf nicht pyramidal, wie jener der Eidechsen, sondern von walziger Form: Schnauze stumpf abgerundet, breit und hoch, zum Wühlen eingerichtet. Von Schildern des Kopfes ein Occipitale, zwei Parietalia, ein sehr grosses Interparietale und ein Frontale unterscheidbar; die übrige Beschuppung der Schnauze und der Seitentheile des Schädels ist gleich der Beschuppung des Leibes. Grundfarbe oben braun in verschiedenen Abschattungen, unten schwärzlich; häufig mit feinen Längslinien. Männchen und Weibchen haben weder im äusseren Körperbau, noch in der Farbe unterscheidende Kennzeichen von einiger Beständigkeit. Häufig ist beim Weibchen der Kopf verhältnissmässig zarter und feiner und die Farbe des Bauches gerne schwarz.

Bemerkungen.

I. Farbe.

Das ganz junge Thier (*lineatus* der Autoren) ist bekanntlich von sehr hübscher Färbung. Die Oberseite zeigt ein eigenthümliches, fast einem lichten zarten Isabell ähnliches Weiss, über das in der Mitte eine feine schwarze Linie zieht, welche am Hinterkopf von dem schwarzen Fleck entsteht, der, wie oben schon berichtet wurde, das besondere Organ im Interparietalschild umgreift. Seite und Bauch sind tief schwarz.

Schon im ersten Jahre kann das satte Schwarz der Bauchseite in ein schwaches Blauschwarz übergehen, oder es sondert sich bei manchen Individuen in helle und dunkle Streifen sowie an der Kehle und Wange in Fleckenbildung. Bei anderen bleibt der Bauch gleichmässig schwarz; aber die Grundfarbe des Rückens setzt sich in ein sehr schönes Castanienbraun um, und es heben sich mehrere dunkle Streifen davon ab.

Später zeigt sich in den Abschattungen der Grundfarbe sowohl, wie in dem Vor- und Zurücktreten der Längsstreifen eine grosse Mannichfaltigkeit, so dass beinahe kein Thier dem andern völlig gleicht; man trifft dabei auf fast ganz einfarbige Individuen, deren Rücken hellgraubraun, auch wohl hell kupferfarbig ist, die Bauchseite breit dunkel oder nur mit schmalem schwarzen Streif. Dann aber auch wieder kann das Streifensystem sehr hervortreten.

Nicht wenig überraschte mich ein Exemplar, welches ich an der Nordseite des epheuumrankten alten Schlosses Planta[1] bei Meran, zugleich mit gewöhnlich gefärbten Thieren, antraf. Nach Umdrehen eines Steines lag eine grosse Blindschleiche, dem ersten Anblick nach von nahezu ganz weisser Farbe da. Bei näherem Besehen zeigte sich als Grundfarbe des Rückens und Bauches ein helles Weissgrau, darüber hin zogen feine dunklere Längslinien: auf dem Rücken fünf, eine mittlere und je zwei seitliche; dann folgten jederseits sehr dicht zusammenliegende Linien; eben solche umgaben in noch grösserer Zahl, doch schwächer im Ton, auch die Bauchfläche. Es war dieses das Thier, von dem oben mitgetheilt wurde, das es mir einen sehr deutlichen Farbenwechsel darbot. Dieser letztere Umstand möchte wohl immer im Auge zu behalten sein, da ganz offenbar ein und dasselbe Thier durch die Thätigkeit der contractilen Farbzellen der Haut sein Aussehen mehr oder weniger ändert; womit dann selbstverständlich auch die Grenzen in der bleibenden Verschiedenheit der Farbe etwas enger gezogen werden.

Wie so häufig in der systematischen Zoologie vorkommt, waren auch hier die Farbenunterschiede für Diesen und Jenen hinreichend genug, um die gegen-

[1] Unter den Steinen dieser Stelle hatte sich ein merkwürdig reiches Thierleben angesiedelt: denn ausser zahlreichen Blindschleichen waren verschiedene Schneckenarten in einer Menge vorhanden, wie ich sie noch niemals beisammen sah, so z. B. *Helix obvoluta*, *Helix strigella*, Clausilien. *Limax marginatus* Dr., Scorpione, grosse Lithobien u. s. w.

wärtige Art in mehrere Formen aufzulösen; dahin gehören *Anguis eryx*, *A. clivicus*, *A. bicolor*, etc.

Ich kann es mir nicht versagen noch zweier Thiere zu gedenken, welche ich im Herbste 1869 in Südtyrol antraf, neben vielen anderen Exemplaren von gewöhnlicher Färbung. Das eine, ich fand es in der Nähe des Dorfes Kardaun unter einem Block, erinnerte in einem Puncte seiner Färbung beinahe an einen anderen Scincoiden, an *Gongylus ocellatus:* dadurch nämlich, dass der Rücken gar schön weissgetüpfelt war; die weissen Flecken waren klein, zahlreich und entweder ringsherum, oder wenigstens von einer Seite mit dunkler Einfassung, stellten somit Augenflecken vor. Im Uebrigen war der Grundton des Rückens eine lichte Erzfarbe, die nach den Seiten mehr ins Braune zog; Bauchfläche mit wenig Dunkel.

Das zweite Thier wäre nach seiner Farbe an *Lacerta nigra* oder *Vipera prester* anzureihen. Bei Eppan konnte ich nach dem Umwenden eines am Rande eines Weihers auf sehr feuchtem, torfigen Boden liegenden Steines, eine dem ersten Blick nach ganz schwarze Blindschleiche ergreifen. Näher besehen zeigten sich Bauch und Seiten tief schwarz, am Rücken war ein braunes Mittelfeld, aber so dunkel, dass es dem Schwarz fast gleichkommt. Das Thier ist wohl ein neuer Beweis dafür, dass das Verfärben der Reptilien ins Schwarze auf dem Leben an sehr feuchten Orten beruht. Die schwarze Bauchseite des Schwanzes hatte sehr zahlreiche, kleine bläuliche Flecken, deren Blau aber gewiss nicht wie in den von TSCHUDI erwähnten Fällen durch Abreibung entstanden war; selbst mit der Lupe besehen zeigt sich die Haut durchaus rein und ohne Verletzung. Das Blau entstand hier, indem ein weissliches Pigment hinter dem Schwarz durchschimmert.

Manche der neueren Autoren wollen Männchen und Weibchen nach der Farbe unterscheiden, so z. B. LENZ. Nach ihm ist beim Männchen der schwarze Streifen in der Mitte des Rückens geschwunden; die Farbe des Rückens gehe allmälig in die der Seite über; Bauchfläche und Seiten hätten wenig Schwarz. Beim Weibchen hingegen erhalte sich der schwarze Streifen über die Mitte des Rückens und Schwanzes. Die Farbe des Rückens sei von jener der Seite durch eine deutliche Linie geschieden; die Seiten seien stark mit Schwarz gemischt, der Bauch fast ganz schwarz. Nach meiner Erfahrung ist allerdings richtig, dass namentlich grosse, ausgewachsene Männchen gern ziemlich einfarbig erzbraun aussehen, auch ohne Rücken- und Seitenstreifen sind, dabei mit hellem Bauch; während ein schwarzer Bauch häufig auf das weibliche Geschlecht deutet. Aber ich öffnete auch Männchen, die nach der schwarzen Farbe des Bauches hätten Weibchen sein sollen. Es scheint eben, dass die Farbe in beiden Geschlechtern hin und her schwankt. Schon RAJUS [1]) sagt: „in foemina quam hac aestate observavi dorsum unicolor erat, nimirum e flavicante cinereum, latera lineis nigris et albicantibus varia, imus venter niger. Verum colores (ut puto) sexuum variant, forte etiam in eodem sexu". — Bei Weibchen mit schmalem mittlerem Zickzackstreifen des Rückens und tief schwarzer Bauchseite, erscheint die Bauchfläche des Schwanzes gern gesprenkelt, insbesondere hebt sich unmittelbar unter der Schwanzspitze öfters ein grösserer, weisslicher Fleck ab.

2. Kopfschilder.

Auf dem Interparietalschild, welches hier sehr gross ist, sieht man wie bei den Eidechsen eine markirte Stelle,[2]) in Form eines Grübchens mit wallartiger Umgebung und einer mittleren lichten Wölbung; das Ganze entweder von der Färbung der bräunlichen Umgebung, oder von letzterer durch weissliche Färbung sich abhebend. Der nähere Bau wurde oben dargelegt.

Dass die Kopfschilder auch hier manchfache Abänderungen zeigen, ja selbst an einem und demselben Thier von rechts und links nicht ganz gleich sind, schliesst an das an, was über diesen Punct bezüglich der Eidechsen mitgetheilt wurde. Eine Bildung, welche vielleicht herausgehoben zu werden verdient, ist die, dass zwischen das Interparietalschild und Stirnschild eine ganze Querreihe von Plättchen sich einschiebt, was man auch ungezwungen als eine Auflösung der vorderen Partie des grossen Interparietalschildes in eine Anzahl kleiner Schilder deuten kann.

3. Schädel und Zähne.

Es bedarf eigentlich kaum der Erwähnung, dass auf den ersten flüchtigen Blick der Schädel[3]) der Blindschleiche unter denen aller andern einheimischen Reptilien zu erkennen ist. Doch sei jetzt hier noch einmal auf einige der oben schon besprochenen Eigenthümlichkeiten zurückgewiesen.

Das Hinterhauptbein ist gestreckter, wesshalb bei Betrachtung des Schädels von oben das Occipitale superius und die Occipitalia lateralia freier liegen, und ebenso die beiden seitlichen Bogen der Parietalia. Wesentlich trägt auch hierzu bei, dass sie nicht mit Hautknochen verwachsen, also ohne krustigen Beleg sind. Das „Occipitalschild" ist reiner Hautknochen, der mit keinem unterliegenden Knochen verwächst, daher auch am skeletirten Schädel fehlt.

---

[1]) Synopsis methodica animalium quadrup. et serpenti generis, 1693.
[2]) Vergl. Erste Tafel, Fg. 14 b.
[3]) Zweite Tafel, Fg. 27 a, Fg. 27 b.

Die ursprünglich paarigen Stirnbeine erscheinen durch Verwachsung mit Hautknochen als ein einziges grosses „Stirnschild". Der Körper des Hinterhauptbeins
und Keilbeins ist ursprünglich rein glatt und gewölbt; die zwei seitlichen Muskel-
höcker, welche später auftreten, springen weniger vor. Der feine stachelförmige
Ausläufer vorne am Körper des Keilbeins, nach RATHKE vorderer Keilbeinkörper, ist
an seiner Wurzel von beiden Seiten her scharf abgesetzt. Gaumenbeine und Flügelbeine sind schmäler als bei den Eidechsen, daher die mittlere Spalte um vieles breiter
als dort. Dagegen sind die Pflugscharbeine wenigstens nach vorne breiter und die
Choanen, bei Eidechsen von einfach ovalem Umriss, sind hier buchtig und verengt.
— Das Quadratbein ist niedriger, der Rand für's Trommelfell viel weniger geschweift
und geräumig.

Im Hinblick auf die Zähne, deren Bau ebenfalls bereits oben dargelegt wurde,
sei hier erwähnt, dass das junge Thier mehr Zähne hat, als das alte. Beim reifen
Embryo zählte ich

im Zwischenkiefer 7—9,

im Oberkiefer, eine Seite, 14,

im Unterkiefer, eine Seite 14—16.

Da sie aber, weil zum Theil nur in der Schleimhaut befestigt, leicht ausfallen, so bemerkt man bei alten Thieren in der einen Hälfte des Oberkiefers meist
nur 5 bis 6, in der einen Hälfte des Unterkiefers etwa 7, während am Zwischenkiefer sich die frühere Zahl vorwiegend erhält.

Vorkommen.

Die Blindschleiche gehört zu den Reptilien, welche eine sehr weite horizontale Verbreitung haben. Man hat früher wohl gesagt, ihr Verbreitungsbezirk sei
der nämliche, wie jener von *Lacerta agilis;* allein er ist, wie sich mit Bestimmtheit
behaupten lässt, um vieles grösser. Unser Thier findet sich in Ländern, welche die
Lacerta agilis nicht besitzen, was die folgenden näheren Angaben darthun sollen.

Anguis fragilis wurde beobachtet „quoique assez rarement" in der Provinz
Algier und der Sahara nach GERVAIS und STRAUCH;[1] in Europa gehört sie nicht
blos dem mittleren Theil an, sondern auch dem südlichen, nicht minder dem nördlichen.
Für Portugal z. B. erwähnt sie BARBOSA du BOCAGE, aus Italien führen sie auf z. B.

[1] Erpétologie d' l'Algérie 1802.

Risso,[1]) Bonaparte,[2]) Sassi,[3]) de Betta;[4]) doch ist immerhin beachtenswerth, dass, während man aus Mitteleuropa kein Land kennt, dem die Blindschleiche fehlt, in Südeuropa es doch solche Gebiete gibt; so meldet z. B. Gené „Insula Sardinia caret Angue fragili". Es scheint, dass auch manche der griechischen Inseln dieses Thier nicht besässen; es ist wenigstens auffallend, dass Ehrhard in seiner Fauna der Cycladen die Blindschleiche nicht aufführt; doch fand sie Erber auf Tinos und nach de Betta wäre sie durch ganz Griechenland verbreitet.

Was Frankreich, die Schweiz, Niederlande, England anbetrifft, so will ich unterlassen die Beobachter zu nennen, da eben alle aufzuführen wären, welche die Reptilien dieser Länder ins Auge fassten; keiner[5]) vermisste die Blindschleiche, und nur bezüglich des skandinavischen Nordens sei ausdrücklich auf Nilsson[6]) hingewiesen, der sie auch für diese Länder erwähnt. In Deutschland ist die Blindschleiche an vielen Orten noch ein sehr häufiges Reptil, wie man erfährt, wenn man sich nicht blos an die uns zufällig begegnenden Exemplare hält, sondern ein Thal oder einen Bergabhang durch Umwälzen der Steine absucht. Man erstaunt öfters über die Menge von Thieren aus allen Altersstufen, die sich da versteckt finden. Und ähnlich wie es bei den Eidechsen der Fall ist, halten sie fest an den Plätzen ihrer engeren Heimath, so lange die Bodenverhältnisse im gewohnten Zustande verbleiben.

Für Osteuropa lautet schon die Angabe bei Pallas[7]): In omni Rossia tam boreali, quam temporata, nec non per Caucasum, in Georgiam usque, satis frequens observatur, minime in Sibiria." Auch in Westasien soll die Blindschleiche zu Hause sein; da mir aber die Beobachter unbekannt sind, so sei erwähnt, dass unter den von Hasselquist[8]) auf seiner Reise nach Palästina gesammelten Thieren die *Anguis fragilis* nicht steht, und in neuester Zeit Steindachner[9]) in einem Verzeichniss von Reptilien, welche bei Brussa gefunden wurden, der Blindschleiche ebenfalls nicht gedenkt.

Ueber ihre verticale Verbreitung gibt Tschudi für die Schweiz an, dass sie

---

[1]) Hist. natur. d'Europe méridionale, Tom. 3.
[2]) Fauna italica.
[3]) Pesci, rettili e mammiferi della Liguria, 1846.
[4]) Erpetologia delle provincie Venete, 1857, u. Materiali per una Fauna Veronese, 1863.
[5]) In dem Werke von Goldfuss und Bischoff über das Fichtelgebirge, Nürnberg 1817, wird die Blindschleiche nicht unter den Thieren aufgeführt, welche dort leben; allein ich möchte daraus nicht schliessen, dass sie dieser Gegend wirklich fehlt.
[6]) Skandinavisk Fauna. T. 3. 1842.
[7]) Zoographia rossica.
[8]) Reise nach Palästina, herausgeg. v. Carl Linnaeus. Uebersetz. Rostock. 1762.
[9]) Zool. botan. Verein in Wien. 1863.

von 2000' an verschwindet, was mit meinen Beobachtungen in Tyrol nicht ganz stimmt. Ich fand z. B. im August 1868 drei Exemplare zwischen Castelruth und Ratzes, also höher als 2000'; dann noch ein Exemplar am Fusse des Schlern, an einem warmen Platze, mehr als 3000' hoch. Auch gibt bereits FITZINGER, sehr wahrscheinlich nach eigener Beobachtung, an, dass die Blindschleiche „selbst noch in der Krummholzregion" vorkomme. [1] Für die Umgebungen des Montblanc sagt VENANCE PAYOT: Maximum de la limite supérieur, 1200 à 1300 mètres. [2] POLLINI hebt ausdrücklich hervor, dass er die Blindschleiche am Monte Baldo höher als alle übrigen Schlangen angetroffen habe. [3]

Geschichtliches und Kritisches.

GESSNER's Liber de Serpentibus ist mir nicht zugänglich; aber bei ALDROVANDI [4] erfährt man, dass der erstere bereits die Eigenschaft des Lebendiggebärens kannte, („... foetus vivos more viperarum enitantur"), während wir im Verlaufe dieser Arbeit auf Schriftsteller der neueren und neuesten Zeit gestossen sind, welche die Blindschleiche Eier an sonnige Stellen u. s. w. legen lassen.

Obschon die älteren Zoologen sehr allgemein das Thier *Caecilia* nennen, so kannten sie doch die Augen, welche unmöglich übersehen werden konnten. („Caecilia dicitur non quod oculis careat, sed quod eos parvos habeat.") Die Meinung, dass dieses harmlose Geschöpf sehr giftig sei, ist alt und wurde selbst von Naturforschern vom Range eines VALLISNIERI [5] getheilt. Mochte auch LAURENTI vor mehr als hundert Jahren (1768) seine Versuche anstellen und deren Ergebniss in den Worten zusammenfassen: „ergo innocentissima, licet hactenus veneni fama apud plebem infamis", so hat sich doch bis zur Stunde beim Volke die Ansicht von der ganz besondern Gefährlichkeit der Blindschleiche erhalten. Auch das Erlebniss, welches der launige WULFF in seiner vor mehr als hundert Jahren erschienenen Ichthyologia cum amphibiis regni borussici von dem „jaculus, qui frondosos arborum ramos Theriotrophei Neodomus, vulgo Neuhäuser, pro hospitio suo elegit" zum besten gibt, wiederholt sich noch täglich.

LAURENTI ist der erste Naturforscher, welcher das Thier nach seinen Aeusserlichkeiten genau und richtig beschreibt. Er hebt unter Anderem auch bereits den silberglänzenden Rand der Bauchschuppen hervor, welcher Silberglanz nach meiner Beobachtung [6] von dem Luftgehalt der Hornschuppen herrührt. Dass er das junge Thier für eine besondere Art hielt, erscheint verzeihlich, wenn man sieht, dass er es nur aus einer Sammlung (in Museo Turriano) kannte; zur Aufstellung der Art *clicica* scheint ihm GESSNER, den ich wie bemerkt, leider nicht einsehen kann, verholfen zu haben.

Besondere Verdienste um die Kenntniss der *Anguis fragilis* erwarb sich SCHNEIDER, [7] welcher, indem er bei der anatomischen Untersuchung die Rudimente eines Schulter- und Beckengürtels entdeckte, aus diesen

[1] Landeskunde Oesterreichs unter der Ens, 1832.
[2] Annal. d. scienc. phys. et natur. de Lyon, 1864.
[3] Viaggio al lago di Garda e al monte Baldo. Verona 1817, pag. 34: »E l'unico che abiti anche sugli alti monti, avendolo più volte rinvenuto alla metà dell' altezza di monte Baldo.«
[4] Hist. Serp. et Dracon. 1640.
[5] Opera T. III. »la sua morsura e periculosa.«
[6] Organe eines sechsten Sinnes. Nov. Act. acad. Leop. Carol. 1868.
[7] Hist. nat. Amphib. Fasc. II. 1799.

und anderen anatomischen Erfunden die Verwandtschaft des Thieres mit den Eidechsen, obschon es bis dahin unbedenklich als echte Schlange gegolten hatte, zuerst erkannte. „Cranium lacertino simillimum est" heisst es z. B. bei ihm; es sei ein wirkliches Trommelfell vorhanden, wenn auch bedeckt von Fleisch, ebenso eine Paukenhöhle und Eustachische Röhre. Er weist ferner auf die Columella (Trabecula perpendicularis) hin, was doch Alles eidechsenartig sei, sowie auch die Eingeweide dieselbe Aehnlichkeit aufzeigten. Er kennt ferner die so eigenthümliche Farbe der jungen Thiere: „Color dorsi margaritaceus, laterum et ventris nigricans; medium dorsum linea atra dividebat.‟ Man darf fragen, warum er nicht sofort mit dieser Erfahrung die LAURENTI'sche *Anguis lineata* beseitigt hat?

WOLF in Nürnberg, welcher fast zu gleicher Zeit den *Anguis lineatus* untersuchte, fügt seiner Beschreibung die Bemerkung bei: „Uebrigens hat sie viel Aehnlichkeit mit der Blindschleiche. Vielleicht lehren künftige genauere Untersuchungen, dass sie eine junge Blindschleiche ist." Er hatte nur zwei im Freien gefundene Exemplare vor sich; eine trächtige Blindschleiche mit reifen Früchten, die ihn hätte sofort aufklären können, scheint er selbst nie geöffnet zu haben. Denn was er darüber sagt, ist Anderen entlehnt.

Es gibt eine ziemliche Menge von Originalabbildungen unseres Thieres. Eine der frühesten ist die in MEYER's zu Nürnberg 1752 herausgekommenem Thierbuch, aber wenig gelungen. Der Kopf ist ganz verfehlt; die Mundspalte viel zu weit und dem Mundwinkel ist eine Falte gegeben, wie sie bei diesem Thier unter keinen Umständen sich bildet; die Schuppen des Körpers sind viel zu klein. Am beigezeichneten Skelet sieht man sich vergeblich nach den Knochen des Schulter- und Beckengürtels um.

Die neueste mir bekannt gewordene Figur [1] könnte auf den ersten Blick durch Sauberkeit in der Zeichnung der Einzelnheiten, durch den reinen lithographischen Druck und den richtigen Farbenton für sich einnehmen. Allein wenn der Verfasser der angezogenen Schrift diese Abbildung der Blindschleiche zu den »Bildern rechnet, welche an Naturtreue alle bekannten, selbst in den kostbarsten naturhistorischen Werken enthaltenen Abbildungen an Naturtreue entschieden übertreffen," so ist es erlaubt auf Etwas, ich will nicht sagen, fehlerhaftes, doch auch nicht lobenswerthes hinzudeuten, das die älteren Abbildungen mit richtigem Tact vermieden haben. Man vergleiche z. B. die Figur in LAURENTI's Werk oder bei STURM, oder die Darstellung bei THOMAS BELL. Während alle diese Autoren die Schlangen vielfach geringelt auftreten lassen, erhält die Blindschleiche eine einzige Hauptkrümmung, höchstens dass sie in's S-förmige gebogen wird. Schon DAUDIN nennt richtig „ses mouvemens presque sans ondulations et assez comparables à ceux des jules". Ebenso hat JOH. MÜLLER [2] auf den Unterschied in den Bewegungen der Blindschleiche von jener der Schlangen aufmerksam gemacht: letztere kröchen in horizontal wellenförmigen Bewegungen, erstere hingegen könnten sich nur sehr unbeholfen aufrollen und fortschieben. Sehr trefflich und mit genauestem Verständniss ist hierin die Gruppe bei THOMAS BELL, eine alte Blindschleiche umgeben von fünf Jungen, gezeichnet. Recht verschieden stellt sich uns nun das Stuttgarter Bild dar: dem Thier sind eine ganze Reihe kurzer wellenförmiger Biegungen gegeben, die noch mehr herausgehoben werden sollen durch abwechselndes Licht und Schatten nach den Wellenhöhen und Wellenthälern. Da aber naturhistorische Zeichnungen vorliegender Art sich an das Gewöhnliche oder Regelrechte und nicht an das Zufällige oder selten Eintretende zu halten haben, so hat für den Kenner besagte Abbildung etwas Störendes. Eine Schlange mit durchweg weicher Lederhaut bewegt sich eben anders, als die Blindschleiche, deren Lederhaut in so grosser Ausdehnung zu Kalktafeln erstarrt, man darf sagen, gepanzert ist. [3]

Die Abbildung bei LENZ, [4] welche ihr Dasein, laut Vorrede, auch einem „Maler" verdankt, weist eine bedenkliche schattige Partie an der Schwanzkrümmung auf, die den Anschein erweckt, als sei das Thier

---

[1] Die Schlangen Deutschlands für landwirthschaftliche, Fortbildungs- u. Abendschulen, Realanstalten, lateinische und Volksschulen, Stuttgart 1862.

[2] In den Beiträgen zur Anatomie und Naturgeschichte der Amphibien.

[3] Bereits oben im Abschnitt über die Lebenserscheinungen, (Seite 167) war hievon die Rede.

[4] Schlangenkunde, 1832.

dort nicht mehr walzenförmig, sondern seitlich zusammengedrückt. Von dem nicht sonderlichen Colorit ist wenigstens zu rühmen, dass der Iris das Gelbroth zuertheilt ist, was man häufig unterlassen findet, so z. B. auf der Figur in BONAPARTE'S Fauna italica. Auch in SCHLEGEL'S Amphibien der Niederlande ist nicht vergessen worden, die Farbe der Iris richtig einzutragen.

Bemerkung über fossile Scinke.

Während auf gegenwärtig deutschem Boden die Familie der Scinke einzig und allein durch die *Anguis fragilis* vertreten ist, gab es am Niederrhein, als dort die tertiäre Braunkohle entstand, Formen von Scinken, welche sich denen wärmerer Gegenden des südlichen und südöstlichen Europa anschliessen.

MEYER gedenkt [1] aus der Braunkohle des Siebengebirges der Reste eines schlangenartig geformten Sauriers, welche zu *Pseudopus* gehören und beschreibt unter dem Namen *Lacerta rottensis* aus gleichem Orte ein Thier, das unzweifelhaft keine *Lacerta*, sondern ein Scink mit entwickelten Extremitäten war. Denn die wohlerhaltenen Hautknochen um den Schwanz herum lassen keine Einreihung in die Gattung *Lacerta* zu, welche letztere nur in der Nähe der Kopfschilder, sonst aber nirgends am Körper, mit Hautknochen versehen ist.

Gleichwie es aber scheint, dass, wenn wir uns an die Deutungen LARTET'S halten, unsern Species der Gattung *Lacerta* grössere Formen in der Tertiärzeit vorausgegangen sind, so will sich das auch aus den Mittheilungen desselben Forschers [2] bezüglich der Blindschleiche ergeben. Wenigstens fanden sich Kieferreste mit Zähnen, die er auf grössere und stärkere Formen der Blindschleiche bezieht und z. B. *Anguis acutidentatus* nennt.

[1] HERMAN v. MEYER. Palaeontographica, Bd. 7. Zweite Liefer. 1860.
[2] Mir nur bekannt aus GERVAIS' Zoologie et Palaeontologie françaises. p. 259.

Nachträge.

Da das Erscheinen gegenwärtiger Schrift durch die Zeitereignisse verzögert, die Untersuchung dieses und jenes Organes unterdessen aber fortgesetzt wurde, so nehme ich die Gelegenheit wahr, noch einige ergänzende und zum Theil berichtigende Bemerkungen hier anzuschliessen.

I. Die becherförmigen Sinnesorgane.

a. Zum Vorkommen.

Es wurde oben (S. 108) einer Längsfalte der Schleimhaut gedacht, welche in der Mundhöhle, oben wie unten, die Zähne der Kiefer von innen her dergestalt begleitet und bedeckt, dass eine Art „Zahnfleisch" entsteht. Und dieser Vergleich erscheint noch mehr gerechtfertigt, wenn wir sehen, dass die Falte hinten, am Aufhören der Zahnreihe, ebenfalls im Bogen endet, um in schwächerer Fortsetzung auch von aussen längs der Zahnreihe herzugehen. Das Ganze erinnert durchaus an die Weise, wie bei einem menschlichen Fötus der äussere und der innere Zahnwall an den Kieferrändern herumzieht.

Eine andere Falte bei *Lacerta*, weiter nach einwärts am Gaumen, zeigt bereits an *Anguis fragilis* durch eine Furche, welche wenigstens in der vordern Hälfte sich eintieft, eine Annäherung zur Bildung bei den Schlangen. Denn hier — ich beziehe mich zunächst auf *Tropidonotus natrix* und *Coronella laevis* — erscheinen auch die Gaumenzähne ringsum von einer Falte der Schleimhaut dicht umschlossen: die Zähne stecken wie in einem schmalen, nach der Länge aufgeschlitzten Sack. Und gleichwie bei genannten Schlangen dieses „Zahnfleisch" schon um die Gaumenzähne sehr entwickelt sich zeigt, so ist diess in noch fast höherem Grade der Fall mit den Zähnen der Kieferränder. Auch die Zähne der Kinnladen sind in einem Thal geborgen, dessen Wand von rechts und links, nachdem sie am vordern und hintern Ende der Zahnreihen angekommen ist, im Bogen abschliesst und auch auf solche Weise die nähere Beziehung zu den Zahnreihen ausdrückt.

Die becherförmigen Sinnesorgane haben nun ihren Sitz einmal auf diesen dem

Zahnfleisch vergleichbaren Leisten der Schleimhaut, und bezüglich der Saurier erstrecken sich meine Kenntnisse auf die Gattungen *Lacerta*, *Anguis* und *Pseudopus*. Ueberall stehen hier die Organe dicht, ja gehäuft. Dann kommen sie auch am gleichen Orte vor bei den Schlangen, doch nicht gehäuft, sondern vereinzelt, in Abständen stehend; dies ist wenigstens der Fall bei der einheimischen bisher von mir untersuchten Ringelnatter *(Tr. natrix)* und der glatten Natter *(Cor. laevis)*.

Eine zweite Stelle des Vorkommens unserer Organe ist bei genannten Sauriern die Gaumengegend: bei *Lacerta* die zäpfchenartige Bildung am Rachengewölbe, bei *Anguis* die Schleimhaut unterhalb der Vomera und endlich bei *Pseudopus* ein entsprechender paariger Wulst vor und zwischen den Choanen.

b. Zum Bau.

Meine Erfahrungen über die histologische Zusammensetzung der becherförmigen Sinnesorgane haben sich nach zwei Seiten hin erweitert. An den bezeichneten Schlangenarten, welche frisch untersucht werden konnten, liess sich mit Sicherheit erkennen, dass die Fasern des starken, zum Becher herantretenden Nervenbündels, noch innerhalb der bindegewebigen Schicht der Schleimhaut, aber genau unterhalb des Bechers, in Körper ausgehen oder enden, welche stattliche Terminalganglienkugeln vorstellen, oder vielleicht wegen gewisser Eigenschaften noch besser Endkolben genannt werden können. Ein Hinübertreten von Nervenfasern über die Kolben hinaus in den Becher findet nicht statt.

An diesen lediglich der epithelialen Schicht zugehörigen Organen unterscheide ich, wie früher, gewöhnliche Epithelial- oder Wandzellen und ferner zu innerst stehende Elemente, welche sich zusammen als besonderer Ballen oder Kegel abheben können. Im Hinblick auf die Natur der letztern Zellen habe ich jetzt die Ueberzeugung gewonnen, dass sie jenen Theilen zu vergleichen sind, welche ich zuerst und vor langer Zeit in den Epitheliallagen verschiedener Wirbelthiere und Wirbellosen bemerkt und unter dem Namen Schleimzellen bekannt gemacht habe. Die oben (S. 101) von *Lacerta* erwähnten feinen Spitzen der Zellen gehören, wie ich jetzt weiss, nicht den Wand- sondern den Schleimzellen an. Bei *Anguis* und *Pseudopus* sind diese, einzelligen Drüsen entsprechenden Gebilde so entwickelt, dass die Becher, indem auch noch andere Eigenthümlichkeiten hinzukommen, nicht wenig an gewisse Drüsenformen erinnern und bei geringer Vergrösserung auch wohl für solche genommen werden können, wie ich denn in der That selber in diesen Fehler gefallen bin; denn die oben erwähnte Gaumendrüse ist eine massige Anhäufung vorgedachter Sinnesorgane. Dass alle diese hier nur angedeuteten Thatsachen zur Bekräftigung meiner früher (Nov. Act. Ac. Leop. Carol. Vol. XXXIV) ausgesprochenen Ansichten dienen können, wird schon jetzt dem der Sache Kundigen nicht entgehen.

2. Zu den Jacobson'schen Organen.

Auch die O p h i d i e r besitzen diese merkwürdigen Bildungen, wovon ich mich einstweilen an *Tropidonotus natrix* und *Coronella laevis* überzeugt habe.

Der Bau ist im Wesentlichen der gleiche wie bei den Sauriern: man sieht zwei Höhlen unterhalb des Nasenraumes und abgeschlossen von ihm; die knöcherne Umgebung liefern jederseits die sog. Concha und der Vomer, doch so, dass dem letztern der Haupttantheil zukommt. In jede der Höhlen springt ein knorpeliger Querwulst papillenartig vor. Die Mündung liegt am Gaumen, weit nach vorn. Der Geruchsnerv theilt sich nach seinem Abgang vom Gehirn in zwei Hauptbündel, wovon der eine zur Nase, der andere zum Jacobson'schen Organ geht; die Entfaltung des letztern geschieht vom Dach der Höhle nach einwärts, der Knorpelwulst trägt keine Nervenendigung. Das gewölbte Dach der Höhle erscheint von einer dicken, fürs freie Auge weissgrauen Lage ausgekleidet, welche aus einem radiär stehenden System feiner und feinster Fäserchen, mit zahlreichen kleinen Zellen zwischen den Lücken, besteht und zu innerst mit dem Cylinderepithel aufhört.

Oben (S. 98) wurde diese Lage bei *Lacerta* einfach ein massiges Epithel genannt, dessen lange Zellen starre Härchen tragen. Auf Fig. 111 der achten Tafel ist jedoch die Sonderung dieser Lage in das eigentliche Cylinderepithel und in die dickere aus kleinen Zellen und feinen Fäserchen zusammengesetzte Schicht ausgedrückt. Doch vermag ich auch jetzt noch nicht darüber ins Klare zu kommen, ob die unter den cylindrischen Grenzzellen sich hinziehende Lage — und sie ist die dickste Partie — in der That zum Epithel zu rechnen sei, oder ob man es nicht vielmehr mit einer eigenthümlichen Umbildung des bindegewebigen Theils der die Höhle auskleidenden Haut zu thun habe. Immerhin scheint mir das Meiste für die letztere Ansicht zu sprechen. Dann stellen sich aber die Fragen ein: Sind die Fäserchen blos bindegewebiger Natur oder verlaufen mit ihnen die Endfibrillen des Nervus olfactorius? Was bedeuten die Zellen zwischen den Fäserchen? Sind sie von nervöser Beschaffenheit?

Ich werde über alle diese hier zusatzweise und nur flüchtig berührten Puncte bald an einem andern Orte Ausführlicheres und Genaueres vorzulegen mir erlauben.

Erklärung der Abbildungen.

Alle Figuren sind theils mit der Lupe, theils mit dem Mikroskop schwächer oder stärker vergrössert.

Erste Tafel.

Zweite Tafel.

Fg. 24. Schädel der *Lacerta agilis* von der Seite, um den Unterschied der Schläfengegend von der vorhergehenden Art hervortreten zu lassen.

Fg. 25. Hinterhauptgegend eines Embryo von *Anguis fragilis*, bei durchgehendem Licht. a. Prootieum, b. Opisthotieum, c. Epioticum, d. Kalksäckchen, e. Atlas, f. Epistropheus.

Fg. 26. Hinterer Theil des Schädels und Anfang der Wirbelsäule vom Embryo der *Anguis fragilis*. a. Columella, b. hinteres Horn des Zungenbeins, c. Clavicula.

Fg. 27. Schädel von *Anguis fragilis* von unten, in leichter Wendung. Das Farbige bezieht sich auf das Primordialcranium.

Fg. 28. Primordialcranium des Embryo von *Anguis fragilis*, von oben, α. Occipitalia lateralia, β. Occipitale basilare und sphenoidale basilare, a. Zwischenkiefer. b. Abschnitt der Nase, c. Auge, d. Durchtrittsstelle für den Sehnerven, e. Ohrcapsel, f. Rückensaite, g. Frontale. h. Parietale, i. Temporale und Quadrato-jugale.

Fg. 29. Primordialcranium eines Embryo von *Anguis fragilis*, von unten. a. Intermaxillare, b. Vomer. c. Palatinum, d. Pterygoideum, e. Supramaxillare, f. Chorda dorsalis, α. Occipitale laterale. β. Occipitale basilare und Sphenoidum basilare, γ. Durchtrittsstelle für den Sehnerven, δ. Ohrcapsel, ε. Columella.

Fg. 30. Grundtheil des Schädels von *Lacerta muralis*, von oben und vorne. Erwachsenes Thier. a. Occipitale. b. dessen Querbalken, c. vorderer Keilbeinkörper, d. grosse Flügel des hinteren Keilbeins, e. Flügelfortsätze.

Fg. 31. Grundtheil des Schädels von *Anguis fragilis* von oben und hinten; erwachsenes Thier. a. Unpaarer Vorsprung am Hinterhauptsbein zur Verbindung mit Knorpel, b. ebensolche paarige Vorsprünge am Felsenbein, c. hinterer Keilbeinkörper, d. oberer flügelartiger Theil, e. untere Flügelfortsätze, f. vorderer Keilbeinkörper, g. Gelenktheil für das Quadratbein.

Fg. 32. Hinteres Stück des Schädels von *Anguis fragilis*, a. Gelenkkopf des Hinterhauptbeins, b. Vorsprung auf dem der Knorpelstreif c. sitzt, d. Lücke im Schädel, e. Theil des Scheitelbeines, f. Loch im Scheitelbein, als Rest der grossen Fontanelle, g. Knochenkruste des Scheitelbeins.

Dritte Tafel.

Fg. 33. Grundtheil des Schädels von der Seite der *Lacerta agilis*; erwachsenes Thier. a. Gelenkkopf des Occipitale, b. Querbalken des Occipitale, c. medianer Höcker der Hinterhauptschuppe, d. daraufsitzendes Knorpelstück, e. hinteres Keilbein, f. grosse Flügel, g. Flügelfortsätze, h. Felsenbein, i. dessen schuppenartiger Vorsprung.

Fg. 34. Scheitelbein von *Anguis fragilis*, von innen, a. eigentliche Platte mit dem rundlichen Grübchen b., dem Rest der früheren Oeffnung, c. Vertiefung zur Aufnahme eines Knorpelstücks, d. herabsteigende Schenkel.

Fg. 35. Scheitelbein von *Lacerta muralis* von innen, a. Oeffnung in der eigentlichen Platte, b. Schenkel, c. Knorpelstab.

Fg. 36. Hinterer Theil des Schädels von einem Embryo der *Anguis fragilis*, von der Seite, a. Occipitale basilare, b. Lateralia, c. Prooticum, d. Opisthotienm, e. Epioticum, schon verwachsen mit der Schuppe des Hinterhauptbeins.

Fg. 37. Dieselbe Partie von unten. a. Occipitale basilare, b. Sphenoideum basilare, c. häutiger Verschluss des Schädels.

Fg. 38. Hinterer Theil des Schädels eines Embryo von *Anguis fragilis*, von oben. a. Occipitale basilare, b. Lateralia. c. Höcker für die Kalksäckchen, d. Parietale, e. noch häutiges Schädeldach, später Scheitelbein, f. Fontanelle. g. h. die beiden Stücke des Frontale posterius.

Fg. 39. Oberkiefer a., Thränenbein b., Jochbein c., von *Lacerta agilis*.

Fg. 40. Pterygoideum a., und Transversum b., von *Lacerta agilis*, c. Zähne.

Fg. 41. Vomer a. und Palatinum b. von *Lacerta agilis*, von unten.

Fg. 42. Intermaxillare von *Anguis fragilis*, von einwärts. a. Processus frontalis. b. Processus maxillaris, c. Processus palatinus.

Fg. 43. Intermaxillare von *Lacerta agilis*, von einwärts. a. b. c. wie vorher.

Fg. 44. Intermaxillare a. und Nasalia b. von *Lacerta agilis*, von aussen.

Fg. 45. Frontalia von *Anguis fragilis*, von innen. a. nach unten absteigendes Blatt.

Fg. 46. Schnitt durch die Stirngegend von *Anguis fragilis*, a. Lobi olfactorii. b. Absteigendes Blatt des Stirnbeins, c. Knorpelleisten. d. Knorpelseptum, e. Schleimhaut der Nasenhöhle.

Vierte Tafel.

Fg. 47. Zur Schläfengegend von *Lacerta agilis*, a. hinterer Schenkel des Scheitelbeins, b. Tympanicum, c. Temporale, d. Quadrato-jugale, e. Jugale.

Fg. 48. Zur Schläfengegend von *Anguis fragilis*, a. Tympanicum, b. Temporale, c. Quadrato-jugale, d. Stück des Frontale posterius.

Fg. 49. Erster Halswirbel (Atlas) von *Lacerta agilis*, a. oberer Bogen, b. unterer Dorn (unterer Bogen).

Fg. 50. Zweiter Halswirbel (Epistropheus) von *Lacerta muralis*, von der Seite. a. Zahnfortsatz, b. unterer Dorn, c. Querfortsatz, d. Gelenkfortsatz. e. oberer Dorn.

Fg. 51. Fünfter Halswirbel der *Lacerta muralis*, von oben, a. vorderer, b. hinterer Gelenkfortsatz. c. gegabelter Dorn.

Fg. 52. Achter Halswirbel des gleichen Thieres von der Seite.

Fg. 53. Halswirbel der *Lacerta agilis* von unten, a. untere Bogen, b. Halsrippen.

Fg. 54. Letzter Lendenwirbel a., die zwei Heiligbeinwirbel b., erster Schwanzwirbel c. der *Lacerta muralis*, von unten.

Fg. 55. Schwanzwirbel und Knorpelskelet des wiedererzeugten Schwanzes von *Lacerta agilis*, a. vordere. b. hintere Hälfte des Wirbels, c. oberer Dorn, d. Querfortsatz, e. secundärer oberer Dorn, f. untere Bogen, g. Knorpelstück.

Fg. 56. Zweiter Halswirbel (Epistropheus) von *Anguis fragilis*, von der Seite. a. Zahnfortsatz, b. untere Dornen.

Fg. 57. Dritter und vierter Halswirbel desselben Thieres, von unten, a. untere Dornen, b. Querfortsatz, c. schiefer Fortsatz.

Fg. 58. Brustwirbel desselben Thieres, von der Seite. a. Gelenkkopf, b. Gelenkhöhle, c. Querfortsatz. d. schiefer Fortsatz.

Fg. 59. Erster Schwanzwirbel desselben Thieres, von oben, a. gegabelter Querfortsatz, b. Gelenkfortsätze, c. untere Bogen.

Fg. 60. Wirbel aus der Mitte des Schwanzes des gleichen Thieres, a. vorderes Stück, b. hinteres Stück des Wirbelkörpers, c. Querfortsatz, d. untere Bogen.

Fg. 61. Ende der Wirbelsäule desselben Thieres, a. untere Bogen.

Fünfte Tafel.

Fg. 62. Becken von *Anguis fragilis* in seiner Lage. a. Beckenknochen. b. Harnblase. c. Mastdarm. d. Kloake. e. Muskel (Ischio-coccygeus).

Fg. 63. Mützenförmiger Knochen der Schwanzspitze von *Anguis fragilis*.

Fg. 64. Hinterfuss eines Embryo von *Lacerta agilis*. an einen Flossenfuss erinnerud.

Fg. 65. Brustgegend von *Anguis fragilis*, um Brustbein und Schultergürtel in ihrer Lage zu
zeigen. a. Sternum, b. Episternum, c. Scapula, d. Coracoideum, e. Procoracoideum, f. Clavicula.

Fg. 66. Becken der *Lacerta muralis* von oben. a. Os ilei, b. Os ileo-pectineum, c. Knorpel in
der Symphyse, d. Os pubis, e. Os ischii, f. Foramen obturatorium, g. Knorpel in der
Symphyse, h. Os cloacale, i. Foramen cordiforme.

Fg. 67. Becken von *Anguis fragilis*, rechte Hälfte. von aussen. altes Thier. a. Darmbein, b. Schambein, c. Sitzbein. d. Knorpelstück.

Fg. 68. Becken von *Anguis fragilis*, linke Hälfte. von einem reifen Embryo. Was daran dunkel
erscheint. ist verkalkt. Die helleren Stellen sind reiner Knorpel.

Fg. 69. Erster Beckenwirbel ⎫
Fg. 70. Zweiter Beckenwirbel ⎬ von *Anguis fragilis*.

Fg. 71. Oberes Ende ⎫
Fg. 72. Unteres Ende ⎬ des Oberarmknochens von *Lacerta agilis*.

Fg. 73. Vorderarmknochen. Radius r. und Ulna u. desselben Thieres.

Fg. 74. Tibia t. und Fibula f. oberes Ende. vom gleichen Thier.

Fg. 75. Oberes Ende einer Rippe von *Lacerta agilis*.

Fg. 76. Oberes Ende einer Rippe von *Anguis fragilis*.

Fg. 77. Ossificationen im Kniegelenk von *Lacerta agilis*.

Sechste Tafel.

Fg. 78. Brustbein und Schulter von *Lacerta vivipara*. a. Sternum, b. Episternum, c. Clavicula,
d. Suprascapulare. e. Scapula, f. Coracoideum, g. Procoracoideum (beide zusammen Pars
coracoidea).

Fg. 79. Brustbein und Schulter von *Anguis fragilis*. a. eigentliches Brustbein, b. Episternum,
c. Schulterblatt, d. Coracoid, e. Procoracoid, f. Clavicula.

Fg. 80. Episternum des Embryo von *Anguis fragilis*. a. bindegewebige Grundlage. b. die darin
aufgetretenen Knochenstücke.

Fg. 81. Unterkieferstück von *Lacerta vivipara*.

Fg. 82. Unterkieferstück von *Anguis fragilis*, junges Thier.

Fg. 83. Zähne des Unterkiefers von *Lacerta agilis*.

Fg. 84. Zahn von *Anguis fragilis*.

Fg. 85. Senkrechter Schnitt durch einen Schwanzwirbel von *Anguis fragilis*. um das den Wirbel
umgebende Fettlager a. zu zeigen. Die Blutgefässe innerhalb der untern Dornen sind
von einem Lymphraum umgeben.

Fg. 86. Lage und Grössenverhältnisse des Beckens zu den Rippen bei dem Embryo von *Lacerta
agilis*. nach Aufquellung der Weichtheile. a. Becken.

Siebente Tafel.

Fg. 87. Schnitt durch die Haut von *Lacerta ocellata*, a. Epidermis, b. Lederhaut, c. Lymphdrüsenmasse, d. Muskeln des Stammes.

Fg. 88. Ein Theil des vorangehenden Hautdurchschnittes stärker vergrössert, a. Epidermis, b. Pigmentschicht der Lederhaut, c. eigentliche Lederhaut, d. Lymphdrüsenmasse.

Fg. 89. Schenkeldrüsen von *Lacerta agilis* mit hervorstehendem Secret.

Fg. 90. Zwei Oeffnungen der Schenkeldrüsen mit nicht hervorstehendem Secret.

Fg. 91. Läppchen einer Schenkeldrüse nach seiner histologischen Zusammensetzung.

Fg. 92. Theil des vorstehenden Secretes (Crista) und seine zellige Beschaffenheit.

Fg. 93. Querschnitt durch die Unterkinnlade sammt Weichtheilen von *Lacerta muralis*, a. Knochen des Unterkiefers, b. Meckel'scher Knorpel, c. Zahn, d. Unterlippendrüse, e. Unterzungendrüse, f. fester bindegewebiger Strang.

Fg. 94. Rand der Schnauzenspitze, von innen, Embryo von *Lacerta vivipara*. a. Gewöhnliche Zähne des Zwischenkiefers, b. Eizahn.

Fg. 95. Schnauze von aussen eines Embryo von *Anguis fragilis*, a. Eizahn.

Fg. 96. Vorderer Theil des Bodens der Mundhöhle von *Lacerta agilis*. a. Zunge, vorderer Theil abgeschnitten, b. Unterzungendrüse. Man sieht auch die Leisten des »Zahnfleisches«.

Pg. 97ᵃ. Hautnerven und ihre Vertheilung von *Lacerta agilis*, A. das gröbere Endnetz, a. Büschel, welche weiter in die Höhe streben, B. Ein Theil des Netzes bei stärkerer Vergrösserung, a. ein nach oben gehender Büschel, b. eine einzelne Faser desselben, welche sich mit Pigmentzellen (Chromatophoren) verbindet.

Fg. 97ᵇ. Schnitt durch die Haut von *Lacerta agilis*. Geringe Vergr. Ist ohne Kalkschuppen.

Fg. 97ᶜ. Schnitt durch die Haut von *Anguis fragilis*. Geringe Vergr. Besitzt Kalkschuppen.

Fg. 97ᵈ. Eine der kleineren Kalk-Schuppen desselben Thieres, bei auffallendem Licht, um die Sculptur der Oberfläche zu zeigen.

Achte Tafel.

Fg. 98. Vom Zwölffingerdarm mit anliegenden und einmündenden Theilen vom *Anguis fragilis*. a. Klappe am Anfang des Duodenum, b. Bauchspeicheldrüse, c. Milz, d. Gallengangnetze.

Fg. 99. Zwölffingerdarm mit anliegenden Theilen von *Lacerta agilis*, b. Milz, c. Pancreas, d. Gallenblase; nebenan a. die Papille in dem geöffneten Duodenum.

Fg. 100. Zunge und Zungenbein von *Lacerta agilis*.

Fg. 101. Zunge und Zungenbein von *Anguis fragilis*.

Fg. 102. Rachengewölbe von *Lacerta agilis*. Man sieht die Choanen a., die Oeffnung der Jacobson'schen Organe b., den zäpfchenartigen Vorsprung, die Leisten des »Zahnfleisches«.

Fg. 103. Zahn in seiner Entwicklung, vom Zwischenkiefer der *Lacerta viridis*, a. Epithel, b. das Zahnbein, c. bindegewebige Schicht.

Fg. 104. Senkrechter Schnitt durch die Zunge von *Lacerta agilis*.

Fg. 105. Einzelne Zungenpapille von der Seite und im optischen Längsschnitt ebendaher, a. Hornschicht, b. Schleimschicht, c. Blutgefäss, d. Muskeln.

Fg. 106. Mehrere Zungenpapillen von der Fläche, im optischen Querschnitt, ebendaher, c., d. wie vorhin.

Fg. 107. Harn- und Generationsorgane eines Embryo von *Lacerta vivipara*. a. Nieren, b. Wolff-scher Körper. c. Eierstock.

Fg. 108. Senkrechter Längsschnitt der Schnauze von *Lacerta viridis*. a. Nasenvorhöhle. b. eigentliche Nasenhöhle, c. Choane, d. Muschel, e. Jacobson'sches Organ.

Fg. 109. Senkrechter Längsschnitt durch die Schnauze von *Anguis fragilis*. a. Nasenvorhöhle, b. eigentliche Nasenhöhle, c. Muschel. d. Jacobson'sches Organ.

Fg. 110. Jacobson'sches Organ der *Lacerta agilis*, von oben geöffnet, a. Gang zur Rachenhöhle. b. bindegewebige, pigmentirte Haut mit den durchschnittenen Nervenbündeln, c. Epithel.

Fg. 111. Schnitt durch das Jacobson'sche Organ von *Lacerta viridis* und sein histologischer Bau, a. Bündel des Riechnerven. b. Knorpel, c. Epithel mit starren Härchen, d. Wimperepithel, e. Knorpel des Wulstes (mit Pigment).

Neunte Tafel.

Fg. 112^1. Eierstock von *Anguis fragilis*. a. eigentliches Ovarium, b. Parovarium, c. Epoophoron.

Fg. 112^2. Reste des Wolff'schen Körpers etwas mehr vergrössert. Bezeichnung wie vorher.

Fg. 113. Oberes Ende des Eileiters von demselben Thier.

Fg. 114. Hinterer Abschnitt der weiblichen Generationsorgane eines trächtigen Thieres *(A. fragilis)*. a. Harnblase. b. Mastdarm, c. Uterus, d. Embryo.

Fg. 115. Bildungsweise der faserigen Eischale von *Anguis fragilis*, a. Epithel des Uterus, b. homogene Cuticula, c. die auf letzterer als Verdickungen entstehenden Fasern.

Fg. 116. Freier Rand der Trompete von *Lacerta vivipara*.

Fg. 117. Innenfläche der Schleimhaut des Uterus von *Lacerta vivipara*, a. rosettenartige Erhebungen, b. Drüsen.

Fg. 118. Männlicher Harn- und Generationsapparat von *Anguis fragilis*, a. Niere, b. Harnblase. c. Mastdarm, d. Kloake, e. Penis, f. Hode, g. Nebenhode, h. Samenleiter, i. Paradidymis, k. Müller'scher Gang.

Fg. 119. Männlicher Embryo von *Anguis fragilis* um die beiden Ruthen in ihrer Anlage zu zeigen.

Fg. 120. Drüse des Penis vom erwachsenen Thier *(Anguis fragilis)*.

Fg. 121. Knorpel des Kehlkopfes und des Anfangs der Luftröhre von *Lacerta vivipara*, junges Thier. a. Cartilago thyreoidea, b. Cartilago cricoidea (beide zusammen Cartilago laryngea). c. Cartilago arytenoidea.

Fg. 122. Kehlkopf mit seinen Muskeln, ebendaher, a. äusserer oder Längenmuskel, b. Quermuskel.

Fg. 123. Harnmasse von *Pseudopus Pallasii*; veranschaulicht die Aehnlichkeit mit den Koprolithen der Saurier.

Zehnte Tafel.

Fg. 124. Harn- und Geschlechtsapparat des Männchen von *Lacerta agilis*. Kloake geöffnet, die Prostatahälften etwas auseinander gezerrt. a. Niere, b. Harnblase, c. Kloake, d. Hoden, e. Paradidymis, f. Epididymis, g. Müller'scher Gang. h. Ruthe.

Fg. 125. Die beiden Ruthen im hervorgestülpten Zustande von *Lacerta agilis*.

Fg. 126. Dieselben Organe von dem gleichen Thier mehr vergrössert und in anderer Ansicht.

Fg. 127$\frac{1}{2}$. Eingestülpter Penis im Querdurchschnitt, da wo er am dicksten ist, von *Lacerta vivipara*, a. Schwellkörper, b. Epithel. c. Muskeln, d. Nerv.

Fg. 127$\frac{2}{2}$. Epithel des Penis von *Lacerta vivipara*.

Fg. 128$\frac{1}{2}$. Stück des Schwellkörpers im Querschnitt und stärker vergrössert, von dem gleichen Thier, a. Bluträume, b. Blutgefässe, c. festere Balken des Bindegewebes.

Fg. 128$\frac{2}{2}$. Vom Nebenhoden im Längsschnitt, *Lacerta agilis*.

Fg. 128$\frac{3}{2}$. Zoospermien von *Lacerta agilis*.

Fg. 128$\frac{4}{2}$. Zoospermien von *Anguis fragilis*.

Fg. 129. Weiblicher Geschlechtsapparat von *Lacerta agilis*, nach dem Eierlegen. a. Niere, b. Harnblase, c. Mastdarm, d. Eierstock, e. Parovarium, f. Nebeneierstock. g. Trichter. h. Eileiter, i. Uterus, k. Kloake.

Fg. 130. Kloake und Ende des trächtigen Uterus von *Lacerta vivipara*.

Fg. 131. Zur Entwicklung des Eierstockes a., und Umgebung des Wolff'schen Körpers b., aus dem neugeborenen Jungen von *Lacerta vivipara*.

Elfte Tafel.

Fg. 132. Weibliche Generationsorgane von *Lacerta agilis* im ersten Jahr (*L. argus*), a. Eierstock, b. Eileiter, c. Parovarium, d. Wolff'scher Körper, e. Niere.

Fg. 133$\frac{1}{2}$. Eierstock des ganz jungen Thieres von *L. agilis*, a. die zwei Zellenwülste, welche das eigentliche Keimlager bilden, b. Verdickung des Bauchfells, mit Lymphräumen.

Fg. 133$\frac{2}{2}$. Vom fertigen Eierstock der *Lacerta agilis*, a. Rand eines Eifollikels. b. Lymphräume.

Fg. 134. Augapfel von *Lacerta viridis*.

Fg. 135$\frac{1}{2}$ u. 135$\frac{2}{2}$. Knochen des Skleroticalringes isolirt.

Fg. 136. Schnitt durch den Augapfel von *Lacerta agilis*.

Fg. 137. Schnitt durch den Augapfel von *Anguis fragilis*, um die Grössenverhältnisse des Kammes zwischen Eidechse und Blindschleiche zu zeigen.

Fg. 138. Kamm des Auges von *Anguis fragilis* für sich.

Fg. 139. Nickhaut von *Lac. agilis*, u. a. zwei halbmondförmige Leisten. b. Knorpelstreifen. c. Drüse.

Fg. 140. Zum Muskelapparat der Nickhaut, a. lange Sehne, b. Muskel, am freien Rande einen Canal bildend, durch welchen die Sehne geht.

Fg. 141. Nasenhöhle von oben geöffnet, von *Lacerta viridis* (grosses Exemplar von Dalmatien), auf der einen Seite ist die Muschel entfernt. a. Vorhöhle. b. in diese einmündender Drüsengang. c. innere oder eigentliche Nasenhöhle. d. Choane, e. Muschel, f. Nasendrüse.

Fg. 142. Skelet der Vorhöhle vom gleichen Thier. a. Zwischenkiefer, b. Oberkiefer, c. sog. Concha.

Fg. 143. Senkrechter Querschnitt durch die Schnauze von *Lacerta agilis*. Die blauen Partien bezeichnen den Nasenknorpel, die gelblichen die umliegenden Knochen. a. Nasenvorhöhle, b. Jacobson'sches Organ, c. Lymphgang.

Fg. 144. Querschnitt durch die eigentliche Nasenhöhle von *Anguis fragilis*. a. Drüse aussen an der Nasencapsel, b. Drüse an der inneren Fläche der Muschel, c. Drüsen in der Schleimhaut des Gaumens.

Zwölfte Tafel.

Fg. 145. Schnitt durch das untere Lid von *Lacerta viridis*, a. Epidermis, b. Lederhaut, c. glatte Musculatur. d. Lymphräume, e. Knorpel, f. Epithel.

Fg. 146ª. Querschnitt durch den Kopf von *Lacerta agilis* in der Ohrgegend, a. Schädelraum, b. Höhle für das Ohrlabyrinth, c. Paukenhöhle. d. Rachenhöhle.

Fg. 146ᵇ. Knochenring vom Auge der *Anguis fragilis*.

Fg. 147. Kopf desselben Thieres in der Ohrgegend nach der Länge gespalten.

Fg. 148. Ohrlabyrinth eines Embryo von *Anguis fragilis*. a. Vorhof, b. Bogengänge, c. Anhang des Vorhofs.

Fg. 149ª. Gehörknöchelchen von *Lacerta agilis*. a. Operculum, b. Columella, c. erstes Knorpelstück. d. zweites Knorpelstück des Hammers.

Fg. 149ᵇ. Schnitt durch die Paukenhöhle von *Lacerta agilis*. a. Trommelfell, b. die Trommelhöhle auskleidende Schleimhaut, c. der Hörknochen im Durchschnitt und von der Schleimhaut umzogen. wie ausserhalb der Paukenhöhle liegend.

Fg. 150. Gehörknöchelchen von *Anguis fragilis*. Bezeichnung wie in vorhergehender Figur.

Fg. 151. Becherförmige Sinnesorgane aus der Rachenhöhle der *Lacerta agilis*.

Fg. 152. Gehirn der *Lacerta agilis* von oben.

Fg. 153. Gehirn der *Anguis fragilis* von oben.

Fg. 154. Gehirn der *Lacerta agilis*, theilweise auseinandergelegt.

Fg. 155. Gehirn desselben Thieres im Längsschnitt.

Fg. 156. Querschnitt. a. durch das Mittelhirn. b. durch das Vorderhirn.

Fg. 157. Gehirn der *Anguis fragilis* von der Seite.

Fg. 158. Schädel desselben Thieres nach der Länge gespalten.

Fg. 159. Schnitt durch das Stirnorgan und die Schädeldecke der erwachsenen *Lacerta agilis*, a. Epidermis. b. Scheitelbein. c. Stirnorgan. d. pigmentirte harte Hirnhaut, e. Gefässhaut, f. Zirbel.

Fg. 160. Noch unreifer Embryo von *Lacerta vivipara* mit dem Stirnorgan a.

Fg. 161. Embryo von *Anguis fragilis* mit dem Stirnorgan.

Fg. 162. Schädeloberfläche eines reifen Embryo von *Anguis fragilis*. Vergl. den Text.

Fg. 163. Stirnorgan desselben Embryo für sich und stark vergrössert, a. der »schwarze Punkt« der vorigen Figur. b. der »schwarze Strich«. c. der »Hügel« (Knorpelsubstanz), d. die Zirbel.

Verbesserungen.

Seite 21 anstatt Rückenseite lies Rückensaite
    41   »   Vomera   »   Ossa vomeris.
  · 101 Zeile 1 v. u. ist schon zu streichen.

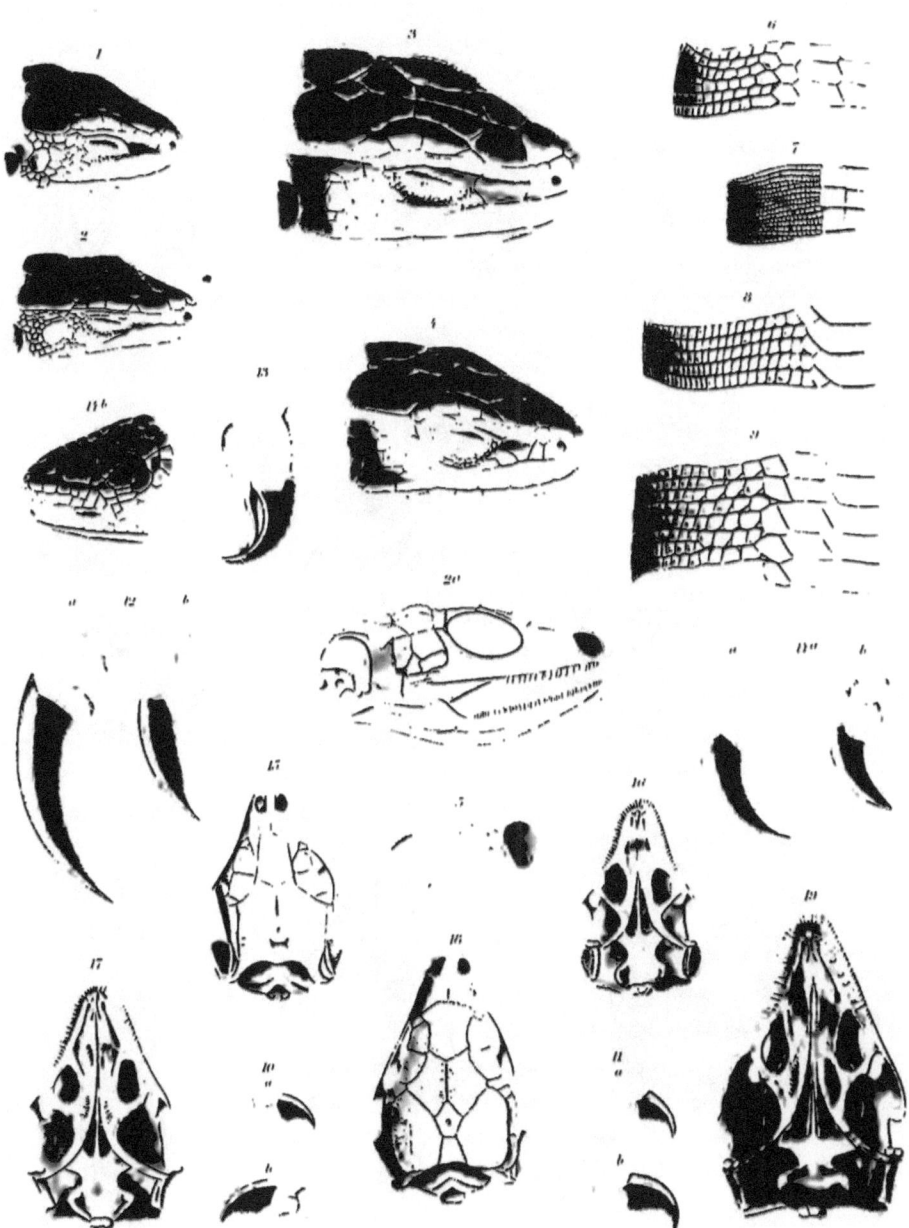

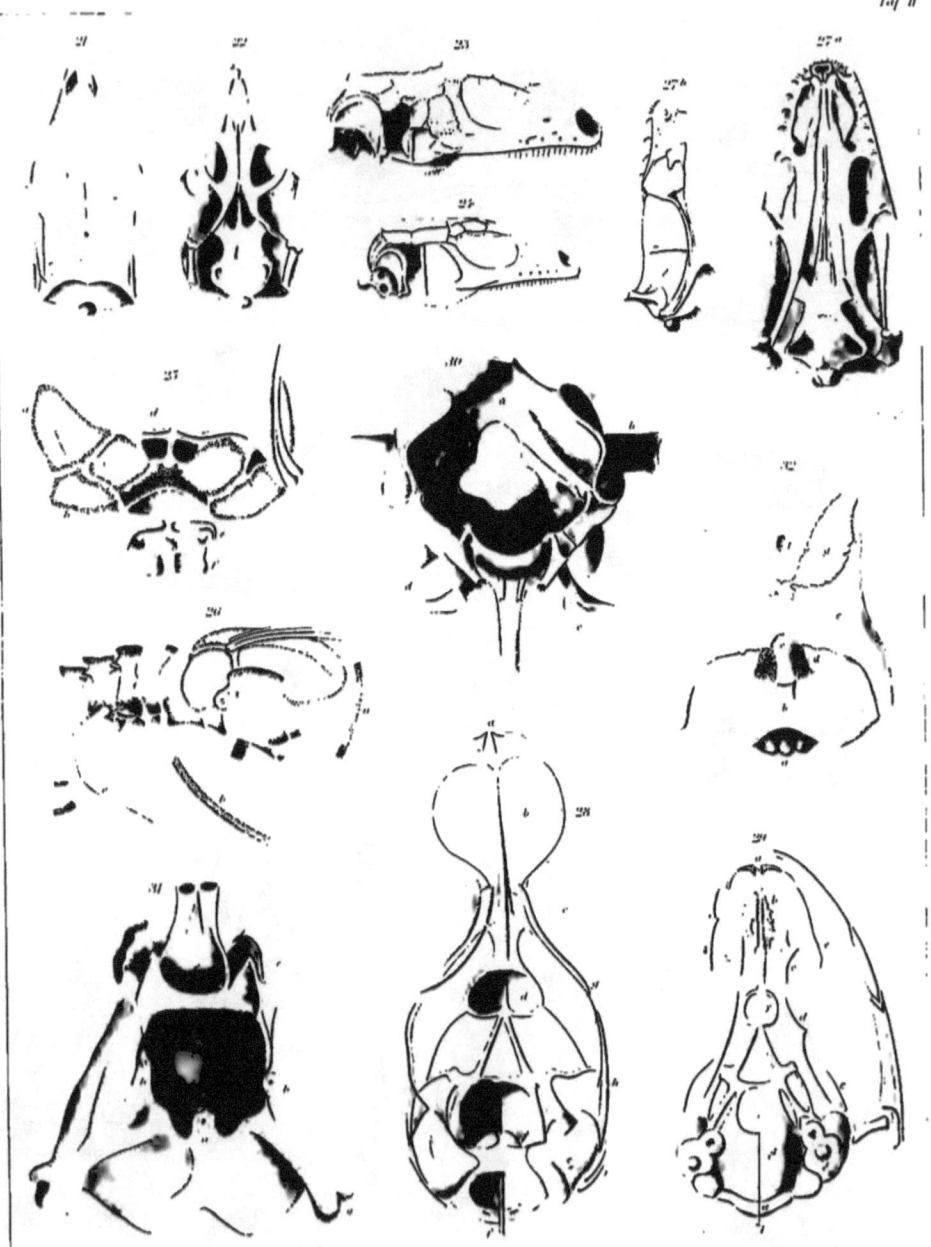

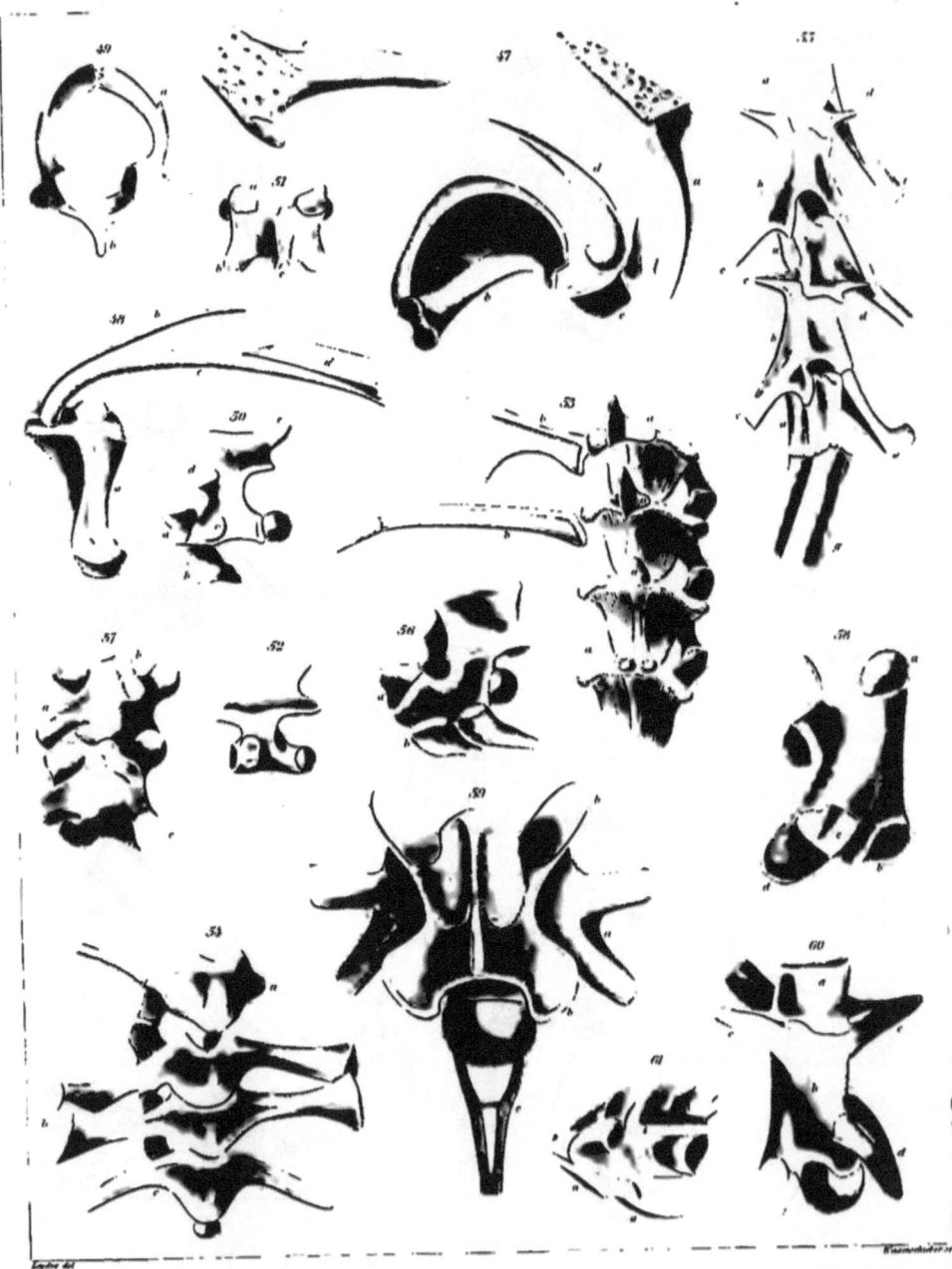

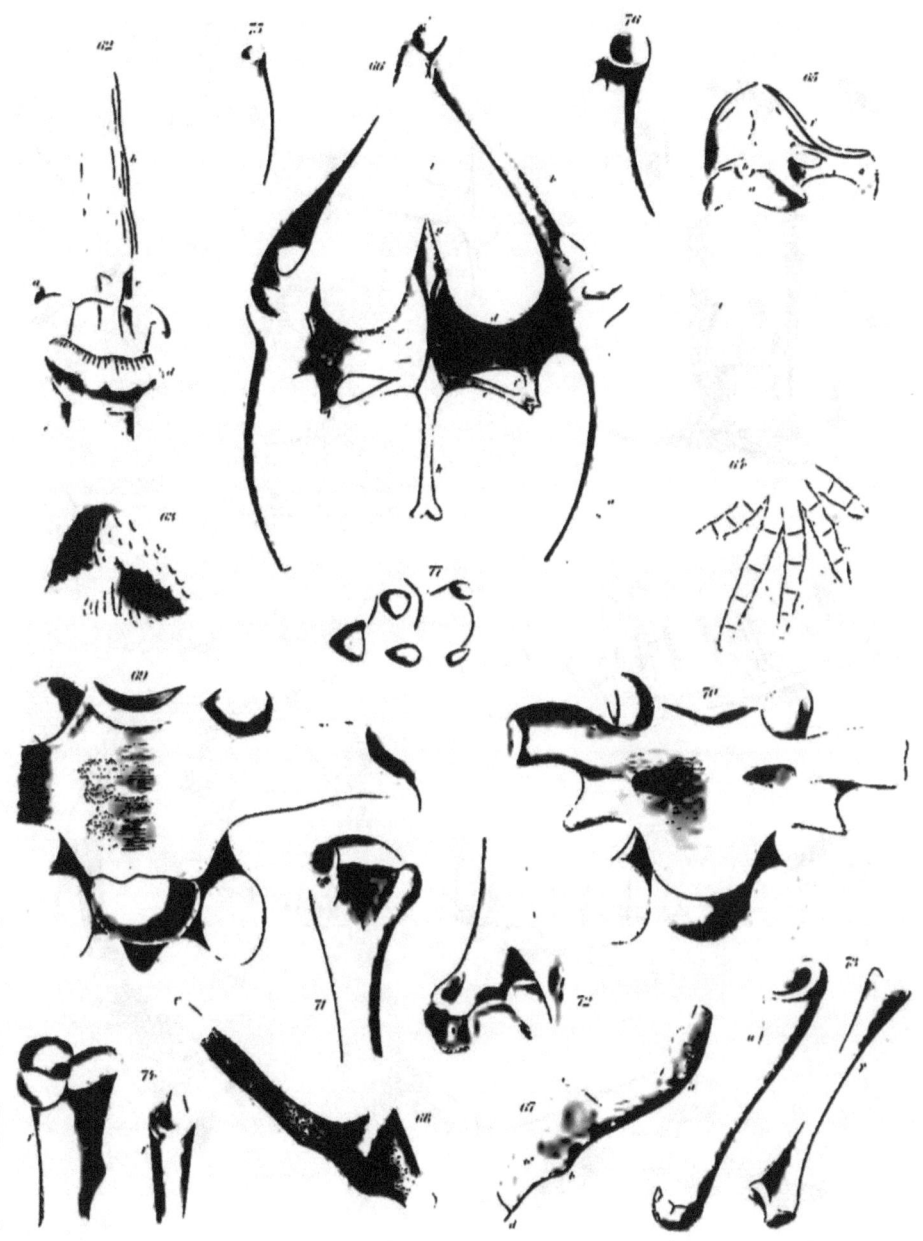

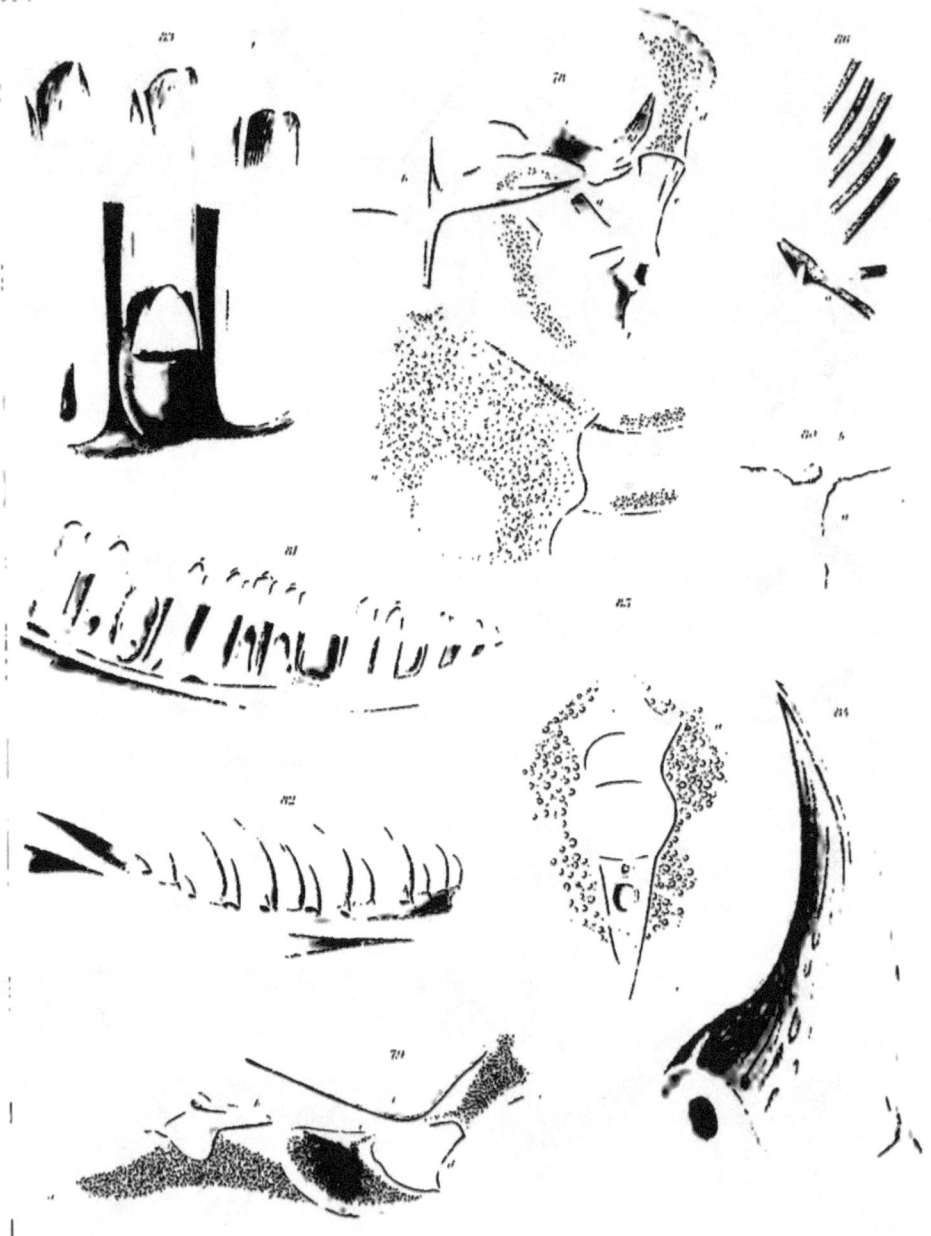

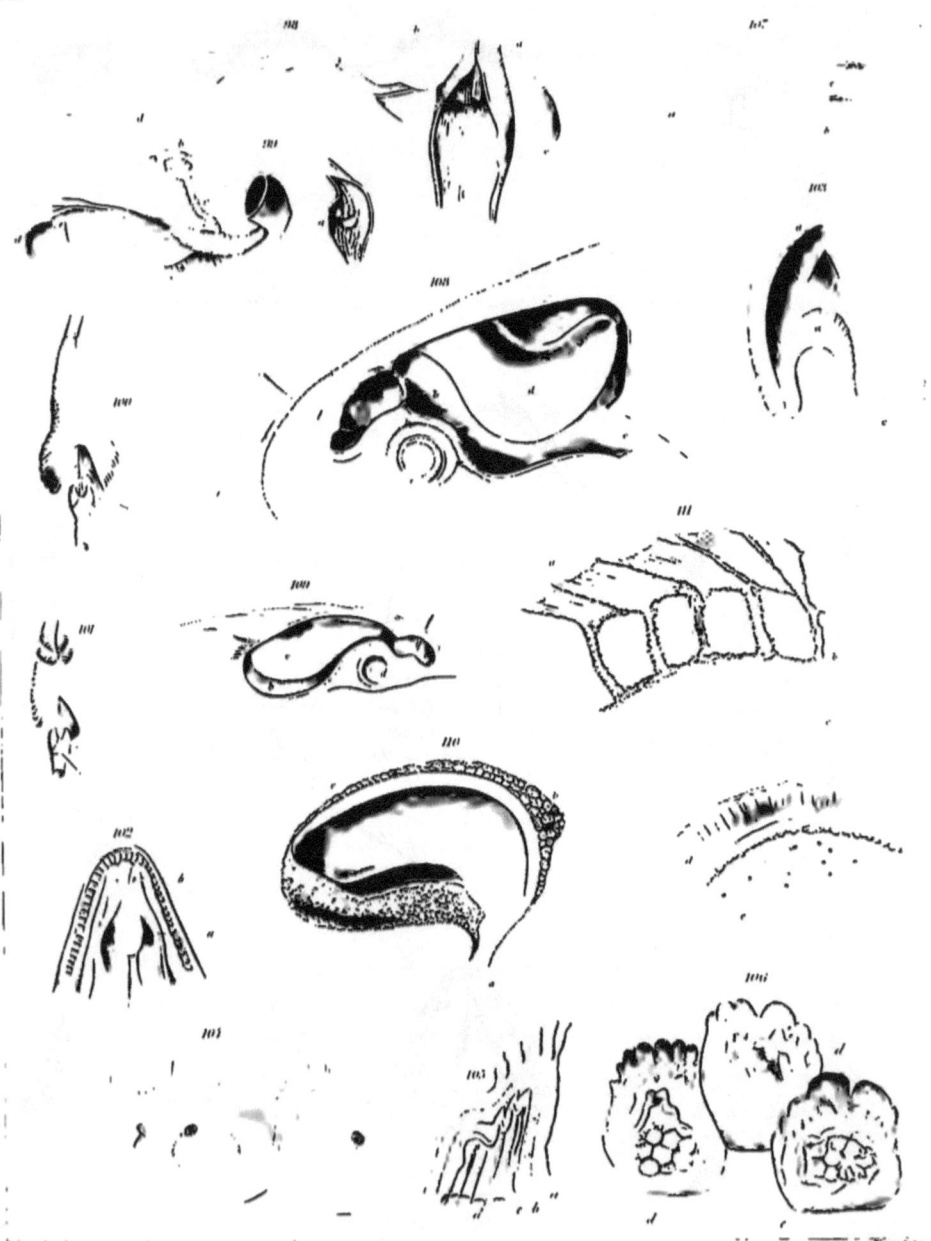

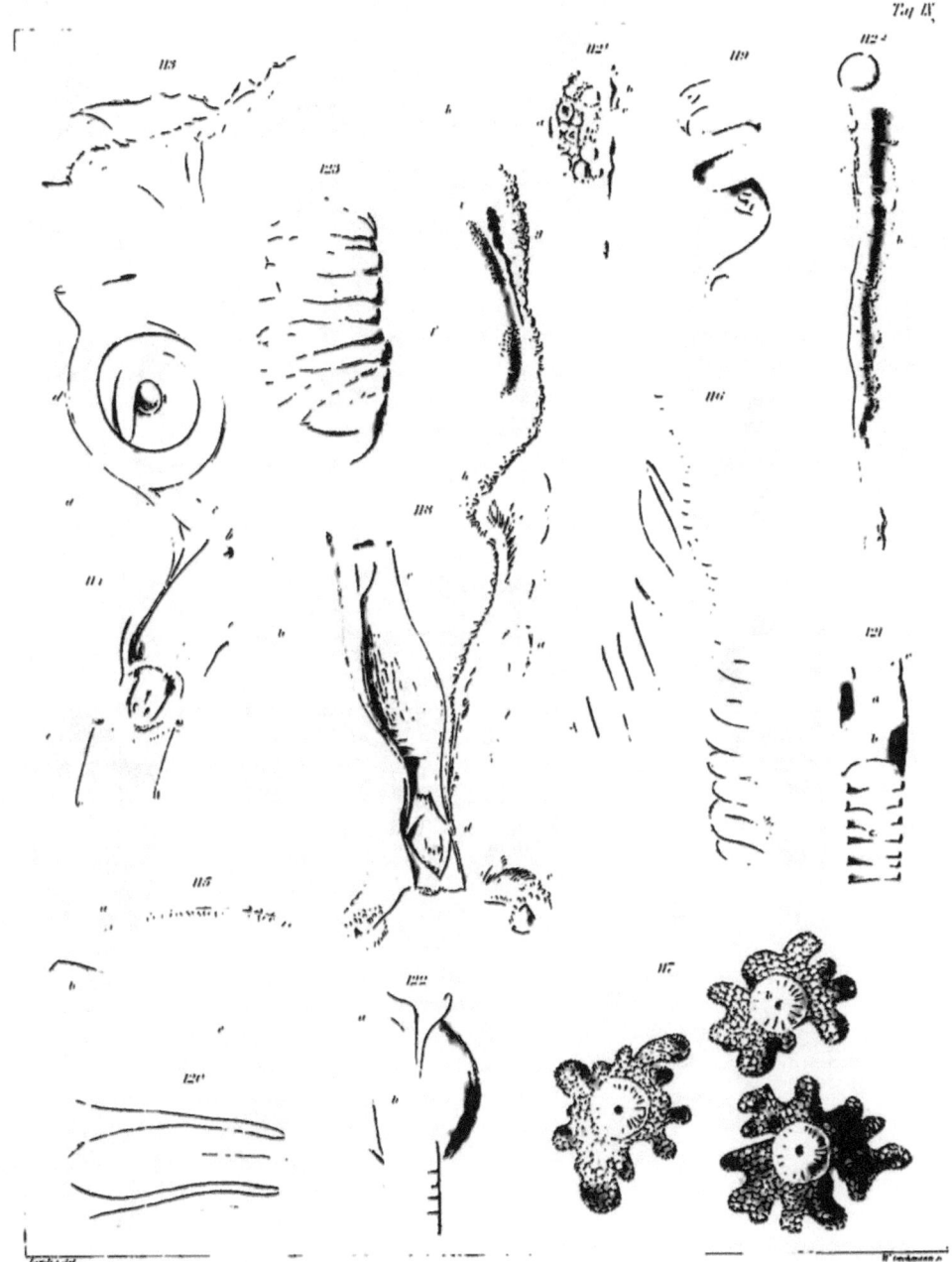

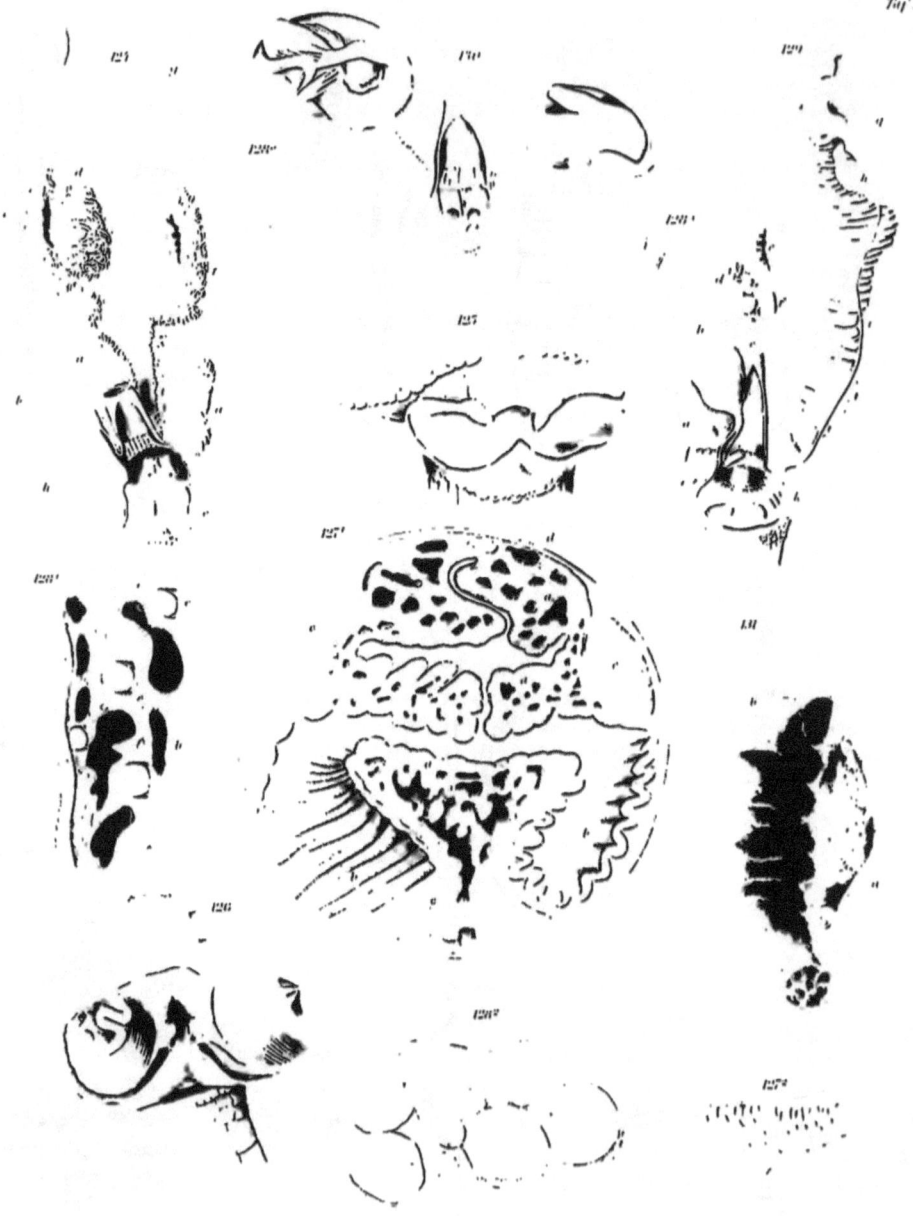

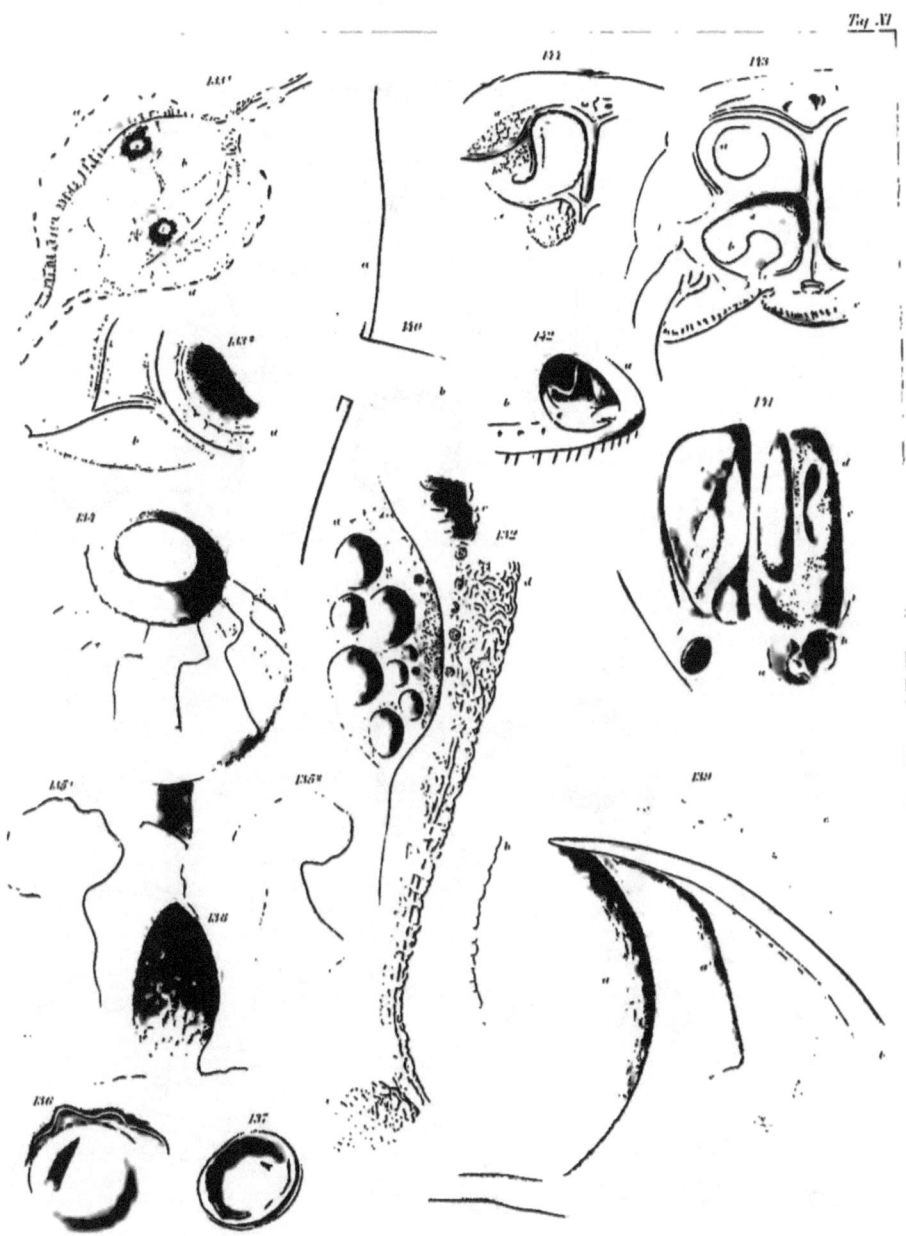

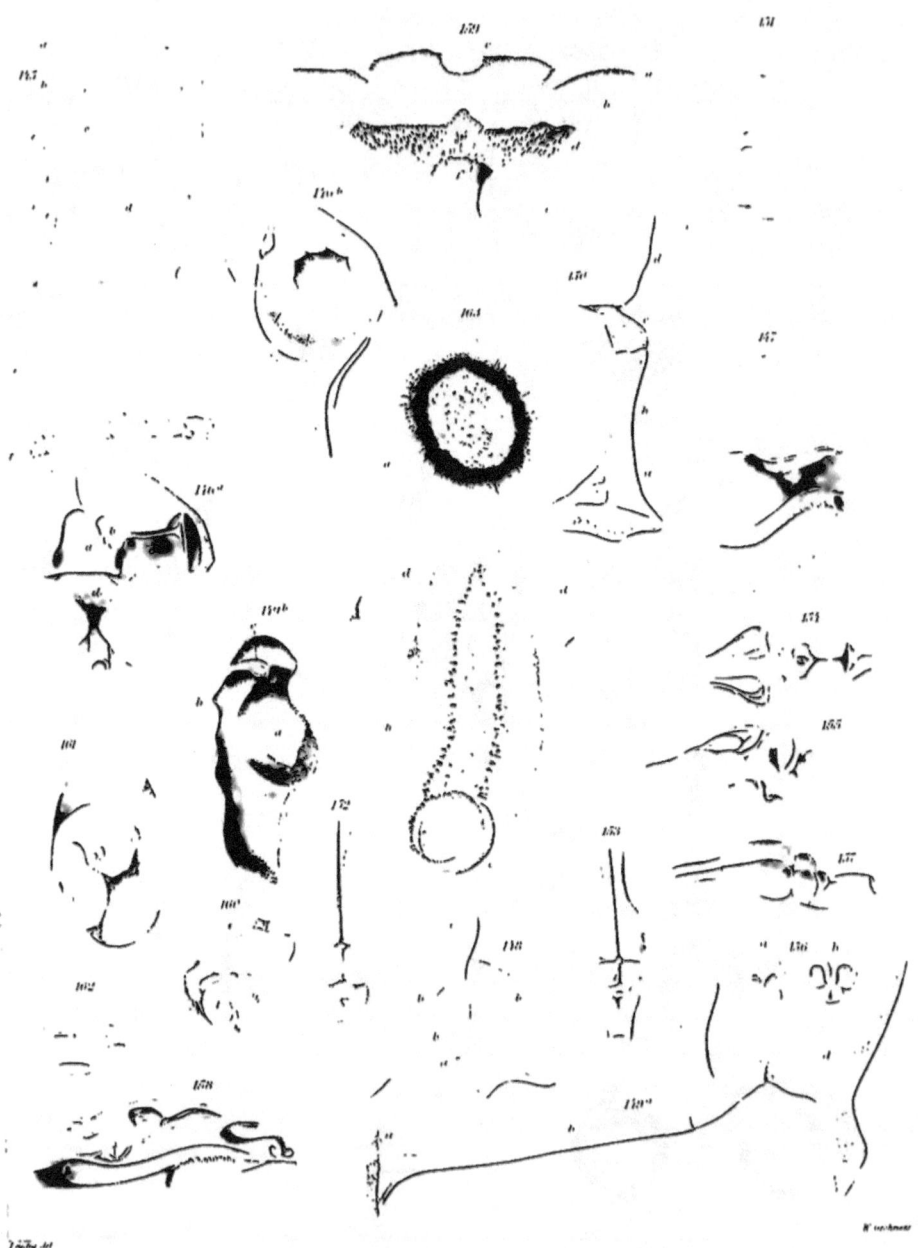

www.ingramcontent.com/pod-product-compliance
Lightning Source LLC
Chambersburg PA
CBHW021416110726
47901CB00008B/2182